Photoshop 2022
完全自学教程

麓山文化　编著

机 械 工 业 出 版 社

本书是帮助 Photoshop 2022 初学者实现从入门到精通、从新手到高手的自学教程。全书采用彩色印刷，以精炼的语言、精美的图示和精彩的实例全面深入地讲解了 Photoshop 2022 的各项功能和应用技巧。

全书共 13 章，首先介绍了 Photoshop 2022 基本知识，然后讲解了选区、图层、调色、滤镜、蒙版和通道等核心功能及其应用方法，最后通过综合实例展示了 Photoshop 2022 在创意合成、UI 图标设计、电商设计和广告设计行业中的应用方法和技巧。

本书讲解深入透彻，通俗易懂，实战性强，读者不但可以系统、全面地学习 Photoshop 基本概念和基础操作，还可以通过大量精美实例拓展设计思路，掌握 Photoshop 在不同行业设计方面的应用方法和技巧，轻松完成各类商业设计。

本书物超所值，随书提供的配套资源中的内容非常丰富，包含了全书所有实例的高分辨率素材、源文件和高清语音教学视频，还包含多个抠图、人像精修、创意合成、照片调色和平面设计实例教学视频（时长超过 14h），以及大量的笔刷、渐变、照片处理动作、形状、纹理、样式、相册模板等实用资源。

本书适合广大 Photoshop 初学者以及有志于从事平面设计、插画设计、包装设计和影视广告设计等工作的人员使用，也适合高等院校相关专业的学生参考阅读。

图书在版编目（CIP）数据

Photoshop 2022完全自学教程 / 麓山文化编著. --北京 : 机械工业出版社，2023.1

ISBN 978-7-111-72262-5

Ⅰ. ①P… Ⅱ. ①麓… Ⅲ. ①图像处理软件－教材 Ⅳ. ①TP391.413

中国版本图书馆 CIP 数据核字(2022)第 252738 号

机械工业出版社（北京市百万庄大街 22 号　邮政编码 100037）

策划编辑：曲彩云　　　责任编辑：王　珑

责任校对：刘秀华　　　责任印制：常天培

北京铭成印刷有限公司印刷

2023 年 2 月第 1 版第 1 次印刷

184mm×260mm · 20.25 印张 · 498 千字

标准书号：ISBN 978-7-111-72262-5

定价：118.00 元

电话服务　　　　　　　　　网络服务

客服电话：010-88361066　　机　工　官　网：www.cmpbook.com

　　　　　010-88379833　　机　工　官　博：weibo.com/cmp1952

　　　　　010-68326294　　金　　书　　网：www.golden-book.com

封底无防伪标均为盗版　　　机工教育服务网：www.cmpedu.com

前言

PREFACE

Photoshop 2022 是 Adobe 公司最新推出的图形图像处理软件，其精美的操作界面和方便快捷的新增功能可带给用户全新的创作体验。本书将以通俗易懂的语言、生动有趣的创意实例带领读者进入精彩的 Photoshop 世界。

本书特点

零基础快速起步 图片处理全面掌握	本书专为 Photoshop 新手精心准备，首先介绍了 Photoshop 的基本知识和基本操作，然后由浅入深、循序渐进地全面讲解了选区、图层、调色、蒙版和通道等功能，没有 Photoshop 基础的读者也可轻松学习，全面掌握
涉及多个应用领域 设计技法一网打尽	本书不但可以帮助读者系统、全面地学习 Photoshop 基本概念和基础操作，还可以通过大量精美实例，拓展设计思路，掌握 Photoshop 在不同行业设计方面的应用方法和技巧，轻松完成各类商业设计
详解绘图功能 轻松玩转软件核心	本书通过大量应用实例和生动讲解，对 Photosho 核心功能进行了深入阐述，确保读者可以轻松学习，全面掌握
基础+实例 全面提升操作技能	本书以生动的实例代替枯燥的理论讲解，将所有 Photoshop 知识和处理技法融入实例，可以让读者在动手实践中体会 Photoshop 的精粹，领悟设计的真谛
高清教学视频 学习效率轻松翻倍	本书配套资源中收录的全书实例高清语音教学视频以及 14h 的专项技能训练视频，可以让读者享受专家课堂式讲解，成倍提高学习兴趣和效率
QQ 在线答疑 学习互动交流零距离	本书提供免费在线 QQ 答疑，读者在学习中碰到任何问题都可以随时提问，并得到最及时、最准确的解答，学习毫无后顾之忧。还可以在群里与同行进行亲密的交流，以了解到更多与 Photoshop 相关的知识和资源，

附赠资源

本书物超所值，除了书本之外，还附赠了素材、视频和模型等配套资源，扫描“资源下载”二维码即可获得下载方式。

完成资源下载后，读者可以先轻松愉悦地通过教学视频学习本书内容，然后对照书本加以实践和练习，以提高学习效率。

资源下载

由于编者水平有限，书中错误、疏漏之处在所难免。在感谢您选择本书的同时，也希望您能够把对本书的意见和建议告诉我们。

联系邮箱：lushanbook@qq.com

读者 QQ 群：518885917

编　者

目 录

第 8 章 文本的应用 ……………………… 188

第 9 章 滤镜的应用 ……………………… 202

第 10 章 Camera Raw 的使用…………225

第 11 章 蒙版…………………………232

第1章 初识 Photoshop 2022

本章将通过对 Photoshop 2022 快速的浏览，让读者初步感受 Photoshop 2022 的强大魅力，并引导读者快速掌握其基本功能和常用操作。

1.1 进入 Photoshop 2022 的世界

设计无处不在，Photoshop 的身影也随处可见。作为一名设计师，无论是修饰图像、合成作品，还是完成设计创意，几乎都离不开 Photoshop 这个划时代的图像处理和制作工具，它可以帮人们实现品质卓越的图像效果。

1.1.1 平面设计

随意漫步于繁华的都市街头，各类制作精美、引人入胜的车身广告、灯箱广告、店面招贴、大型户外广告，以及各类书籍和杂志的封面、产品的包装、商场的广告招贴、电影海报等扑面而来，这些具有丰富图像的平面设计作品基本上都是使用 Photoshop 对图像进行合成、处理而完成的，如图 1-1 所示。

图 1-1　平面设计作品

1.1.2 修饰照片

Photoshop 具有强大的图像修饰、色彩和色调调整功能，利用这些功能可修饰数码照片人物脸部的瑕疵与斑点、皮肤和体形等的缺陷，调整照片的色彩和色调，置换人物背景，合成并制作特效，从而得到满意的作品，如图 1-2 所示。

图 1-2　修饰照片

1.1.3 艺术文字

使用 Photoshop 可以轻松制作出具有艺术感的文字效果。例如，可利用 Photoshop 中的各种图层样式制作出具有质感的文字效果，或者在文字中添加其他元素，产生合成的文字效果，如图 1-3 所示。

图 1-3　艺术文字

1.1.4 创意图像

使用 Photoshop 强大的图像合成功能，结合制作者的创意和想象，可以将原来风马牛不相及的对象组合在一起，从而得到意想不到的艺术效果，如图 1-4 所示。

图 1-4　创意图像

1.1.5 绘画

Photoshop 具有良好的绘画和调色功能，许多卡通动画、插画、漫画的设计制作者往往先使用铅笔绘制草稿，然后用 Photoshop 上色的方法来制作图像，如图 1-5 所示。此外，近年来非常流行的像素画也多为使用 Photoshop 创作的作品。

图 1-5　绘画

1.1.6 建筑效果图后期处理

建筑效果图的制作一般经过 3ds Max 建模、材质编辑、渲染和 Photoshop 后期处理几个阶段。3ds Max 直接渲染输出的图像往往只是效果图的一个简单“粗坯”，场景单调、生硬，缺少层次和变化，而在使用 Photoshop 为其加入天空、树木、人物、汽车等配景后，整个效果图则显得活泼有趣、生机盎然，如图 1-6 所示。

图 1-6　建筑效果图后期处理

1.1.7 网页设计

Photoshop 是网页图像、软件界面制作必不可少的图像处理软件，很多超炫、超酷的网页和软件界面都是使用 Photoshop 制作的，如图 1-7 所示。

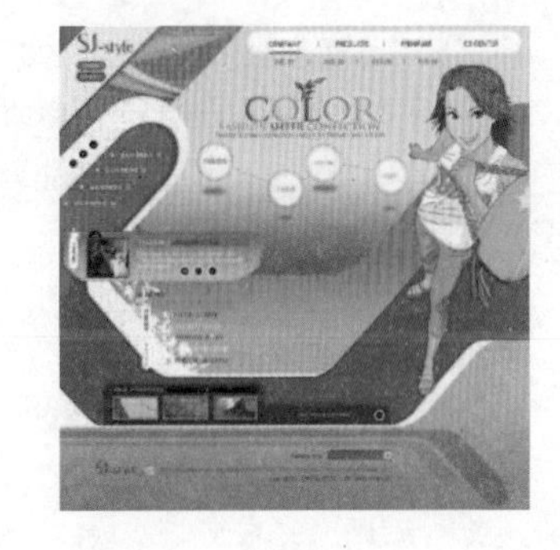

图 1-7　网页设计

1.2 初识界面

要学习软件，首先需要了解其工作环境，这对于以后能否顺利地使用软件具有极其重要的作用。本节将对 Photoshop 2022 的工作环境进行讲解，同时还会介绍在新版本中新增的界面功能以及一些常规的操作。

1.2.1 了解工作界面

运行 Photoshop 2022 程序，选择“文件”|“打开”命令，打开一幅图像后，便可以看到如图 1-8 所示的 Photoshop 2022 工作界面。

从图中可以看出，Photoshop 2022 工作界面由菜单栏、工具选项栏、工具箱、图像窗口、状态栏和面板等几个部分组成。

图 1-8　Photoshop 2022 工作界面

下面简单讲解 Photoshop 2022 工作界面的各个构成要素及其功能。

❶ 菜单栏：Photoshop 2022 的菜单栏包含了“文件”“编辑”“图像”“图层”“文字”“选择”“滤镜”“3D”“视图”“增效工具”“窗口”“帮助”12 个菜单，通过运用这些命令，可以完成 Photoshop 中的大部分操作。

❷ 工具选项栏：当在工具箱中选择了一个工具后，工具选项栏中会显示出相应的工具选项，用于对当前所选工具的参数进行设置。工具选项栏显示的内容随选取工具的不同而不同。

❸ 工具箱：工具箱位于工作界面的左边，是 Photoshop 2022 工作界面重要的组成部分。工具箱中共有上百个工具可供选择，使用这些工具可以完成绘制、编辑、观察及测量等操作。

❹ 图像窗口：图像窗口是 Photoshop 显示、绘制和编辑图像的主要操作区域。它是一个标准的 Windows 窗口，可以对其进行移动、调整大小、最大化、最小化和关闭等操作。图像窗口的标题栏中除了显示有当前图像文档的名称外，还显示有图像的显示比例、色彩模式等信息。

❺ 状态栏：状态栏位于图像窗口下方，用于显示当前图像的显示比例和文档大小等信息。

❻ 面板：面板是 Photoshop 的特色界面之一，默认位于工作界面的右侧。它们可以自由地拆分、组合和移动。通过面板，可以对 Photoshop 图像的图层、通道、路径、历史记录和动作等进行操作和控制。

1.2.2 了解工具箱

工具箱是 Photoshop 处理图像的“兵器库”，包括选择、绘图、编辑和文字等多种工具。随着 Photoshop 版本的不断升级，工具的种类与数量也在不断增加，同时更加人性化，使用户的操作更加方便、快捷。

1. 查看工具

要使用某种工具，直接单击工具箱中的该工具图标，将其激活即可。通过工具图标，可以快速识别工具种类。例如，“画笔”工具图标是画笔形状，“橡皮擦”工具是一块橡皮擦的形状。

2. 显示隐藏的工具

工具箱中的许多工具并没有直接显示出来，而是以成组的形式隐藏在右下角带小三角形的工具按钮中。按下此按钮保持 1s 左右，即可显示该组的所有工具。此外，用户也可以使用快捷键来选择所需的工具，如“移动”工具的快捷键为 V，按下 V 键即可选择移动工具。按 Shift＋工具组快捷键，可以在各种工具之间快速切换，如按 Shift＋G 快捷键，可以在“油漆桶”工具和“渐变”工具之间切换。

3．切换工具箱的显示状态

Photoshop 工具箱有单列和双列两种显示模式，单击工具箱顶端的或，可以在单列和双列两种显示模式之间切换。当使用单列显示模式时，可以有效节省屏幕空间，使图像的显示区域更大，以方便用户的操作。

1.2.3 实例——工具箱的基本操作

下面通过具体实例讲解工具箱中工具的使用方法。

(1) 执行“文件”｜“打开”命令，弹出“打开”对话框，选择本书配套资源中的“目标文件\第 1 章\1.2\1.2.3\1.jpg”，单击“打开”按钮，打开图像，如图 1-9 所示。

(2) 单击工具箱顶端的，工具箱即以双列显示，如图 1-10 所示。单击，可返回到单列显示状态。

图 1-9　工具箱单列显示

图 1-10　工具箱双列显示

(3) 执行“窗口”｜“工具”命令，可将工具箱隐藏，再次执行该命令即可显示。单击并拖动工具箱顶端的黑色区域，可移动工具箱至适当的位置，如图 1-11 所示。

(4) 单击并拖动工具箱顶端的黑色区域至原位置，待出现蓝色的横线时松开鼠标，即可还原工具箱的位置，如图 1-12 所示。

图 1-11　移动工具箱

图 1-12　还原工具箱

1.2.4 了解工具选项栏

工具选项栏是工具箱中各个工具功能的延伸与扩展，通过在工具选项栏中设置参数，不仅可以有效增强工具在使用中的灵活性，而且能够提高工作效率。

选择不同的工具，工具选项栏中的选项内容也会随之改变，如图 1-13 所示为选择“渐变”工具时工具选项栏显示的内容，如图 1-14 所示为选择“吸管”工具时工具选项栏显示的内容。

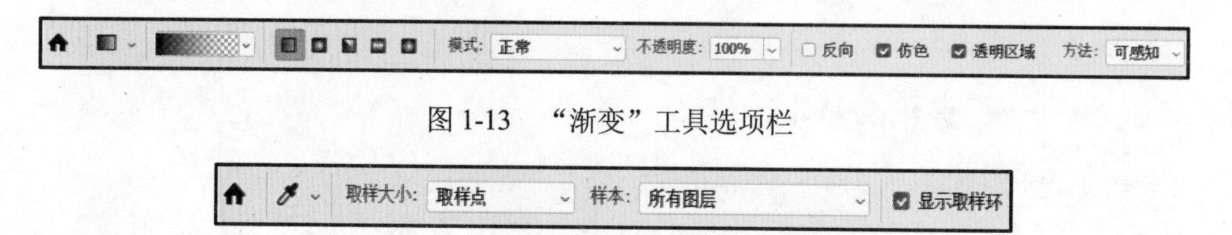

图 1-13　“渐变”工具选项栏

图 1-14　“吸管”工具选项栏

复选框：单击该按钮，可以选择此复选框，再次单击，则取消选择。

菜单箭头：单击该按钮，可以打开一个下拉菜单。

文本框：在文本框中单击使其呈蓝色编辑状态，输入数值后按 Enter 键可确定修改。如果文本框右侧有按钮，单击此按钮将显示一个滑块，拖动滑块也可以更改数值。

滑块：在包含文本框的选项中，将光标放在选项名称上，光标发生变化后左右拖动鼠标，也可更改数值。

执行“窗口”|“选项”命令，可以显示或隐藏工具选项栏。单击并拖动工具选项栏最左侧的图标，可以移动它的位置。

1.2.5 实例——菜单栏的基本操作

菜单栏中分门别类地放置了 Photoshop 的大部分操作命令。这些命令往往让初学者感到眼花缭乱，但实际上只要了解每一个菜单的特点，就能够掌握这些菜单的用法。每个菜单都有不同的显示状态，接下来通过具体的操作来讲解菜单栏的知识。

(1) 单击“文件”菜单，打开“文件”下拉菜单，在“打开”命令上单击即可完成此命令的调用，在弹出的“打开”对话框中选择打开文件。

(2) 打开素材后，同时按 Alt→L→D 键，即可打开“复制图层”对话框，执行“复制图层”操作，如图 1-15 所示。

技巧：在菜单中有些命令只提供了字母，要通过快捷键方式执行这样的命令，可以按住 Alt 键+主菜单的字母（每个主菜单后面都有字母），打开主菜单，再按该命令后面的字母，即可执行此命令，如按 Alt+S+C 快捷键，可快速打开“色彩范围”对话框。

图 1-15　打开“复制图层”对话框

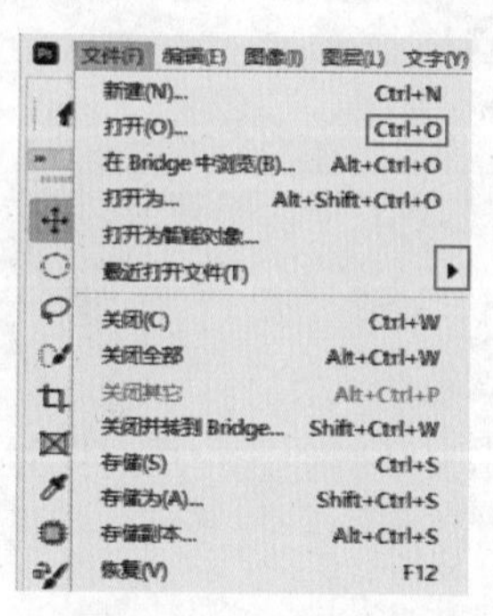

图 1-16　菜单显示

(3) 选择矩形选框工具⬚，建立一个矩形选区，如图 1-17 所示。

(4) 在文档窗口对象上、图层面板上或空白处右击，可以弹出快捷菜单，如图 1-18 所示。

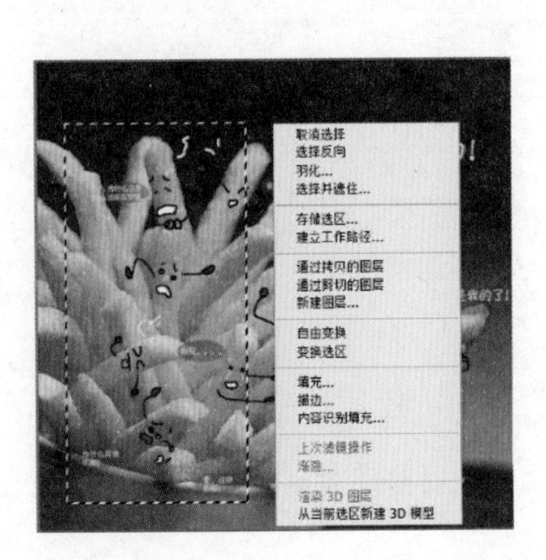

图 1-17　建立矩形选区

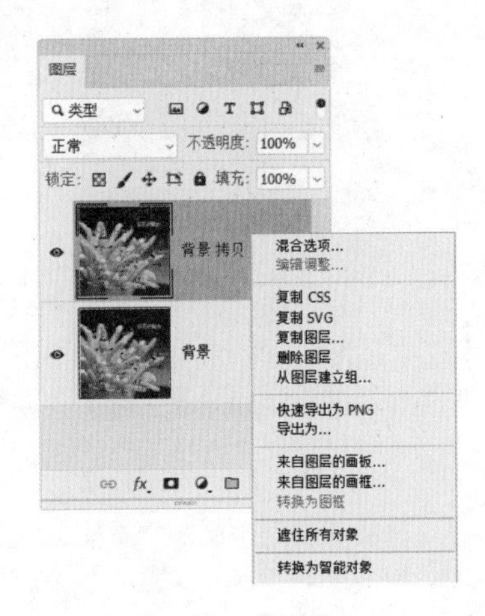

图 1-18　快捷菜单

1.2.6 实例——面板的基本操作

面板可以用来设置颜色和工具参数以及执行编辑命令，是 Photoshop 不可缺少的组成部分，它增强了 Photoshop 的功能并使操作更加灵活多样。

(1) 执行“文件” | “打开”命令，弹出“打开”对话框，选择本书配套资源中的“目标文件\第 1 章\1.2\1.2.6\人物.jpg”，单击“打开”按钮，结果如图 1-19 所示。

(2) 选择“窗口”菜单，弹出下拉菜单，在“导航器”子菜单上单击，如图 1-20 所示，即可打开相应面板。有“✓”标记的为已在工作界面中显示的面板。

图 1-19　打开文件

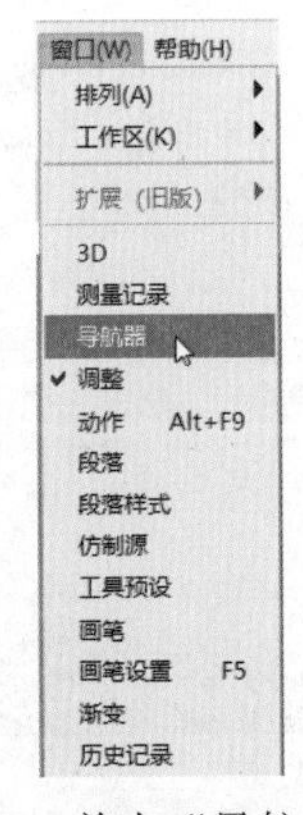

图 1-20　单击“导航器”

(3) 打开“导航器”面板，拖动“导航器”面板上的滑块，即可放大对象内容，如图 1-21 所示。

(4) 在展开的面板右上角的按钮>>上单击，可以折叠面板。当面板处于折叠状态时，会显示为图标状态，如图 1-22 所示。

(5) 当面板处于折叠状态时，单击“导航器”缩览图，可以展开该面板，如图 1-23 所示。展开面板后，再次单击缩览图，可以将其设置为折叠状态。

图 1-21　放大对象

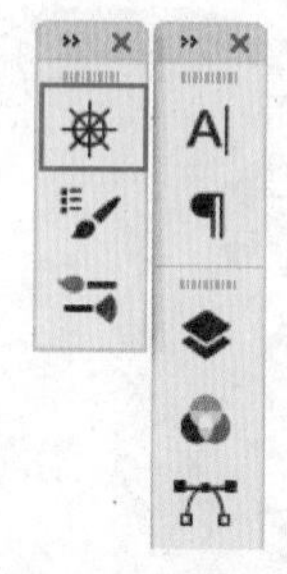

图 1-22　折叠面板

(6) 将光标移动至“导航器”面板底部或左右边缘处，当光标呈↕或↔形状时，单击并上下或左右拖动鼠标，可以拉伸面板，如图 1-24 ~ 图 1-26 所示。

图 1-23　展开面板

图 1-24　同比例拉伸面板

图 1-25　向左拉伸面板

图 1-26　向下拉伸面板

(7) 单击并拖动“导航器”面板，移至适当的位置，即可得到两个分离的独立面板，如图 1-27 所示。

(8) 将光标移至面板的名称上，单击并拖至“导航器”面板名称的位置，释放鼠标左键，可以将该面板放置在目标面板中，如图 1-28、图 1-29 所示。

图 1-27 分离面板

图 1-28　拖动面板

提示：要关闭整个面板，直接单击面板标签右侧的按钮 即可；要关闭整个组合的控制面板，单击面板右上方的按钮 即可。要重新打开关闭的面板，可单击“窗口”菜单，然后在弹出的下拉菜单中单击需要打开的面板名称。单击面板右上角的快捷箭头 ，可还原展开面板。

图 1-29　合并面板

1.2.7 了解状态栏

状态栏位于图像窗口的底部，显示图像的视图比例、文档的大小、当前使用的工具等信息。单击状态栏中的 按钮，可打开如图 1-30 所示的菜单。

提示：在状态栏上单击，可以查看图像信息，如图 1-31 所示。

图 1-30　打开菜单

图 1-31　查看图像信息

1.3 控制图像显示

在处理图像的过程中，常常需要放大或缩小显示比例，或不停地移动图像，调整编辑区域，以满足操作的需要，这就是图像的显示控制。

1.3.1 实例——在不同模式之间切换屏幕

Photoshop 有三种屏幕显示模式：标准屏幕模式、带菜单栏的全屏模式和全屏模式。选择“视图”|“屏幕模式”菜单命令，可以切换三种屏幕模式。

(1) 按 Ctrl+O 快捷键，弹出“打开”对话框，选择本书配套资源中的“目标文件\第 1 章\1.3\1.3.1\猫.jpg”，单击“打开”按钮，打开图像文件，默认显示为标准屏幕模式，如图 1-32 所示。

(2) 执行“视图”|“屏幕模式” | “带菜单栏的全屏模式”命令，屏幕显示如图 1-33 所示。

提示：在标准屏幕模式下，Photoshop 窗口中显示有 Photoshop 的全部组件，如菜单栏、工具栏、面板和状态栏等。

图 1-32　标准屏幕模式

图 1-33　带菜单栏的全屏模式

(3) 执行“视图”|“屏幕模式” | “全屏模式”命令，屏幕显示如图 1-34 所示。

提示：单击工具箱中的更改屏幕模式，或者连续按 F 键，可在三种屏幕模式之间切换。在全屏模式下，如果需要显示面板，可按 Shift+Tab 快捷键；按 Tab 键可显示除图像窗口之外的所有组件，如图 1-35 所示。

图 1-34 全屏模式

图 1-35　显示除图像窗口之外的所有组件

1.3.2 改变显示比例

改变图像显示比例有多种方法，在实际工作中可以灵活运用。需要注意的是，图像的显示比例越大，并不表示图像的尺寸越大。在放大和缩小图像显示比例时，并不影响和改变图像的打印尺寸、像素数量和分辨率。

1. “缩放”工具

在工具箱中选择“缩放”工具，然后移动光标至图像窗口，光标显示为形状，此时单击可扩大图像的显示比例。同时按住 Alt 键，光标显示为形状，此时在图像窗口中单击可以缩小图像的显示比例。

提示：按快捷键 Z，也可以选择“缩放”工具。

2. “缩放”工具选项栏

选中“缩放”工具后，工具选项栏如图 1-36 所示，在其中可以控制缩放的方式和缩放比例。

工具选项栏中各选项的含义如下：

❶“调整窗口大小以满屏显示”复选框：选中该复选框，在缩放图像时，图像窗口也同时进行缩放，以使图像在窗口中满屏显示。

图 1-36　“缩放”工具选项栏

❷“缩放所有窗口”复选框：选中该复选框，在单击某个图像窗口缩放图像时，当前 Photoshop 打开的所有图像将同步进行缩放。

❸“细微缩放”复选框：勾选该复选框后，在画面中单击并向左侧或右侧拖动鼠标，能够以平滑的方式快速放大或缩小窗口：取消勾选时，在画面中单击并拖动鼠标，可以拖出一个矩形选框，放开鼠标后，矩形框内的图像会放大至整个窗口。按住 Alt 键操作可以缩小矩形选框内的图像。

❹“100%”按钮：单击该按钮，当前图像将以 100% 的显示比例显示。

❺“适合屏幕”按钮：单击该按钮，当前图像窗口和图像将以满屏方式显示，以方便查看图像的整体效果。

❻“填充屏幕”按钮：单击该按钮，当前图像窗口和图像将填充整个屏幕。与“适合屏幕”不同的是，“适合屏幕”会在屏幕中以最大化的形式显示图像所有的部分，而“填充屏幕”会为达到布满屏幕的目的，不一定显示出所有的图像。

1.3.3 实例——用“旋转视图”工具旋转画布

使用“旋转视图”工具可以旋转画布，并且不会破坏图像或使图像变形。旋转画布在很多情况下都很有用，能使图像编辑和查看更为方便。

(1) 按 Ctrl+O 快捷键，弹出“打开”对话框，选择本书配套资源中的“目标文件\第 1 章\1.3\1.3.3\动物.jpg”，单击“打开”按钮，结果如图 1-37 所示。

(2) 选择“旋转视图”工具，在窗口中单击会出现一个罗盘，无论当前画布是什么角度，红色的指针都是指向北方，按住鼠标拖动即可旋转画布，如图 1-38 所示。

图 1-37　打开素材

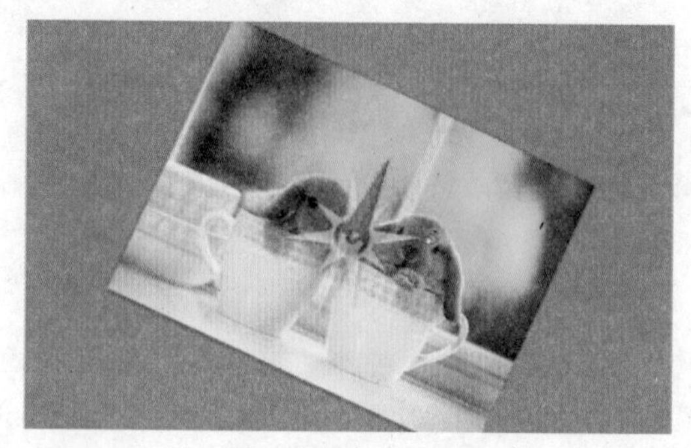

图 1-38　旋转画布

1.3.4 用“抓手”工具移动画面

与其他应用程序一样，当图像超出图像窗口显示范围时，系统将自动在图像窗口的右侧和下侧显示垂直滚动条和水平滚动条，拖动滚动条可以上下或左右移动图像显示区域。

除此之外，Photoshop 还可以使用“抓手”工具快速移动图像显示其他区域，如图 1-39 所示。

图 1-39　移动图像

提示：在使用其他 Photoshop 工具时，如需临时移动图像显示区域，可以按住空格键快速切换至“抓手”工具。在标准屏幕模式下，若没有出现滚动条，则“抓手”工具不可移动图像。

1.3.5 使用导航器改变显示比例

在“导航器”面板中可以缩放图像，也可以移动画面。在需要按照一定的缩放比例工作时，如果画面中无法完整显示图像，可以通过“导航器”面板查看图像。执行“窗口”|“导航器”命令，可以打开“导航器”面板，如图 1-40 所示。

“导航器”面板中各选项的含义如下：

❶“缩放”文本框：在其中显示了图像的显示比例。在该文本框中输入数值可以改变图像的显示比例。

❷“缩小”按钮：单击“缩小”按钮，可以缩小图像的显示比例。

❸“放大”按钮：单击“放大”按钮，可以放大图像的显示比例。

❹ 缩放滑块：拖动缩放滑块可放大或缩小图像的显示比例。

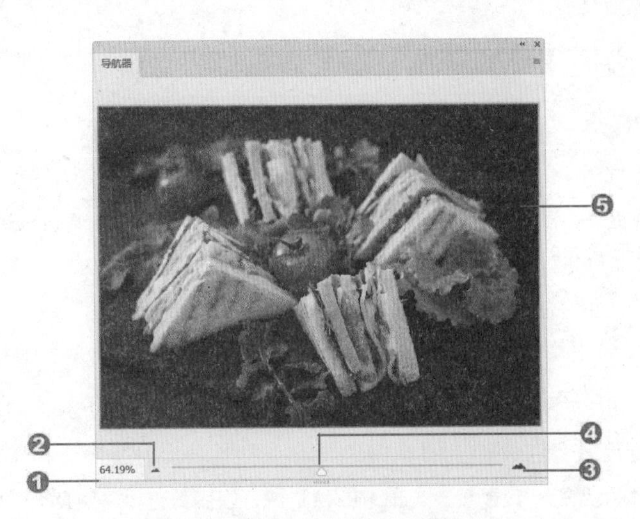

图 1-40　“导航器”面板

⑤ 代理预览区：“导航器”面板中显示有一个红色矩形框，框线内的区域即代表当前图像窗口显示的图像区域，框线外的区域即为隐藏的图像区域。移动光标至红色框内拖动（光标显示为 形状），即可移动图像显示区域。图像显示区域如图 1-41 所示。

图 1-41　图像显示区域

提示：移动光标至红色框线外，当光标显示为 形状时单击，即可显示以该点为中心的图像区域。

1.3.6 了解“缩放”命令

Photoshop 的“视图”菜单中包含以下用于调整图像视图比例的命令。

➢　放大：执行“视图”|“放大”命令，或按 Ctrl +“+”快捷键，或者按 Ctrl+空格键，可以放大图像显示比例。

➢　缩小：执行“视图”|“缩小”命令，或按 Ctrl +“–”快捷键，又或者按 Alt+空格键，可以缩小图像显示比例。

➢　按屏幕大小缩放：执行“视图”|“按屏幕大小缩放”命令，或按 Ctrl + 0 快捷键，可以自动调整图像的大小，使之能完整地显示在屏幕中。

➢　实际大小：执行“视图”|“实际大小”命令，图像将以实际的像素（即 100 % 的比例）显示。

➢ 打印尺寸：执行“视图”|“打印尺寸”命令，图像将按实际的打印尺寸显示。

1.4 辅助绘图工具

辅助工具是图像处理必不可少的“好帮手”。例如，使用“标尺”工具可以进行测量，使用“参考线”工具可以进行定位和对齐。辅助工具仅用于图像的辅助编辑，不会被打印输出。

1.4.1 了解标尺

标尺主要用于帮助用户对操作对象进行测量。除此之外，在标尺上拖动还可以快速建立参考线。

1. 显示和隐藏标尺

选择“视图”|“标尺”命令，或按下 Ctrl+R 快捷键，在图像窗口左侧及上方即显示出垂直和水平标尺，再次按下 Ctrl+R 快捷键，标尺则自动隐藏。

2. 更改标尺单位

可以根据工作需要，自由地更改标尺的单位。例如，在设计网页图像时，可以使用“像素”作为标尺单位，而在设计印刷作品时，采用“厘米”或“毫米”则会更加方便。

3. 调整标尺原点位置

标尺可分为水平标尺和垂直标尺两部分，系统默认图像左上角为标尺的原点（0，0）位置。当然，用户也可以根据需要调整标尺原点的位置。双击标尺交界处的左上角，可以将标尺原点重新设置于默认处。

1.4.2 使用网格

网格用于物体的对齐和光标的精确定位。

执行“视图”|“显示”|“网格”命令，或按 Ctrl+' 快捷键，即可在图像窗口中显示网格，如图 1-42 所示。

图 1-42 显示网格

提示：在图像窗口中显示网格后，便可以利用网格的功能，沿着网格线对齐或移动物体。如果希望在移动物体时能够自动贴齐网格，或者在建立选区时自动贴齐网格线的位置进行定位选取，执行“视图”|“对齐到”|“网格”命令，使“网格”命令左侧出现“√”标记即可。

当不需要显示网格时，执行“视图”|“显示”|“网格”命令，去掉“网格”命令左侧的“√”标记，或直接按 Ctrl ＋ ' 快捷键即可。

Photoshop 默认网格的间隔为 2.5cm，子网格的数量为 4 个，网格的颜色为灰色。选择“编辑”|“首选项”|“参考线、网格和切片”命令，打开如图 1-43 所示的“首选项”对话框，在其中可更改相应参数。

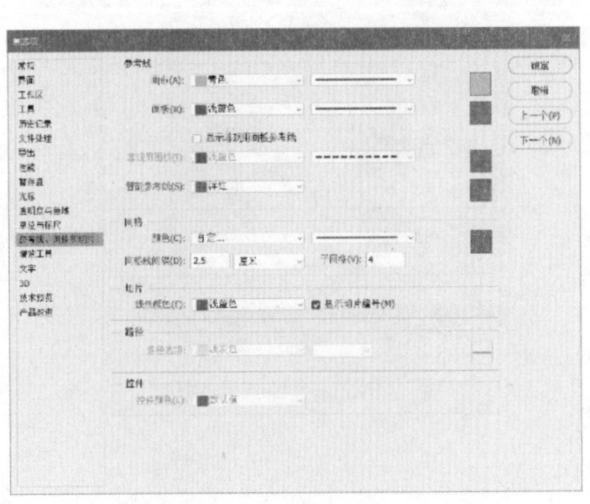

图 1-43　“首选项”对话框

1.4.3 实例——使用参考线

参考线与网格一样也用于物体对齐和定位，但由于参考线可任意调整其位置，因而使用起来更为方便。的

(1) 执行“文件”|“打开”命令，弹出“打开”对话框，选择本书配套资源中的“目标文件\第 1 章\1.4\1.4.3\京剧.jpg”，单击“打开”按钮，结果如图 1-44 所示。

(2) 按 Ctrl+R 快捷键，显示标尺，将光标移至标尺上，单击并向下拖动鼠标可以新建水平参考线，如图 1-45 所示。

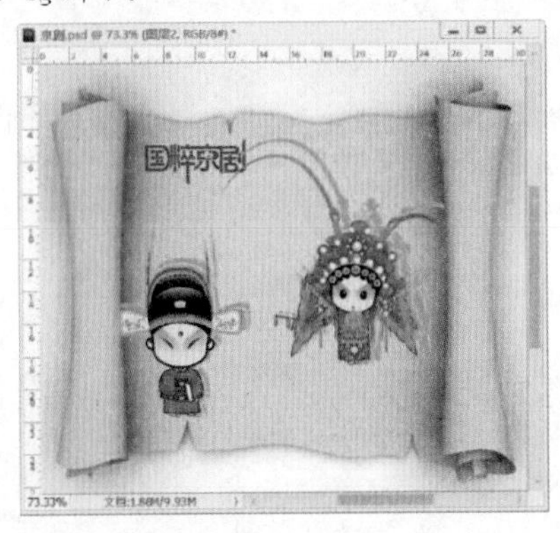

图 1-44　打开素材

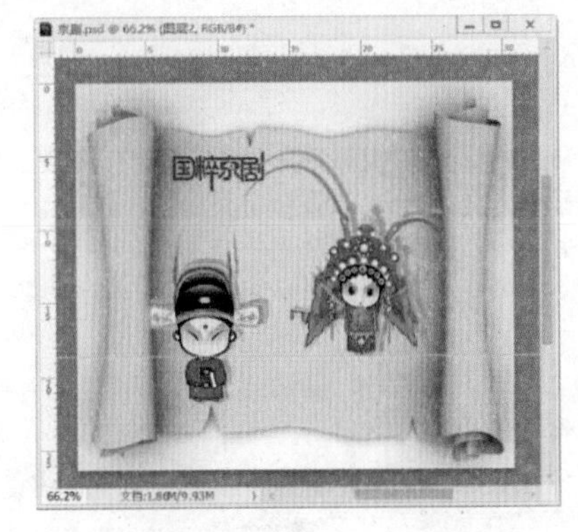

图 1-45　新建水平参考线

(3) 按住 Alt 键，可在水平的标尺上拉出一条垂直的参考线，如图 1-46 所示。

(4) 按 V 键切换到移动工具，调整人物位置，使其保持在水平和垂直线上，如图 1-47 所示。

(5) 执行“视图”|“新建参考线”命令，或按 Alt+V+E 键，弹出“新建参考线”对话框，在“取向”选项组中选择参考线方向，在“位置”文本框中输入参考线的位置，如图 1-48 所示，单击“确定”按钮即可建立位置精确的参考线。

(6) 选择移动工具，移动光标至 14cm 位置上的参考线上，当光标显示为时，向右拖动鼠标即可移动参考线，如图 1-49 所示。

提示：拖动参考线时，如果按住 Shift 键可将其强制对齐到标尺上的刻度，若按住 Alt 键单击辅助线，则可以转换该辅助线的方向。

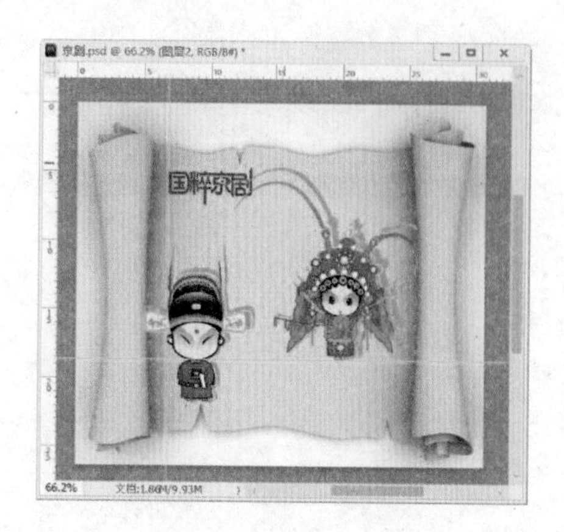

图 1-46 创建垂直参考线

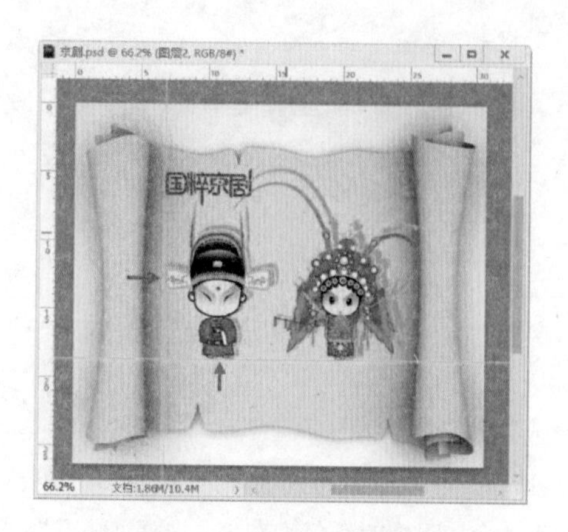

图 1-47 调整人物位置

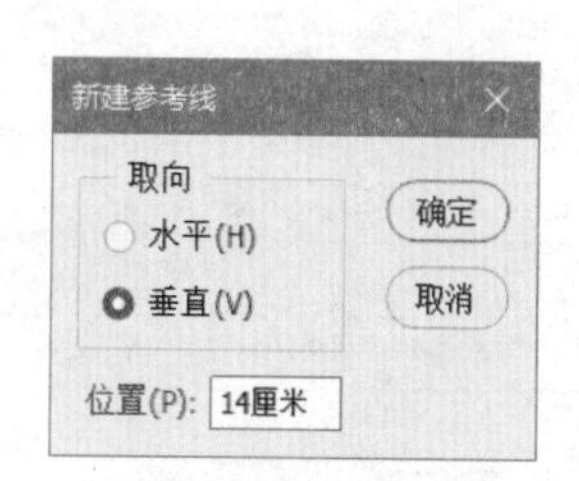

图 1-48 设置参数

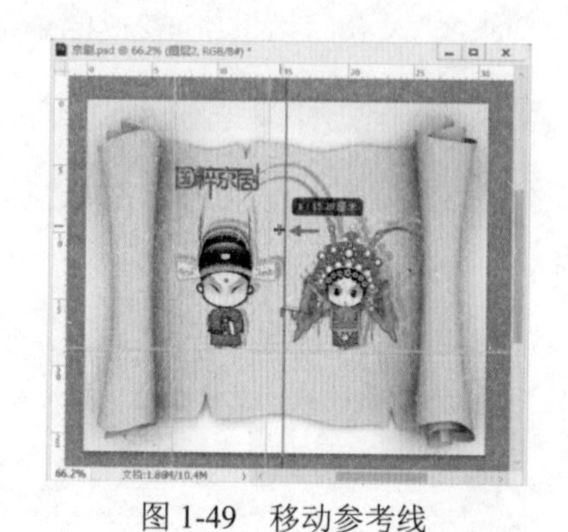

图 1-49 移动参考线

(7) 建立多条参考线后，执行“视图”|“显示”|“参考线”命令，或按 Ctrl + ; 快捷键，可隐藏参考线。也可以通过选择“视图”|“显示额外选项”命令，或按 Ctrl + H 快捷键显示或隐藏参考线。

(8) 选择“视图”|“锁定参考线”命令，或按 Ctrl + Alt + ; 快捷键，将锁定参考线。锁定参考线后不能对参考线进行任何编辑。

(9) 选择“视图”|“清除参考线”命令，可快速清除图像窗口中所有参考线。

(10) 拖动中间的参考线至标尺或图像窗口范围外，如图 1-50 所示，可快速清除参考线。

提示：按住 Alt 键，可以在水平和垂直参考线之间进行转换。

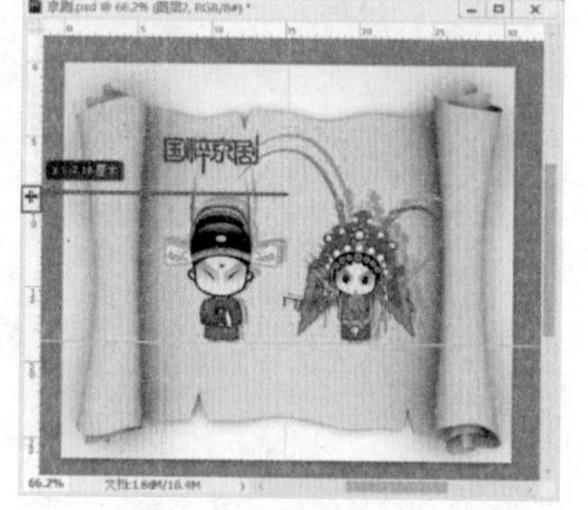

图 1-50 清除参考线

1.5 设置工作区

Photoshop 中提供了适用于不同任务的预设工作区，如要使用绘画功能时，可以切换到绘画工作区，这样就会显示与绘画功能相关的各种面板。

1.5.1 设置基本功能工作区

基本功能工作区是 Photoshop 最基本的工作区，也是默认的工作区，它包含了常用的面板，如图层、通道、路径、调整、样式等，如图 1-51 所示。

图 1-51　基本功能工作区

如果对工作区进行了修改，需要恢复到默认的基本功能工作区，执行“窗口”|“工作区”|“复位基本功能”命令即可。

用户通常都需要自定义一个工作区，以符合个人的操作习惯。如果操作界面中存在过多的面板，将会大大影响操作的空间，从而影响工作效率。下面通过具体的操作来介绍如何创建自定义工作区。

1.5.2 实例——自定义命令快捷键

如果某些菜单命令经常使用，可以为其设置相应的快捷键，以便操作的时候快速调用。

(1) 执行“编辑”|“键盘快捷键”命令，或按 Ctrl+Shift+Alt+K 快捷键，弹出对话框，如图 1-52 所示。

(2) 在弹出的对话框中选择设置快捷键的工具，然后设置相应的快捷键，如设置“模糊工具”的快捷键为 K，如图 1-53 所示。

(3) 单击“确定”按钮关闭对话框。以后按 K 键，即可快速地切换到模糊工具。

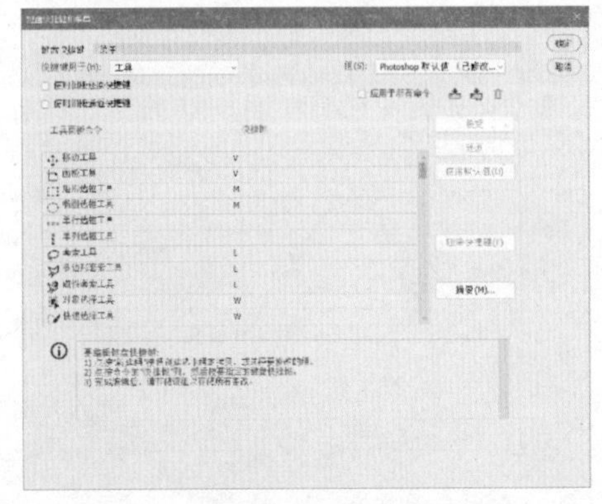

图 1-52　“键盘快捷键和菜单”对话框

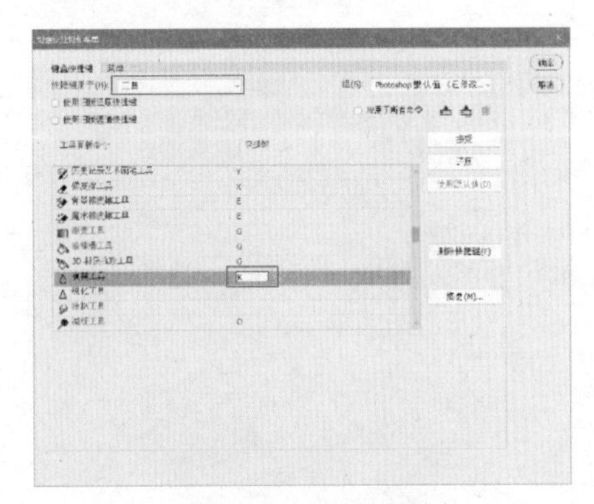

图 1-53　设置快捷键

1.5.3 自定义预设工具

在 Photoshop 中，用户可以自定义预设工具。预设管理器允许管理 Photoshop 自带的预设画笔、色板、渐变、样式、图案、等高线和自定形状等。

执行“编辑”|“预设”|“预设管理器”命令，弹出如图 1-54 所示的“预设管理器”对话框，在其中可设置预设管理器。在预设管理器中载入了某个库以后，就能够在选项组、面板或对话框中访问该库的项目，也可以使用预设管理器来更改当前的预设项目集或创建新库。

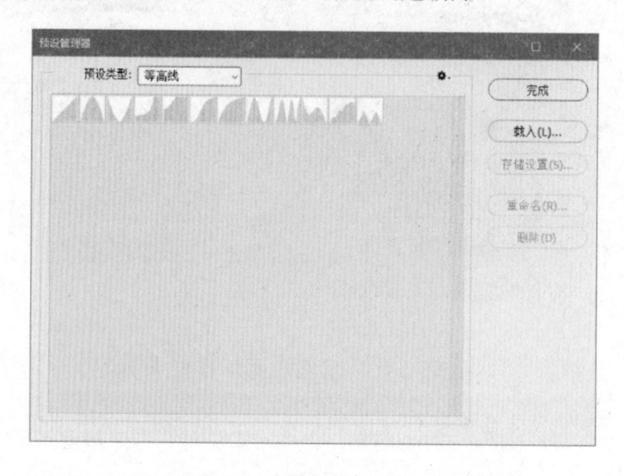

图 1-54 “预设管理器”对话框

第2章 Photoshop2022 基本操作

熟练掌握 Photoshop 的基本操作，如文件的新建、打开、关闭与保存，调整图像和画布的大小，操作的恢复与还原等，可以大大地提高工作效率。

2.1 新建、置入与保存文件

本节将介绍使用 Photoshop 2022 进行图像处理时所涉及的基本操作，如文件的新建、置入、导入/导出、保存、关闭。

2.1.1 新建图像文件

执行“文件”|“新建”命令，弹出“新建文档”对话框，如图 2-1 所示。在对话框中设置文件的名称、尺寸、分辨率、颜色模式和背景内容等选项，单击“创建”按钮，即可新建一个空白文件，如图 2-2 所示。

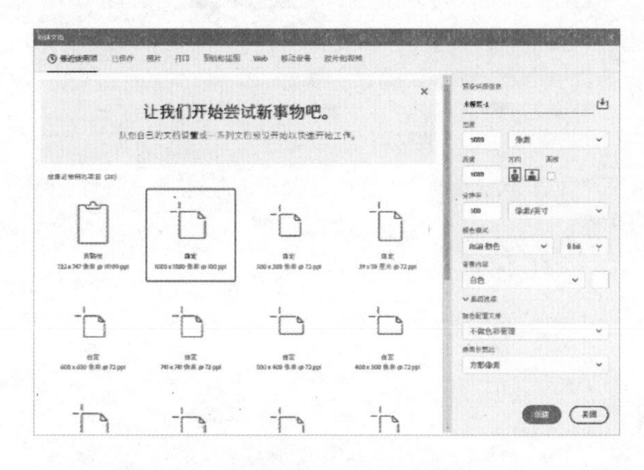

图 2-1“新建文档”对话框

图 2-2 新建文件

“新建文档”对话框中的主要选项介绍如下：

➢ 名称：可输入文件的名称，也可以使用默认的文件名“未标题-1”。创建文件后，文件名会显示在文档窗口的标题栏上，保存文件时，文件名自动显示在存储文件的对话框中。

➢ 预设/大小：提供了各种常用文档的预设选项，如照片、Web、A3、A4D 打印纸、胶片和视频等。

➢ 宽度/高度：可输入文件的宽度和高度。在右侧的选项可以选择一种单位，包括像素、英寸、厘米、毫米、点、派卡和列。

➢ 分辨率：可输入文件的分辨率。在右侧的选项中可以选择分辨率的单位，包括像素、英寸和像素、厘米。

➢ 颜色模式：可以选择文件的颜色模式，包括位图、灰度、RGB 颜色、CMYK 颜色和 Lab 颜色。

➢ 背景内容：可以选择文件背景的内容，包括白色、背景色和透明。

2.1.2 实例——置入图像文件

打开或新建一个文件后，执行“文件”菜单中的“置入嵌入对象”命令，可以将照片、图片或者 EPS、PDF、Adobe Illustrator 等矢量格式的文件作为智能对象置入 Photoshop 中。

(1) 打开 Photoshop 2022 后，执行“文件” | “打开”命令，选择本书配套资源中的“目标文件\第 2 章\2.1\2.1.2\人物.jpg”。

(2) 执行“文件” | “置入嵌入对象”命令，打开“置入嵌入的对象”对话框，选择本书配套资源中的“目标文件\第 2 章\2.1\2.1.2\花纹.ai”。单击“置入”按钮，弹出“打开为智能对象”对话框，如图 2-3 所示。

(3) 单击“确定”按钮，将文件置入到 Photoshop 中，如图 2-4 所示。

图 2-3 “打开为智能对象”对话框

图 2-4 置入文件

(4) 调整好花纹的大小并右击，在弹出的快捷菜单中选择“旋转 90 度（逆时针）”选项，把蝴蝶移动至合适的位置，如图 2-5 所示。然后按 Enter 键确认。

(5) 打开“图层”面板，可以看到置入的文件被创建为智能对象，如图 2-6 所示。

图 2-5 调整对象

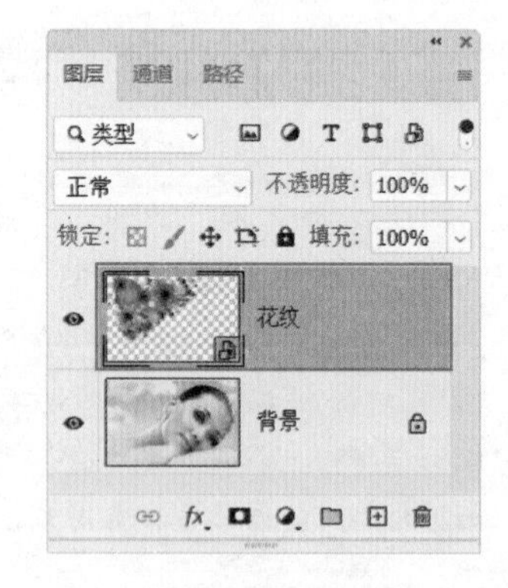

图 2-6 智能对象

2.1.3 导入/导出文件

在 Photoshop 中，可以在图像中导入视频图层、注释和 WIA 支持的内容。“文件” | “导入”子菜单中包含了各种导入文件的命令，如图 2-7 所示。

某些数码相机使用“Windows 图像采集”（WIA）支持来导入图像。如果使用的是 WIA，可通过 Photoshop 与 Windows 以及数码相机或扫描仪配合工作，将图像直接导入到 Photoshop 中。要使用 WIA

从数码相机导入图像，首先要将数码相机连接到计算机，然后执行“文件”|“导入”|“WIA 支持”命令进行操作。

执行“文件”|“导出”命令，如图 2-8 所示。可以将高分辨率的图像发布到 Web 上，利用 Viewpoint MediaPlayer，用户可以平移或缩放图像以查看它的不同部分，在导出时，Photoshop 会创建 JPEG 和 HTML 文件，用户可以将这些文件上载到 Web 服务器。

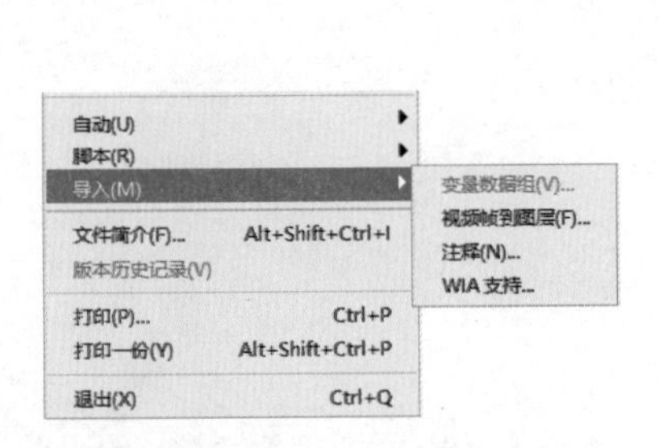

图 2-7“文件”|“导入”子菜单

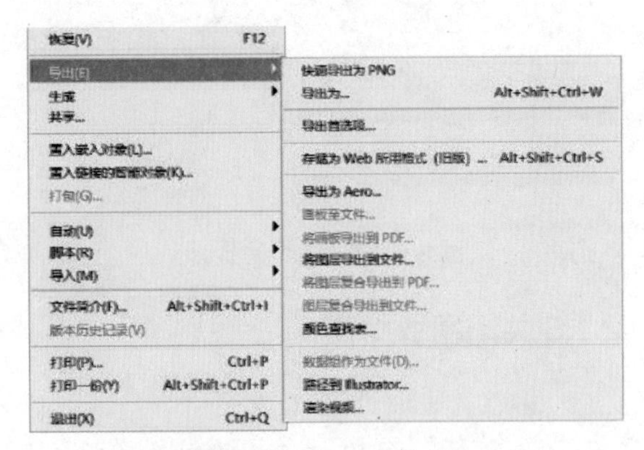

图 2-8 执行“文件”|“导出”命令

如果在 Photoshop 中创建了路径，可以执行“文件”|“导出”|“路径到 Illustrator”命令，将路径导出为 AI 格式，导出的路径可以在 Illustrator 中编辑使用。

2.1.4 保存图像文件

新建文件或者对文件进行了处理后，需要及时将文件保存，以免因断电或者死机等原因造成劳动成果付之东流。

1. 使用“存储”命令保存文件

如果对一个图像文件进行了编辑，可执行“文件”|“存储”命令，保存对当前图像所做的修改。如果在编辑图像时新建了图层或通道，则执行该命令时将打开“存储为”对话框，在对话框中可以指定一个可以保存图层或者通道的格式，将文件保存。

2. 使用“存储为”命令保存文件

执行“文件”|“存储为”命令，可以将当前图像文件保存为另外的名称和其他格式，或者将其存储在其他位置，如果不想保存对当前图像所做的修改，通过该命令创建源文件的副本，再将源文件关闭即可。

执行“存储为”命令，可以打开“存储为”对话框，如图 2-9 所示。

3. 后台保存和自动保存

Photoshop 可以按照用户设定的时间间隔备份正在编辑的当前图像，以避免由于意外情况而丢失当前的编辑效果。执行“编辑”|“首选项”|“文件处理”命令，在“首选项”对话框中可以设置自动备份的间隔时间，如图 2-10 所示。如果文件非正常关闭，则重新运行 Photoshop 时会自动打开并恢复备份的文件。

提示：按 Ctrl+S 快捷键，可以快速执行“存储”命令。

图 2-9“存储为”对话框

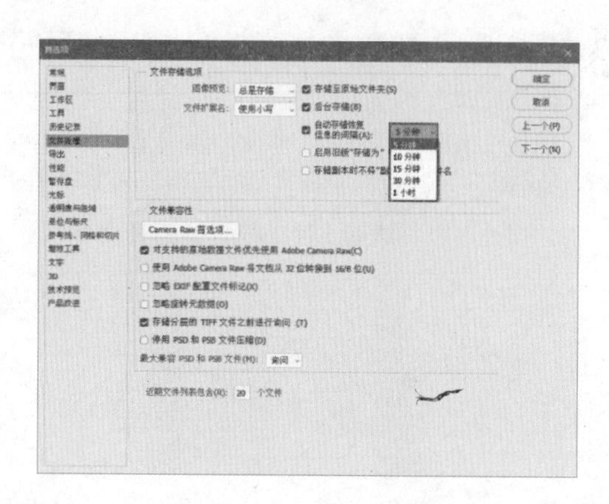

图 2-10“首选项”对话框

2.1.5 关闭图像文件

执行“文件”|“关闭”命令可以关闭当前的图像文件。如果对图像进行了修改，会弹出提示对话框，如图 2-11 所示。如果当前图像是一个新建的文件，单击“是”按钮，可以在打开的存储为对话框中将文件保存；单击“否”按钮，可关闭文件，但不保存对文件所做的修改；单击“取消”按钮，则关闭对话框，并取消关闭操作。如果当前文件是打开的已有的文件，单击“是”按钮可保存对文件所做的修改。

图 2-11 提示对话框

2.1.6 实例——拷贝图像文档

在 Photoshop 中处理图像时，如果要基于图像的当前状态创建一个文档副本，可以执行“图像”|“复制”命令。

(1) 打开本书配套资源中的的“目标文件\第 2 章\2.1\2.1.6\红裙女子.jpg”文件。

(2) 执行“图像”|“复制”命令，如图 2-12 所示。或按 Alt+I+D 快捷键也可执行该命令。

(3) 弹出“复制图像”对话框，在“为”文本框内输入新的文件名称，如图 2-13 所示。

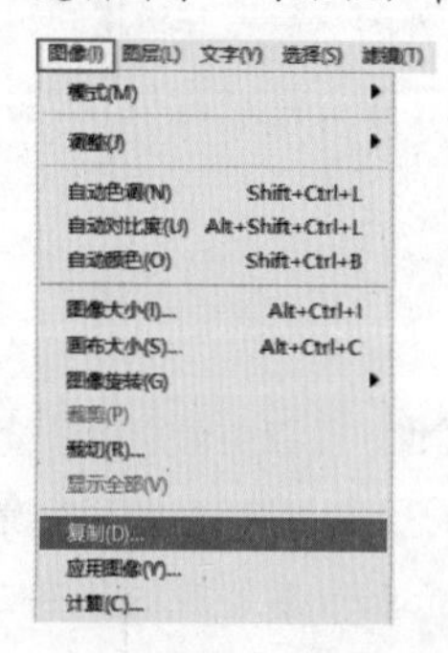

图 2-12 执行“图像”|“复制”命令

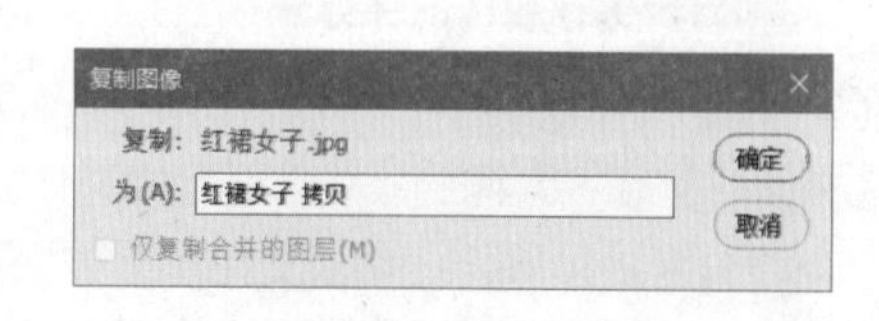

图 2-13“复制图像”对话框

(4) 单击“确定”按钮，便可快速地拷贝一个副本文件，如图 2-14 所示。

(5) 在文档窗口顶部右击，在弹出的快捷菜单中选择“复制”命令（见图 2-15）可以快速复制图像，也可弹出“复制图像”对话框。

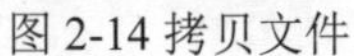

图 2-14 拷贝文件

图 2-15 选择“复制”命令

2.2 调整图像和画布大小

在 Photoshop 中，图像和画布是两个不同的概念。画布指的是绘制和编辑图像的工作区域，就像手工绘画的图纸，而图像则是画布上绘制的内容。

选择“图像”级联菜单下的“图像大小”和“画布大小”命令，可以分别对图像和画布大小进行调整。如果需要大批量的调整，则可以使用 Photoshop 的自动批处理功能。

2.2.1 像素和分辨率

1. 像素

像素（pixel）是组成位图图像的最小单位。一个图像文件的像素越多，包含的图像信息就越多，就越能表现更多的细节，图像质量也就越高。但同时保存它们所需的磁盘空间也会越多，编辑和处理的速度也会越慢。

2. 分辨率

“分辨率”是数字图像一个非常重要的属性，指的是单位长度中像素的数目，通常用像素/英寸(dpi)来表示。根据用途不同，常见的分辨率有图像分辨率、屏幕分辨率、打印分辨率和印刷分辨率几种。分辨率越高，图像越清晰，如图 2-16 所示。

分辨率=72

分辨率=10

图 2-16 不同分辨率的图像显示效果

2.2.2 调整图像大小和分辨率

使用“图像大小”对话框可以调整图像的打印尺寸和分辨率。选择“图像”|“图像大小”命令，即可打开如图 2-17 所示的“图像大小”对话框。在对话框中设置参数，修改图像的尺寸与像素后，单击“确定”按钮，即可在画布中观察修改结果。

图 2-17“图像大小”对话框

2.2.3 实例——调整照片大小

将照片用作电脑桌面或上传到网络时，会经常发现照片的尺寸不符合要求，这时就需要对图像的大小和分辨率进行适当的调整。选择“保留细节”选项，可在放大图像时提供更好的锐度。

(1) 启动 Photoshop，执行“文件”|“打开”命令，选择本书配套资源中的“目标文件\第 2 章\2.2\2.2.3\人物.jpg”，单击“打开”按钮。

(2) 打开素材文件后，会在 Photoshop 标题栏上显示该照片名称，如图 2-18 所示。此时照片的显示比例为 100%。

(3) 执行“图像”|“图像大小”命令，或按 Ctrl+Alt+I 快捷键，打开“图像大小”对话框，如图 2-19 所示。在该对话框中显示了文件的图像信息和照片预览。

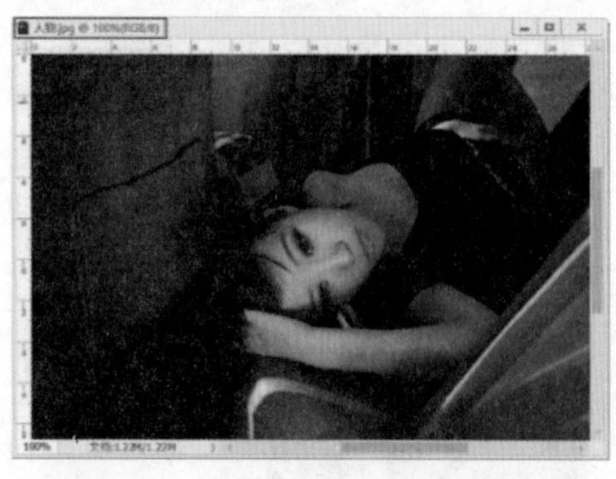

图 2-18 打开素材

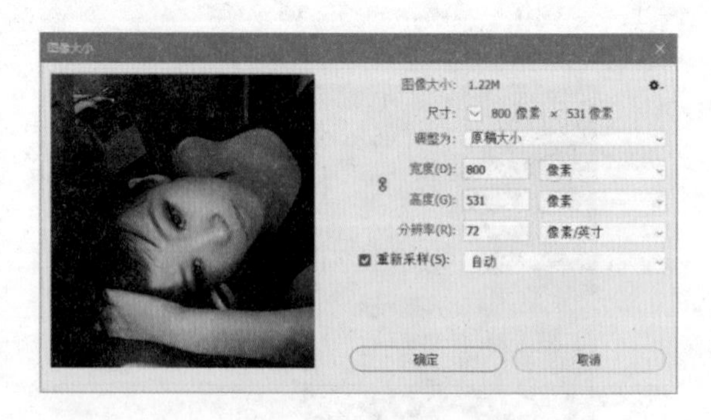

图 2-19“图像大小”对话框

(4) 重设“宽度”和“高度”值，在“重新采样”下拉列表中选择“保留细节（扩大）”选项，滑动“减少杂色”滑块调整百分比，如图 2-20 所示。

(5) 在左侧的窗口预览效果，发现图像仍旧保留细节，如图 2-21 所示。单击“确定”按钮。

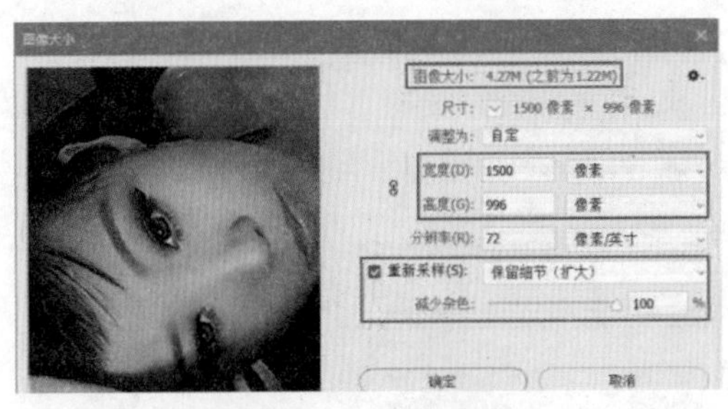

图 2-20 修改参数

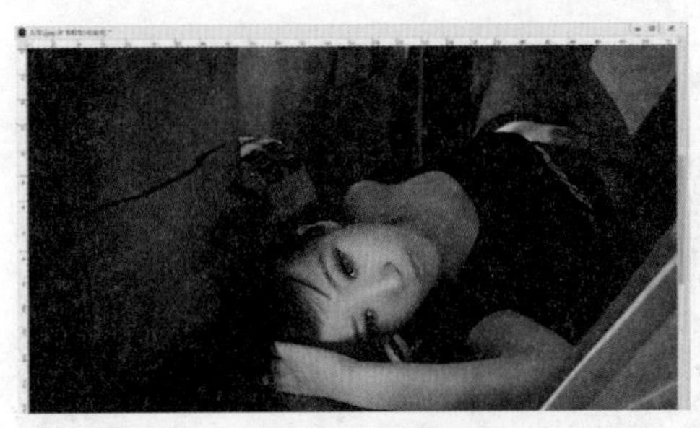

图 2-21 最终效果

2.3 裁剪图像

在对数码照片或者扫描图像进行处理时，经常会裁剪图像，以保留需要的部分，删除不需要的部分。使用“裁剪”工具、“透视裁剪”工具和“裁切”工具都可以裁剪图像，下面介绍具体的操作方法。

2.3.1 了解“裁剪”工具

选择“裁剪”工具，可以对图像进行裁剪，重新定义画布的大小。选择此工具后，在画面中单击并拖出一个矩形定界框，按下 Enter 键，就可以将定界框之外的图像裁掉。图 2-22 所示为“裁剪”工具的选项栏。

图 2-22“裁剪”工具选项栏

工具选项栏中的主要选项介绍如下：

➢ 比例：单击按钮，可以在打开的下拉菜单中选择预设的裁剪选项。

➢ 拉直：单击按钮，可拉出一条直线，将倾斜的地平线或建筑物等和画面中其他的元素对齐，可将倾斜的画面校正过来。

➢ 叠加选项：单击按钮，可以打开下拉菜单，其中提供的一系列参考线选项可以帮助用户进行合理的构图

➢ 裁切选项：单击按钮，可以打开一个下拉面板。Photoshop 提供了几种不同的编辑模式，选择不同的模式可以得到不同的裁剪效果。

2.3.2 实例——运用“裁剪”工具裁剪图像

使用“画布大小”对话框虽然能够精确地调整画布大小，但不够方便和直观，为此 Photoshop 提供了交互式的“裁剪”工具。使用该工具可以自由地控制裁剪的位置和大小，同时还可以对图像进行旋转或变形。

(1) 执行“文件”|“打开”命令，选择本书配套资源中的“目标文件\第 2 章\2.3\2.3.2\幻境.jpg”，单击“打开”按钮，结果如图 2-23 所示。

(2) 选择“裁剪”工具，移动光标至图像窗口，按住鼠标左键拖动图像边缘上的裁剪范围控制框，如图 2-24 所示。

图 2-23 打开素材

图 2-24 确定裁剪范围

提示：在裁剪图像时时若未勾选“裁剪”工具选项栏中的“删除裁剪的像素”复选框，则在裁剪完成后，使用“裁剪”工具再次单击图像时可以看见裁剪前的图像，用户还可以对其重新进行裁剪。

(3) 按 Enter 键，或在范围框内双击即可完成裁剪操作，裁剪范围框外的图像被去除。此时如果希望在选定裁剪区域后取消裁剪，可以按 Esc 键。图 2-25 所示为裁剪后的图像。

图 2-25 裁剪后的图像

提示：在拖动鼠标的过程中，按下 Shift 键可得到正方形的裁剪范围框；按下 Alt 键可得到以单击位置为中心的裁剪范围框；按下 Shift+Alt 键，则可得到以单击位置为中心点的正方形裁剪范围框。

2.3.3 了解“透视裁剪”工具选项

在拍摄高大的建筑时，由于视角较低，竖直的线条会向消失点集中，产生透视畸变。此时使用“透视裁剪”工具则能够很好地解决这个问题。值得注意的是，此工具只适用于没有文字/形状的图层。图 2-26 所示为“透视裁剪”工具选项栏。

图 2-26“透视裁剪”工具选项栏

➢ W/H：输入图像的宽度（W）和高度（H）值，可以按照设定的尺寸裁剪图像。单击按钮可以对调这两个数值。

➢ 分辨率：用来输入图像的分辨率。裁剪图像后，Photoshop 会自动将图像的分辨率调整为设定的大小。

➢ 前面的图像：单击此按钮，可在“W”“H”和“分辨率”文本框中显示当前文档的尺寸和分辨率。如果同时打开了两个文档，则会显示另一个文档的尺寸和分辨率。

➢ 清除：单击此按钮，可以清除“W”“H”和“分辨率”文本框中的数值。

➢ 显示网格：勾选此项可以显示网格线，取消勾选则隐藏网格线。

2.3.4 实例——运用“透视裁剪”工具校正倾斜的建筑物

在拍摄人物的时候，为了能使人物显得更加的高挑，会选择仰拍的方式。接下来通过具体操作来解决因拍摄视角低而产生的透视错误。

(1) 执行“文件” | “打开” |命令，选择本书配套资源中的“目标文件\第 2 章\2.3\2.3.4\外景.jpg”，单击“打开”按钮，结果如图 2-27 所示。可以看到门墙倾斜，这是透视畸变的明显特征。

(2) 选择“透视裁剪”工具，在画面中单击并拖动鼠标，创建矩形裁剪框，如图 2-28 所示。

图 2-27 打开素材

图 2-28 创建矩形裁剪框

(3) 将光标放在裁剪框左上角的控制点上，按住鼠标左键向右侧拖动，再将右上角的控制点向左侧拖动，让顶部的两个角与墙上面的线格保持平行；采用同样方法，拖动左下角和右下角的控制点，让底部两个角与地面上的线格保持平行。调整裁剪框的结果如图 2-29 所示。

(4) 单击工具选项栏中的“提交当前裁剪操作”按钮✓或按 Enter 裁剪图像，即可校正透视畸变，结果如图 2-30 所示。

图 2-29 调整裁剪框

图 2-30 裁剪结果

2.3.5 了解“裁切”对话框

执行“图像”|“裁切”命令，可以删除图像边缘的透明区域，或是指定的像素颜色。图 2-31 所示为“裁切”对话框。

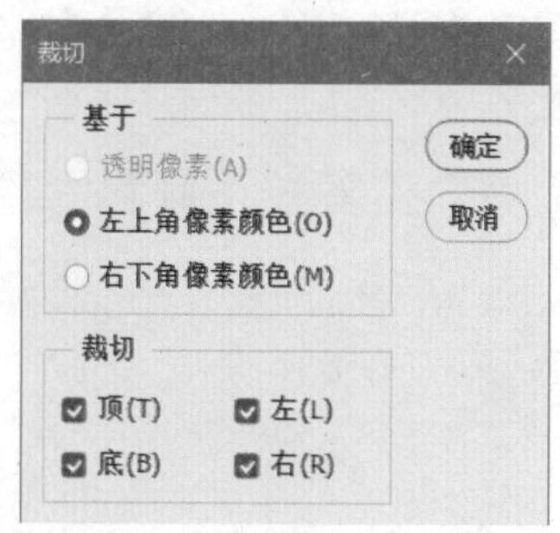

图 2-31“裁切”对话框

2.3.6 实例——使用“裁切”命令裁切黑边

执行“裁切”命令可以去除图像四周的空白区域。

(1) 执行“文件”|“打开”命令，选择本书配套资源中的“目标文件\第 2 章\2.3\2.3.6\卡通人.jpg”，单击“打开”按钮，打开一张素材图像，如图 2-32 所示。

(2) 选择“图像”|“裁切”命令，打开如图 2-33 所示的“裁切”对话框，设置相应的参数。

图 2-32 打开素材

图 2-33“裁切”对话框

(3) 单击“确定”按钮完成裁切，结果如图 2-34 所示。可以看到，照片左侧黑色区域被裁切。

图 2-34 裁切结果

2.4 恢复与还原

与其他 Windows 软件一样，如果在操作过程中执行了错误的操作，可以使用“恢复”和“还原”功能快速返回到以前的编辑状态。但与大家熟知的 Word、Excel 等软件不同，Photoshop“恢复”和“还原”的操作有其自身的特点。

2.4.1 使用命令和快捷键

使用命令和快捷键可以快速恢复和还原图像。

1. 恢复一个操作

选择“编辑”|“还原”命令（快捷键 Ctrl+Z），可以还原上一次对图像所做的操作。还原之后，可以选择“编辑”|“重做”命令，重做已还原的操作（快捷键同样是 Ctrl+Z）。“还原”和“重做”命令只能还原和重做最近的一次操作，因此如果连续按下 Ctrl+Z 键，会在两种状态之间循环，这样可以比较图像编辑前后的效果。

2. 恢复多个操作

使用“前进一步”和“后退一步”命令可以还原和重做多步操作。在实际操作时，常直接使用 Ctrl+Shift+Z 快捷键（前进一步）和 Ctrl+Alt+Z 快捷键（后退一步）进行操作。

2.4.2 恢复图像至打开状态

选择“文件”|“恢复”命令，可以恢复图像至打开时的状态，相当于重新打开该图像文件，操作快捷键为 F12 键。

使用该命令有一个前提，即在图像的编辑过程中没有进行过“保存”等存盘操作，否则该命令会显示为灰色，表示不可用。

2.4.3 使用“历史记录”面板

“历史记录”面板是一个非常有用的工具，它可以记录最近 20 次的历史状态。使用“历史记录”面板，不仅能够清楚地了解图像的编辑步骤，还可以有选择地恢复图像至某一历史状态。

选择“窗口”|“历史记录”命令，显示“历史记录”面板，如图 2-35 所示。

图 2-35“历史记录”面板

➢ "从当前状态创建新文档"按钮：单击该按钮，可将当前操作的图像文件复制一个新文档，新建文档的名称以当前的步骤名称来命名。

➢ "创建新快照"按钮：单击此按钮，为当前步骤建立一个新快照。

➢ "删除当前状态"按钮：单击此按钮，将当前所选中操作及其后续步骤删除。

提示：在关闭图像后，本次操作的所有历史状态和快照都将从面板中清除。

2.4.4 实例——有选择地恢复图像区域

使用前面介绍的方法恢复图像，整个图像都将恢复到某个历史状态，如果希望有选择性地恢复部分图像，可以使用"历史记录画笔"工具和"历史记录画笔艺术"工具。这两个工具必须配合"历史记录"面板使用。

(1) 按 Ctrl + O 快捷键，打开本书配套资源中的"目标文件\第 2 章\2.4\2.4.4\热气球.jpg"，如图 2-36 所示。

(2) 执行"滤镜" | "模糊" | "径向模糊"命令，弹出"径向模糊"对话框，设置参数如图 2-37 所示。

图 2-36 打开素材

图 2-37 "径向模糊"对话框

(3) 单击"确定"按钮，完成径向模糊处理，结果如图 2-38 所示。

(4) 选择"历史记录画笔"工具，在选项栏中设置画笔硬度为"0%"、"不透明度"为 50%。在"历史记录"面板中设置恢复的状态为"打开"状态，如图 2-39 所示。

图 2-38 径向模糊处理

图 2-39 "历史记录"面板

(5) 移动光标至图像窗口，按[和]键调整画笔使其大小合适，然后置于前面的热气球上，即可使热气球恢复到原来的清晰效果，如图 2-40 所示。

提示："历史记录艺术画笔"工具与"历史记录画笔"工具使用方法相同，不同的是前者可设定不同的画笔样式，在恢复图像时得到不同的艺术效果。"历史记录艺术画笔"工具选项栏如图 2-41 所示，在"样式"下拉列表中可选择各种不同的绘画样式。

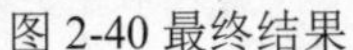

图 2-40 最终结果

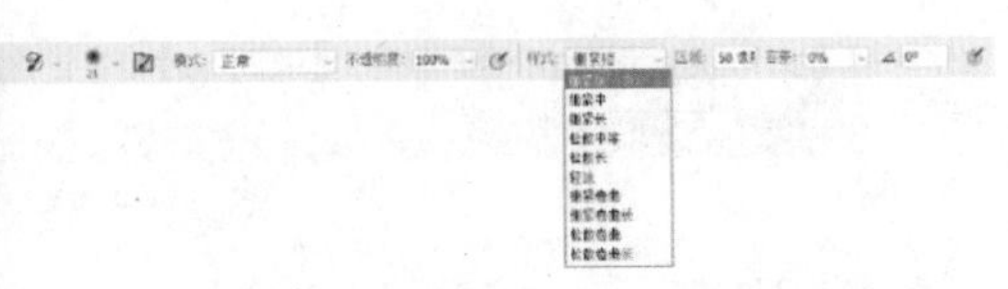

图 2-41“历史记录艺术画笔”工具选项栏

2.5 图像的变换与变形操作

移动、缩放、旋转、斜切、扭曲、透视等都是对图像的基本处理。其中，移动、缩放、旋转是对图像的变换操作，斜切、扭曲、透视是对图像的变形操作。

2.5.1 了解“移动”工具选项栏

“移动”工具是最常用的工具之一，无论是在文档中移动图层。选区中的图像，还是将其他文档的图像拖拽到当前文档，都需要使用“移动”工具。如图 2-42 所示为“移动”工具选项栏。

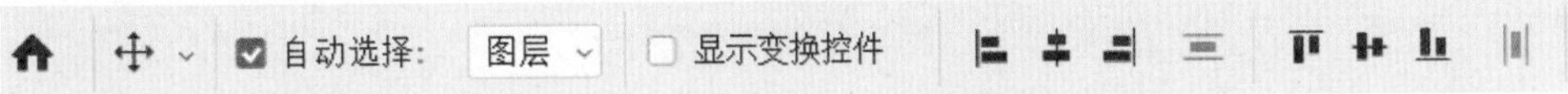

图 2-42“移动”工具选项栏

- 自动选择：如果文档中包含了多个图层或图层组，可以在其下拉列表中选择要移动的对象。如果选择“图层”选项，使用移动工具在画布中单击时，可以自动选择移动工具下面包含像素的最顶层的图层。如果选择“组”选项，在画布中单击时，可以自动选择移动工具下面包含像素的最顶层的图层组。
- 显示变换控件：勾选此选项后，当选择一个图层时，就会在图层内容的周围显示定界框，此时可以拖拽控制点来对图像进行变换操作。
- 对齐图层：当同时选择了两个或两个以上的图层时，单击相应的按钮可以将所选图层进行对齐，对齐方式包括顶对齐、垂直居中对齐、底对齐、左对齐、水平居中对齐和右对齐。
- 分布图层：当选择了 3 个或 3 个以上的图层时，单击相应的按钮可以将所选的图层按一定规则进行均匀分布排列。分布方式包括按顶分布、垂直居中分布、底分布、左分布、水平居中分布和右分布。

2.5.2 实例——使用“移动”工具合成创意图像

移动对象是处理图像常用的操作之一。接下来针对移动图像的两个不同方式（在不同的文档间和在同一文档中移动对象）来合成创意图像。

(1) 执行“文件” | “打开”命令，按 Ctrl 键选择本书配套资源中的“目标文件\第 2 章\2.5\2.5.2\城市.jpg”“奔跑的人.png”文件，单击“打开”按钮，如图 2-43 所示。

图 2-43 打开素材

(2) 选择“移动”工具，选择“奔跑的人.png”，将其移动至“城市”文档中。

(3) 继续选择“移动”工具，选中“奔跑的人”所在图层，将其移至适当的位置，结果如图 2-44 所示。

图 2-44 调整位置

2.5.3 认识定界框、中心点和控制点

“编辑” | “变换”子菜单中包含了各种变换命令，如图 2-45 所示。它们可以用来对图层、路径、矢量形状以及选中的选区内容等进行变换操作。

执行“变换”子菜单中的任意一个变换命令，可使当前对象进入变换模式（周围会出现一个定界框，定界框中间有一个中心点），四周有控制点，如图 2-46 所示。

图 2-45“变换”子菜单

图 2-46 进入变换模式

默认情况下，中心点处于对象的中心位置。它用于定义对象的变换中心，拖动它可以移动它的位置，

当前中心点位置不同时，将得到的变换结果不同，如图 2-47 所示。

图 2-47 中心点位置不同时的变换结果

2.5.4 实例——使用“缩放”命令调整图像

使用“缩放”命令可以对图像进行放大或缩小的操作。下面通过具体实例讲解其操作方法。

(1) 执行“文件” | “打开”命令，选择本书配套资源中的“目标文件\第 2 章\2.5\2.5.4\手.jpg” “飞机.png” 文件，单击“打开”按钮，如图 2-48 所示。

图 2-48 打开素材

(2) 将“飞机”素材移动至“手”文档中，执行“编辑” | “变换” | “缩放”命令，移动光标至定界框上方，当光标显示为双箭头形状（↔、↕或⤡）时，按 Shift+Alt 键同时拖动鼠标，即可按中心点位置对图像进行“缩放”变换。

(3) 按 Enter 键，完成“缩放”变换，结果如图 2-49 所示。

图 2-49 最终结果

提示：按住 Shift 键拖动，可以固定比例缩放。如果要在操作过程中取消变换操作，可按下 Esc 键。

2.5.5 实例——使用“内容识别缩放”命令缩放多余图像

“内容识别缩放”命令与“缩放”命令不同，它能自动对内容进行识别，使重要内容不因缩放而比例失调。

(1) 执行“文件” | “打开”命令，选择本书配套资源中的“目标文件\第 2 章\2.5\2.5.5\男孩.jpg”文件，如图 2-50 所示。

(2) 双击图层面板背景图层，将背景图层转换为普通图层。此时缩放图像的结果如图 2-51 所示。

图 2-50 打开素材

图 2-51 缩放图像

(3) 执行“编辑” | “内容识别缩放”命令，在工具选项栏中单击“保护肤色”按钮，移动光标至定界框上方，当光标显示为双箭头形状时，拖动鼠标即可对图像进行缩放变换，如图 2-52 所示。可以看到，人物并没有因缩放而比例失调。

图 2-52 最终结果

提示：选择“内容识别缩放”命令后，在工具选项栏中单击“保护肤色”按钮，在变换时会自动对人物肤色部分进行保护。

2.5.6 了解“精确变换”命令

变换选区图像时，使用选项栏可以快速、准确地变换图像。在执行“编辑” | “自由变换”命令后，

选项栏如图 2-53 所示，在文本框中输入相应的数值，然后按下 Enter 键或单击选项栏右侧的按钮✓，即可进行变换。

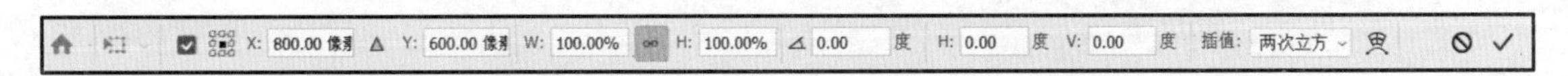

图 2-53 选项栏

- “X 坐标轴文本框” X: 800.00 像素：变换中心点横坐标。
- “Y 坐标轴文本框” Y: 600.00 像素：变换中心点纵坐标。
- “宽度文本框” W: 100.00%：设置变换图像的水平缩放比例。
- “高度文本框” H: 100.00%：设置变换图像的垂直缩放比例。
- “旋转角度文本框” ⊿ 0.00：设置旋转角度。
- “水平斜切角度文本框” H: 0.00：设置水平斜切角度。
- “垂直斜切角度文本框” V: 0.00：设置垂直斜切角度。
- “插值” 插值: 两次立方：选择此变换的插值。
- “在自由变换为变形模式之切换”：实现自由变换和变形模式之间的相互切换。

2.5.7 实例——通过“变换”命令制作插画

对图像进行变换操作后，可以通过“编辑”|“变换”|“再次”命令，再一次对它应用相同的变换。下面通过使用“再次”命令，制作一幅绚丽的插画。

(1) 启用 Photoshop 后，执行“文件”|“新建”命令，弹出“新建文档”对话框，设置参数如图 2-54 所示。单击“创建”按钮，新建一个空白文件。

(2) 设置新建文件的填充背景为淡黄色（# ffedcd）。在工具箱中选择“多边形套索”工具，绘制一个三角形选区，为其新建一个图层，设置填充颜色为红色（#f50075），结果如图 2-55 所示。

图 2-54 设置参数

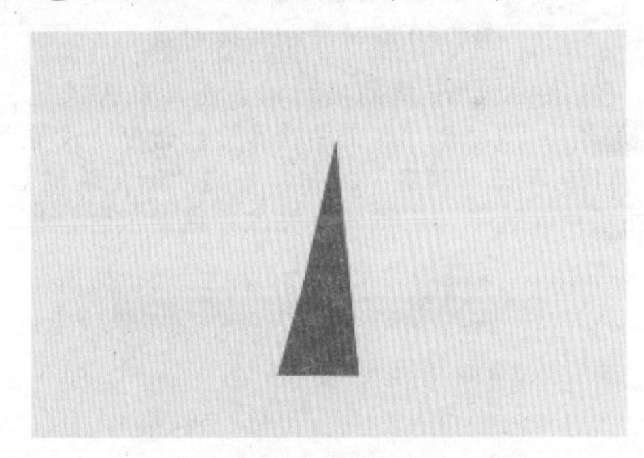

图 2-55 绘制图形

(3) 选择“移动”工具，调整三角形至如图 2-56 所示的位置。

(4) 按 Ctrl + T 快捷键进入自由变换状态，如图 2-57 所示。

图 2-56 调整三角形位置

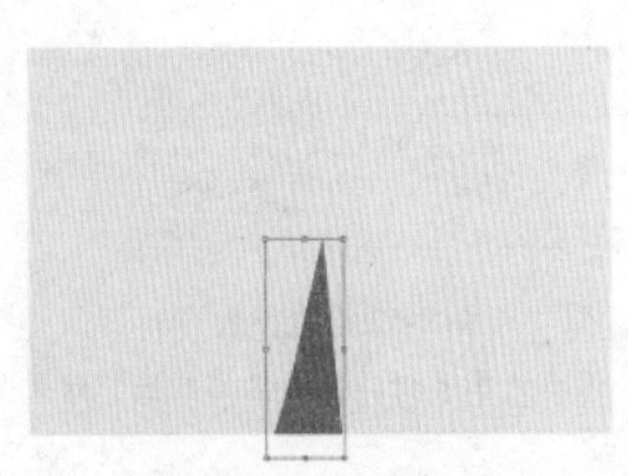

图 2-57 进入自由变换状态

(5) 按住 Alt 键，同时拖动中心控制点至图形上方，如图 2-58 所示。

(6) 旋转图形如图 2-59 所示。

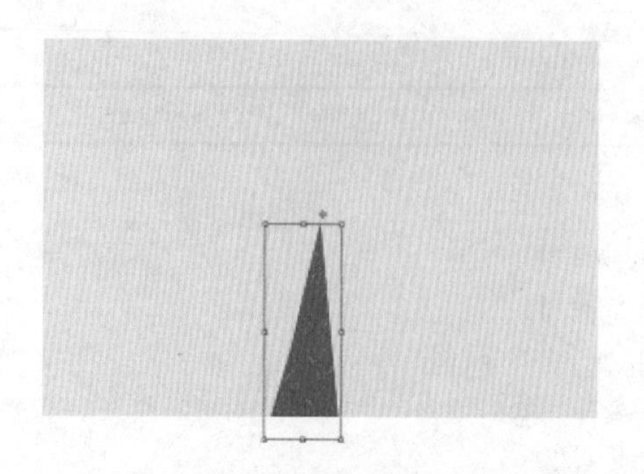

图 2-58 移动中心控制点

图 2-59 旋转图形

(7) 按 Enter 键确认旋转变换，按 Ctrl + Alt + Shift + T 快捷键多次，在进行再次变换的同时复制变换对象，如图 2-60 所示。

(8) 选择背景图层以上的所有图层，按 Ctrl+E 键合并，然后按 Ctrl+T 快捷键，进入自由变换状态，调整至如图 2-61 所示的大小。

图 2-60 旋转复制变换对象

图 2-61 调整图像大小

(9) 按住 Ctrl 键的同时单击图层载入选区，选择“渐变”工具，在工具选项栏中单击渐变条，打开“渐变编辑器”对话框，设置参数如图 2-62 所示。

(10) 单击“确定”按钮，关闭“渐变编辑器”对话框。按下工具选项栏中的“径向渐变”按钮，将图层载入选区，在图像中按住并拖动鼠标，进行渐变填充，结果如图 2-63 所示。

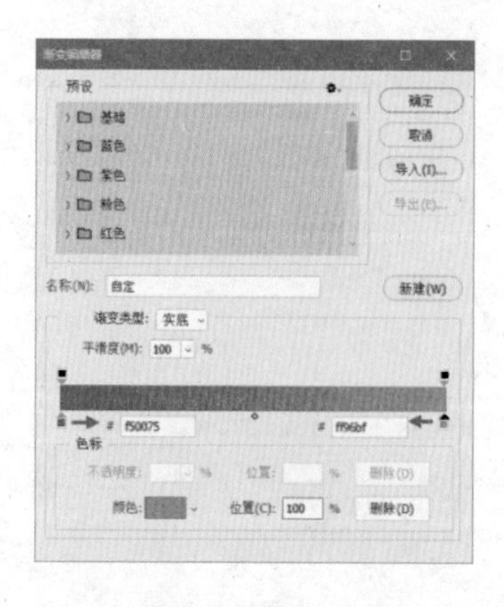

图 2-62 设置参数

图 2-63 渐变填充

(11) 添加汽车素材，完成插画制作，结果如图 2-64 所示。

提示：调整文字的大小和调整图形的大小方法一样。

DESIGN
CONTENTS

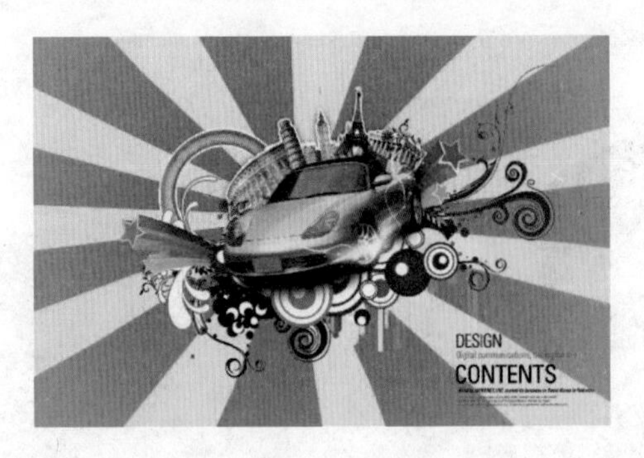

图 2-64 制作结果

2.5.8 变形

使用“变形”命令可以对图像进行更为灵活和细致的变形操作，如制作页面折角及翻转胶片等效果。

选择“编辑”|“变换”|“变形”命令，或者在工具选项栏中单击按钮，即可进入“变形”模式。此时工具选项栏如图 2-65 所示。

在调出变形控制框后，可以在工具选项栏“变形”下拉列表中选择适当的形状选项，也可以直接在图像内部、节点或控制手柄上拖动，直至将图像变形为所需的效果。

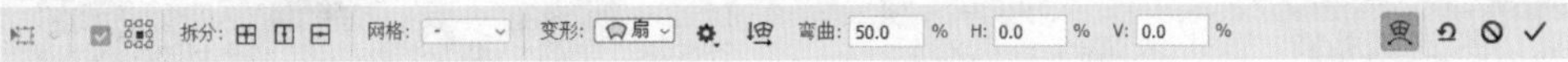
拆分:
网格:
变形:
扇
弯曲: 50.0 %
H: 0.0 %
V: 0.0 %

图 2-65 工具选项栏

工具选项栏中的主要选项介绍如下：

➢ 变形：在该下拉列表中可以选择 15 种预设的变形选项。如果选择自定义选项，则可以随意对图像进行变形操作。

➢ 更改变形方向按钮：单击该按钮，可以在不同的角度改变图像变形的方向。

➢ 弯曲：在文本框中输入正或负数可以调整图像的扭曲程度。

➢ H、V：在文本框中输入数值可以控制图像扭曲时在水平和垂直方向上的比例。

2.5.9 实例——“变形”命令制作相册

下面通过“变形”命令制作一幅富有动感的精美相册。

(1) 按下 Ctrl + O 键，打开本书配套资源中的“目标文件\第 2 章\2.5\2.5.9\照片变形.jpg”文件，如图 2-66 所示。选中人物照片图层，执行“编辑”|“变换”|“变形”命令，进入变形状态，照片图像上方显示出变形网格，如图 2-67 所示。

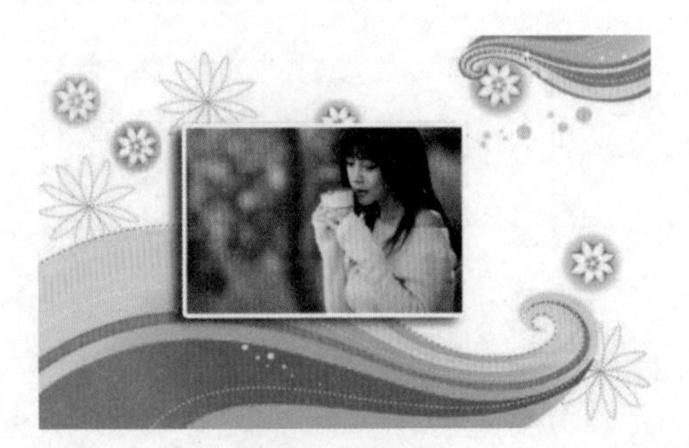

图 2-66 打开素材

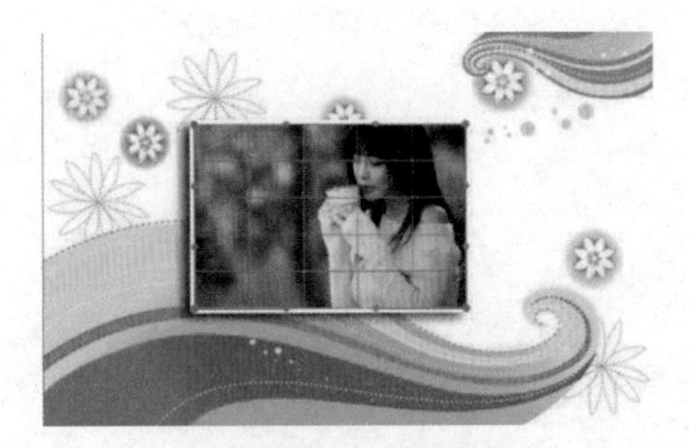

图 2-67 进入变形状态

(2) 在工具选项栏“变形”下拉列表中选择“拱形”选项，得到拱形变形效果，如图 2-68 所示。

(3) 向下拖动上侧变形控制点，调整图像，结果如图 2-69 所示。

图 2-68 拱形变形

图 2-69 调整图像

(4) 单击工具选项栏中的[icon]按钮，使之呈弹起状态，进入自由变换状态。旋转照片的角度并进行适当缩放，然后按 Enter 键应用变换，变形效果如图 2-70 所示。

(5) 使用同样方法变形其他照片。图 2-71 所示为添加阴影后的最终效果。

图 2-70 变形效果

图 2-71 最终效果

第3章 创建和编辑选区

选区在图像编辑过程中扮演着非常重要的角色，限制着图像编辑的范围和区域。灵活而巧妙地应用选区，能制作许多精妙绝伦的结果，因此很多 Photoshop 高手将 Photoshop 的精髓归纳为“选择的艺术”。

本章将详细讨论选区创建和编辑的方法，以及选区在图像处理中的具体应用技巧。

3.1 选区的原理

选区的功能在于能够准确限制图像编辑的范围，从而得到精确的结果。选区建立之后，在选区的边界会出现不断交替闪烁的虚线，以表示选区的范围。由于这些黑白浮动的线如同一队蚂蚁在走动，因此围绕选区的线条也被称为“蚂蚁线”。建立选区后就可以对选定的图像进行移动、复制以及执行滤镜、调整色彩和色调等操作，选区外的图像丝毫不受影响。

如图 3-1 所示，如果要改变衣服的颜色，首先将其选中，然后再使用调整命令进行调整，如果没有创建选区，则整个图像的色彩都会被调整。

建立选区

调整衣服颜色

调整整体图像颜色

图 3-1 选区应用实例

3.2 选择方法概述

选中对象后，可以将它与背景分离，这个操作过程称为“抠图”。Photoshop 提供了大量的选择工具和命令，以适合选择不同类型的对象，但很多复杂的图像，如头发、透明物体等，需要使用多种工具配合才能完整抠出。

3.2.1 基本形状选择法

在选择矩形、多边形、正圆形和椭圆形等基本几何形状的对象时，可以使用工具箱中的选框工具来进行选取。图 3-2 所示为运用“椭圆选框”工具建立的圆形选区，图 3-3 所示为运用“多边形套索”工具建立的矩形选区。

图 3-2　圆形选区

图 3-3　矩形选区

3.2.2 基于路径的选择方法

Photoshop 中的“钢笔”工具是矢量工具，使用它可以绘制光滑的路径。如果对象边缘光滑，并且呈现不规则形状，可以使用钢笔工具来选取，如图 3-4 所示。

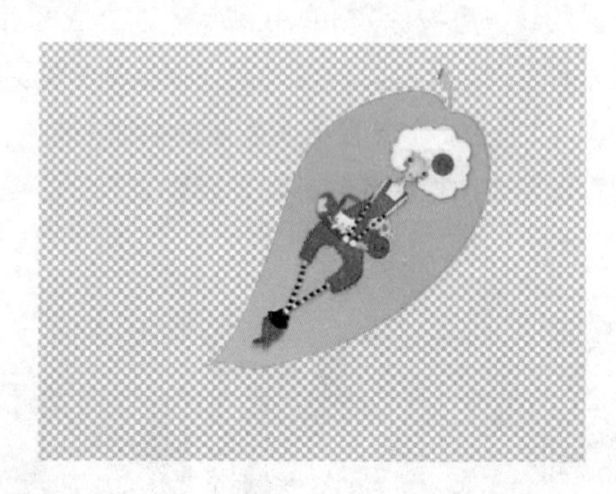

图 3-4　运用路径工具选择对象

图层和路径都可以转换为选区。按住 Ctrl 键，移动光标至图层缩览图上方，此时光标显示为形状，单击即可得到该图层非透明区域的选区。

使用路径建立选区也是比较精确的方法。因为使用路径工具建立的路径可以非常光滑，而且可以反复调节各锚点的位置和曲线的曲率，因而常用来建立复杂和边界较为光滑的选区。

3.2.3 基于色调的选择方法

颜色选择方式通过颜色的反差来选择图像。当背景颜色比较单一，且与选择对象的颜色存在较大的反差时，使用颜色选择便会比较方便，如图 3-5 所示的图像。

Photoshop 提供了三个颜色选择工具，“魔棒”工具、“快速选择”工具和“色彩范围”对话框。

图 3-5　具有单色背景的图像

3.2.4 基于快速蒙版的选择方法

快速蒙版是一种特殊的选区编辑方法，在快速蒙版状态下，可以像处理图像那样使用各种绘画工具和滤镜来编辑选区。创建选区后，单击[◎]按钮，进入快速蒙版编辑状态，可以将选区转换为蒙版图像。如图 3-6 所示为普通选区，图 3-7 所示为快速蒙版编辑状态下的选区。

图 3-6　普通选区

图 3-7　快速蒙版编辑状态下的选区

3.2.5 基于通道的选择方法

通道是所有选择方法中功能最为强大的一个，其选择功能之所以强大，是因为它表现选区不是用“蚂蚁线”，而是用灰阶图像，可以像编辑图像一样来编辑选区，并且“画笔”工具、“橡皮擦”工具、“色调调整”工具、“滤镜”都可以自由使用。如图 3-8 所示为运用通道选择的图像。

图 3-8　运用通道选择图像

3.3 选区的基本操作

选区的基本操作包括创建选区、设定内容，以及创建选区后进行的简单操作，如选区的运算、反选和重新选择等。

3.3.1 全选与反选

执行“选择” | “全选”命令，或按下 Ctrl＋A 键，可选择整幅图像，如图 3-9 所示。

创建选区如图 3-10 所示，执行“选择” | “反向”命令，或按下 Ctrl＋Shift＋I 快捷键，可以反选当前的选区（即取消当前选择的区域，选择未选取的区域），如图 3-11 所示。

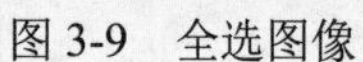

图 3-9　全选图像

图 3-10　创建选区

图 3-11　反选选区

3.3.2 取消选择与重新选择

执行“选择”|“取消选择”命令，或按下 Ctrl＋D 快捷键，可取消所有已经创建的选区。如果当前激活的是选择工具（如“选框”工具、“套索”工具），移动光标至选区内单击，也可以取消当前的选择。

Photoshop 会自动保存前一次的选择范围。在取消选区后，执行“选择”|“重新选择”命令或按下 Ctrl＋Shift＋D 快捷键，便可调出前一次的选择范围。

3.3.3 移动选区

移动选区操作可改变选区的位置。首先在工具箱中选择一种选择工具，然后移动光标至选择区域内，待光标显示为形状时拖动，即可移动选区。如图 3-12 所示，在拖动过程中光标会显示为黑色三角形状。

如果只是小范围移动选区，或要求准确地移动选区时，可以使用键盘上的←、→、↑、↓四个光标移动键，按一下键移动一个像素。按下 Shift＋光标移动键，可以一次移动 10 个像素的位置。

图 3-12　移动选区

提示：在绘制椭圆和矩形选区时，按下空格键可以快速移动选区。

3.3.4 了解“选区的运算”

在图像的编辑过程中，有时需要同时选择多块不相邻的区域，或者增加、减少当前选区的面积。在任何一个选择工具选项栏上都可以看到如图 3-13 所示的选项按钮，使用这些选项按钮可以选择选区的运算方式。

图 3-13　选项按钮

➢　新选区：单击该按钮后，可以在图像上创建一个新选区。如果图像上已经包含了选区，则每新建一个选区，都会替换上一个选区。

- 添加到选区：单击该按钮或按住 Shift 键，此时的光标下方会显示“+”标记，拖动鼠标即可将新选区添加到原来的选区。
- 从选区减去：对于多余的选取区域，同样可以将其减去。单击该按钮或按住 Alt 键，此时光标下方会显示“—”标记，然后使用矩形选框工具绘制需要减去的区域即可。
- 与选区交叉：单击该按钮或按住 Alt + Shift 键，此时光标下方会显示出“×”标记，新绘制的选取范围与原选区重叠的部分（即相交的区域）将被保留，产生一个新的选区，而不相交的选取范围将被删除。

3.3.5 实例——运用“选区的运算”合成图像

下面通过对选区执行运算，抠取气球，与其他素材合并成一副新的图像。

（1）启动 Photoshop 后，执行“文件”|“打开”命令，弹出“打开”对话框，选择本书配套资源中的“目标文件\第 3 章\3.3\3.3.5\热气球.jpg”文件，单击“打开”按钮，如图 3-14 所示。

图 3-14　打开素材

（2）选择“磁性套索”工具，在工具选项栏中设置相关参数，如图 3-15 所示。

图 3-15　设置参数

（3）在左侧气球的边缘上单击，然后沿着气球的边缘移动光标，将其选中，如图 3-16 所示。

（4）在工具选项栏中单击“添加到选区”按钮，然后在中间的气球边缘上单击，沿其边缘移动光标，将其选中，如图 3-17 所示。

图 3-16　选择气球

图 3-17　选择中间气球

（5）使用上述操作方法，将右侧的气球也选中，如图 3-18 所示。

（6）选择“魔棒”工具，在工具选项栏中单击“从选区减去”按钮，然后分别在每一个气球下方单击，减去多选的部分，如图 3-19 所示。

图 3-18　选择右侧气球

图 3-19　减去多选部分

（7）执行“选择”|“修改”|“羽化”命令，在弹出的对话框中设置“羽化半径”为 1 像素，单击“确定”按钮，如图 3-20 所示。

（8）打开配套资源中的“家园.jpg”文件，选择“移动”工具，按 Ctrl+Alt 快捷键的同时将选中的气球拖入到该文档中，再按 Ctrl+T 快捷键调整大小和位置，结果如图 3-21 所示。

图 3-20　设置参数

图 3-21　最后结果

3.3.6 隐藏与显示选区

创建选区后，执行“视图”|“显示”|“选区边缘”命令或按下 Ctrl+H 快捷键，可以隐藏选区。隐藏选区以后，选区虽然看不见了，但它依然存在，并限制着操作的有效区域。需要重新显示选区，可按下 Ctrl+H 快捷键。

3.4 使用选框工具建立规则选区

Photoshop 提供了 4 个选框工具用于创建形状规则的选区，包括“矩形选框”工具、“椭圆选框”工具、“单行选框”工具和“单列选框”工具，分别用于建立矩形、椭圆、单行和单列选区。

3.4.1 了解“矩形选框”工具选项栏

选择“矩形选框”工具后，按住 Shift 键拖动鼠标，可建立正方形选区；按下 Alt＋Shift 键拖动，可建立以起点为中心的正方形选区。

当需要取消选择时，执行“选择”|“取消选择”命令，或按下 Ctrl＋D 快捷键，或使用选框工具在图像窗口单击即可。

“矩形选框”工具选项栏如图 3-22 所示，各选项的含义如下：

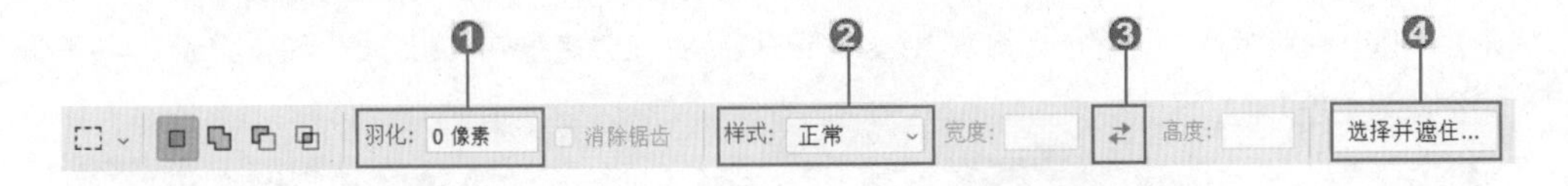

图 3-22　“矩形选框”工具选项栏

❶“羽化”文本框：用来设置选区的羽化值。该值越高，羽化的范围越大。

❷“样式”下拉列表：用来设置选区的创建方法。选择“正常”时，可以通过拖动鼠标创建需要的选区，选区的大小和形状不受限制；选择“固定比例”后，可在该选项右侧的“宽度”和“高度”文本框中输入数值，创建固定比例的选区。

❸“宽度和高度互换”按钮：单击该按钮，可以切换“宽度”和“高度”数值。

❹“选择并遮住”按钮：单击该按钮，打开“属性”面板，在其中可对选区进行平滑、羽化处理。

3.4.2 实例——使用“矩形选框”工具制作艺术结果

“矩形选框”工具是最常用的选框工具，使用该工具在图像窗口中拖动，即可创建矩形选区。下面通过“矩形选框”工具结合“叠加”模式来制作蜗牛的世界。

（1）执行“文件”|“打开”命令，弹出“打开”对话框，选择本书配套资源中的“目标文件\第 3 章\3.4\3.4.2\蜗牛.jpg”文件，单击“打开”按钮，如图 3-23 所示。

（2）新建一个图层，选择“矩形选框”工具，在图像窗口中绘制一个矩形选区，如图 3-24 所示。

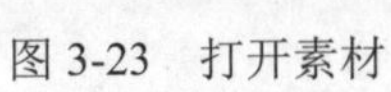

图 3-23　打开素材

图 3-24　绘制选区

（3）单击工具箱中的“前景色”色块，在弹出的“拾色器（前景色）”对话框中设置前景色为青色（# 34fde6），单击“确定”按钮。按 Alt+Delete 快捷键，填充颜色，结果如图 3-25 所示。

（4）按 Ctrl+D 快捷键取消选区，按 Alt 键，移动并复制图层至右边与其靠拢，单击图层面板上的“锁定透明图像”按钮，填充白色，设置图层的“不透明度”为 50%，结果如图 3-26 所示。

（5）运用同样的操作方法，绘制其他的矩形，填充不同的颜色，结果如图 3-27 所示。

图 3-25　填充颜色

图 3-26　更改图层的不透明度

(6)按 Shift 键同时选中所有的矩形图层，按 Ctrl+G 快捷键创建组，并设置组的混合模式为“叠加”，结果如图 3-28 所示。

图 3-27　填充不同的颜色

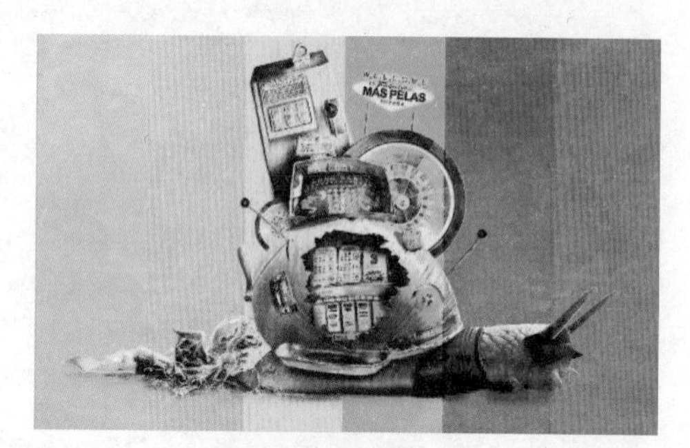

图 3-28　最终结果

3.4.3 “椭圆选框”工具的使用

“椭圆选框”工具可用于创建椭圆或正圆选区。使用“椭圆选框”工具，参考图 3-29 中的圆月绘制椭圆选框，将选区内的圆月抠取出来，移动至图 3-30 中的海面上，调整至适当位置，更改圆月的图层混合模式为“滤色”，便制作出了美丽的黄昏场景，最终结果如图 3-31 所示。

图 3-29　圆月

图 3-30　海面

图 3-31　最终结果

提示：按住 Shift 键的同时拖动鼠标可以创建等比的选区，按住 Alt＋Shift 键的同时拖动鼠标可建立以起点为中心的等比的选区。

3.4.4 “单行选框”和“单列选框”工具的使用

“单行选框”工具和“单列选框”工具可用于创建一个像素高度或宽度的选区，在选区内填充颜色可以得到水平或垂直直线，如图 3-32 所示。

原图

绘制选区

填充颜色

图 3-32　“单行选框”和“单列选框”工具的使用

提示：使用“矩形选框”工具和“椭圆选框”工具在图像中按住鼠标左键进行拖动即可创建选区，“单行选框”和“单列选框”工具只需在图像中单击即可创建选区。

3.5 使用套索工具建立不规则选区

“套索”工具用于建立不规则形状选区，包括“套索”工具、“多边形套索”工具和“磁性套索”工具。

3.5.1 “套索工具”的使用

“套索”工具可用于徒手绘制不规则形状的选区范围。“套索”工具能够创建任意形状的选区，使用方法和画笔工具相似，需要徒手绘制。通过“套索”工具选择人物的眼睛，移动至娃娃的脸上，即可替换娃娃的眼睛，如图 3-33 所示。

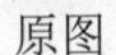
原图

选择眼睛

替换结果

图 3-33　“套索”工具的使用

提示：“套索”工具创建的选区非常随意，不够精确。若在鼠标拖动的过程中，终点尚未与起点重合就松开鼠标，则系统会自动封闭不完整的选取区域；在未松开鼠标之前，按 Esc 键可取消刚才的选定。

3.5.2 实例——使用“多边形套索”工具更换背景

“多边形套索”工具常用来创建不规则形状的多边形选区，如三角形、四边形、梯形和五角星等。下面通过使用“多边形套索”工具建立选区，更换背景。

（1）执行“文件”｜“打开”命令，选择本书配套资源中的“目标文件\第 3 章\3.5\3.5.2\贺卡.jpg”，单击“打开”按钮，如图 3-34 所示。

（2）选择“多边形套索”工具，在五角星的角点位置连续单击，绘制五角星形选区，如图 3-35 所示。

图 3-34　打开素材

图 3-35　绘制五角星形选区

提示：在选取过程中，按 Delete 键可删除最近选取的一条线段，若连续按下 Delete 键多次，可以连续删除线段，直至删除所有选取的线段，与按下 Esc 键结果相同；若在选取的同时按 Shift 键，则可按水平、垂直或 45° 方向进行选取。

（3）打开海报素材，将建立的选区内容移至背景文档中，如图 3-36 所示。

（4）按 Ctrl+[快捷键，将图层向下移动一层，最终结果如图 3-37 所示。

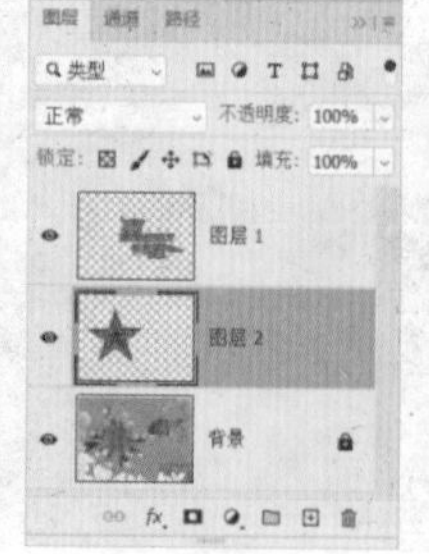

图 3-36　移动选区内容

图 3-37　最终结果

3.5.3 “磁性套索”工具的使用

“磁性套索”工具也可以看作是通过颜色选取的工具，因为它自动根据颜色的反差来确定选区的边缘，同时它又能通过鼠标的单击和移动来指定选取的方向。

使用“磁性套索”工具，沿着鲜花的轮廓创建选区，将选区内的鲜花移动至人物的头部，结果如图 3-38 所示。

原图

绘制选区

最终结果

图 3-38　“磁性套索”工具的使用

3.6 运用“色彩范围”命令组合图像

“色彩范围”命令与“魔棒”工具相比，功能更为强大，使用方法也更为灵活，可以一边预览选择区域一边进行动态调整。下面以实例进行说明。

（1）执行“文件” | “打开”命令，选择本书配套资源中的“目标文件\第 3 章\3.6\爱心.jpg”，单击“打开”按钮，如图 3-39 所示。

（2）执行“选择” | “色彩范围”命令，或按 Alt+S+C 快捷键，打开“色彩范围”对话框，如图 3-40 所示。在“选择”下拉列表中选择“取样颜色”选项，单击对话框右侧的“吸管”按钮，移动光标至图像窗口或预览框（光标会显示为吸管的形状）中单击。预览框用于预览选择的颜色范围，白色表示选择区域，黑色表示未选中区域。拖动“颜色容差”滑块，可调整选取范围大小。

图 3-39　打开文件

图 3-40　“色彩范围”对话框

（3）单击“确定”按钮，选中白色的区域，如图 3-41 所示，按 Delete 键删除选区内容。按 Alt+S+M+C 快捷键，弹出“收缩选区”对话框，设置参数和收缩选区后的结果如图 3-42 所示。

图 3-41　选择白色区域

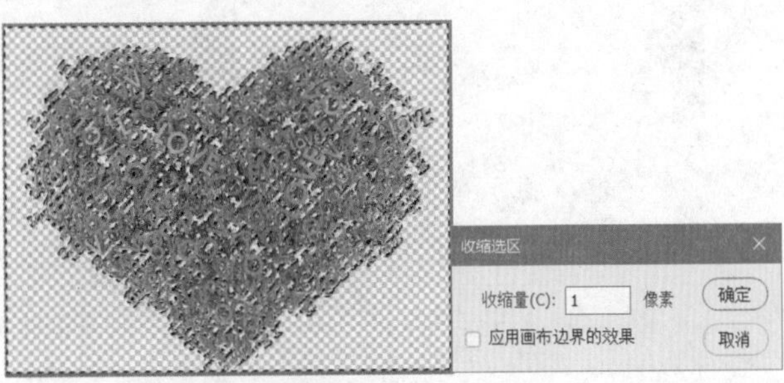

图 3-42　收缩选区

（4）打开素材文件，如图 3-43 所示。按 V 键切换到“移动”工具，将抠取的内容移至素材文件中，并按 Ctrl+[快捷键调整图层的顺序，得到如图 3-44 所示的结果。

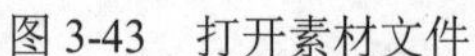

图 3-43　打开素材文件　　　　图 3-44　最终结果

3.7 魔棒工具和快速选择工具

“魔棒”工具和“快速选择”工具可以用来快速选择色彩变化不大且色调相近的区域。下面介绍这两个工具的使用方法。

3.7.1 实例——运用“魔棒工具”抠取人物

本案例将使用“魔棒工具”抠取人物，制作护肤品的海报。

（1）启动 Photoshop 后，执行“文件”|“打开”命令，弹出“打开”对话框，选择本书配套资源中的“目标文件\第 3 章\3.7\3.7.1\人物.jpg”文件，单击“打开”按钮，如图 3-45 所示。

（2）选中“魔棒”工具，单击背景蓝色区域，创建选区，如图 3-46 所示。

（3）按住 Shift 键的同时，在左上角蓝色区域单击，如图 3-47 所示，将这部分背景内容添加到选区中，如图 3-48 所示。

图 3-45　打开素材

图 3-46　创建选区

图 3-47　在左上角单击

（4）执行“选择”|“反向”命令，或按下 Ctrl + Shift + I 快捷键，反选当前的选区。打开背景素材，选择“移动”工具，将图片添加至其他的素材图像中，结果如图 3-49 所示。

图 3-48　添加到选区

图 3-49　最终结果

3.7.2 “快速选择”工具的使用

“快速选择”工具属于颜色选择工具，在移动鼠标的过程中能够快速选择多个颜色相似的区域，相当于按住 Shift 或 Alt 键不断使用“魔棒”工具单击。“快速选择”工具的引入，使复杂选区的创建变得简单和轻松。例如，使用“快速选择”工具选择人物的嘴唇部分，单独调整嘴唇的“色相/饱和度”，结果不会影响选区以外的部分，更改唇彩颜色的结果如图 3-50 所示。

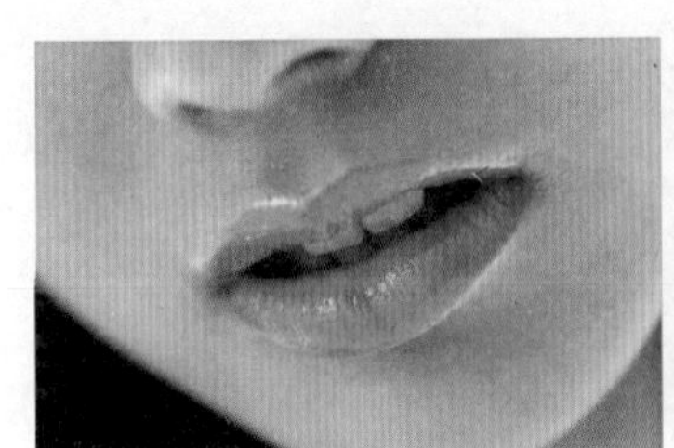

原图

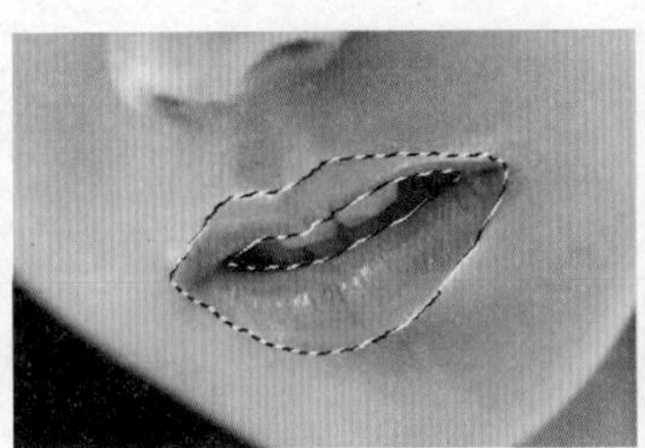

创建选区

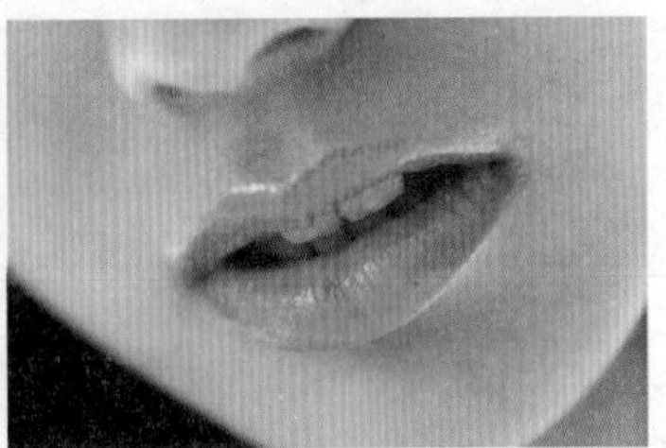

更改颜色

图 3-50　“快速选择”工具的使用

3.8 编辑选区

选区与图像一样，也可以通过移动、旋转、翻转和缩放操作来调整选区的位置和形状，最终得到所需的选择区域。

3.8.1 平滑选区

平滑选区即使选区边缘变得连续和平滑。执行“选择”|“修改”|“平滑”命令，系统将弹出如图 3-51 所示的“平滑选区”对话框，在“取样半径”文本框中输入 1～100 像素范围内的平滑数值，单击“确定”按钮即可完成平滑选区，如图 3-52 所示为创建的选区，图 3-53 所示为平滑选区后的结果。

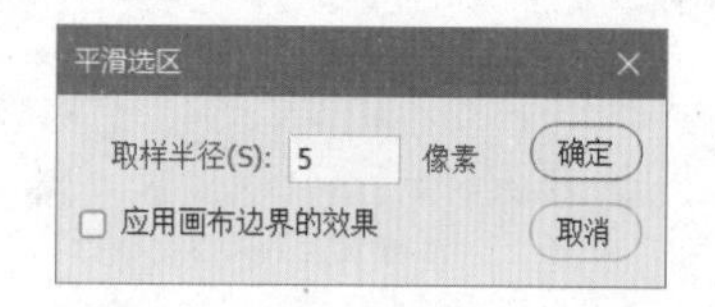

图 3-51 “平滑选区”对话框

图 3-52 建立选区

图 3-53 平滑选区

3.8.2 扩展选区

“扩展”选区命令可以在原来选区的基础上向外扩展选区。首先创建如图 3-54 所示的选区，然后执行“选择”|“修改”|“扩展”命令，弹出如图 3-55 所示的“扩展选区”对话框，设置“扩展量”参数值，单击“确定”按钮，即可完成选区的扩展。扩展后的选区如图 3-56 所示。

图 3-54 建立选区

图 3-55 “扩展选区”对话框

图 3-56 扩展选区

3.8.3 收缩选区

首先创建选区，如图 3-57 所示。然后执行“选择”|“修改”|“收缩”命令，弹出如图 3-58 所示的“收缩选区”对话框， 设置“收缩量”数值（“收缩量”用来调整选区的收缩范围），单击“确定”按钮，即可将选区向内收缩相应的像素，结果如图 3-59 所示。

图 3-57　创建选区

图 3-58　“收缩选区”对话框

图 3-59　收缩选区

3.8.4 羽化选区

“羽化”命令用于对选区进行模糊化，这种模糊方式会丢失选区边缘的图像细节。

选区的“羽化”功能常用来制作晕边艺术结果。在工具箱中选择一种选择工具，接着在工具选项栏“羽化”文本框中输入“羽化”值，即可建立有羽化结果的选区。也可以在建立选区后执行“选择”|“修改”|“羽化”命令，在弹出的对话框中设置“羽化”值，对选区进行羽化。“羽化”值的大小控制图像的晕边结果，“羽化”值越大，晕边结果越明显。

3.8.5 实例——用“羽化”命令突出选区内容

本例将使用“羽化”命令来对选区边缘进行羽化，制作光晕的结果。

（1）执行“文件”|“打开”命令，选择本书配套资源中的“目标文件\第 3 章\3.8\3.8.5\飞机.jpg”文件，单击“打开”按钮，如图 3-60 所示。

（2）选择“椭圆选框”工具，在画布中框选出椭圆选区，按 Ctrl+Shift+I 键反选选区，如图 3-61 所示。

图 3-60　打开素材

图 3-61　创建选区

（3）设置前景色为蓝色（#87afec），填充前景色，如图 3-62 所示。可以看出没有羽化的边缘是比较生硬的。

（4）按 Ctrl+Alt+Z 键，返回到反选状态，执行“选择”|“修改”|“羽化”命令，弹出“羽化”对话框，设置“羽化半径”值为 100，如图 3-63 所示。

图 3-62　填充颜色

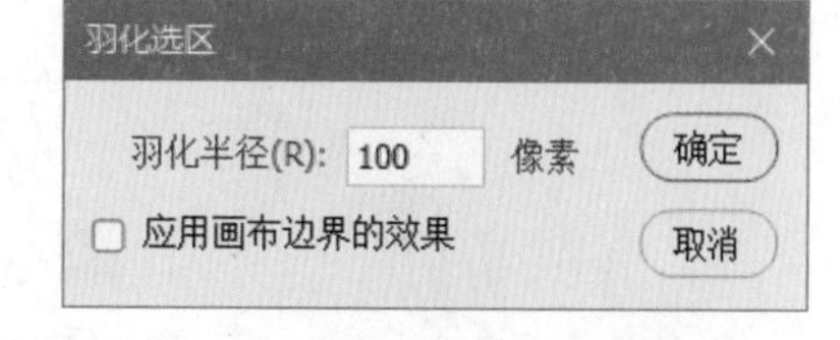

图 3-63　“羽化选区”对话框

（5）按 Alt+Delete 快捷键，填充蓝色，如图 3-64 所示。

（6）按 Ctrl+D 快捷键，取消选区，结果如图 3-65 所示。

图 3-64　填充颜色

图 3-65　羽化选区

提示：在创建选区后，设置“羽化半径”值既能根据图像的需要设置适当的数值，又可连续进行多次羽化。

3.8.6 扩大选取和选取相似

如果需要选取的区域在颜色方面比较相似，可以先选取小部分，然后利用“扩大选取”或“选取相似”命令选择其他部分。

使用“扩大选取”命令可以将原选区扩大，扩大的范围是与原选区相邻且颜色相近的区域。扩大的范围由“魔棒”工具选项栏中的“容差”值决定。

“选取相似”命令也可将选区扩大，但此命令扩展的范围与“扩大选取”命令不同，它是将整个图像颜色相似而不管是否与原选区邻近的区域全部扩展至选取区域中。

3.8.7 隐藏选区边缘

对选区内的图像进行了填充、描边或应用滤镜等操作后，想查看实际结果，而选区边界不断闪烁的“蚂蚁线”又影响了观察时，可以执行“视图”|“显示”|“选区边缘”命令，或按下 Ctrl＋H 快捷键，以隐藏选区边缘，同时保留当前的选区。

3.8.8 变换选区

执行“变换选区”命令与执行“变换”命令操作选区，得到的结果是不同的，接下来通过具体的操作来讲解两者的不同。

(1) 执行“文件” | “打开”命令，选择本书配套资源中的“目标文件\第 3 章\3.8.\3.8.8.沐浴.jpg”文件，单击“打开”按钮，如图 3-66 所示。

(2) 使用矩形选框工具绘制一个矩形选框，如图 3-67 所示。

图 3-66　打开素材

图 3-67　绘制选框

(3) 执行“选择” | “变换选区”命令，选区边缘显示定界框，往右并往下拖动控制点，变换选区大小（选区内的图像不会受到影响），如图 3-68 所示。

(4) 按 Enter 键结束“变换选区”操作。按 Ctrl+T 快捷键，进入自由变换状态，往下拖动控制点，选区内的图像同时被拉伸，如图 3-69 所示。

图 3-68　调整选框

图 3-69　拉伸图像

(5) 按 Ctrl+D 快捷键，取消选区，最终结果如图 3-70 所示。对比原图片，可以发现茶杯已经被拉高。

图 3-70　最终结果

建立选区

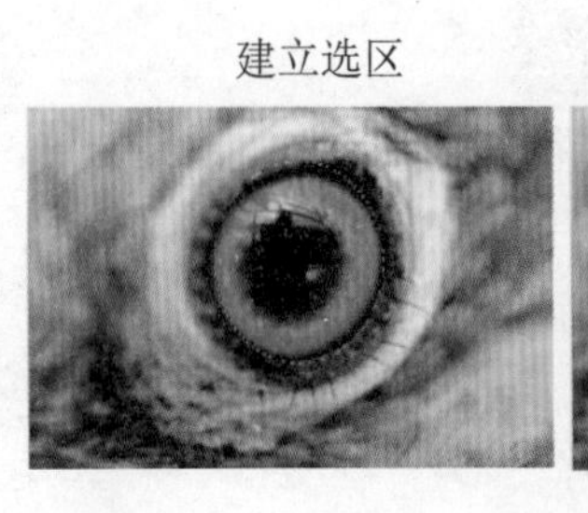

变换选区

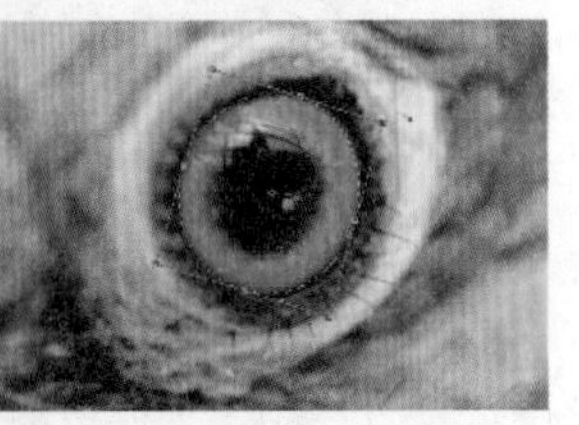

图 3-71　选区变换应用案例

提示：图 3-71 所示为选区变换的应用案例，直接使用选框工具是很难创建椭圆眼睛选区的。在变换选区时，首先应执行“选择”|“变换选区”命令，否则将变成变换选区图像的操作。

3.9 应用选区

选区是图像编辑的基础，本节将详细介绍选区在图像编辑中的具体运用，包括合并拷贝和贴入、移动选区内图像以及变换选区内图像。

3.9.1 合并拷贝和贴入

“合并拷贝”和“贴入”命令虽然也可用于图像复制操作，但是它们不同于“拷贝”和“粘贴”命令。

1. 合并拷贝

执行“合并拷贝”命令可以在不影响原图像的情况下，将选取范围内所有图层的图像全部复制并放入剪贴板，而执行“拷贝”命令仅复制当前图层选取范围内的图像。

2. 贴入

使用该命令时，必须先创建一个选区。在执行该命令后，粘贴的图像只出现在选取范围内，超出选取范围的图像自动被隐藏。使用“贴入”命令能够得到一些特殊的结果。

3.9.2 实例——通过“拷贝和贴入”制作图案文字

本案例主要讲解了使用“拷贝”和“贴入”命令来完成一幅图案文字的制作。

（1）执行“文件”|“打开”命令，选择本书配套资源中的“目标文件\第 3 章\3.9.\3.9.2.花卉.jpg”文件，按 Ctrl + A 快捷键全选图像，如图 3-72 所示。然后按 Ctrl + C 快捷键拷贝图像。

（2）打开“目标文件\第 3 章\3.9.\3.9.2.背景.jpg”文件，选择“横排文字蒙版”工具，设置字体为“汉仪超粗圆简”，设置适当的字高，输入文字，创建文字选区，如图 3-73 所示。

图 3-72　打开花卉图像

图 3-73　创建文字选区

（3）新建一个图层，执行“编辑”|“选择性粘贴”|“贴入”命令，即得到如图 3-74 所示的结果。

（4）双击图层，弹出“图层样式”对话框，选择“描边”选项卡，设置参数如图 3-75 所示。

（5）选择“投影”选项卡，设置“投影”参数，如图 3-76 所示。

（6）单击“确定”按钮关闭对话框，完成图像的制作，结果如图 3-77 所示。

图 3-74　粘贴花卉图案

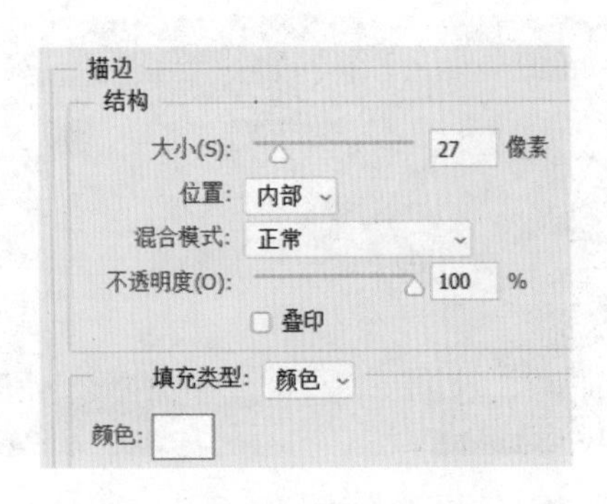

图 3-75　设置“描边”参数

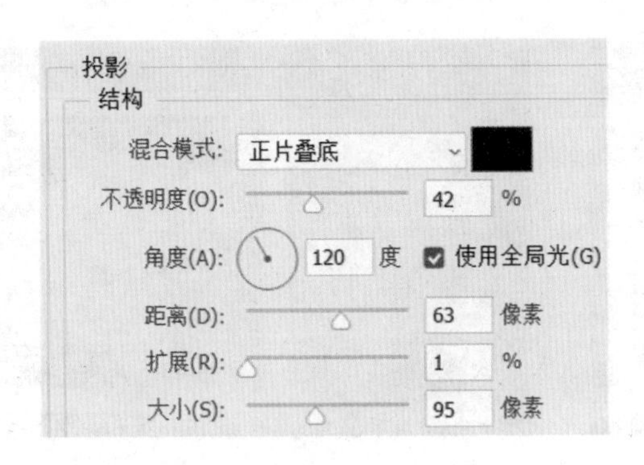

图 3-76　设置“投影”参数

图 3-77　最终结果

3.9.3 移动选区内的图像

如果已经创建了选区，如图 3-78 所示，使用“移动”工具可以移动选区内的图像，如图 3-79 所示；如果没有创建选区，同样可以移动当前选择的图层，如图 3-80 所示。

图 3-78　原图

图 3-79　移动选区内的图像

图 3-80　移动当前选择的图层

3.9.4 实例——变换选区内的图像

在创建选区之后，同样可以使用“变换”命令对选区的图像进行缩放、斜切和透视等变换操作。

（1）执行“文件”|“打开”命令，选择本书配套资源中的“目标文件\第 3 章\3.9.\3.9.4.荷花.jpg”

文件，选择“矩形选框”工具[ ]创建一个矩形选区，如图 3-81 所示。

（2）执行“编辑”|“自由变换”命令，或按 Ctrl+T 快捷键，显示定界框，将光标定位在图形右上角，当出现旋转箭头时，拖动定界框上的控制点，旋转图像，结果如图 3-82 所示。

图 3-81 创建选区

图 3-82 旋转图像

（3）按 Ctrl+Z 键，返回旋转，按住 Shift 键，出现双向箭头时往内拖动，缩放图像，结果如图 3-83 所示。

（4）按 Enter 键退出变换操作，按 Ctrl+D 键关闭选区，结果如图 3-84 所示。

图 3-83 缩放图像

图 3-84 最终结果

第4章　图 层

图层是 Photoshop 的核心功能之一，为图像的编辑带来了极大的便利。以前只能通过复杂的选区和通道运算才能得到的效果，现在通过图层和图层样式便可轻松实现。

4.1 什么是图层

图层是由多个图像创建出具有工作流程效果的构建块，这就好比一张完整的图像由层叠在一起的透明纸组成，可以透过图层的透明区域看到下面一层的图像。

4.1.1 图层的特性

总的来说，Photoshop 的图层具有如下三个特性：

➢　独立：图像中的每个图层都是独立的，因而当移动（或调整、删除）某个图层时，其他的图层不受影响，如图 4-1 所示。

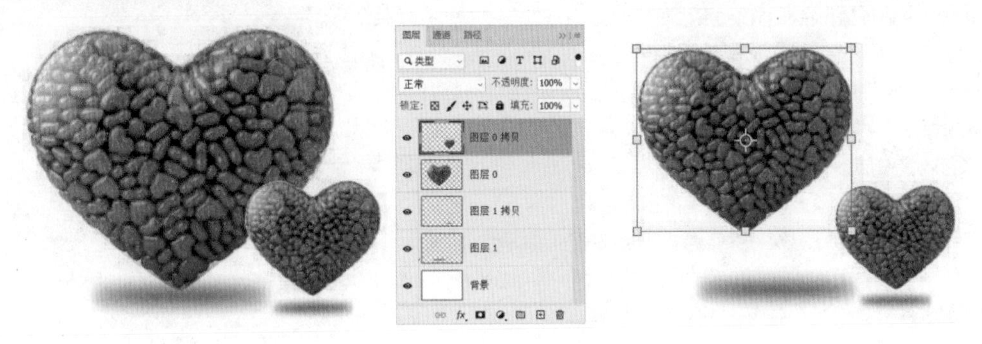

图 4-1　图层的独立性

➢　透明：图层可看作是透明的胶片，从未绘制图像的区域可看见下方图层的内容，如图 4-2 所示。将众多的图层按一定次序叠加在一起，便可得到复杂的图像。

图 4-2　图层的透明性

➢　叠加：图层由上至下叠加在一起，通过控制各图层的混合模式和透明度，可得到千变万化的图像合成效果，如图 4-3 所示。

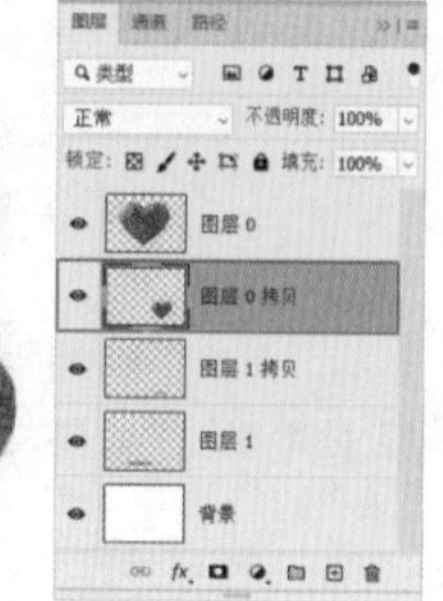

图 4-3　图层的叠加

4.1.2 图层的类型

在 Photoshop 中可以创建多种类型的图层，每种类型的图层都有不同的功能和用途，它们在“图层”面板中的显示状态也各不相同，如图 4-4 所示。

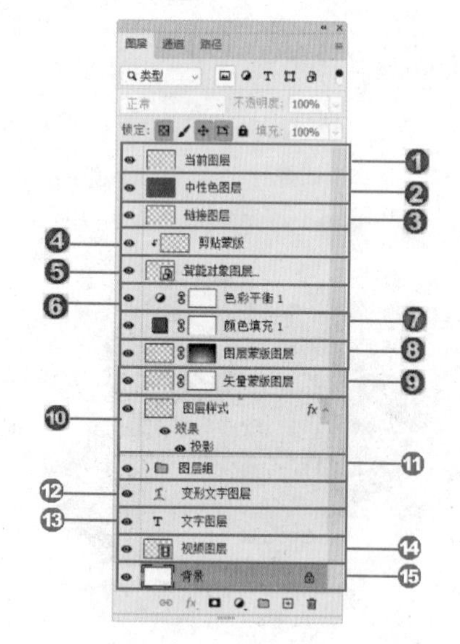

图 4-4　图层类型

❶ 当前图层：当前选择的图层。在对图像进行处理时，编辑操作将在当前图层中进行。

❷ 中性色图层：填充了黑色、白色、灰色的特殊图层。结合特定图层混合模式可用于承载滤镜或在上面绘画。

❸ 链接图层：保持链接状态的图层。

❹ 剪贴蒙版：蒙版的一种，下面图层中的图像可以控制上面图层的显示范围。常用于合成图像。

❺ 智能对象图层：包含嵌入的智能对象的图层。

❻ 调整图层：可以调整图像的色彩，但不会永久更改像素值。

❼ 填充图层：通过填充“纯色”“渐变”“图案”而创建的特殊效果的图层。

❽ 图层蒙版图层：添加了图层蒙版的图层，通过对图层蒙版的编辑可以控制图层中图像的显示范围和显示方式。它是合成图像的重要方法。

❾ 矢量蒙版图层：带有矢量形状的蒙版图层。

❿ 图层样式：添加了图层样式的图层，通过图层样式可以快速创建特效。

⓫ 图层组：用来组织和管理图层，以便于查找和编辑图层。

⓬ 变形文字图层：进行了变形处理的文字图层。与普通的文字图层不同，变形文字图层的缩览图上用一个弧线标志。

⓭ 文字图层：使用文字工具输入文字时，创建的文字图层。

⓮ 视频图层：包含有视频文件帧的图层。

⓯ 背景图层：“图层”面板中最下面的图层。

4.1.3 “图层”面板

“图层”面板是图层管理的主要场所，各种图层操作基本上都可以在“图层”面板中完成，如选择

图层、新建图层、删除图层及隐藏图层等。执行“窗口”|“图层”命令，或按下 F7 键，即可在 Photoshop 工作界面上显示“图层”面板，如图 4-5 所示。

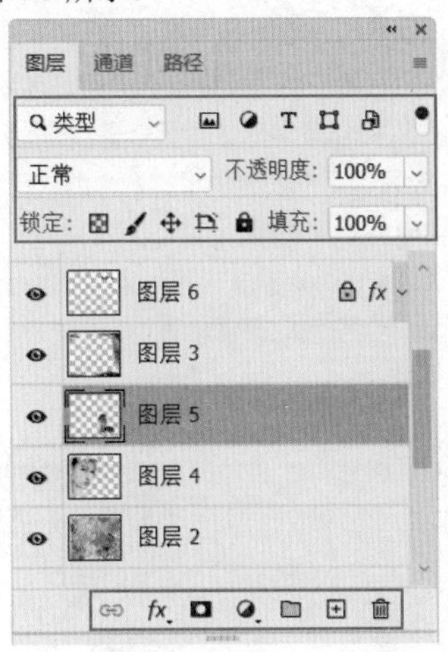

图 4-5　“图层”面板

“图层”面板主要由以下几个部分组成：

图层的混合模式选项：从下拉列表中可以选择图层的混合模式。

“锁定”选项组：在此选项组中，包含了“锁定透明像素”“锁定图像像素”“锁定位置”和“锁定全部”4 个按钮，单击各个按钮，可以设置图层的各种锁定状态

显示/隐藏图层图标：用于控制图层的显示或隐藏。当该图标显示为 形状时，表示图层处于显示状态；当该图标显示为 形状时，表示图层处于隐藏状态。处于隐藏状态的图层不能被编辑。

图层缩略图：图层缩略图是图层图像的缩小图，用以查看和识别图层。

链接图层 ：同时选中两个或两个以上图层时，单击此按钮，可将选中的图层链接。

添加图层样式 fx ：单击该按钮，在打开的菜单中可选择需要添加的图层样式，为当前图层添加图层样式。

添加图层蒙版 ：单击该按钮，可为当前图层添加图层蒙版。

创建新的填充或调整图层 ：单击该按钮，可在弹出的下拉菜单中选择填充或调整图层选项，添加填充图层或调整图层。

创建新图层 ：单击该按钮，可在当前图层上方创建一个新图层。

删除图层 ：单击该按钮，可将当前图层删除。

打开面板菜单按钮 ：单击面板右上角的该按钮，可以打开图层面板菜单，从中可以选择控制图层和设置“图层”面板的命令。

“不透明度”文本框 不透明度: 100% ：输入数值，可以设置当前图层的不透明度。

“填充”文本框 填充: 100% ：输入数值，可以设置图层填充不透明度。

当前图层：在 Photoshop 中，可以选择一个或多个图层，以便在上面工作，当前选择的图层以加色显示。对于某些操作，一次只能在一个图层上进行。单个选定的图层称为当前图层。当前图层的名称将出现在文档窗口的标题栏中。

图层名称：为了便于图层的识别和选择，每个图层都可定义一个名称。

“类型”选项：当图层数量较多时，可在该选项下拉列表中选择一种图层类型（包括名称、效果、模式、属性、颜色），让“图层”面板只显示此类图层，隐藏其他类型的图层。

打开/关闭图层过滤 ：单击该按钮，可以启用或停用图层过滤功能。

“图层”面板中包含多个快捷菜单，这些菜单是对“图层”面板中各项功能的重要补充和扩展。单击面板右上角的倒三角按钮，可以打开“图层”面板快捷菜单，如图 4-6 所示。

新建组/从图层新建组：新建图层组或以当前选定的图层新建图层组。

转换为智能对象：将选定的图层转换为智能对象。

编辑内容：编辑选中对象中的内容。

混合选项：通过“图层样式”对话框设置图层的图层样式。

编辑调整：通过“调整”面板编辑当前创建的填充或调整图层的相关选项。

链接图层/选择链接图层：对选定的图层创建链接或选择已链接的图层。

合并图层/合并可见图层/拼合图像：设置选定的多个图层的合并方式。

动画选项：显示或隐藏“图层”面板中的动画选项。

面板选项：通过“面板选项”对话框设置缩览图的大小、缩略图内容等选项。

关闭/关闭选项卡组：选中该选项，将关闭“图层”面板或“图层”面板所在的选项卡组。

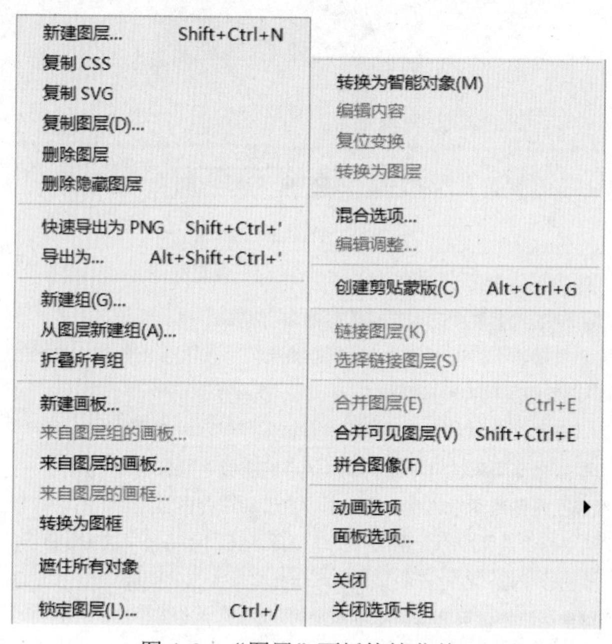

图 4-6 “图层”面板快捷菜单

4.2 图层的基础操作

在“图层”面板中，可以通过各种方法来创建图层。在编辑图像的过程中，也可以创建图层。例如，从其他图像中复制图层后，粘贴图像时自动生成图层，下面学习创建图层的方法。

4.2.1 新建图层

单击“图层”面板底部的“创建新图层”按钮⊞，在当前图层的上方会得到一个新建图层，并自动命名，如图 4-7 所示。

选择“图层”|“新建”|“图层”命令或按下 Ctrl+Shift+N 快捷键，在弹出的如图 4-8 所示的“新建图层”对话框单击“确定”按钮，即可得到新建图层。

提示：默认情况下，新建图层会置于当前图层的上方，并自动成为当前图层。按 Ctrl 键单击“创建新图层”按钮⊞，则在当前图层下方创建新图层。

图 4-7　新建图层

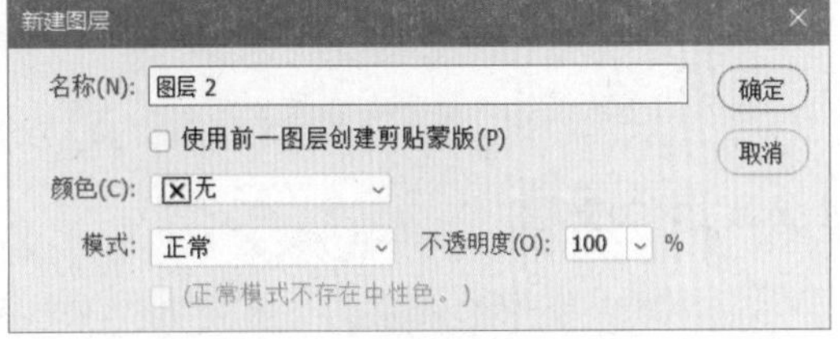

图 4-8　“新建图层”对话框

在“新建图层”对话框的“颜色”下拉列表中选择颜色后，可以使用颜色标记图层。用颜色标记图层在 Photoshop 中被称为颜色编码。可以为某些图层或者图层组设置一个可以区别于其他图层或图层组的颜色，以便于有效地进行区分，如图 4-9 所示。

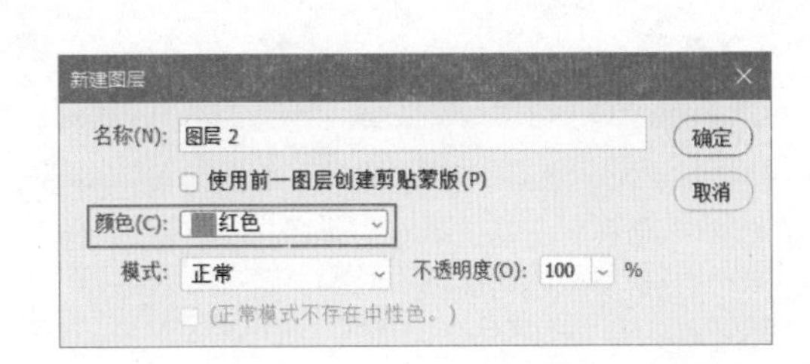

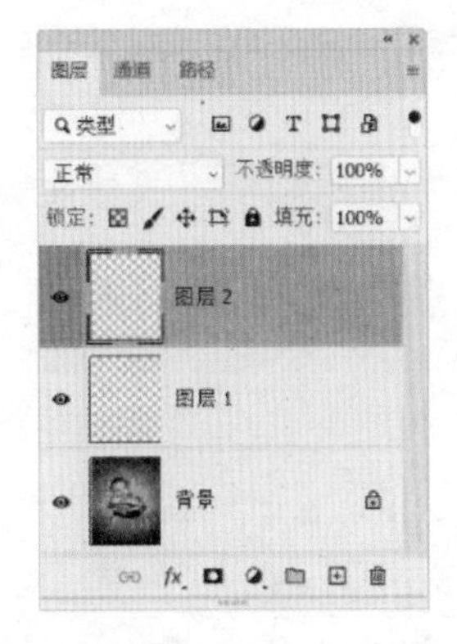

图 4-9　使用红色标记图层

4.2.2 “背景”图层与普通图层的转换

使用白色背景或彩色背景创建新图像时，将以“图层”面板中最下面的图像作为背景。

1. “背景”图层转换为普通图层

“背景”图层是较为特殊的图层，无法修改它的堆叠顺序、混合模式和不透明度。如需进行这些操作，要将“背景”图层转换为普通图层。

双击“背景”图层，打开“新建图层”对话框，如图 4-10 所示。在该对话框中可以为它设置名称、颜色、模式和不透明度，设置完成后单击“确定”按钮，即可将其转换为普通图层，如图 4-11 所示。

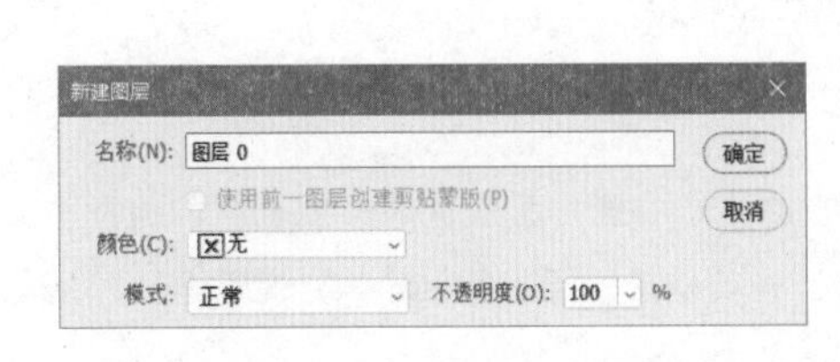

图 4-10　“新建图层”对话框

图 4-11　“背景”图层转换为普通图层

2. 普通图层转换为“背景”图层

在创建包含透明内容的新图像时，图像中没有“背景”图层。

如果当前文件中没有“背景”图层，可选择一个图层，然后执行“图层”|“新建”|“背景图层”命令，将该图层转换为“背景”图层。

4.2.3 选择图层

若想编辑某个图层，首先应选择该图层，使该图层成为当前图层。在 Photoshop 中，可以同时选择多个图层进行操作，当前选择的图层以加色显示。选择图层有两种方法，一种方法是在“图层”面板中选择，另一种方法是在图像窗口中选择。

在“图层”面板中，每个图层都有相应的图层名称和缩略图，因而可以轻松区分各个图层。如果需要选择某个图层，拖动“图层”面板滚动条，使该图层显示在“图层”面板中，然后单击该图层即可。处于选择状态的图层与未选择的图层有一定区别，选择的图层显示为灰色，如图 4-12 所示。

“移动”工具选项栏如图 4-13 所示，单击下拉按钮⌄，从打开的下拉列表中可以选择图层组或图层。当选择“组”方式时，无论是使用何种选择方式，只能选择该图层所在的图层组，不能选择该图层。

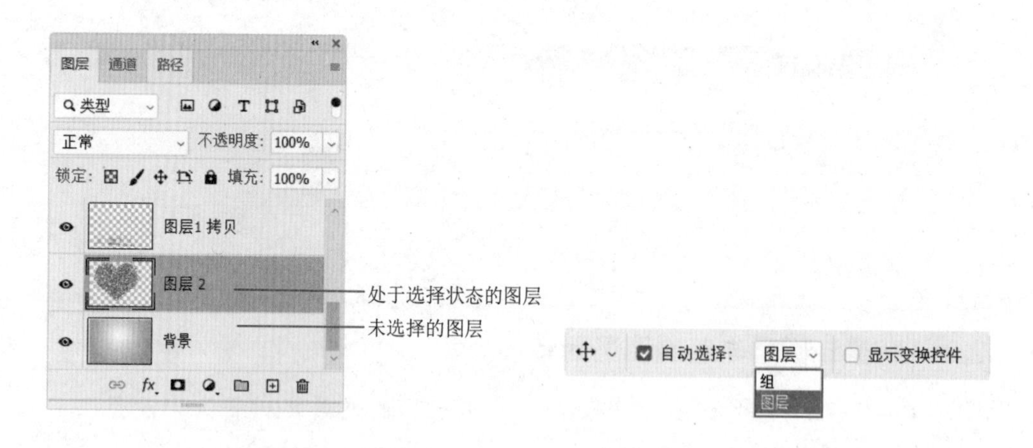

图 4-12　选择的图层显示为灰色

图 4-13　“移动”工具选项栏

选择多个连续图层：如果要选择连续的多个图层，在选择一个图层后，按住 Shift 键在“图层”面板中单击另一个图层的图层名称，则两个图层之间的所有图层都会被选中，如图 4-14 所示。

选择多个不连续图层：如果要选择不连续的多个图层，则在选择一个图层后，按住 Ctrl 键在“图层”面板中单击另一个图层的图层名称，如图 4-15 所示。

选择同类图层：如果只选择同一类型的图层，可以单击图层过滤组中的相应按钮，进行筛选，如图 4-16 所示。

选择所有图层：执行“选择”|“所有图层”命令，可以选择“图层”面板中所有的图层。

选择链接图层：选择一个链接的图层，执行“图层”|“选择链接图层”命令，可以选择与之链接的所有图层。

取消选择图层：如果不想选择任何图层，可在工作界面的空白处单击，如图 4-17 所示；也可以执行“选择”|“取消选择图层”命令来取消选择，如图 4-18 所示。

提示：旋转工具箱中的“移动”工具✥，在图像窗口中右击，在弹出的快捷菜单中也可以选择图层，如图 4-19 所示。选择一个图层后，按 Ctrl+[键可向下移动当前图层，按 Ctrl+] 键可向上移动当前图层，如图 4-20 所示。

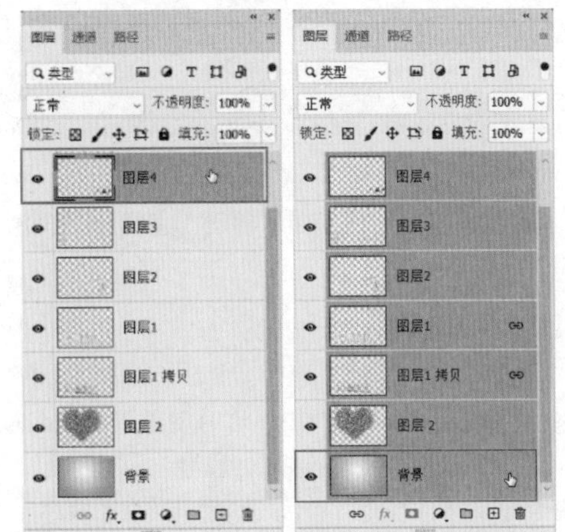

图 4-14 选择多个连续图层

图 4-15 选择多个不连续的图层

图 4-16 筛选图层

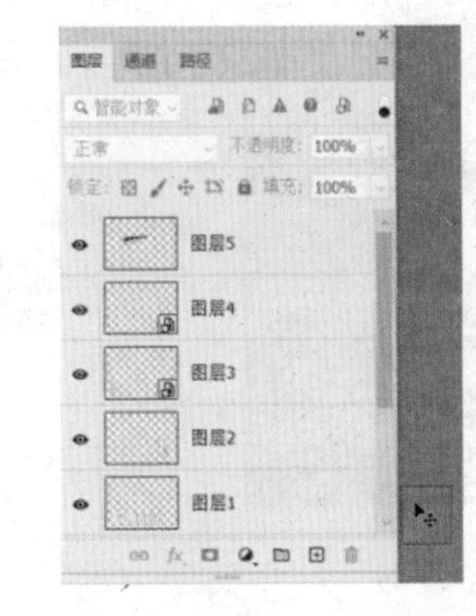

图 4-17 取消选择图层

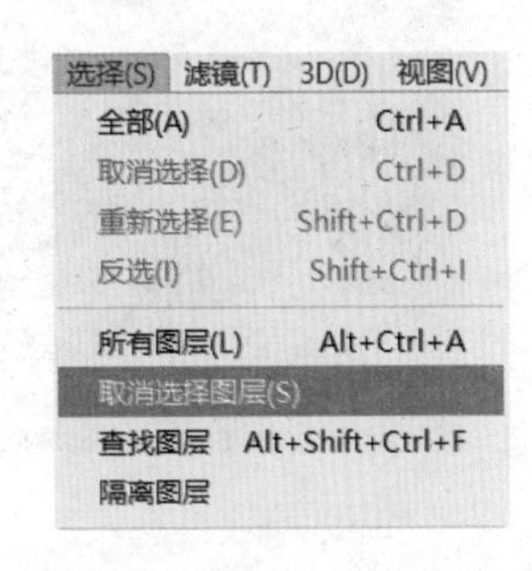

图 4-18 “取消选择图层”命令

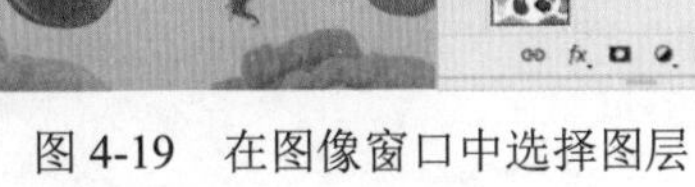

图 4-19 在图像窗口中选择图层

图 4-20 调整图层顺序

4.2.4 复制图层

通过复制图层可以复制图层中的图像。在 Photoshop 中，不但可以在同一图像中复制图层，而且可以在两个不同的图像之间复制图层。

如果是在同一图像内复制，选择“图层” | “复制图层”命令，或拖动图层至“创建新图层”按钮，即可得到当前图层的图层副本。

按 Ctrl＋J 键，可以快速复制当前图层，也可在其名称上右击，在弹出的快捷菜单中选择“复制图层”命令。

如果是在不同的图像文档之间复制，首先在 Photoshop 工作界面中同时显示这两个图像窗口，然后在源图像的“图层”面板中拖拽该图层至目标图像窗口即可。

如果需要在不同图像之间复制多个图层，首先应选择这些图层，然后使用“移动”工具在图像窗口之间拖动复制。

4.2.5 实例——通过“复制图层”制作黄昏美景

拍摄照片时，常常由于外在的因素，拍出的照片远远不及自己想要的效果，这时就需要我们在软件中进行后期处理。下面将通过复制图层及更改图层的混合模式来制作一幅昏暗的黄昏景。

（1）执行“文件”|“打开”命令，打开本书配套资源中的“目标文件\第 4 章\4.2\4.2.5\黄昏.jpg”文件，单击“打开”按钮，如图 4-21 所示。

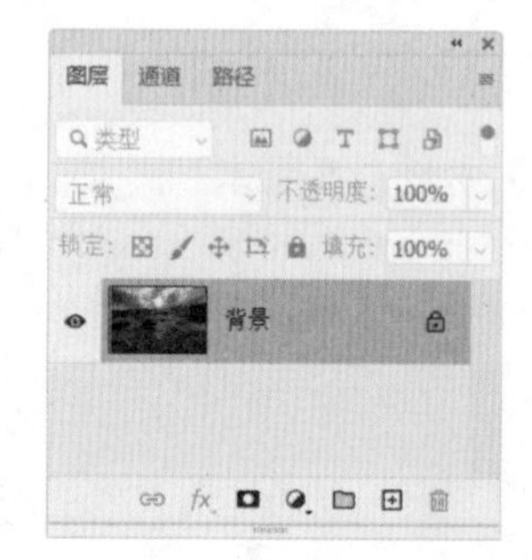

图 4-21　打开素材

（2）执行“图层”|“复制图层”命令，或按 Ctrl+J 快捷键，复制图层，得到“背景 拷贝”图层。

（3）设置“背景 拷贝”图层的混合模式为“滤色”，如图 4-22 所示。

图 4-22　更改图层混合模式

4.2.6 链接/取消链接图层

Photoshop 允许将多个图层进行链接，以便可以同时进行移动、旋转、缩放等操作。与同时选择的多个图层不同，图层的链接关系可以随文件一起保存，除非用户解除了它们之间的链接。

单击“图层”面板底部的“链接图层”按钮，图层即可建立链接关系，每个链接图层的右侧都会显示一个链接标记，如图 4-23 所示。链接之后，对其中任何一个图层执行变换操作，其他链接的图层也会发生相应的变化。

当需要解除某个图层的链接时，可以选择该图层，如“紫包菜”图层（见图 4-24）。然后再单击“图层”面板底部的按钮，该图层即与其他两个图层解除链接关系，如图 4-25 所示。

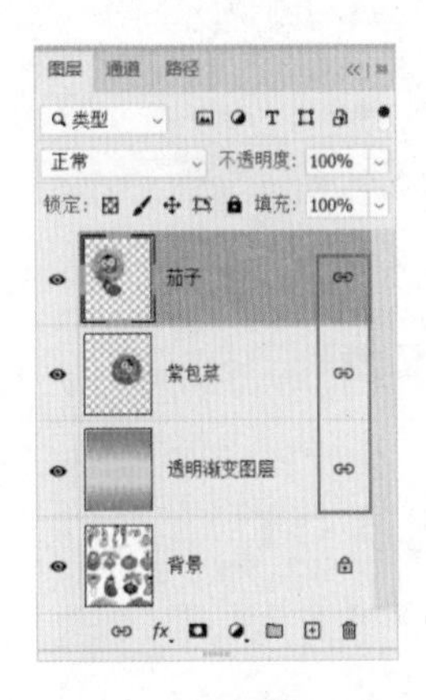

图 4-23　链接图层

图 4-24　选择欲解除链接的图层

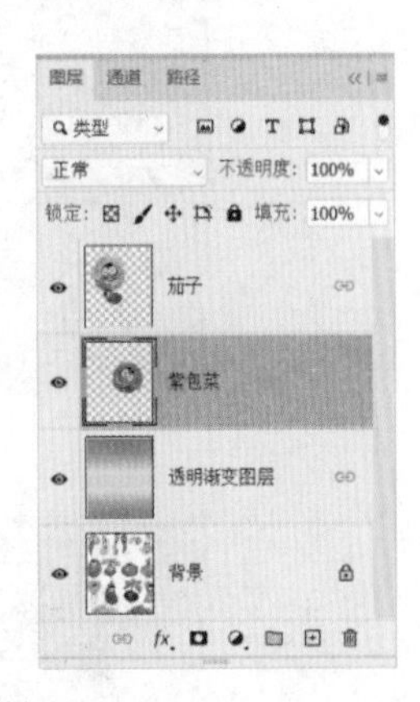

图 4-25 取消图层链接

某一个图层的链接解除后，并不会影响其他图层之间的链接关系，因此当选择其中一个图层时，其右侧仍然会显示出链接标记。

4.2.7 更改图层名称和颜色

在图层数量比较多的文档中，可以为一些重要的图层设置容易识别的名称或颜色，以便在操作中能够快速找到它们。

更改图层名称的操作非常简单。选中图层，如图 4-26 所示，执行“图层”|“重命名图层”命令，或在“图层”面板中双击该图层的名称，在出现的文本框中直接输入新的名称即可，如图 4-27 所示。如果要更改图层的颜色，选择该图层后右击，在弹出的快捷菜单中选择相应的颜色即可，如图 4-28 所示。

图 4-26　选择图层

图 4-27　重命名图层

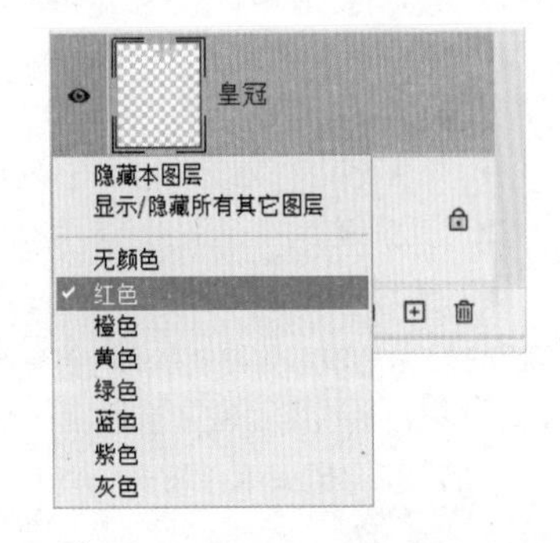

图 4-28　更改图层颜色

4.2.8 显示与隐藏图层

图层前的图标显示为，表示该图层为可见状态，如图 4-29 所示。

单击某图层前的图标，图标显示为，则隐藏该图层，如图 4-30 所示。

提示：按住 Alt 键单击图层的眼睛图标，可显示/隐藏除本图层外的所有其他图层。

图 4-29　显示图层

图 4-30　隐藏图层

4.2.9 锁定图层

Photoshop 提供了图层锁定功能，以限制图层编辑的内容和范围，避免错误操作。单击“图层”面板中的锁定按钮即可实现相应的图层锁定，如图 4-31 所示。

：在“图层”面板中选择图层或图层组，然后单击按钮，则图层或图层组中的透明像素被锁定。当使用绘图工具绘图时，将只能编辑图层非透明区域（即有图像像素的部分）。

：单击此按钮，则任何绘图、编辑工具和命令都不能在该图层上使用，绘图工具在图像窗口上操作时将显示禁止光标。

：单击此按钮，图层不能进行移动、旋转和自由变换等操作，但可以正常使用绘图和编辑工具进行图像编辑。

：此按钮用于防止在画板和画框内外自动嵌套。

：单击此按钮，图层被全部锁定，不能移动位置，不能执行任何图像编辑操作，也不能更改图层的不透明度和混合模式。“背景”图层即默认为全部锁定。

如果多个图层需要同时被锁定，首先选择这些图层，执行“图层”|“锁定图层”命令，在弹出的如图 4-32 所示的对话框中设置锁定的内容即可。

图 4-31　图层锁定

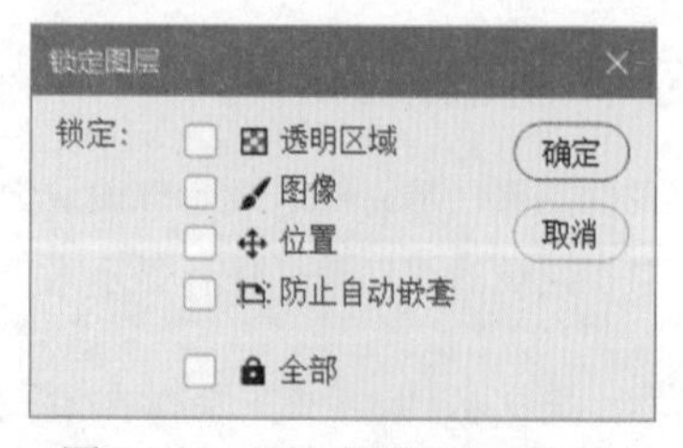

图 4-32　“锁定图层”对话框

4.2.10 实例——通过“锁定图层”调整素材尺寸

当文档里包含多个图层时，在对某个图层进行编辑操作的过程中，为了防止影响其他图层，可以采用“锁定图层”的操作。本例将通过锁定“背景”图层组调整鱼素材的尺寸。

在编辑图层时，常常运用到锁定图层，本案例即通过使用“锁定透明像素”来为石膏添加渐变的光晕。

（1）执行“文件”|“打开”命令，打开本书配套资源中的“目标文件\第 4 章\4.2\4.2.10 背景.psd”文件，单击“打开”按钮，如图 4-33 所示。在“图层”面板上选择“背景”图层组，单击“锁定全部”按钮，锁定组内全部内容，如图 4-34 所示。

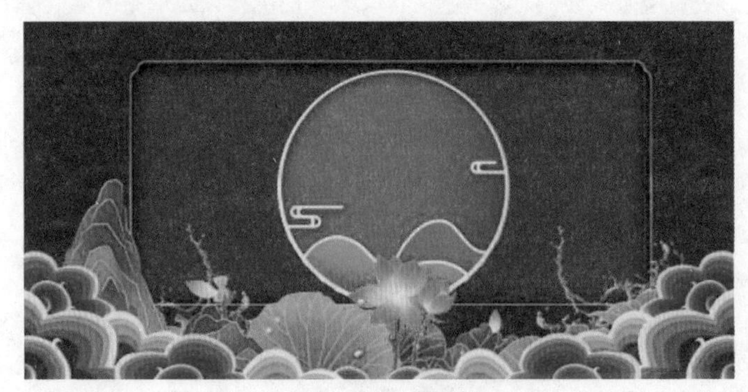

图 4-33　打开素材

图 4-34　锁定图层组

（2）执行“文件”|“打开”命令，打开本书配套资源中的“目标文件\第 4 章\4.2\4.2.10 鱼.psd”文件，单击“打开”按钮，打开文件。

（3）将鱼素材放置在背景上，如图 4-35 所示。按 Ctrl+T 键，调整鱼的尺寸。此时因为已经锁定背景，所以在调整鱼尺寸的同时不会影响背景，结果如图 4-36 所示。

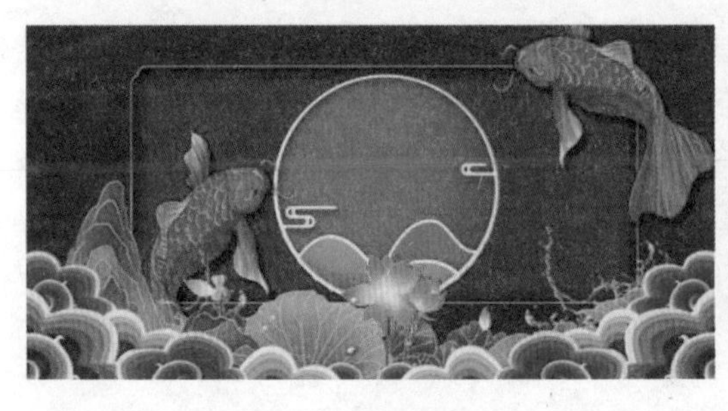

图 4-35　添加鱼素材

图 4-36　最终结果

4.2.11 删除图层

对于多余的图层，应及时将其从图像中删除，以减少图像文件的大小。在实际工作中，可以根据具体情况选择最快捷的方法。

如果需要删除的图层为当前图层，可以单击“图层”面板底部的“删除图层”按钮，或选择“图层”|“删除”|“图层”命令，在弹出的如图 4-37 所示的提示对话框中单击“是”按钮即可。

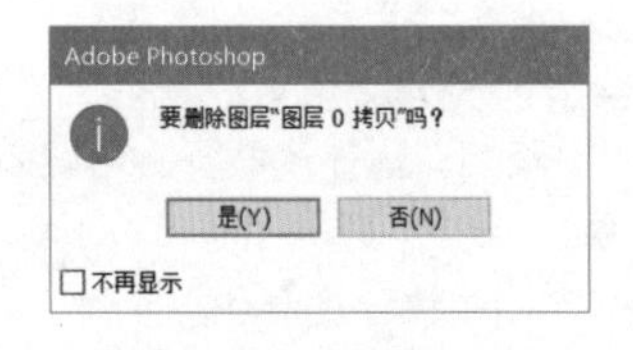

图 4-37　提示对话框

如果需要删除的图层不是当前图层，则可以移动光标至该图层上方，然后按鼠标左键并拖动至按钮上，当该按钮呈按下状态时释放鼠标即可。

如果需要同时删除多个图层，则可以首先选择这些图层，然后按按钮🗑删除。

如果需要删除所有处于隐藏状态的图层，可选择“图层”|“删除”|“隐藏图层”命令。

如果当前选择的工具是“移动”工具✥，则可以通过直接按 Delete 键删除当前图层（一个或多个）。

提示：按 Alt 键单击“删除图层”按钮🗑可以快速删除图层，无须确认。

4.2.12 栅格化图层

如果要在文字图层、形状图层、矢量蒙版或智能对象等包含矢量数据的图层以及填充图层上使用绘画工具或滤镜，应先将图层栅格化，使图层中的内容转换为光栅图像，然后才能够进行编辑。执行“图层”|“栅格化”子菜单中的命令，如图 4-38 所示，可以栅格化图层中的内容。

➢ 文字：栅格化文字图层。被栅格化的文字将变成光栅图像，不能再修改文字的内容。如图 4-39 和图 4-40 所示为栅格化文字图层的前后对比。

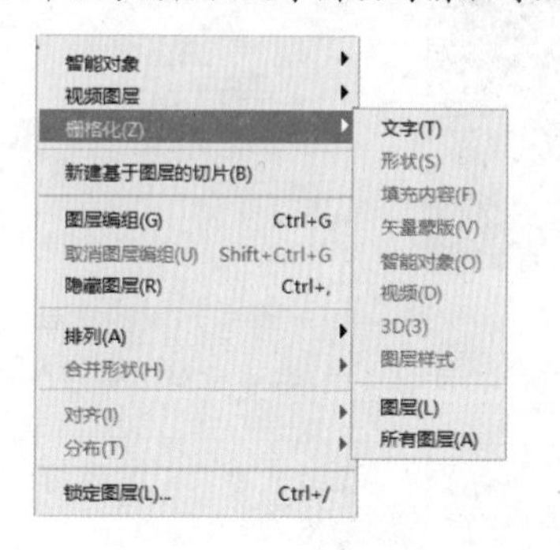

图 4-38 执行命令

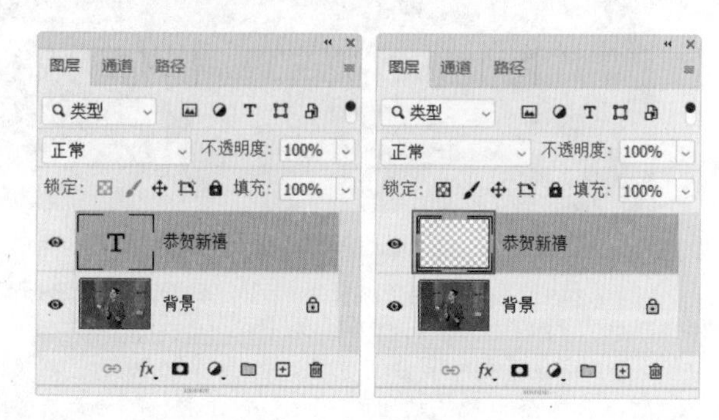

图 4-39 原文字图层　　图 4-40 栅格化文字图层

➢ 形状/填充内容/矢量蒙版：执行“形状”命令，可栅格化形状图层，如图 4-41 所示。执行“填充内容”命令，可栅格化形状图层的填充内容，但保留矢量蒙版。执行“矢量蒙版”命令，可栅格化形状图层的矢量蒙版，同时将其转换为图层蒙版。

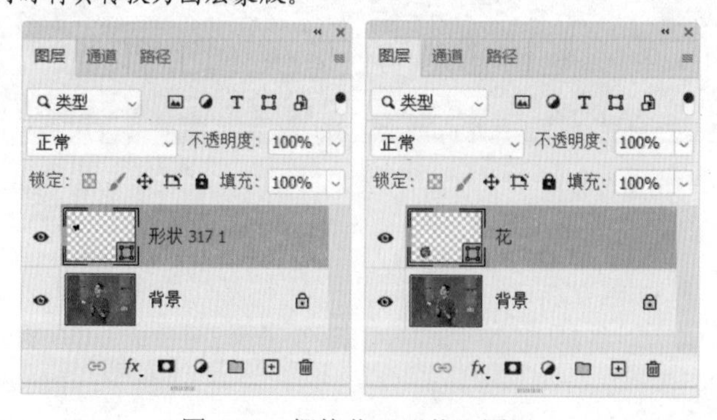

图 4-41 栅格化“形状”图层

➢ 智能对象：执行该命令，可栅格化智能对象图层，如图 4-42 所示。

➢ 视频：执行该命令，可栅格化视频图层，选定的图层将被拼合到“动画”面板中选定的当前帧的复合中。

➢ 3D：执行该命令，可栅格化 3D 图层。

➢ 图层/所有图层：执行“图层”命令，可以栅格化当前选择的图层。执行“所有图层”命令，可栅格化包含矢量数据、智能对象和生成数据的所有图层。

图 4-42 栅格化智能对象图层

4.2.13 清除图像的杂边

当移动或粘贴选区时，选区边框周围的一些像素也会包含在选区内，因此粘贴选区的边缘周围会产生边缘或晕圈。执行“图层”|“修边”子菜单中的命令可以去除这些多余的像素。“修边”子菜单如图4-43所示。

颜色净化：去除彩色杂边。

去边：用包含纯色的邻近像素的颜色替换任何边缘像素的颜色。

移去黑色杂边：如果将黑色背景上创建的消除锯齿的选区粘贴到其他颜色的背景上，可执行该命令来消除黑色杂边。

移去白色杂边：如果将白色背景上创建的消除锯齿的选区粘贴到其他颜色的背景上，可执行该命令来消除白色杂边。

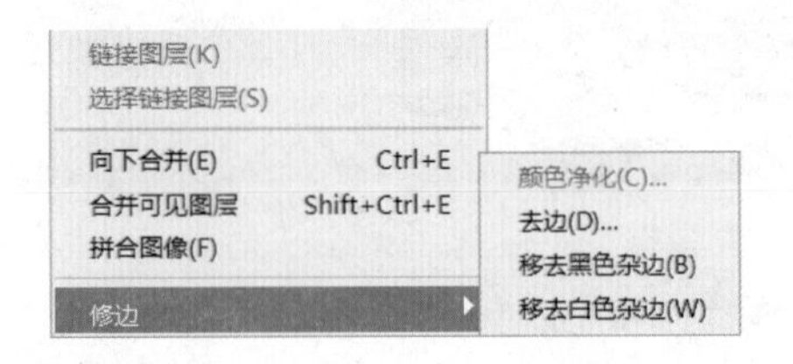

图 4-43 “修边”子菜单

4.3 排列与分布图层

“图层”面板中的图层是按照从上到下的顺序堆叠排列的，上面图层中的不透明部分会遮盖下面图层中的图像，因此如果改变面板中图层的堆叠顺序，图像的效果也会发生改变。

4.3.1 改变图层的顺序

在“图层”面板中，拖动图层可以调整顺序。调整图层顺序的同时，图层中图形的显示方式也会受到影响。如图4-44所示，当“小男孩”图层位于“海豚”图层之上时，小男孩在海豚之前。将“小男孩”图层放置在“海豚”图层之下时，小男孩被海豚遮挡，显示结果如图4-45所示。

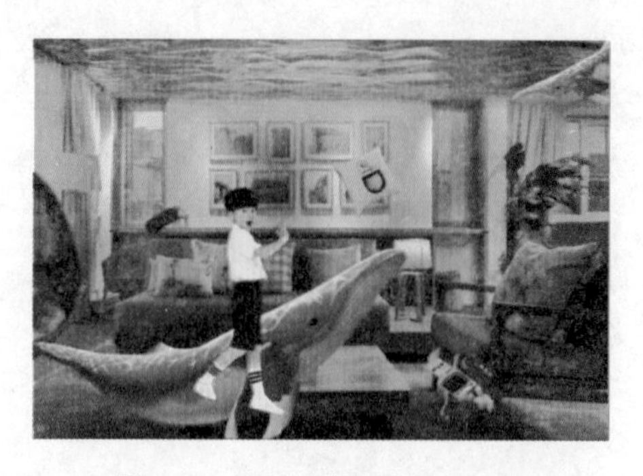

图 4-44　调整图层顺序之前

图 4-45　调整图层顺序之后

4.3.2 实例——对齐与分布命令的使用

Photoshop 的对齐和分布功能可用于准确定位图层的位置。在进行对齐和分布操作之前，需要首先选择这些图层，或者将这些图层设置为链接图层。下面使用“对齐”和“分布”命令来进行操作。

（1）执行“文件”|“打开”命令，打开本书配套资源中的“目标文件\第 4 章\4.3.2\背景.psd”文件，如图 4-46 所示。

（2）选择“鸟”图层，按住 Alt 键，向右复制多个副本，如图 4-47 所示。

（3）选择在上一步骤中复制得到的“鸟”图层副本，先单击选项栏中的“垂直居中对齐”按钮，结果如图 4-48 所示。

图 4-46　打开素材

图 4-47　复制图形

（4）再单击选项栏中的“水平居中分布”按钮，然后将所有的图形向下移动，结果如图 4-49 所示。

提示：执行“对齐”命令，需要有两个或两个以上的图层；执行“分布”命令，需要有三个或三个以上的图层。

图 4-48　垂直居中对齐

图 4-49　水平居中分布

（5）选择执行对齐操作后的图形，按住 Alt 键，向下移动复制。

（6）按 Ctrl+T 键，右击，在弹出的快捷菜单中选择“水平翻转”命令，翻转图形方向，结果如图 4-50 所示。

（7）继续复制鸟图形，最终结果如图 4-51 所示。

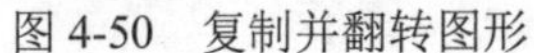

图 4-50　复制并翻转图形　　　　图 4-51　最终结果

4.4 合并与盖印图层

尽管 Photoshop 对图层的数量没有限制，用户可以新建任意数量的图层，但图像的图层越多，打开和处理时所占用的内存和保存时所占用的磁盘空间也就越大，因此及时合并一些不需要修改的图层，减少图层数量就非常必要。

4.4.1 合并图层

如果需要合并两个及两个以上的图层，可在“图层”面板中将其选中，然后执行“图层”|“合并图层”命令，合并后的图层使用置顶图层的名称，如图 4-52 所示。

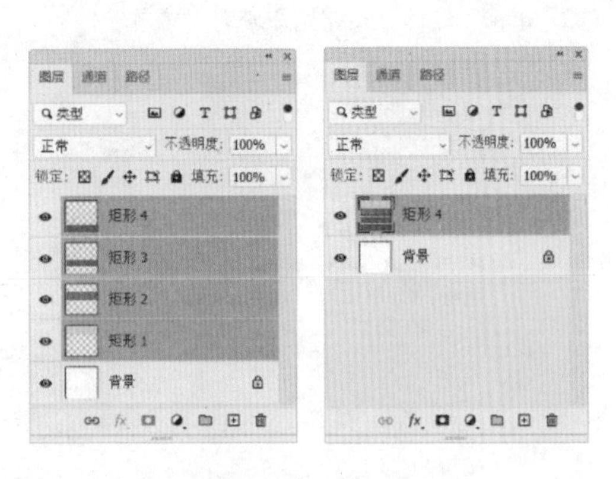

图 4-52　合并图层

4.4.2 向下合并图层

如果需要将一个图层与它下面的图层合并，首先选择该图层，如“矩形 3”图层，然后执行“图层”|“向下合并”命令，或者按 Ctrl+E 快捷键，即可快速与“矩形 2”图层合并，如图 4-53 所示。向下合并后，显示的名称为下面图层名称，即“矩形 2”。

图 4-53　向下合并图层

4.4.3 合并可见图层

如果需要合并“图层”面板中可见的图层，执行“图层”|“合并可见图层”命令，或按 Ctrl+Shift+E 快捷键，便可将它们合并到背景图层上。此时，隐藏的图层（如矩形 3）不能合并进去，如图 4-54 所示。

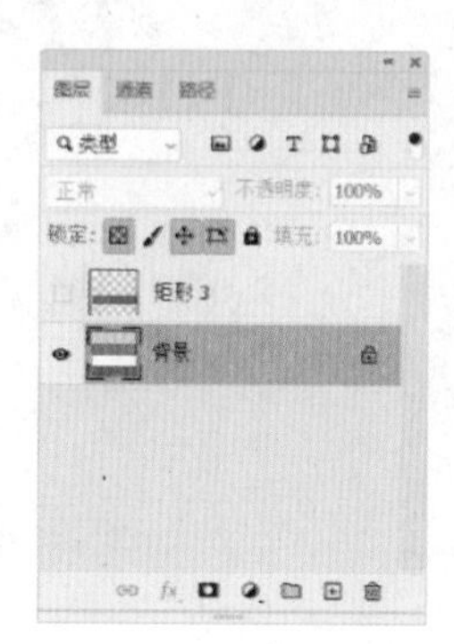

图 4-54　合并可见图层

4.4.4 拼合图像

如果要将所有的图层都拼合到背景图层中，可以执行“图层”|“拼合图像”命令，如果合并时图层中有隐藏的图层，系统将弹出一个如图 4-55 所示的提示对话框，单击其中的“确定”按钮则删除隐藏图层，单击“取消”按钮则取消合并操作。

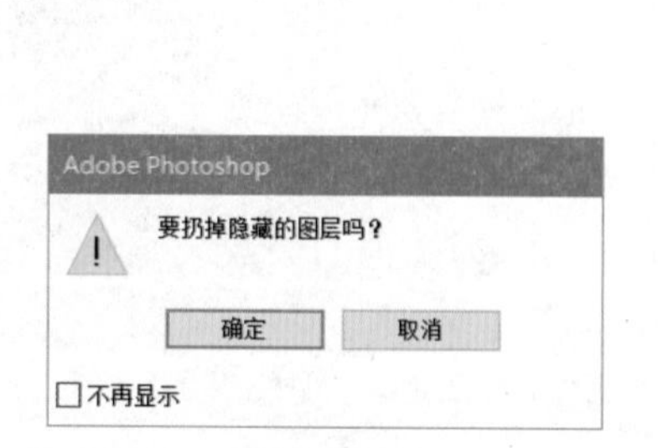

图 4-55　拼合图层

4.4.5 盖印图层

使用 Photoshop 的盖印功能，可以将多个图层的内容合并到一个新的图层，同时源图层保持完好。Photoshop 没有提供盖印图层的相关命令，只能通过快捷键进行操作。

选择需要盖印的多个图层，然后按下 Ctrl＋Alt＋E 快捷键，即可得到包含当前所有选择图层内容的新图层。

提示：按 Ctrl＋Shift＋Alt＋E 快捷键，将自动盖印所有图层。

4.5 使用图层组管理图层

当图像的图层数量达到成十上百之后，“图层”面板就会显得非常杂乱。为此，Photoshop 提供了图层组的功能，方便管理图层。图层与图层组的关系类似于 Windows 系统中的文件与文件夹的关系。图层组可以展开或折叠，也可以像图层一样设置透明度和混合模式，添加图层蒙版，进行整体选择、复制或移动等操作。

4.5.1 创建图层组

在“图层”面板中单击“创建新组”按钮，或执行“图层”|“新建”|“组”命令，即可在当前选择图层的上方创建一个图层组，如图 4-56 所示。双击图层组名称，在弹出的文本框中可以输入新的图层组名称。

通过这种方式创建的图层组不包含任何图层，选择需要移动的图层（如矩形 4），然后按住鼠标左键不放拖动至图层组（如组 1）上释放鼠标，即可将图层移动至图层组中，如图 4-57 所示。将“矩形 4”图层添加到“组 1”的结果如图 4-58 所示。

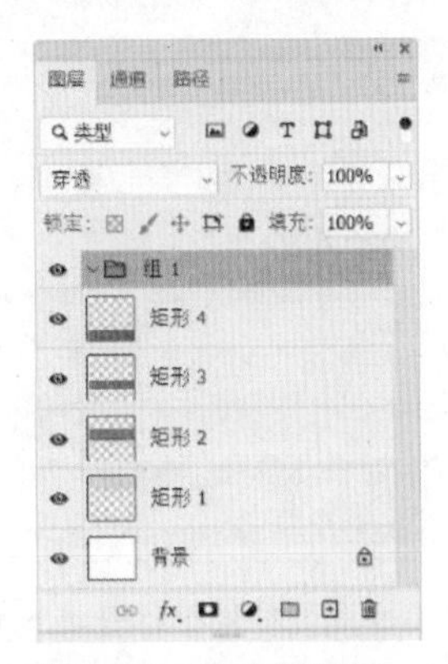

图 4-56 新建图层组

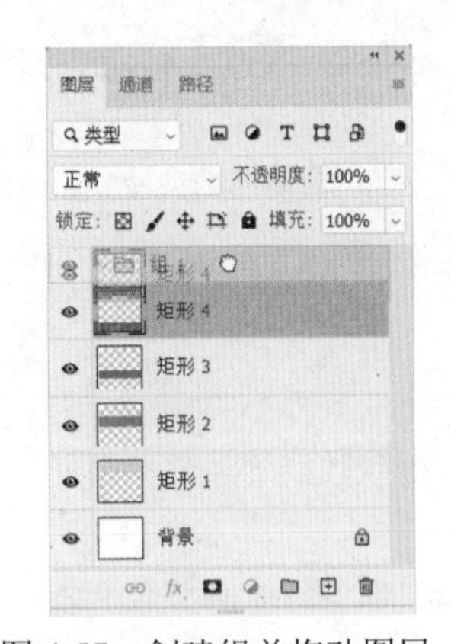

图 4-57 创建组并拖动图层

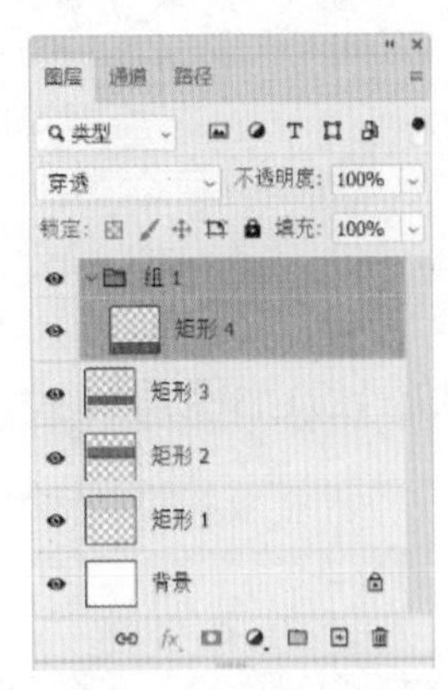

图 4-58 移动图层结果

若要将图层移出图层组，则将该图层拖动至图层组的上方或下方释放鼠标，或者直接将图层拖出图层组区域即可。

图层组也可以直接从当前选择图层来创建按住 Shift 或 Ctrl 键，选择需要添加到同一图层组中的所有图层，执行“图层”|“新建”|“从图层建立组”命令，或按 Ctrl+G 快捷键即可。这样新建的图层组将包含当前选择的所有图层。

4.5.2 使用图层组

当图层组中的图层比较多时，可以折叠图层组以节省“图层”面板空间。折叠时只需单击图层组中的图标即可，如图 4-59 所示。当需要查看图层组中的图层时，再次单击该图标即可展开图层组中的各图层。

图层组也可以像图层一样，设置属性、移动位置、更改透明度、复制或删除，操作方法与图层完全相同。右击图层组中的空白区域，可在弹出的菜单中设置图层组的颜色，如图 4-60 所示。

单击图层组左侧的眼睛图标，可隐藏图层组中的所有图层，再次单击又可重新显示。

拖动图层组至“图层”面板底部的按钮⊞可复制当前图层组。选择图层组后单击按钮🗑，弹出如图 4-61 所示的提示对话框，单击“组和内容”按钮，将删除图层组和图层组中的所有图层；若单击“仅组”按钮，将只删除图层组，图层组中的图层将被移出图层组。

图 4-59 折叠图层组

图 4-60 “组属性”菜单

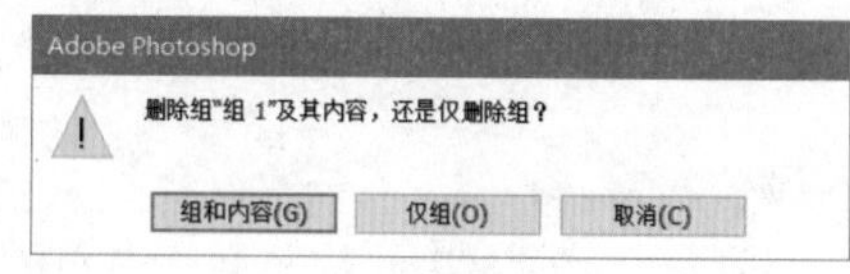

图 4-61 提示信息框

4.6 图层样式介绍

所谓图层样式，实际上就是由投影、内阴影、外发光、内发光、斜面和浮雕、光泽、颜色叠加、图案叠加、渐变叠加、描边等图层效果组成的集合，它能够为图形添加材质和光影效果。

4.6.1 添加图层样式

如果要为图层添加样式，可先选择图层，然后在采用下面任意一种方式打开的“图层样式”对话框中进行设置。

- 执行“图层” | “图层样式”子菜单中的样式命令，可打开“图层样式”对话框，并进入到相应的样式设置面板，如图 4-62 所示。
- 在“图层”面板中单击“添加图层样式”按钮 fx，在打开的快捷菜单中选择一个样式选项，如图 4-63 所示，也可以打开“图层样式”对话框，并进入到相应的样式设置面板。

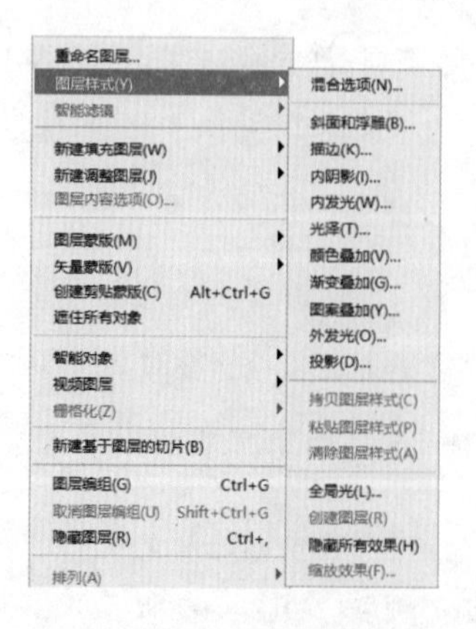

图 4-62 执行“图层” | “图层样式”命令

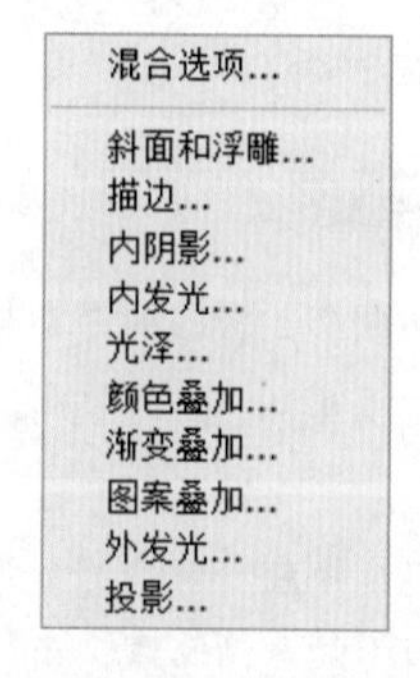

图 4-63 快捷菜单

➢　双击需要添加样式的图层，可打开“图层样式”对话框，在对话框左侧可以选择不同的图层样式选项。

提示：图层样式不能用于“背景”图层，但是可以按住 Alt 键双击“背景”图层，将它转换为普通图层，然后为其添加图层样式效果。

4.6.2 了解“图层样式”对话框

执行“图层”|“图层样式”|“混合选项”命令，弹出“图层样式”对话框，如图 4-64 所示。

❶ 样式列表：提供样式、混合选项和各种图层样式选项的参数设置。选中“样式”复选框，单击样式名称可切换到相应的选项面板。

❷ 新建样式：将自定义效果保存为新的样式文件。

❸ 预览：通过预览窗口显示当前设置的样式效果。

❹ 相应选项面板：在该区域显示当前选择的选项对应的参数设置。

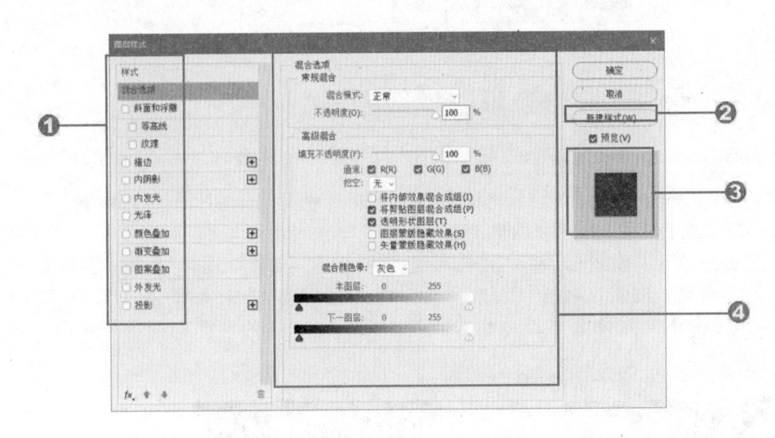

图 4-64　“图层样式”对话框

提示：使用图层样式虽然可以轻而易举得到特殊效果，但也不可滥用，要注意使用场合及各种图层效果间的合理搭配，否则就会画蛇添足，适得其反。

4.6.3 “混合选项”面板

默认情况下，打开“图层样式”对话框后，将显示“混合选项”面板，如图 4-ÇÇ 所示。此面板主要可对一些相对常见的选项，如混合模式、不透明度和混合颜色带等参数进行设置。

❶ 混合模式：单击右侧的下拉按钮，可打开下拉列表，在列表中选择任意一个选项，可使当前图层按照选择的混合模式与下层图层叠加在一起。

❷ 不透明度：通过拖拽滑块或直接在文本框中输入数值，可设置当前图层的不透明度。

❸ 填充不透明度：通过拖拽滑块或直接在文本框中输入数值，可设置当前图层的填充不透明度。填充不透明度影响图层中绘制的像素或图层中绘制的形状，但不影响已经应用图层的任何图层效果的不透明度。

❹ 通道：可选择当前显示出不同效果的通道。

❺ 挖空：可以指定图层中哪些图层是“穿透”的，从而使其他图层中的内容显示出来。

❻ 混合颜色带：通过单击“混合颜色带”右侧的下拉按钮，可在打开的下拉列表中选择不同的颜色选项，然后通过拖拽下方的滑块，调整当前图层对象的相应颜色。

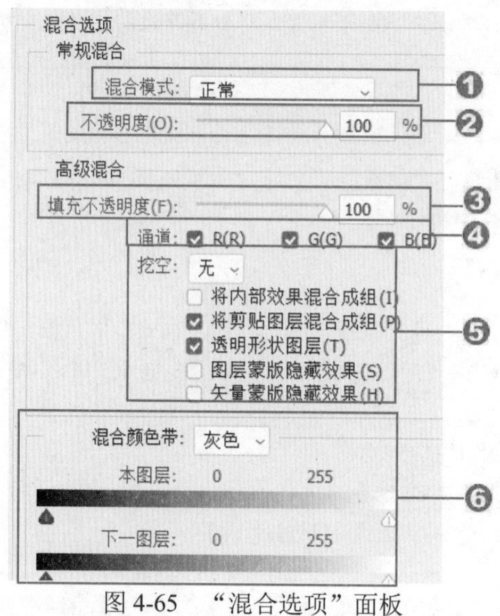

图 4-65 “混合选项”面板

4.6.4 实例——通过“混合选项”抠取图形

本实例主要运用混合颜色带对图像进行抠图。

（1）启动 Photoshop 程序，执行“文件”|“打开”命令，弹出“打开”对话框，选择本书配套资源中的“第 4 章\4.6\4.6.4\夜景.jpg”“闪电.jpg”文件，单击“打开”按钮。

（2）选择“移动”工具，将“闪电”图像拖入到“夜景”图像中，如图 4-66 所示。

（3）双击“闪电”图层，打开“图层样式”对话框。按住 Alt 键单击“本图层”中的黑色滑块，将它分开，将右半边滑块向右拖至靠近白色滑块处，使闪电周围的灰色能够很好地融合到背景图像中，如图 4-67 所示。

图 4-66 组合素材

图 4-67 拖动滑块调整图像

（4）按 Ctrl+“+”快捷键，放大图像。单击“图层”面板底部的“添加图层蒙版”按钮，为“闪电”图层添加蒙版，如图 4-68 所示。

（5）按 D 键，将前景色设置为黑色，背景色设置为白色。选择“渐变”工具，按住 Shift 键在交界处单击并向上拖动鼠标，填充黑白线性渐变，如图 4-69 所示。

提示：“混合颜色带”适合抠取背景简单、没有繁琐内容且对象与背景之间的色调差异大的图像，如果对所选取的对象的精度要求不高，或者只是想看图像合成的草图，用“混合颜色带”进行抠图是比较不错的选择。

图 4-68　添加蒙版

图 4-69　填充渐变

4.6.5 “斜面和浮雕”效果

“斜面和浮雕”是一个非常实用的图层效果，可用于制作各种凹陷或凸出的浮雕图像或文字。在“图层样式”对话框中选择左侧样式列表中的“斜面和浮雕”复选框，并单击该选项，可切换至“斜面和浮雕”面板，如图 4-70 所示。

“光泽等高线”选项：单击右侧的下拉按钮，可在打开的下拉列表中显示出所有 Photoshop 自带的光泽等高线选项，通过单击相应的选项，可设置相应的光泽等高线效果。

“等高线”面板：在该面板中，可对当前图层对象中所应用的等高线效果进行设置，包括等高线类型和等高线范围等。

“纹理”面板：在该面板中，可对当前图层对象中所应用的图案效果进行设置，包括图案的类型、图案的大小和深度等效果。

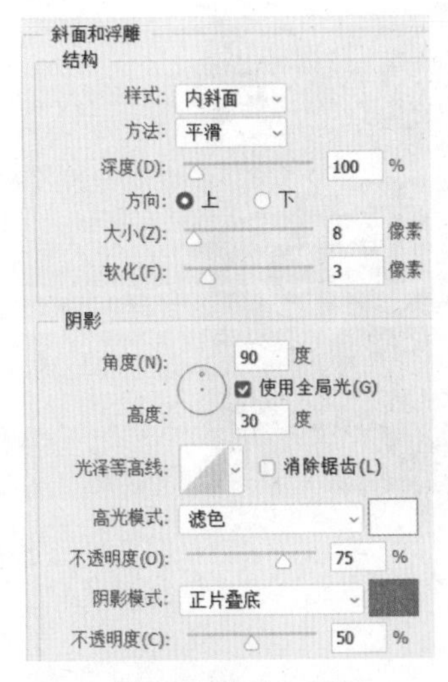

“斜面和浮雕”面板

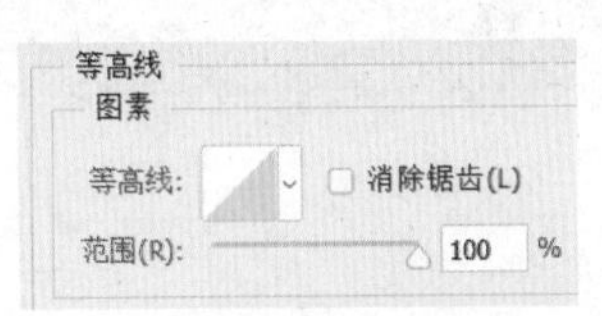

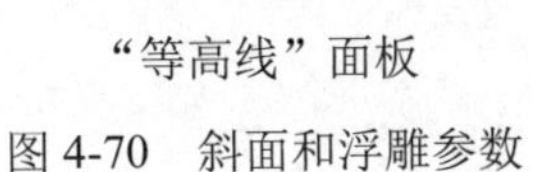

“等高线”面板

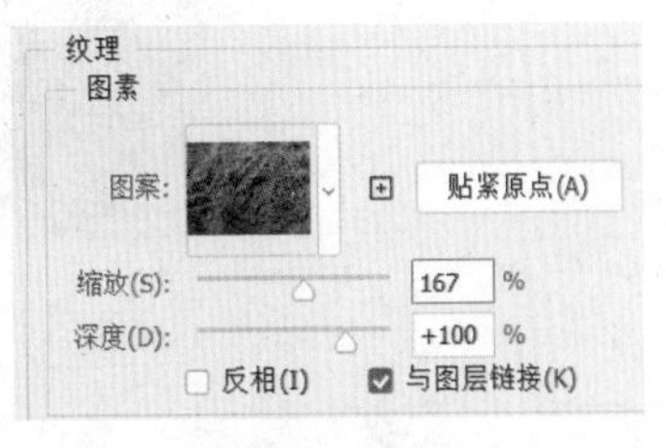

“纹理”面板

图 4-70　斜面和浮雕参数

4.6.6 实例——通过“斜面和浮雕”制作文字

“斜面和浮雕”效果可以为图层添加高光与阴影等各种组合，本实例主要运用“斜面和浮雕”对文字进行艺术效果处理。

（1）启动 Photoshop 后，执行“文件”|“打开”命令，弹出“打开”对话框，选择本书配套资源中的“第 4 章\4.6\4.6.6\教师节.psd”文件，单击“打开”按钮，如图 4-71 所示。

（2）选择文字图层，单击“图层”面板底部的“添加图层样式”按钮 fx，在弹出的快捷菜单中选择“斜面和浮雕”选项，弹出“图层样式”对话框，选择“斜面和浮雕”，设置参数如图 4-72 所示。

师恩深似海
感恩教师节

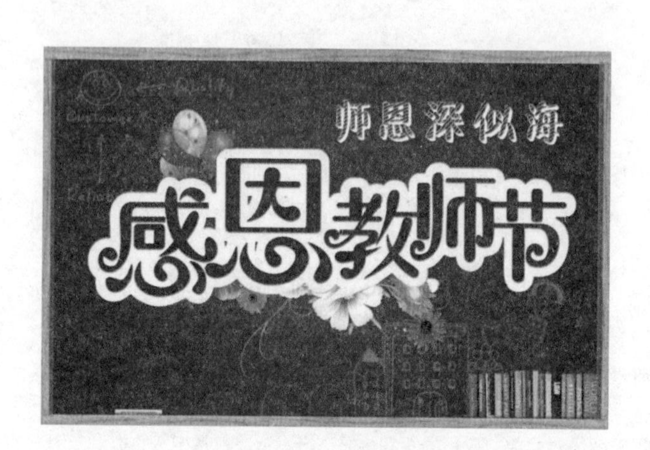

图 4-71　打开素材

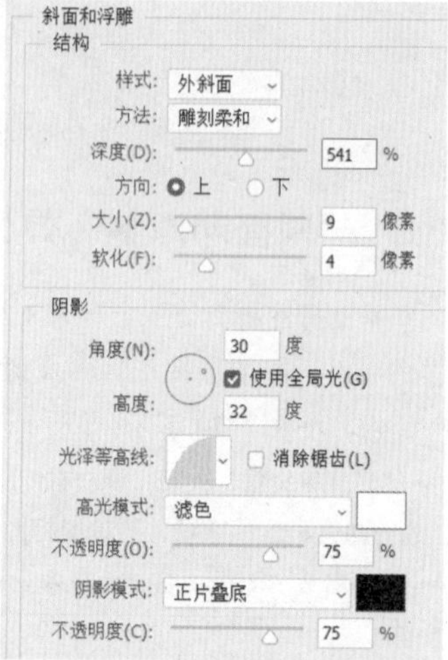

斜面和浮雕
结构
样式: 外斜面
方法: 雕刻柔和
深度(D): 541 %
方向: 上 下
大小(Z): 9 像素
软化(F): 4 像素
阴影
角度(N): 30 度
使用全局光(G)
高度: 32 度
光泽等高线: 消除锯齿(L)
高光模式: 滤色
不透明度(O): 75 %
阴影模式: 正片叠底
不透明度(C): 75 %

图 4-72　设置参数

（3）参数设置完毕后，单击“确定”按钮，得到如图 4-73 所示的效果。

师恩深似海
感恩教师节

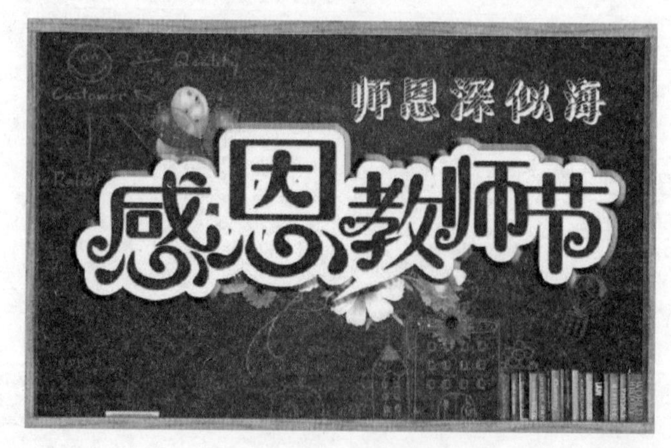

图 4-73　添加描边与浮雕最终结果

4.6.7 “描边”效果

“描边”效果可用于在图形边缘产生描边效果，常用于硬边形状和文字等。在“图层样式”对话框中设置“描边”参数，单击“确定”按钮后可为图形添加描边效果，如图 4-74 所示。

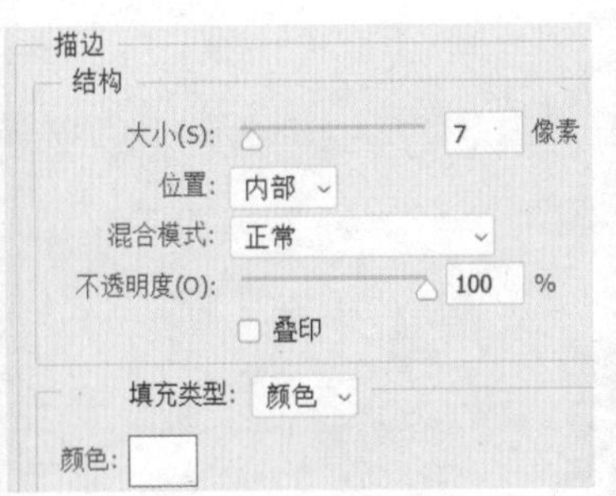

图 4-74　添加描边效果

4.6.8 “内阴影”效果

“内阴影”效果可以在图形的边缘内添加阴影，使图形产生凹陷效果。双击圆形背景，在“图层样式”对话框中设置“内阴影”参数，单击“确定”按钮后可为背景添加内阴影效果，如图 4-75 所示。

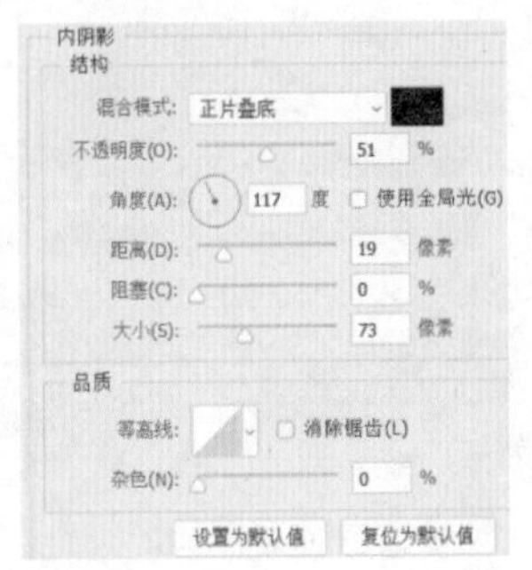

图 4-75　添加内阴影效果

4.6.9 “内发光”效果

“内发光”效果可以沿图形的边缘创建内发光效果。在“图层样式”对话框中设置“内发光”参数的过程中可以实时预览显示效果，选择不同的“混合模式”，内发光的显示效果不同。图 4-76 所示为给图像添加内发光效果。

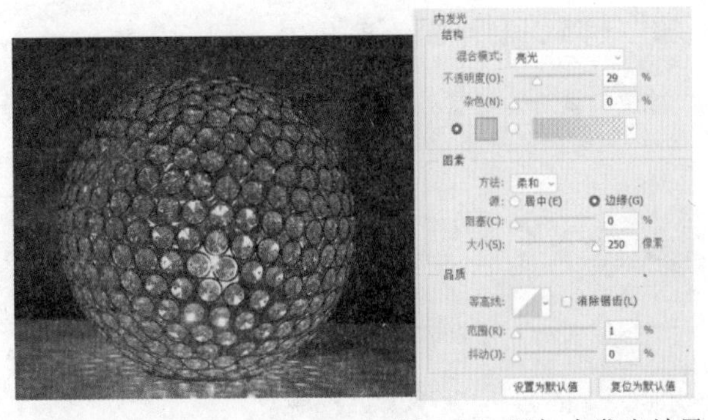

图 4-76　添加内发光效果

4.6.10 “光泽”效果

在“图层样式”对话框中设置“光泽”参数，可以为图形添加光泽效果，增加质感，如图 4-77 所示。

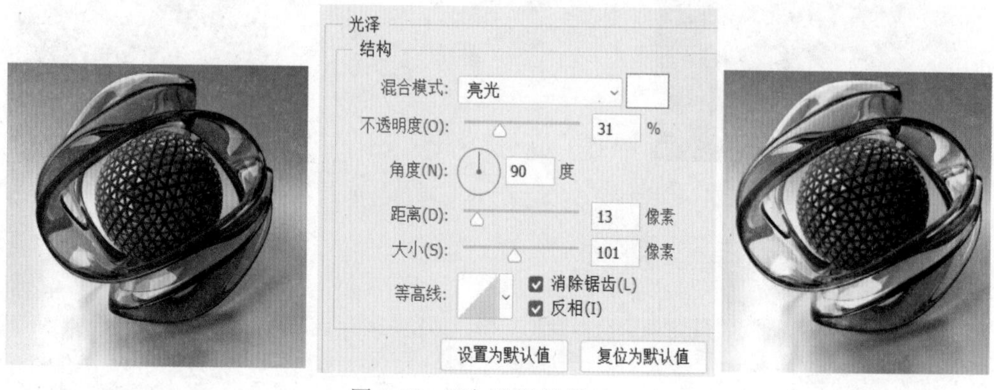

图 4-77　添加光泽效果

4.6.11 “颜色叠加”效果

为图形添加“颜色叠加”效果，可以覆盖图形本色，重定义另一种颜色效果，如图 4-78 所示。

图 4-78　添加颜色叠加效果

4.6.12 实例——使用“渐变叠加”样式制作七彩景象

“渐变叠加”样式可以使图像产生一种色彩缤纷的效果。

（1）执行“文件”|“打开”命令，打开本书配套资源中的“目标文件\第 4 章\4.6\4.6.12\景象.jpg”文件，如图 4-79 所示。

（2）按 Ctrl+J 键，复制图层，单击“图层”面板下面的“添加图层样式”按钮 fx，在弹出的快捷菜单中选择“渐变叠加”选项，弹出“图层样式”对话框，单击渐变色条，打开“渐变编辑器”对话框，设置颜色参数如图 4-80 所示。

（3）设置“混合模式”为“柔光”、“不透明度”为 100%、“样式”为“线性”、“角度”为 90，其他参数设置如图 4-81 所示。

（4）单击“确定”按钮，完成渐变叠加效果添加，结果如图 4-82 所示。

图 4-79　打开素材

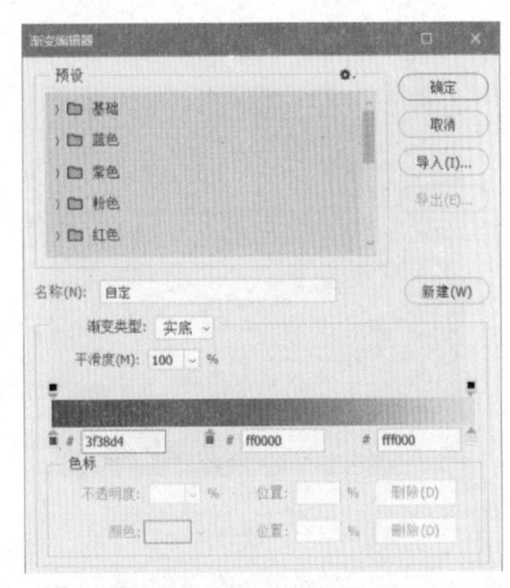

图 4-80　设置颜色参数

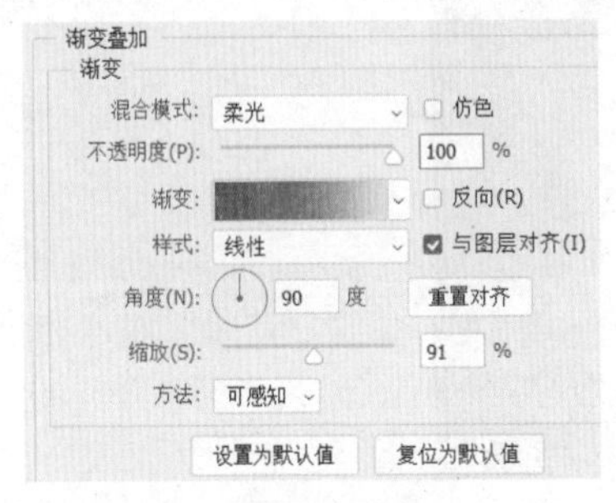

图 4-81　设置渐变叠加参数

图 4-82　添加渐变叠加效果

4.6.13 “图案叠加”效果

“图案叠加”效果可以在图层上叠加指定的图案，并且可以缩放图案，设置图案的“混合模式”和“不透明度”，如图 4-83 所示。

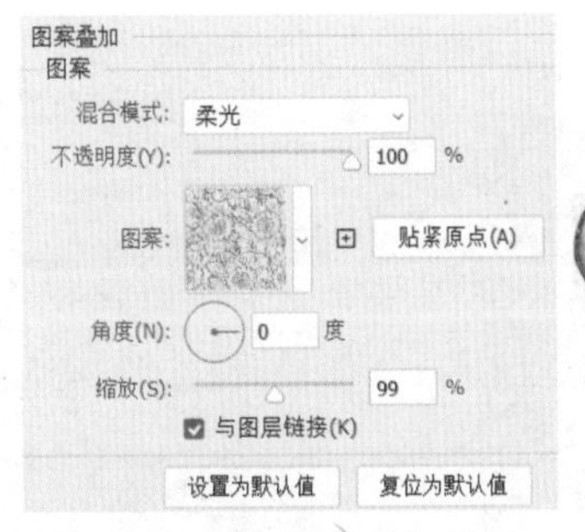

图 4-83　添加图案叠加效果

4.6.14 实例——“外发光”样式的使用

“外发光”效果可以沿图形的边缘创建外发光效果。

（1）执行“文件”|“打开”命令，打开本书配套资源中的“目标文件\第 4 章\4.6\4.6.14\按钮.psd”文件，单击“打开”按钮，如图 4-84 所示。

（2）选择“图层 1”，单击“图层”面板底部的“添加图层样式”按钮 fx，在弹出的快捷菜单中选择“外发光”选项，弹出“图层样式”对话框，设置外发光参数如图 4-85 所示。

（3）参数设置完毕后，单击“确定”按钮，结果如图 4-86 所示。

图 4-84　打开素材

图 4-85　设置外发光参数

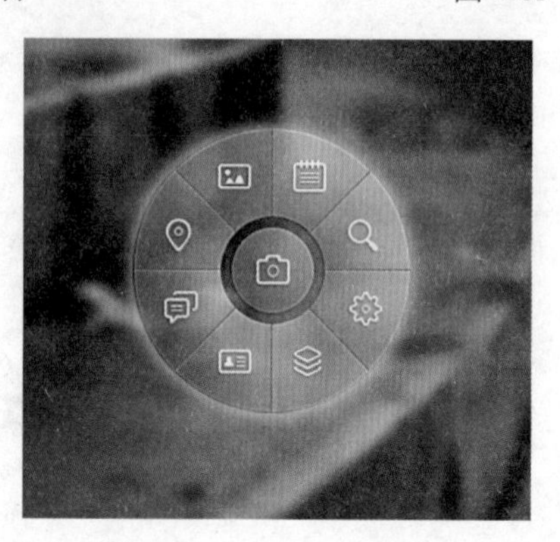

图 4-86　添加外发光效果

4.6.15 “投影”效果

在“图层样式”对话框中设置“投影”参数，可以为图形添加投影效果，使其产生立体感，如图 4-87 所示。

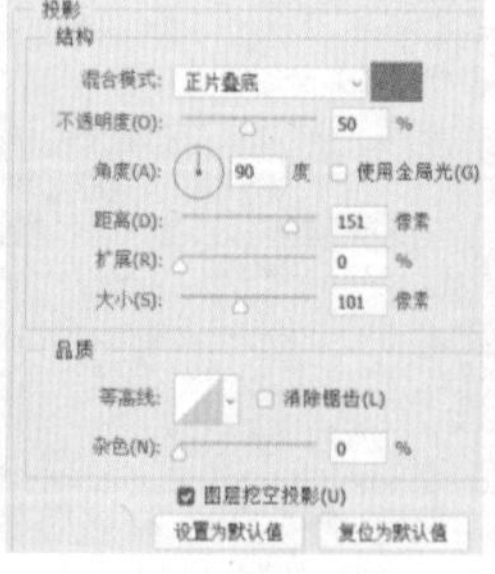

图 4-87　添加投影效果

4.6.16 认识“样式”面板

单击“图层样式”对话框左侧样式列表中的“样式”选项，即可切换至“样式”面板。在“样式”面板中可显示当前可应用的图层样式，如图 4-88 所示为默认的样式，单击样式图标即可应用该样式。

执行“窗口”|“样式”命令，打开“样式”面板。单击面板右上角的按钮≡，在弹出的如图 4-89 所示的面板菜单中选择选项可以执行相应的操作。

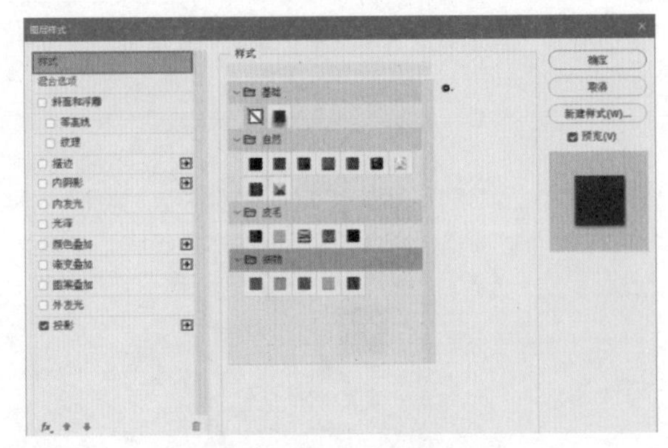

图 4-88　“样式”面板

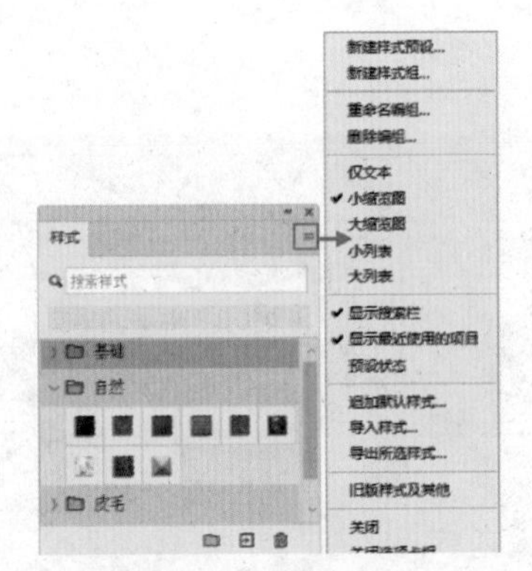

图 4-89　面板菜单

4.6.17 实例——“样式”的使用

除了“样式”面板上显示的样式外，Photoshop 还提供了其他的样式，它们按照不同的类型放在不同的库中，接下来具体讲解如何调用“样式库”。

（1）执行“文件”|“打开”命令，打开本书配套资源中的“目标文件\第 4 章\4.6\4.6.17\文字.psd”文件，单击“打开”按钮，如图 4-90 所示。

（2）选择“图层 1”，在“样式”面板中单击右上角的按钮，在弹出的快捷菜单中选择“旧版样式及其他”选项，如图 4-91 所示。

图 4-90　打开素材

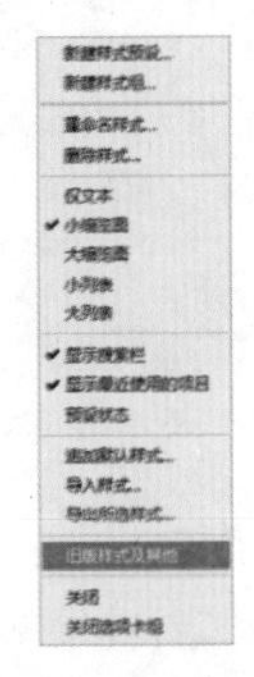

图 4-91　选择选项

（3）在“样式”面板中查看添加旧版样式的选项，如图 4-92 所示。

（4）展开“所有旧版默认样式”，选择“KS 样式”，再选择第二个样式，如图 4-93 所示。

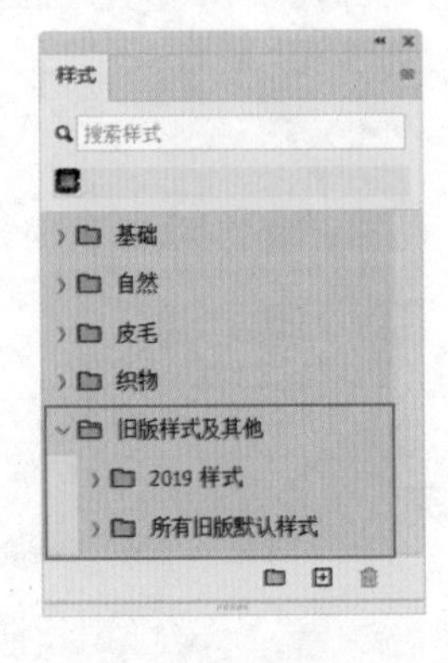

图 4-92　旧版样式选项

图 4-93　选择样式

（5）单击所需要的样式，便可快速地添加该样式，结果如图 4-94 所示。

（6）样式添加后，还可更改样式中的参数，在“图层”面板中单击“描边”样式，在弹出的“图层样式”对话框中更改参数，如图 4-95 所示。

图 4-94　添加样式

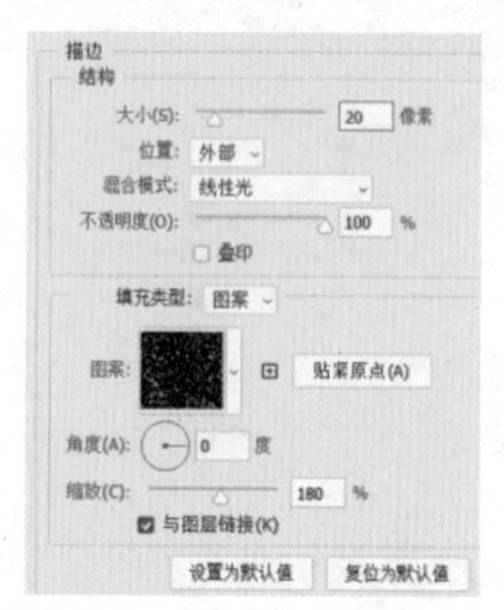

图 4-95　更改参数

（7）更改完毕后，单击“确定”按钮，结果如图 4-96 所示。

图 4-96　最终结果

4.6.18 存储样式

如果在“样式”面板中创建了大量的自定义样式，可以将这些样式保存为一个独立的样式库。在“样式”面板中选择样式，右击，在弹出的快捷菜单中选择“导出所选样式”命令，如图 4-97 所示，打开“另存为”对话框，输入样式名称和设置保存位置，如图 4-98 所示，单击“保存”按钮，即可将面板中的样式保存至指定位置。

图 4-97　选择选项

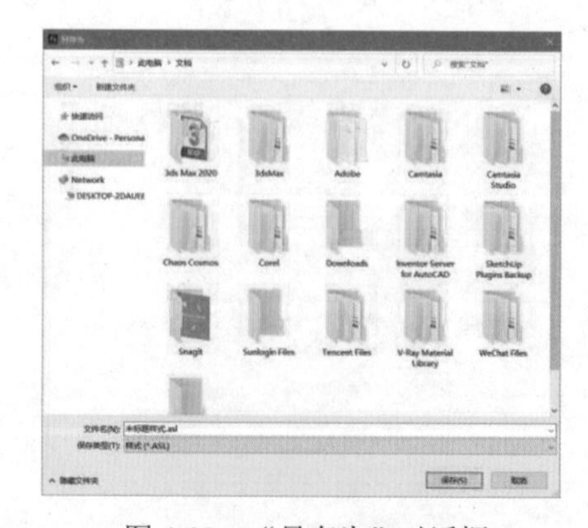

图 4-98　“另存为”对话框

如果将自定义的样式保存在 Photoshop 程序文件夹的“Presete>Styles”文件夹中，则重新运行 Photoshop

后，该样式的名称会出现在“样式”面板菜单的底部。

4.6.19 修改、隐藏与删除样式

通过隐藏或删除图层样式，可以去除为图层添加的样式效果，方法如下。

- 删除图层样式：添加图层样式的图层右侧会显示图标fx，单击该图标可以展开所有添加的样式效果，如图 4-99 所示拖动该图标或效果选项至面板底部删除按钮，可以删除图层样式。
- 删除样式效果：如图 4-100 所示拖动效果列表中的样式效果至删除按钮，可以删除该图层效果。
- 隐藏样式效果：单击样式效果左侧的眼睛图标，可以隐藏该图层效果。
- 修改图层样式：在“图层”面板中双击一个效果的名称，可以打开“图层样式”对话框并进入该效果的设置面板修改样式参数。

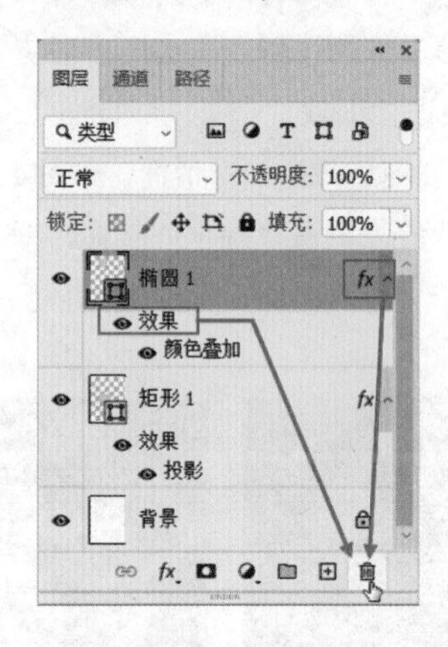

图 4-99　删除图层样式

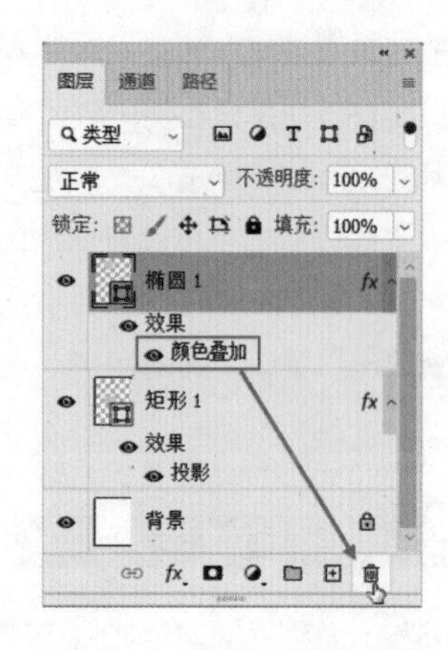

图 4-100　删除图层效果

4.6.20 复制与粘贴样式

快速复制图层样式，有“利用鼠标拖动复制”和“执行菜单命令复制”两种方法可供选用。

1. 鼠标拖动复制

展开“图层”面板中的图层效果列表，拖动效果选项或图标fx至另一图层上方，即可移动图层样式至另一个图层，此时光标显示为形状，同时显示样式标记fx，如图 4-101 所示。如果在拖动鼠标时按住 Alt 键，则可以复制该图层的样式效果至另一图层，此时光标显示为形状，如图 4-102 所示。

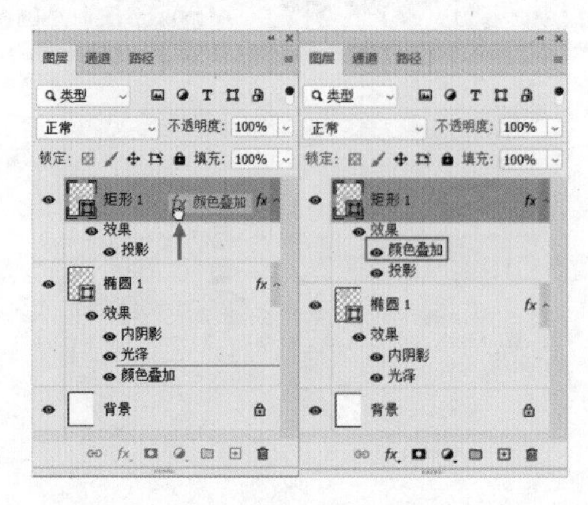

图 4-101　移动图层样式

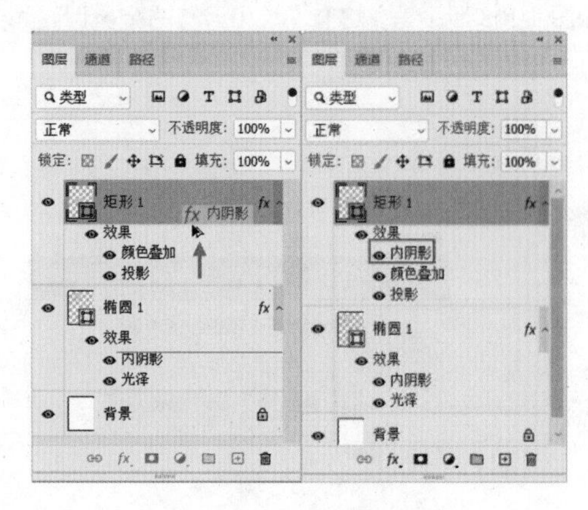

图 4-102　复制图层样式

2. 菜单命令复制

在已添加样式效果的图层上右击，在弹出的快捷菜单中选择“拷贝图层样式”命令，如图 4-103 所示，或在需要粘贴样式的图层上右击，在弹出的快捷菜单中选择“粘贴图层样式”命令，如图 4-104 所示，即可完成菜单命令复制。

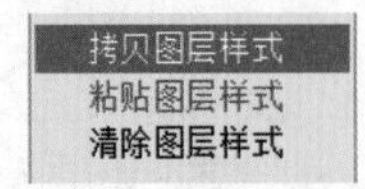

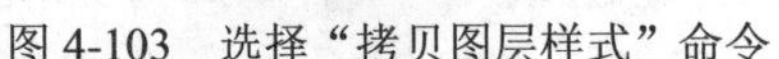

图 4-103　选择“拷贝图层样式”命令

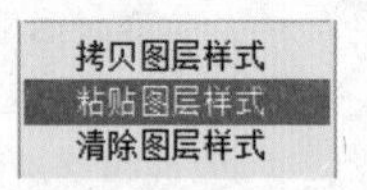

图 4-104　选择“粘贴图层样式”命令

4.6.21 缩放样式效果

当对添加了样式效果的图层对象进行缩放时，效果仍然保持原来的比例，不会随着对象大小的变化而改变。如果要获得与图像比例一致的效果，就需要单独对效果进行缩放。

执行“图层”|“图层样式”|“缩放效果”命令，可打开“缩放图层效果”对话框，如图 4-105 所示。在对话框中的“缩放”选项中设置缩放比例，或直接输入缩放数值，单击“确定”按钮，即可完成效果缩放，如图 4-106 所示为设置“缩放”分别为 50 和 200 的效果。“缩放效果”命令只缩放图层样式中的效果，不会缩放应用了该样式的图层。

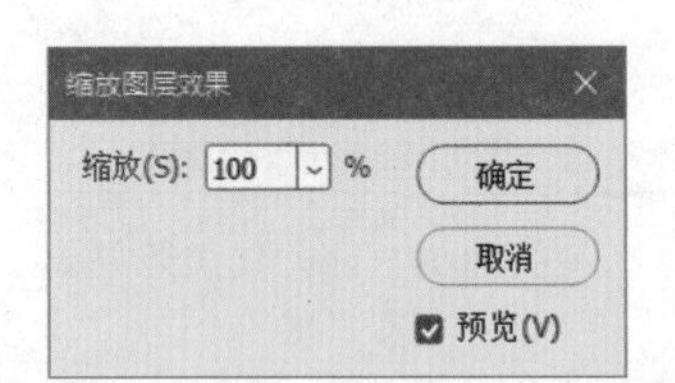

图 4-105　“缩放图层效果”对话框

图 4-106　缩放样式效果

4.6.22 将图层样式创建为图层

图层样式虽然丰富，但要想进一步对其进行编辑，如在效果内容上绘画或应用滤镜，还需要先将效果创建为图层。首先选中添加了样式的图层，执行“图层”|“图层样式”|“创建图层”命令，系统会弹出一个提示对话框，如图 4-107 所示。单击“确定”按钮，样式便会从原图层中剥离出来成为单独的图层，如图 4-108 所示。在这些图层中，有的会被创建为剪贴蒙版，有的更改了混合模式，以确保转换前后的图像效果不会发生变化。

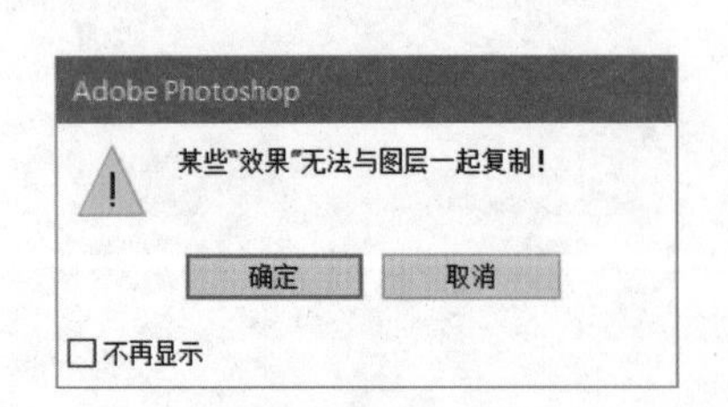

图 4-107　提示对话框

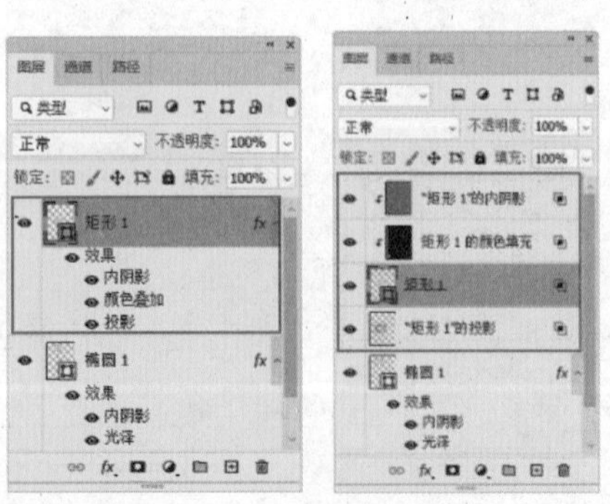

图 4-108　转换图层样式为图层

4.7 图层的不透明度

在“图层”面板中有两个控制图层的不透明度的选项，即“不透明度”选项和“填充”选项。

“不透明度”选项控制着当前图层、图层组中绘制的对象的像素和形状的不透明度。如果对图层应用了图层样式，则图层样式的不透明度也会受到该值的影响。“填充”选项只影响图层中绘制的对象的像素和形状的不透明度，不会影响图层样式的不透明度。

（1）执行“文件”|“打开”命令，打开本书配套资源中的“目标文件\第 4 章\4.7\瓷娃娃.psd”文件，如图 4-109 所示。

（2）选中“图层 1”，在“图层”面板中设置图层的“不透明度”为 50%，效果如图 4-110 所示。

图 4-109　打开素材

图 4-110　“不透明度”值为 50%

（3）按 Ctrl+Z 快捷键，取消“不透明度”的设置。在“图层”面板中设置图层的“填充”为 50%，此时图层的“描边”效果没有被影响，只有娃娃的透明度发生了变化，如图 4-111 所示。

图 4-111　“填充”值为 50%

4.8 图层的混合模式

一幅图像中的各个图层由上到下叠加在一起，通过设置各图层的“不透明度”和“混合模式”，可以将各图层的图像完美地融合在一起。Photoshop 中的图层“混合模式”有“正常”“溶解”“变暗”“正片叠底”等，不同的“混合模式”，效果不同。“混合模式”选项位于“图层”面板的顶端，如图 4-112 所示。

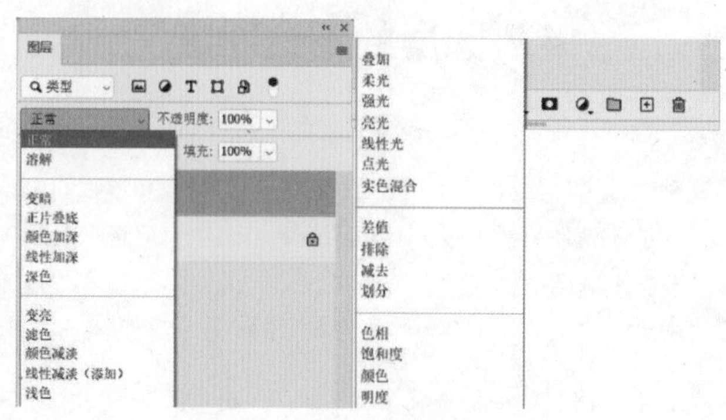

图 4-112　“混合模式”选项

4.8.1 实例——更改“混合模式”调整画面色调

通过更改图层的“混合模式”，可以调整画面色调。下面介绍利用“混合模式”更改画面色调的方法。

（1）执行“文件”|“打开”命令，打开本书配套资源中的“目标文件\第 4 章\4.8\4.8.1\人物.jpg”文件，单击“打开”按钮，如图 4-113 所示。

（2）在“图层”面板下方单击“添加新的填充或调整图层”按钮，在列表中选择“渐变”选项，创建渐变调整图层，如图 4-114 所示。

图 4-113　打开素材

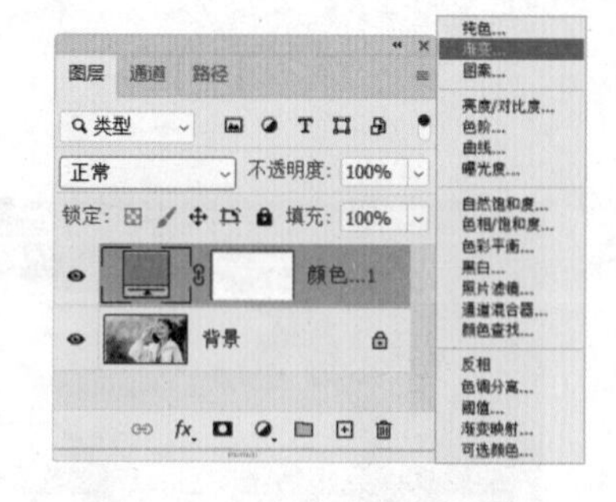

图 4-114　创建渐变调整图层

（3）选择渐变调整图层，更改“混合模式”为“柔光”，画面显示为冷色调，如图 4-115 所示。

图 4-115　更改画面色调

4.8.2 实例——运用“混合模式”合成创意图像

本实例将通过更改图层的“混合模式”来合成一幅创意图像。

（1）执行“文件”|“打开”命令，弹出“打开”对话框，按 Ctrl 键同时选择本书配套资源中的“目标文件\第 4 章\4.8\4.8.2\人物.jpg”“烟雾.jpg”文件，单击“打开”按钮，如图 4-116 所示。

图 4-116　打开素材文件

（2）按 V 键切换到“移动”工具，拖动“烟雾”图像至“人物”图像中，并调整位置，如图 4-117 所示。

（3）设置“烟雾”图层的混合模式为“滤色”，隐藏黑色背景，如图 4-118 所示。

图 4-117　调整素材位置

图 4-118　隐藏烟雾黑色背景

（4）单击“图层”面板下方的“添加图层蒙版”按钮，为图层添加蒙版。选择“画笔”工具，将前景色设置为黑色，在蒙版中涂抹，隐藏烟雾下方的白色部分，如图 4-119 所示。

（5）按 Ctrl+J 快捷键，复制烟雾图层。按 Ctrl+T 快捷键，调整烟雾的角度，同时在“图层”面板中更改“不透明度”值，最终结果如图 4-120 所示。

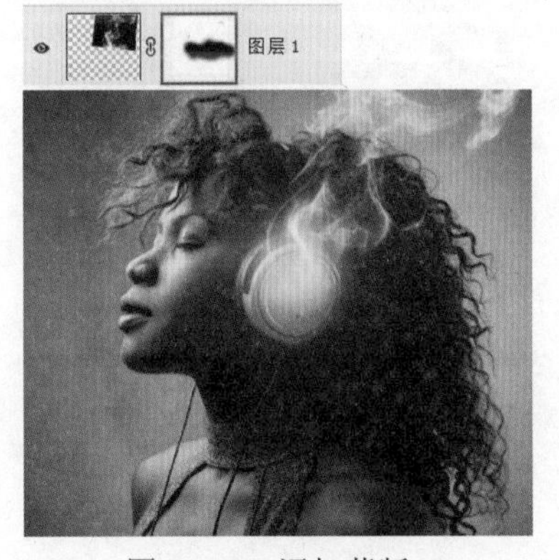

图 4-119　添加蒙版

图 4-120　最终结果

4.9 填充图层

填充图层是向图层填充纯色、渐变和图案创建的特殊图层。在 Photoshop 中，可以创建三种类型的填充图层：纯色填充图层、渐变填充图层和图案填充图层。创建填充图层后，可以通过设置混合模式，或者调整图层的不透明度来创建特殊的图像效果。填充图层可以随时修改或者删除，不同类型的填充图层之间还可以互相转换，也可以将填充图层转换为调整图层。

4.9.1 实例——使用“纯色填充”调整图层打造另类图像效果

纯色填充图层是用一种颜色进行填充的可调整图层。接下来通过具体操作来讲解。

（1）执行“文件”|“打开”命令，打开本书配套资源中的“目标文件\第 4 章\4.9\4.9.1\蘑菇园.jpg”文件，单击“打开”按钮，如图 4-121 所示。

（2）执行“图层”|“新建填充图层”|“纯色”命令，或单击“图层”面板中的“创建新的填充或调整图层”按钮，在打开的快捷菜单中选择“纯色”选项，打开“拾色器（纯色）”对话框，设置颜色为紫色（#a905f6），如图 4-122 所示。

图 4-121　打开素材

图 4-122　设置颜色

（3）单击“确定”按钮关闭对话框，设置填充图层的“混合模式”为“叠加”、“不透明度”为 60%，效果如图 4-123 所示。

图 4-123　显示效果

（4）选中蒙版，按 D 键，系统默认前背景色为黑白，按 B 键切换到“画笔”工具，在需要隐藏的位置上涂抹，结果如图 4-124 所示。

图 4-124　最终结果

4.9.2 实例——运用渐变填充图层制作蔚蓝天空

渐变填充图层即为图层所填充的颜色为渐变色，填充的效果和“渐变”工具的填充效果相似，不同的是，渐变填充图层可以进行反复修改。接下来通过具体操作进行讲解。

（1）执行“文件” | “打开”命令，打开本书配套资源中的“目标文件\第 4 章\4.9\4.9.2\晴空.jpg”文件，如图 4-125 所示。

（2）选择“快速选择”工具，在工具选项栏中单击按钮，选择天空，如图 4-126 所示。

图 4-125　打开素材

图 4-126　选择天空

（3）执行“图层” | “新建填充图层” | “渐变”命令，或单击“图层”面板中的“创建新的填充或调整图层”按钮，在打开的快捷菜单中选择“渐变”选项，打开“渐变填充”对话框，单击渐变条，在弹出的“渐变编辑器”对话框中设置“蓝色到白色”的渐变，如图 4-127 所示。

（4）单击“确定”按钮关闭对话框，最终结果如图 4-128 所示。

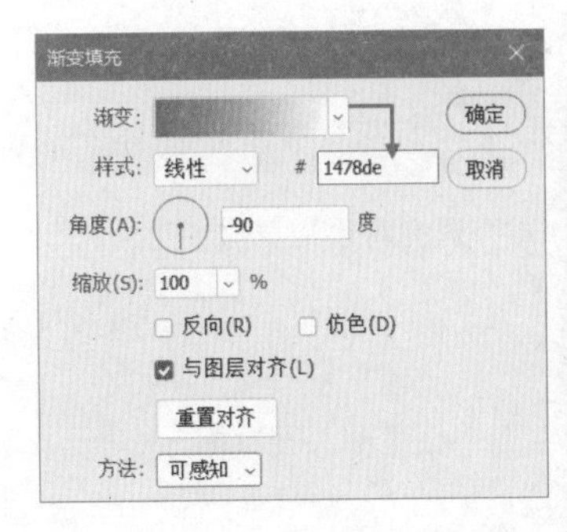

图 4-127　“渐变填充”对话框

图 4-128　最终结果

4.9.3 图案填充图层的使用

图案填充图层是指用图案来填充图层。在 Photoshop 中有许多预设图案，若预设图案不理想也可以自定图案进行填充。运用图案填充图层为伞贴花的操作过程如图 4-129 所示。

图 4-129　运用图案填充图层为伞贴花

4.10 智能对象

智能对象可看作是一种容器，可以在其中嵌入位图或矢量图像数据，如 Photoshop 的图层或 Adobe Illustrator 图形。

在 Photoshop 中，智能对象表现为一个图层，类似于文字图层、调整图层或填充图层，并在图层缩览图右下方显示智能对象标记。

4.10.1 了解智能对象的优势

众所周知，如果在 Photoshop 中频繁地缩放图像，会导致图像细节丢失而变得越来越模糊，但如果将图像转换为智能对象，则可避免这种情况的发生，即无论如何对智能对象进行变换，它的源数据都始终保持不变。智能对象与普通图层的对比如图 4-130 所示。

总的来说，使用智能对象具有如下优点：

➢ 进行非破坏性变换。可以根据需要按任意比例缩放图层，不会丢失原始图像数据。

➢ 可以为智能对象创建拷贝图层，对原始内容进行编辑后，所有与之链接的拷贝图层都会自动更新。

➢ 将多个图层内容创建为一个智能对象以后，可以简化“图层”面板中的图层结构。

➢ 应用于智能对象的所有滤镜都是智能滤镜。智能滤镜可以随时修改参数或者撤销，并且不会对图像造成任何破坏。

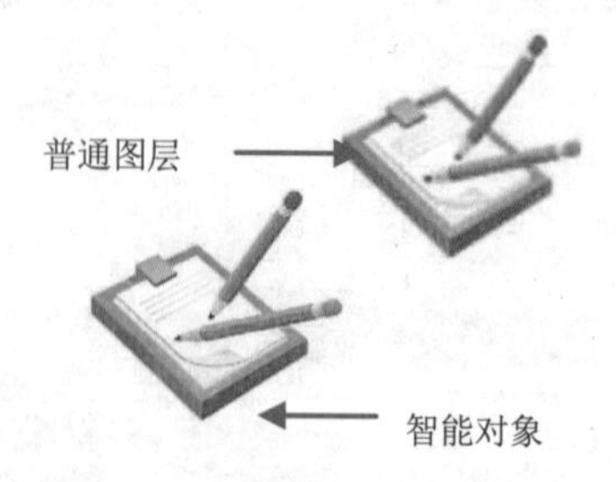

图 4-130　智能对象与普通图层对比

提示：在对智能对象进行编辑操作时，除了“阴影/高光”和“变化”命令外，“调整”命令中的各选项均不可用，因此可以将这两种调整命令作为智能滤镜来使用。

4.10.2 创建智能对象

创建智能对象，可以使用下面的方法：

➢　使用“置入”命令置入的矢量图形或位图图像，Photoshop 将其自动转化为智能对象。

➢　选择一个或多个图层后，执行“图层”|“智能对象”|“转换为智能对象”命令，这些图层即被打包到一个名为“智能对象”的图层中。

➢　复制现有的智能对象，以便创建引用相同源内容的两个版本。

➢　将选定的 PDF 或 Adobe Illustrator 图层或对象拖入 Photoshop 文档中。

➢　将图片从 Adobe Illustrator 复制并粘贴到 Photoshop 文档中。

4.10.3 编辑智能对象

智能对象由于其源数据受到保护，因此只能对其进行有限的编辑操作。

➢　可以进行缩放、旋转、斜切，但不能进行扭曲、透视、变形等操作。

➢　可以更改智能对象图层的混合模式、不透明度，并且可以添加图层样式。

➢　不能直接对智能对象使用“颜色调整”命令，只能使用调整图层进行调整。

如果需要更改智能对象的内容，需要进行以下操作：

➢　从“图层”面板中选择智能对象，执行“图层”|“智能对象”|“编辑内容”命令，或者单击两次“图层”面板中的智能对象缩略图。

➢　如果智能对象是矢量数据，将打开 Illustrator 进行编辑。如果是位图数据，则在 Photoshop 中打开一个新的图像窗口进行编辑。

➢　智能对象内容编辑完成后，执行“文件”|“存储”命令提交更改。

➢　返回到包含智能对象的 Photoshop 文档，智能对象的所有实例均已更新。

4.10.4 实例——替换智能对象内容

Photoshop 中的智能对象具有相当大的灵活性，创建智能对象后，可以用一个新建的内容替换智能对象中已嵌入的内容。

（1）打开本书配套资源中的“目标文件\第 4 章\4.10 \4.10.4\气球”文件，选中“矢量智能对象”图层，如图 4-131 所示。

（2）执行“图层”|“智能对象”|“替换内容”命令，打开“替换文件”对话框，选择“球.ai”文件，如图 4-132 所示。

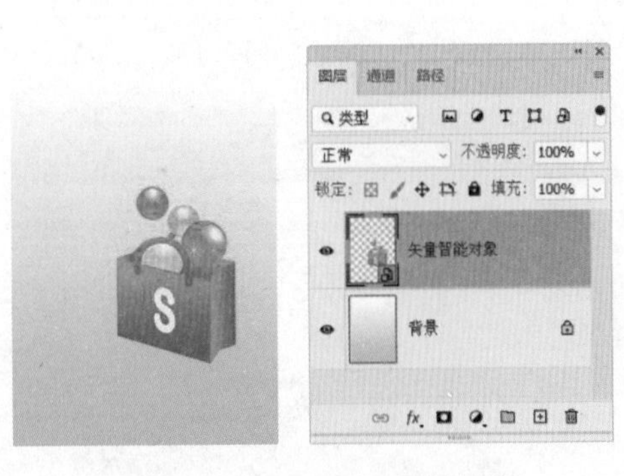

图 4-131　打开素材并选择图层

图 4-132　选择文件

（3）单击“置入”按钮，打开“打开为智能对象”对话框，如图 4-133 所示。

（4）单击“确定”按钮，即可将“球.ai”文件转入到 Photoshop 中，替换当前选择的智能对象，如图 4-134 所示。

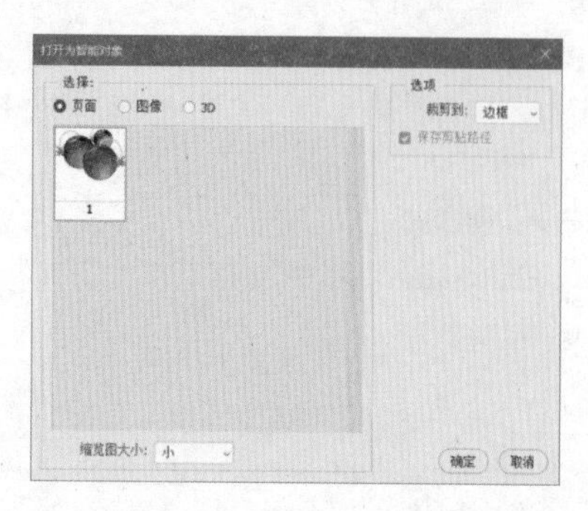

图 4-133　“打开为智能对象”对话框

图 4-134　替换结果

4.10.5 将智能对象转换到图层

选择需要转换为普通图层的智能对象，执行“图层”|“智能对象”|“栅格化”命令，或在智能对象图层上右击，在弹出的快捷菜单中选择“栅格化图层”命令，可将智能对象转换为普通图层。转换为普通图层后，原图层缩览图上的智能对象标志也会消失。

4.10.6 导出智能对象内容

执行“图层”|“智能对象”|“导出内容”命令，Photoshop 将以智能对象的原始置入格式（JPEG、AI、TIF、PDF 或其他格式）导出智能对象。如果智能对象是利用图层创建的，则以 PSB 格式将其导出。

第5章 调整颜色

Photoshop 拥有丰富而强大的颜色调整功能，使用“曲线”“色阶”等命令可以轻松调整图像的色相、饱和度、对比度和亮度，修正有色彩失衡、曝光不足或曝光过度等问题的图像，甚至能为黑白图像上色，制作光怪陆离的图像效果。

本章首先介绍了 Photoshop 中图像的颜色模式，然后详细讲解了颜色和色调调整命令的使用方法和应用技巧。

5.1 图像的颜色模式

颜色模式能将颜色翻译成数字数据，从而使颜色能在多种媒体中得到一致的描述。Photoshop 支持的颜色模式包括 CMYK、RGB、灰度、双色调、Lab、多通道和索引颜色模式，较常用的是 CMYK、RGB、Lab 颜色模式，不同的颜色模式有不同的作用和优势。

颜色模式不仅影响可显示颜色的数量，还影响图像的通道数量和图像大小。

5.1.1 查看图像的颜色模式

查看图像的颜色模式，了解图像的属性，方便用户对图像进行各种操作。执行“图像”|“模式”命令，打开子菜单，其中被勾选的选项即为当前图像的颜色模式，如图 5-1 所示。另外，在图像的标题栏中可直接查看图像的颜色模式，如图 5-2 所示。

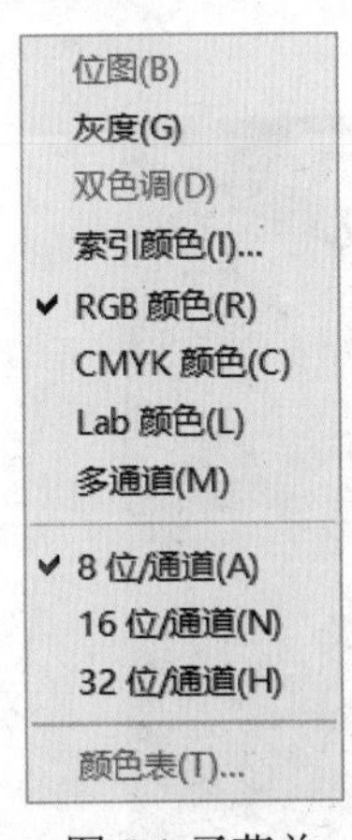

图 5-1 子菜单

图 5-2 标题栏中的颜色模式信息

5.1.2 位图模式

位图模式使用两种颜色值（黑色或白色）来表示图像的色彩，因而又称为 1 位图像或黑白图像。位图模式图像要求的存储空间很少，但无法表现色彩、色调丰富的图像效果，因此仅适用于一些黑白对比强烈的图像。

打开一张 RGB 模式的彩色图像，如图 5-3 所示。执行“图像”|“模式”|“灰度”命令，先将其转换

为灰度模式，如图 5-4 所示。再执行“图像”|“模式”|“位图”命令，弹出“位图”对话框，如图 5-5 所示。在“输出”选项中设置图像的输出分辨率，然后在“方法”选项中选择“扩散仿色”转换方法，单击“确定”按钮，得到如图 5-6 所示的位图模式。

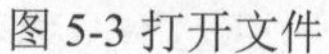

图 5-3 打开文件

图 5-4 灰度模式

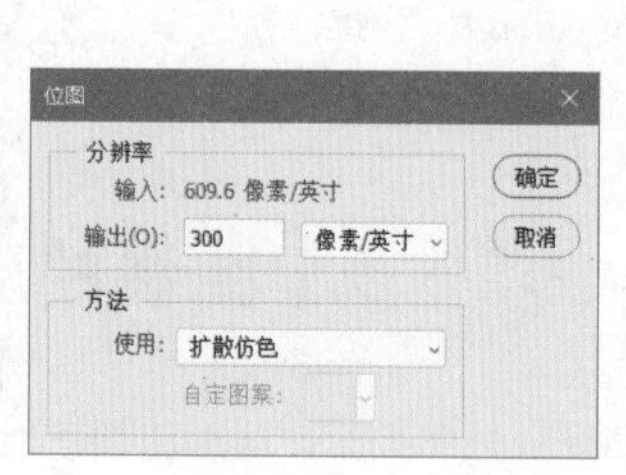

图 5-5 “位图”对话框

图 5-6 位图模式

5.1.3 灰度模式

灰度模式的图像由 256 级的灰度组成，不包含颜色。彩色图像转换为该模式后，Photoshop 将删除原图像中所有的颜色信息，留下像素的亮度信息。

灰度模式图像的每一个像素能够用 0～255 之间的亮度值（0 代表黑色，255 代表白色，其他值代表黑、白中间过渡的灰色）来表现，所以色调表现力较强。在 8 位图像中，最多有 256 级灰度，在 16 和 32 位图像中，图像中的级数比 8 位图像要大得多。图 5-7 所示为将 RGB 模式图像转换为灰度模式图像。

图 5-7 转换模式

5.1.4 双色调模式

在 Photoshop 中可以分别创建单色调、双色调、三色调和四色调。其中双色调是用两种油墨打印的灰度图像。在这些图像中，使用彩色油墨来重现色彩的灰色。彩色图像转换为双色调模式（见图 5-8）时，必须首先转换为灰度模式，如图 5-9 所示。

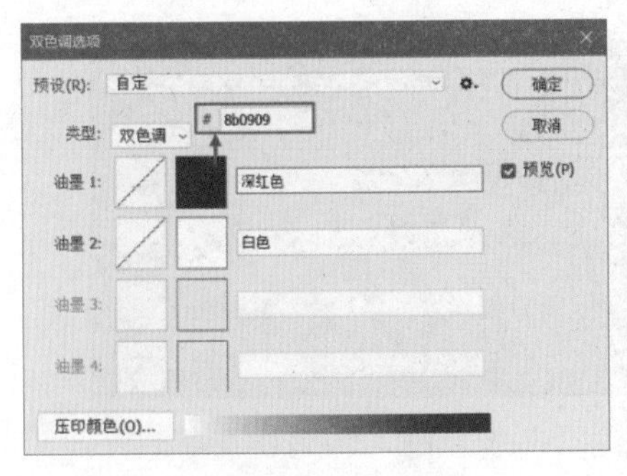

图 5-8 双色调模式

图 5-9 转换为灰度模式

5.1.5 索引模式

索引模式最多可使用 256 种颜色。当图像转换为索引颜色时，Photoshop 将构建一个颜色查找表（CLUT），以存放图像中的颜色。如果原图像中的某种颜色没有出现在该表中，程序会选取最接近的一种，或使用仿色以现有颜色来模拟该颜色。

在索引颜色模式下只能进行有限的图像编辑，若要进一步编辑，需临时转换为 RGB 模式，如图 5-10 所示为将 RGB 颜色模式转换为索引模式。

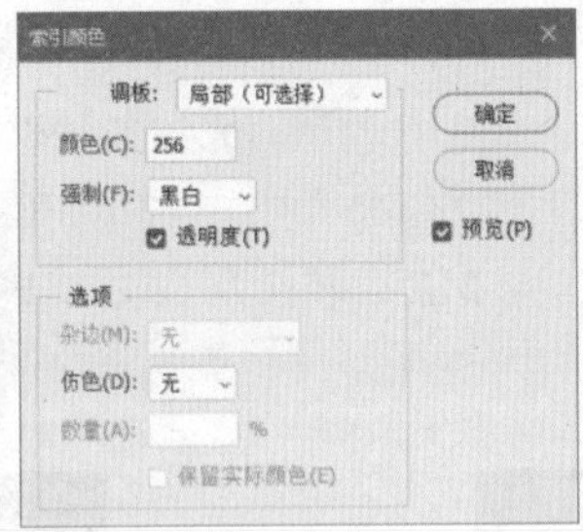

图 5-10 转换为索引模式

5.1.6 RGB 模式

众所周知，红、绿、蓝称为光的三原色。绝大多数可视光谱可用红色、绿色和蓝色（RGB）三色光的不同比例和强度混合来产生。在这三种颜色的重叠处产生青色、洋红、黄色和白色。由于 RGB 颜色合成可以产生白色，因此也称它们为加色模式。加色模式可用于光照、视频和显示器。例如，显示器就是通过红色、绿色和蓝色荧光粉发射光产生颜色。

RGB 模式为彩色图像中每个像素的 RGB 分量指定一个介于 0（黑色）～255（白色）之间的强度值。例如，亮红色可能 R 值为 246，G 值为 20，而 B 值为 50；当所有这 3 个分量的值相等时，结果是中性灰色；当所有分量的值均为 255 时，结果是纯白色；当所有分量的值均为 0 时，结果是纯黑色。

RGB 图像通过三种颜色或通道，可以在屏幕上重新生成多达 1670（256×256×256）万种颜色。这三个通道可转换为每像素 24（8×3）位的颜色信息。新建的 Photoshop 图像默认为 RGB 模式。

打开一张多通道模式文件（见图 5-11），执行“图像”|“模式”|“RGB 颜色”命令，便可将其转换为 RGB 颜色模式，如图 5-12 所示。

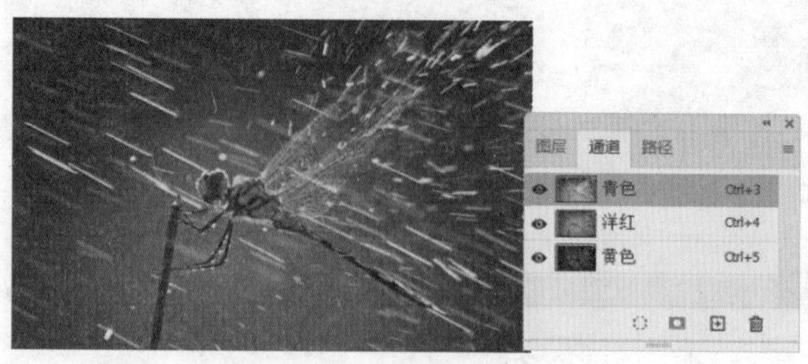

图 5-11 多通道模式

图 5-12　RGB 颜色模式

5.1.7 CMYK 模式

CMYK 模式以打印在纸上的油墨的光线吸收特性为基础。当白光照射到半透明油墨上时，色谱中的一部分被吸收，而另一部分被反射回眼睛。理论上，纯青色（C）、洋红（M）和黄色（Y）色素合成的颜色吸收所有光线并生成黑色，因此这些颜色也称为减色。但由于所有打印油墨都包含一些杂质，因此这三种油墨混合实际生成的是土灰色，为了得到真正的黑色，必须在油墨中加入黑色（K）油墨（为避免与蓝色混淆，黑色用 K 而非 B 表示）。将这些油墨混合重现颜色的过程称为四色印刷。减色（CMY）和加色（RGB）是互补色。每对减色产生一种加色，反之亦然。

CMYK 模式为每个像素的每种印刷油墨指定一个百分比值。为最亮（高光）颜色指定的印刷油墨颜色百分比较低，而为较暗（阴影）颜色指定的百分比较高。例如，亮红色可能包含 2%青色、93%洋红、90%黄色和 0%黑色。在 CMYK 图像中，当四种分量的值均为 0%时，就会产生纯白色。

在准备要用印刷色打印的图像时，应使用 CMYK 模式。将 RGB 图像转换为 CMYK 模式即产生分色。如果创作由 RGB 图像开始，最好先编辑，然后再转换为 CMYK 模式。如图 5-13 和图 5-14 所示分别为 RGB 彩色模式和 CMYK 模式的示意图。

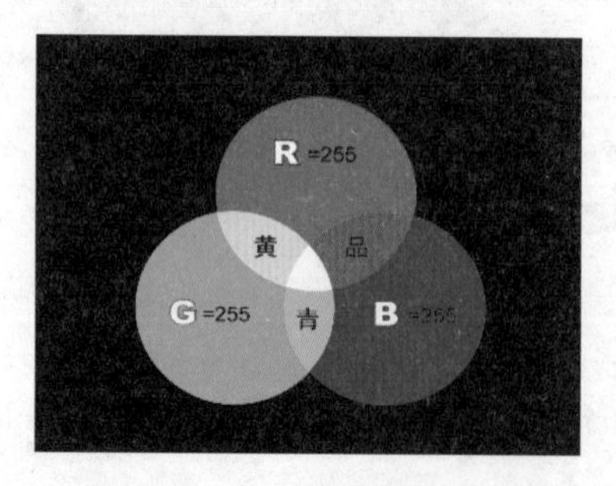

图 5-13　RGB 彩色模式示意图

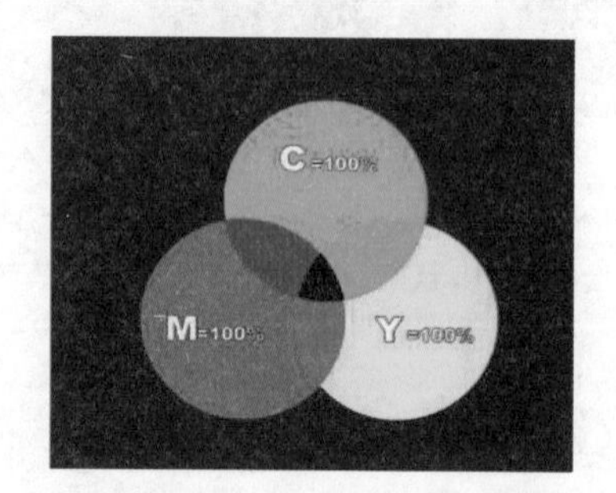

图 5-14　CMYK 模式示意图

5.1.8 Lab 颜色模式

Lab 模式是目前包括颜色数量最广的模式，也是 Photoshop 在不同颜色模式之间转换时使用的中间模式。

Lab 颜色由亮度（光亮度）分量和两个色度分量组成。L 为亮度分量，范围为 0～100；a 分量表示从绿色到红色到黄色的光谱变化，b 分量表示从蓝色到黄色的光谱变化，两者范围都是－120～＋120。如果只需要改变图像的亮度而不影响其他颜色值，可以将图像转换为 Lab 颜色模式，然后在 L 通道中进行操作。

Lab 颜色模式最大的优点是颜色与设备无关，无论使用什么设备（如显示器、打印机、计算机或扫描仪）创建或输出图像，这种颜色模式产生的颜色都可以保持一致。

5.1.9 实例——“Lab”颜色模式的使用

下面通过将“RGB”颜色模式转换为“Lab”颜色模式来制作蓝色调的效果。

(1) 执行“文件” | “打开”命令，选择本书配套资源中的“目标文件\第 5 章\5.1\5.1.9\昆虫.jpg”，单击“打开”按钮，打开一张素材图像，如图 5-15 所示。

(2) 执行“图像” | “模式” | “Lab 颜色”命令，转换为 Lab 颜色模式。

(3) 切换到“通道”面板，选择“a 通道”，按 Ctrl+A 快捷键全选通道内容，再按 Ctrl+C 快捷键复制选区内容，然后选择“b 通道”，按 Ctrl+V 快捷键粘贴选区内容.。

(4) 按 Ctrl+D 快捷键取消选区，再按 Ctrl+2 快捷键切换到复合通道，得到如图 5-16 所示的效果。

图 5-15 打开素材

图 5-16 最终效果

5.1.10 多通道模式

多通道是一种减色模式。将 RGB 模式转换为多通道模式后，可以得到青色、洋红和黄色通道，如图 5-18 所示为将 RGB 模式（见图 5-17）转换成为的多通道模式。此外，如果删除 RGB、CMYK、Lab 模式的某个颜色通道，图像会自动转换为多通道模式。在多通道模式下，每个通道都使用 256 级灰度。

图 5-17　RGB 模式

图 5-18 多通道模式

5.2 图像的基本调整命令

在“图像”菜单中包含了调整图像色彩和色调的一系列命令。在最基本的调整命令中，“自动色调”“自动对比度”和“自动颜色”命令可以自动调整图像的色调或者色彩，而“亮度/对比度”和“色彩平衡”命令则可通过对话框进行调整。

5.2.1 实例——“自动色调”调整命令的使用

“自动色调”命令可让 Photoshop 自动快速地扩展图像色调范围，使图像最暗的像素变黑（色阶为 0），最亮的像素变白（色阶为 255），并在黑白之间所有范围上扩展中间色调。

“自动色调”命令用来调整明显缺乏对比度、发灰、暗淡的图像效果较好。由于它是分别设置每个颜色通道中的最亮和最暗像素为黑色和白色，然后按比例重新分配各像素的色调值，因此可能会影响色彩平衡。

(1) 执行“文件” | “打开”命令，选择本书配套资源中的“目标文件\第 5 章\5.2\5.2.1\许愿瓶.jpg”，单击“打开”按钮，打开一张素材图像，如图 5-19 所示。

(2) 执行“图像” | “自动色调”命令，结果如图 5-20 所示。

图 5-19 打开素材

图 5-20 自动色调调整结果

5.2.2 实例——“自动对比度”调整命令的使用

使用“自动对比度”命令可以自动调整图像的对比度，使高光看上去更亮，阴影看上去更暗。下面通过具体的操作来查看调整前后的不同效果。

(1) 执行“文件” | “打开”命令，选择本书配套资源中的“目标文件\第 5 章\5.2\5.2.2\娃娃.jpg”，单击“打开”按钮，打开一张素材图像，如图 5-21 所示。

(2) 执行“图像” | “自动对比度”命令，结果如图 5-22 所示。

图 5-21 打开素材

图 5-22 自动对比度调整结果

5.2.3 实例——“自动颜色”命令的使用

快速校正图像颜色，可以执行“图像” | “自动颜色”命令。该命令自动对图像的色相和色调进行判断，从而纠正图像的对比度和色彩平衡。

(1) 执行“文件” | “打开”命令，选择本书配套资源中的“目标文件\第 5 章\5.2\5.2.3\美女.jpg”，

单击“打开”按钮，打开一张素材图像，可以看出此图片偏黄，如图 5-23 所示。

(2) 执行“图像”|“自动颜色”命令，或按下 Ctrl + Shift + B 快捷键，结果如图 5-24 所示。

图 5-23 打开素材

图 5-24 自动颜色调整结果

5.2.4 “亮度/对比度”调整命令的使用

使用“亮度/对比度”命令可调整图像的亮度和对比度。它只适用于粗略地调整图像，在调整时有可能丢失图像细节。对于高端输出，最好使用“色阶”或“曲线”命令来调整。图 5-25 所示为亮度/对比度调整示例。

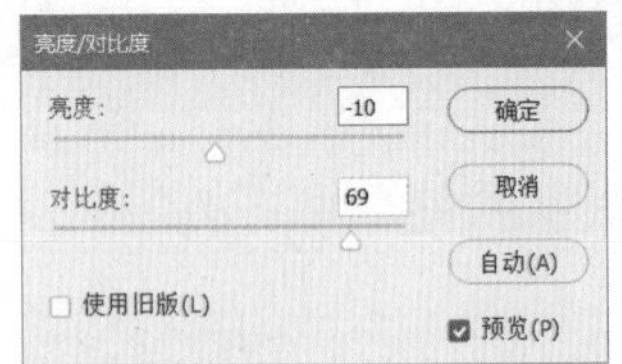

图 5-25 亮度/对比度调整示例

5.2.5 了解“色阶”调整命令

使用“色阶”命令可以调整图像的阴影、中间调和的强度级别，校正图像的色调范围和色彩平衡。“色阶”命令常用于修正曝光不足或曝光过度的图像，同时也可对图像的对比度进行调节。执行“图像”|“调整”|“色阶”命令，打开“色阶”对话框，如图 5-26 所示。

通道：选择需要调整的颜色通道，系统默认为复合颜色通道。在调整复合通道时，各颜色通道中的相应像素会按比例自动调整，以避免改变图像色彩平衡。

输入色阶：拖动“输入色阶”下方的三个滑块，或直接在“输入色阶”文本框中输入数值，可通过分别设置阴影、中间色调和高光色阶值来调整图像的色阶。其中的直方图面板用来显示图像的色调范围和各色阶的像素数量。有些图像虽然得到了从高光到阴影的全部色调，但照片可能受不正常曝光的影响，图像整体仍然太暗（曝光不足）或太亮（曝光过度），此时可以移动“输入色阶”的中间色调滑块以调整灰度系数，如向左移动可加亮图像，向右移动可调暗图像。

输出色阶：拖动“输入色阶”的两个滑块，或直接输入数值，可以设置图像最高色阶和最低色阶。向右拖动黑色滑块，可以减少图像中的阴影色调，从而使图像变亮；向左侧拖动白色滑块，可以减少图像的高光，从而使图像变暗。

自动：单击该按钮，可自动调整图像的对比度与明暗度。

选项：单击该按钮，可弹出如图 5–27 所示的，“自动颜色校正选项”对话框，在其中可快速调整图像的色调。

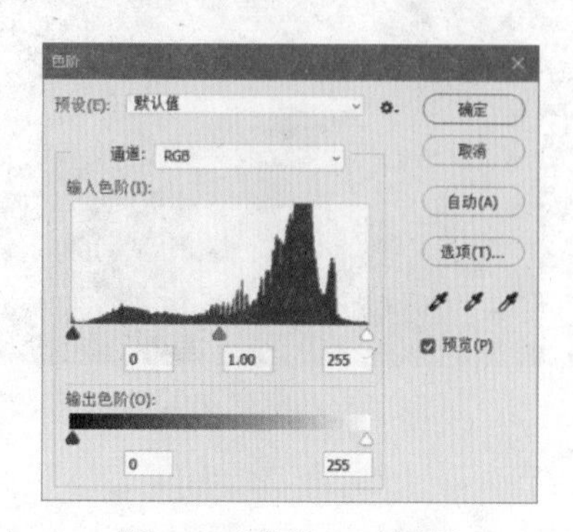

图 5-26“色阶”对话框

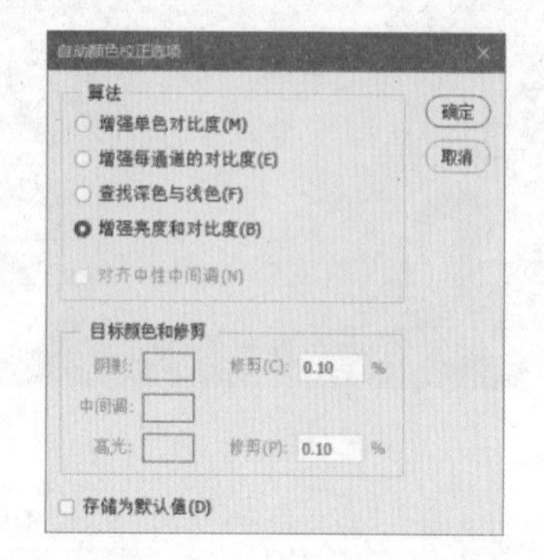

图 5-27“自动颜色校正选项”对话框

取样吸管：从左到右 3 个吸管依次为“黑色吸管”、“灰色吸管”和“白色吸管”，单击其中任一个吸管图标，然后将光标移动到图像窗口中，光标会变成相应的吸管形状，此时单击即可完成色调调整。

照片在拍摄过程中往往会发生偏色现象，利用“灰色吸管”工具能够通过定义图像的中性灰色来调整图像偏色。所谓中性灰色指的是各颜色分量相等的颜色，如果是 RGB 颜色模式，则 R=G=B，如颜色（RGB：125、125、125）。

使用灰色吸管工具纠正偏色，关键是要找准图像中的中性灰色位置，可以通过多次单击进行筛选，也可以根据生活常识来进行判断。

在“自动颜色校正选项”对话框中，“算法”可用于定义增强对比度的类型；“目标颜色和剪贴”可用于分别设置阴影、中间调、高光颜色和剪贴百分比，“存储为默认值”可用于将参数设置存储为自动颜色校正的默认设置。

5.2.6 实例——“色阶”调整命令的使用

本实例将通过“色阶”命令修正曝光不足的个人艺术照。

(1) 选择本书配套资源中的“目标文件\第 5 章\5.2\5.2.6\风景.jpg”，单击“打开”按钮，如图 5-28 所示。

(2) 执行“图像”|“调整”|“色阶”命令，或按下 Ctrl + L 快捷键，打开“色阶”对话框，向左拖动亮滑块或直接输入数值 182，如图 5-29 所示。

图 5-28 打开素材

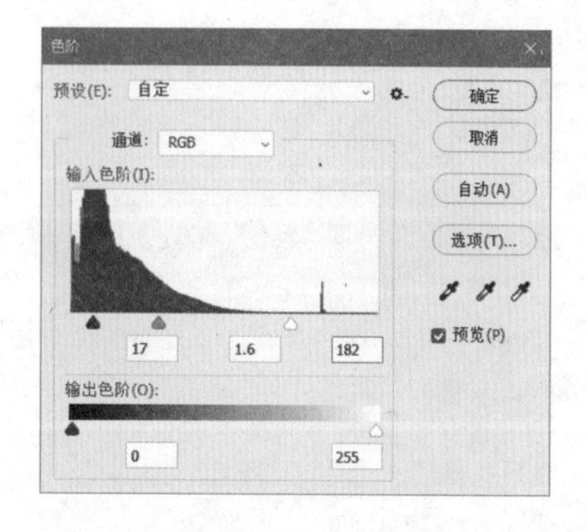

图 5-29“色阶”对话框

(3) 单击“确定”按钮。最终结果如图 5-30 所示。

图 5-30 最终结果

5.2.7 了解“色相/饱和度”调整命令

“色相/饱和度”命令可以用来调整图像中特定颜色分量的色相、饱和度和亮度，或者同时调整图像中的所有颜色。该命令适用于微调 CMYK 图像中的颜色，以便使它们处在输出设备的色域内。执行“图像”|“调整”|“色相/饱和度”命令，可打开“色相/饱和度”对话框，如图 5-31 所示。

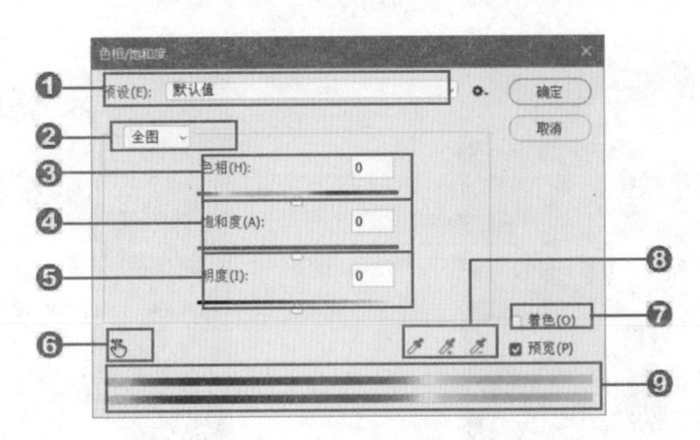

图 5-31“色相/饱和度”对话框

❶预设：选择 Photoshop 提供的色相/饱和度预设或自定义预设。

❷编辑：在该选项下拉列表中可以选择要调整的颜色。选择“全图”可调整图像中所有的颜色，选择其他选项则可以单独调整红色、黄色、绿色和青色等颜色。

❸色相：拖动滑块可以改变图像的色相。

❹饱和度：向右侧拖动滑块可以增加饱和度，向左侧拖动滑块可以减少饱和度。

❺明度：向右侧拖动滑块可以增加亮度，向左侧拖动滑块可以降低亮度。

❻在图像中单击并拖动鼠标可以修改取样颜色的饱和度，按住 Ctrl 键的同时拖动鼠标可以修改取样颜色的色相。

❼着色：选择该复选框后，可以将图像转换成为只有一种颜色的单色图像。变为单色图像后，拖动“色相”滑块可以调整图像的颜色。

❽吸管工具：如果在“编辑”选项中选择了一种颜色，便可以用吸管工具拾取该颜色。使用“吸管”工具在图像中单击可选择颜色范围，使用“添加到取样”工具在图像中单击可以增加颜色范围，使用“从取样中减去”工具在图像中单击可减少颜色范围。设置了颜色范围后，可以拖动滑块来调整颜色的色相、饱和度或明度。

❾颜色条：在对话框底部有两个颜色条，它们以各自的顺序表示色轮中的颜色。

5.2.8 实例——“色相/饱和度”调整命令的使用

本实例将通过调整“色相/饱和度”对话框中的各个选项得到不同的图像效果。

(1) 选择本书配套资源中的“目标文件\第 5 章\5.2\5.2.8\花.jpg”，单击“打开”按钮，打开一张素材图像，如图 5-32 所示。

(2) 执行“图像”|“调整”|“色相/饱和度”命令，打开“色相/饱和度”对话框，设置“色相”为 39，如图 5-33 所示。

图 5-32 打开素材

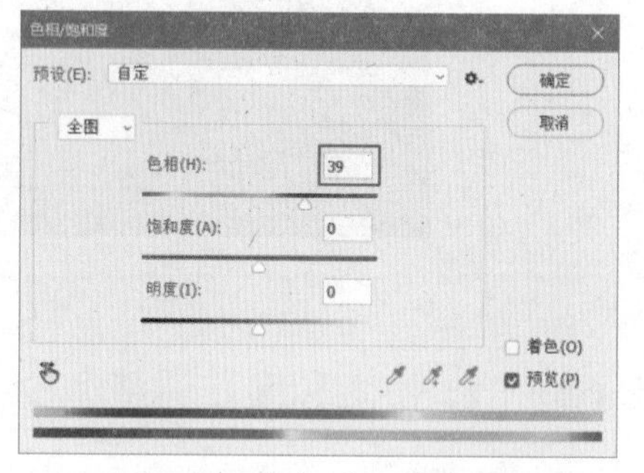

图 5-33“色相/饱和度”对话框

(3) 改变色相的效果如图 5-34 所示。

(4) 设置“色相”为-180，改变色相的效果如图 5-35 所示。

图 5-34“色相”值为 39

图 5-35“色相”值为-180

(5) 勾选“着色”复选框，设置“色相”为 54、“饱和度”为 25，调整颜色的效果如图 5-36 所示。

(6) 设置“色相”为+140、“饱和度”为 30，调整颜色的效果如图 5-37 所示。

图 5-36 选择“着色”复选框后调整颜色

图 5-37 调整颜色的效果

5.2.9 了解“自然饱和度”调整命令

使用“自然饱和度”命令，可以对画面进行有选择性的饱和度的调整。它会对已经接近完全饱和的色彩降低调整程度，对饱和度低的色彩进行较大幅度的调整。另外，它还可以对皮肤肤色进行一定的保护，确保不会在调整过程中变得过度饱和。

执行“图像”|“调整”|“自然饱和度”命令，弹出“自然饱和度”对话框，如图 5-38 所示。

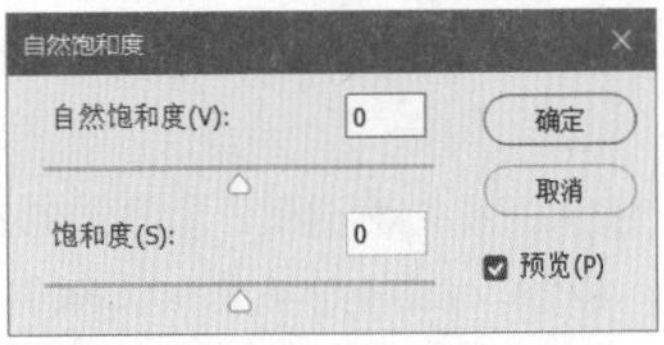

图 5-38 “自然饱和度”对话框

自然饱和度：如果要对不饱和的颜色进行饱和度的提高，并且保护那些已经很饱和的颜色或者是肤色，不让它们受较大的影响，可向右拖动滑块。

饱和度：同时对所有的颜色进行饱和度的提高，不管当前画面中各个颜色的饱和度程度如何，全部都做出同样的调整。这个功能与“色相/饱和度”工具有点类似，但是在调整效果上更加准确自然，不会出现明显的色彩错误。

5.2.10 实例——“自然饱和度”调整命令的使用

本实例将使用“自然饱和度”命令来调整画面，增强画面的饱和度。

(1) 选择本书配套资源中的“目标文件\第 5 章\5.2\5.2.10\人物.jpg”，单击“打开”按钮，打开一张素材图像，如图 5-39 所示。

(2) 执行“图像”|“调整”|“自然饱和度”命令，打开“自然饱和度”对话框，设置“自然饱和度”为 35、“饱和度”为 45，如图 5-40 所示。

图 5-39 打开素材

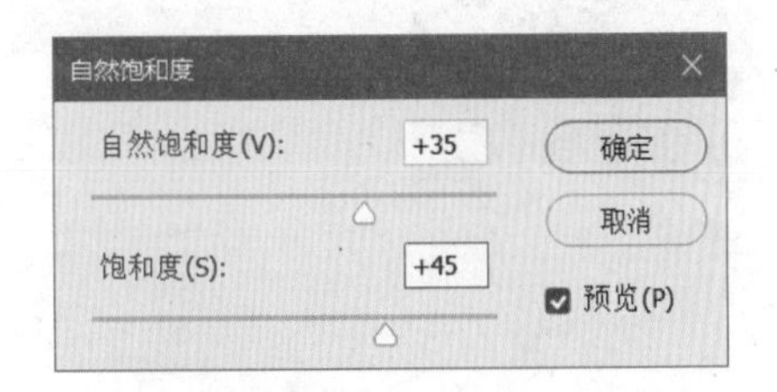

图 5-40 “自然饱和度”对话框

(3) 单击“确定”按钮，结果如图 5-41 所示。此时人物的肤色变得更自然。

图 5-41 调整画面结果

5.2.11 了解“色彩平衡”调整命令

“色彩平衡”命令可以用来更改图像的总体颜色混合。在“色彩平衡”对话框中，相互对应的两个色互为补色（如青色和红色），当提高某种颜色的比例时，位于另一侧的补色的颜色会相应减少。

执行“图像”|“调整”|“色彩平衡”命令，打开“色彩平衡”对话框，如图 5-42 所示。

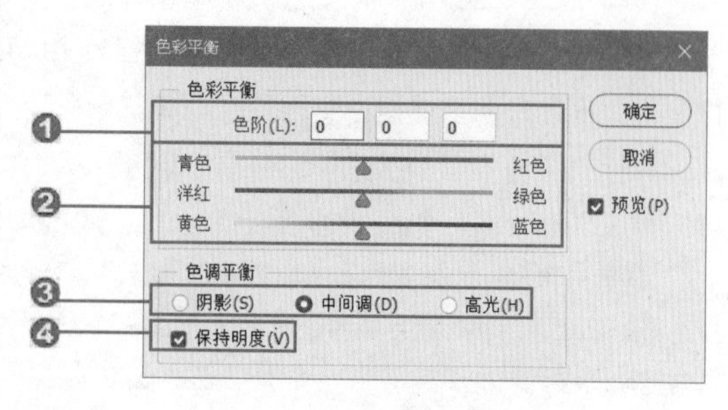

图 5-42“色彩平衡”对话框

❶色阶：设置色彩通道的色阶值，范围为 – 100~+100。

❷颜色滑块：拖动滑块可向图像中增加或减少颜色。

❸色调范围选项：可选择一个色调范围来进行调整，如“阴影”“中间调”和“高光”。

❹保持明度：如果选中“保持明度”复选框，可防止图像的亮度值随着颜色的更改而改变，从而保持图像的色调平衡。

5.2.12 实例——“色彩平衡”命令的使用

本实例将通过在“色彩平衡”对话框中调整参数，得到不同的画面效果。

(1) 选择本书配套资源中的“目标文件\第 5 章\5.2\5.2.12\写真.jpg”，单击“打开”按钮，打开一张素材图像，如图 5-43 所示。

(2) 执行“图像”|“调整”|“色彩平衡”命令，弹出“色彩平衡”对话框，设置参数如图 5-44 所示。

(3) 单击“确定”按钮，效果如图 5-45 所示。

图 5-43 打开素材

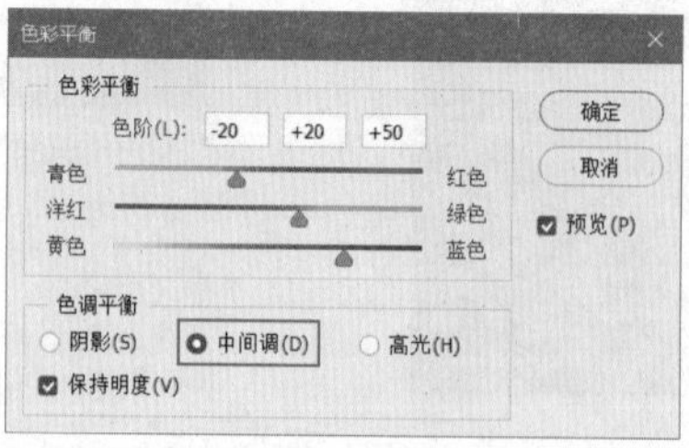

图 5-44 设置参数

图 5-45 显示效果

(4) 在“色彩平衡”对话框中选择“高光”选项，设置参数后单击“确定”按钮关闭对话框，图像的显示效果如图 5-46 所示。

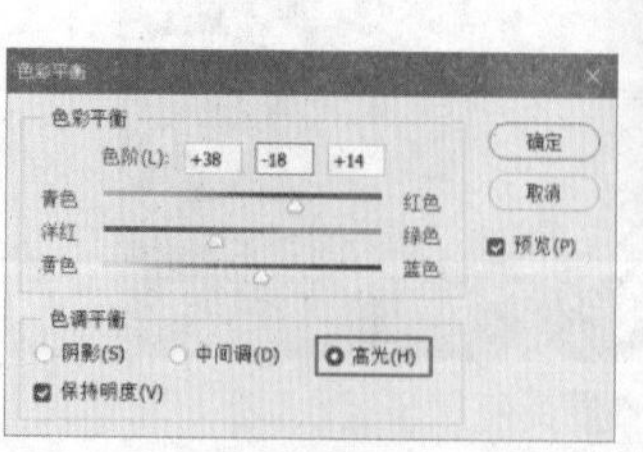

图 5-46 选择“高光”的显示效果

5.2.13 了解“曲线”调整命令

与“色阶”命令类似，“曲线”命令也可以调整图像的色调范围。不同的是，“曲线”命令不是使用 3 个变量（高光、阴影、中间色调）进行调整，而是使用调节曲线，它可以最多添加 14 个控制点，因而使用“曲线”工具调整更为精确、更为细致。

按住 Ctrl 键的同时在图像的某个位置单击，曲线上会出现一个节点，调整该点可以调整指定位置的图像。

执行“图像”|“调整”|“曲线”命令，或按下 Ctrl＋M 快捷键，打开“曲线”对话框，如图 5-47 所示。

❶用来编辑点以修改曲线。在曲线上单击可增加锚点，将点拖到对话框以外则删除锚点，拖动锚点可调节曲线。

❷单击该图标，可通过直接绘制来修改曲线。

❸单击该图标，可在图像中单击取样，并在垂直方向拖动来修改曲线。

❹曲线显示选项。用于设置曲线的显示效果，各选项的含义如下：

➢ 光（0-255）：以 0～255 级色阶的方式显示曲线图。

➢ 颜料/油墨%：以 0%～100%颜色浓度的方式显示色阶图。

➢ 通道叠加：控制是否显示不同颜色通道的调整曲线。如果分别对各颜色通道进行了调整，勾选该选项，可以方便查看各通道调整曲线的形状，如图 5-48 所示。不同颜色的曲线分别代表不同的颜色通道。

➢ 直方图：控制是否显示图像直方图，以便为图像调整提供参考。

➢ 基线：控制是否显示对角线那条浅灰色的基准线。

➢ 交叉线：控制是否显示在拖动曲线时出现的水平和竖直方向的参考线。

➢ 田、▦：单击按钮可选择网格显示的数量。单击按钮田，显示 4×4 的网格；单击按钮▦，显示 10×10 的表格。按住 Alt 键单击网格，可以快速在两种显示方式之间切换。

❺显示修剪：显示图像中发生修剪的位置。

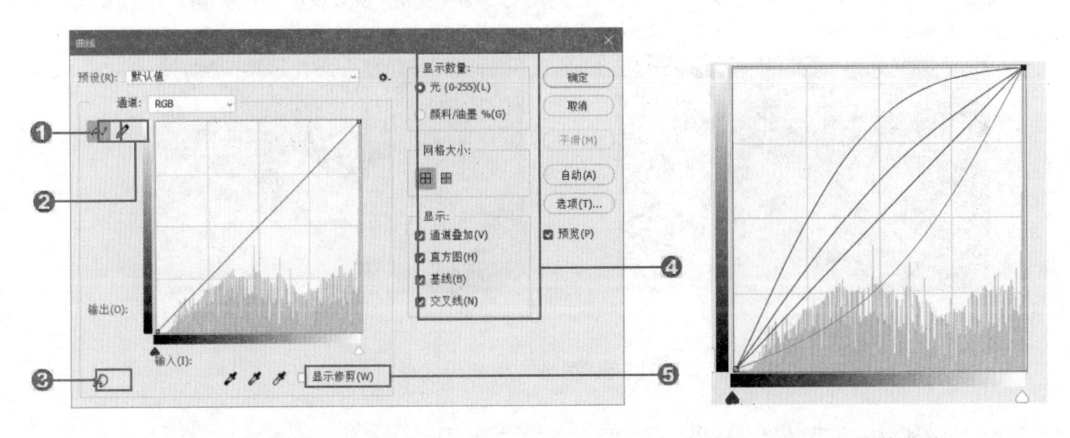

图 5-47“曲线”对话框

图 5-48 调整曲线

提示：曲线在一个二维坐标系中，横轴代表输入色调，竖轴代表输出色调。从白到灰到黑的渐变条代表高光、中间调和阴影。除了调整这 3 个变量外，还可以调整 0～255 内的任意点。

当“曲线”对话框打开时，调整曲线显示为一条呈 45°角的直对角线，此时曲线上各点的输入色阶与输出色阶相同，图像保持原来的效果。而当调节之后，曲线形状将发生改变，图像的输入与输出不再相同。因此，使用“曲线”命令调整图像，关键是如何控制曲线的形状。

提示：弱化曲线调整效果的快捷键为 Shift+Ctrl+F。如果使用“曲线”命令调整图像时效果有些“过”，可以选择“编辑”|“渐隐”命令来减淡调整效果。

5.2.14 实例——“曲线”调整命令的使用

本实例将通过调整“曲线”命令中的各个颜色通道，来提高画面的亮度及改变画面的色相。

(1) 选择本书配套资源中的“目标文件\第 5 章\5.2\5.2.14\弹琴.jpg”，单击“打开”按钮，打开素材。

(2) 执行“图像”|“调整”|“曲线”命令，或按下 Ctrl + M 快捷键，打开“曲线”对话框，在“通道”下拉列表中选择“RGB”通道，在中间基准线上单击添加一个节点并往左上角拖动，整体提亮图像，再选择“红”通道往右下方拖动，压暗红色，然后调整其他颜色通道如图 5-49 所示，以纠正图像的偏色。

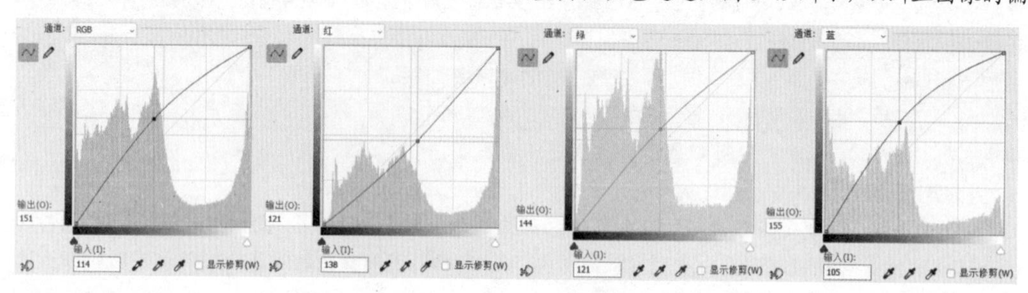

调整“RGB”通道　调整“红”通道　调整“绿”通道　调整“蓝”通道

图 5-49 曲线调整

提示：如果对当前调整不满意，可以按住 Alt 键，将“取消”按钮切换为“复位”按钮，单击此按钮，图像便可以恢复至调整前的状态。

(3) 单击“确定”按钮，完成图像调整，调整前后效果对比如图 5-50 所示。

(4) RGB 模式的图像可通过调整红、绿、蓝 3 种颜色的强弱得到不同的图像效果，CMYK 模式的图像可通过调整青色、洋红、黄色和黑色 4 种颜色的油墨含量得到不同的图像效果。

原图

调整曲线参数后

图 5-50 图像调整前后效果对比

5.2.15 实例——“照片滤镜”调整命令的使用

“照片滤镜”的功能相当于传统摄影中滤光镜的功能，即模拟在相机镜头前加上彩色滤光镜，以调整到达镜头光线的色温与色彩的平衡，从而使胶片产生特定的曝光效果。本实例将使用“照片滤镜”命令制作冷艳效果。

(1) 打开本书配套资源中的“目标文件\第 5 章\5.2\5.2.22\人物.jpg”，如图 5-51 所示。

(2) 执行“图像”|“调整”|“照片滤镜”命令，打开“照片滤镜”对话框，设置相关参数，如图 5-52 所示。

(3) 单击“确定”按钮关闭对话框，结果如图 5-53 所示。可以看出，图像由暖色调变为青冷色调。

图 5-51 打开素材

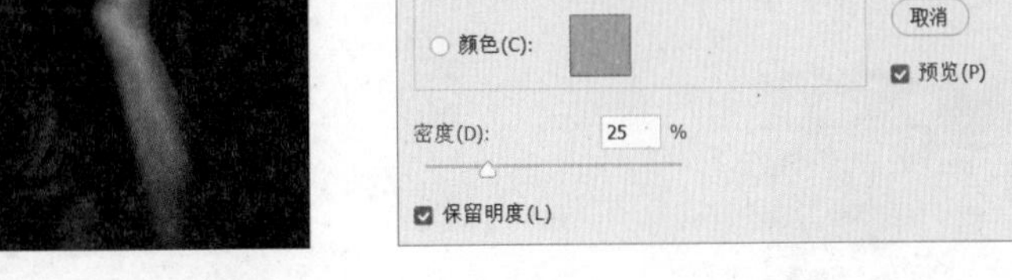

图 5-52 “照片滤镜”对话框

图 5-53 图像调整结果

提示：定义照片滤镜的颜色，可以采用自定义滤镜，也可以选择预设。对于自定义滤镜，可选择“颜色”选项，然后单击色块，并使用 Adobe 拾色器指定滤镜颜色；对于预设滤镜，可选择“滤镜”选项并从下拉列表中选取预设。

5.2.16 可选颜色

“可选颜色”调整命令可用来校正颜色的平衡，主要针对 RGB、CMYK，以及黑、白、灰等主要颜色的组成进行调节。可以选择性地在图像某一主色调成分中增加或减少印刷颜色含量，而不影响该印刷颜色在其他主色调中的表现，从而对图像的颜色进行校正。例如，可以使用可选颜色命令显著减少或增加黄色中的青色成分，同时保留其他颜色的青色成分不变。

执行“图像”|“调整”|“可选颜色”命令，打开“可选颜色”对话框，如图 5-54 所示。

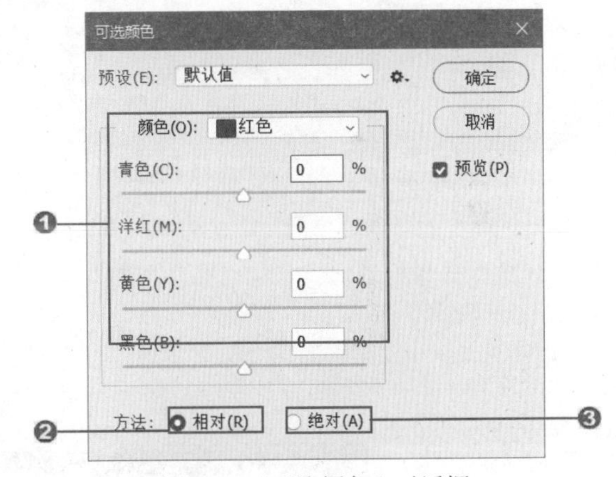

图 5-54 “可选颜色”对话框

❶颜色：在“颜色”下拉列表中选择要进行操作的颜色种类，然后分别拖动对话框中的四个滑块，可以减少或增加各油墨的含量。

❷相对：选择该选项，将按照总量的百分比更改现有的青色、洋红、黄色或黑色的含量。例如，图像中洋红含量为 50%，在“颜色”下拉列表中选择“洋红”，并将洋红滑块拖至 10%，则将有 5%添加到洋红，结果图像中将含有 50% × 10% + 50%=55%的洋红。

❸绝对：选择该选项，将以绝对值调整特定颜色中增加或减少的百分比数值。以上述增加洋红为例，在此选项被选中的情况下，图像中将含有 50% + 10%=60%的洋红。

提示：可选颜色校正是高端扫描仪和分色程序使用的一种技术，用于在图像中的每个主要原色成分中更改印刷色的数量。

5.2.17 实例——使用“可选颜色”命令调整冷色调

本实例将使用“可选颜色”命令调整颜色参数，得到冷色调的画面。

(1) 打开本书配套资源中的“目标文件\第 5 章\5.2\5.2.17\读书.jpg”，如图 5-55 所示。按 Ctrl+J 快捷键，复制背景图层。

(2) 执行“图像”|“调整”|“可选颜色”命令，弹出“可选颜色”对话框，设置“红色”参数如图 5-56 所示。

图 5-55 打开素材

图 5-56 设置“红色”参数

(3) 在“颜色”下拉列表中选择其他颜色，设置参数如图 5-57 所示。

图 5-57 设置参数

(4) 图像的显示效果如图 5-58 所示。

图 5-58 显示效果

5.2.18 “阴影/高光”调整命令的使用

“阴影/高光”调整命令特别适用于由于逆光摄影而形成剪影的照片，照片背景光线强烈，而主体及周围图像由于逆光而光线暗淡。可以通过在“阴影/高光”对话框中分别设置“阴影”“高光”“调整”参数，修正具有逆光问题的图像，如图 5-59 所示。

原图像

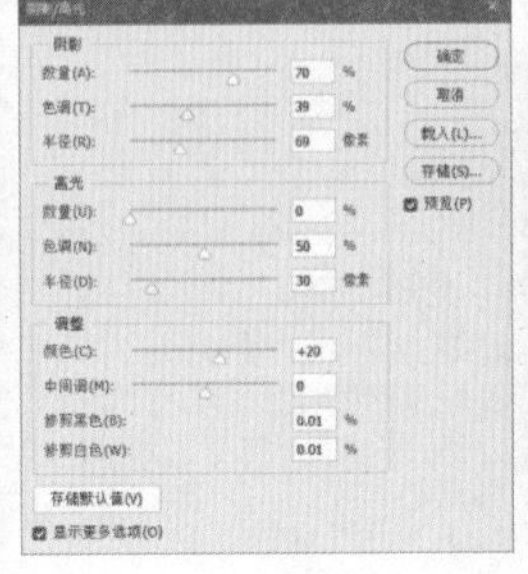

设置参数

调整结果

图 5-59 使用“阴影/高光”命令修正图像

5.2.19 了解“曝光度”调整命令

“曝光度”命令可用于模拟数码相机内部对数码照片的曝光处理，也常用于调整曝光不足或曝光过度的数码照片。

执行“图像”|“调整”|“曝光度”命令，打开“曝光度”对话框，如图 5-60 所示。

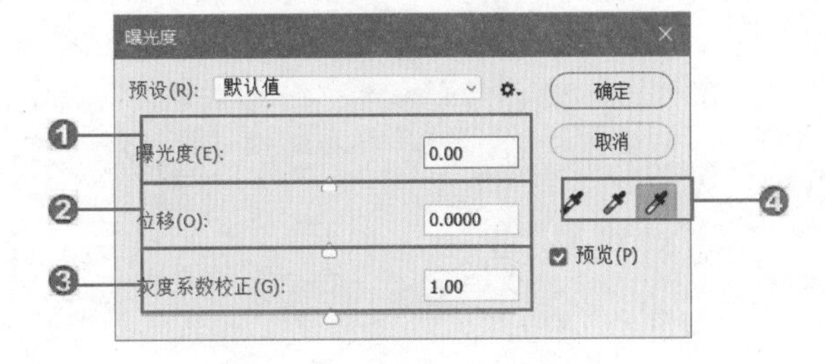

图 5-60“曝光度”对话框

❶曝光度：向右拖动滑块或输入正值可以增加数码照片的曝光度，向左拖动滑块或输入负值可以降低数码照片的曝光度。

❷位移：使阴影和中间调变暗。该选项对高光的影响很轻微。

❸灰度系数：使用简单的乘方函数调整图像灰度系数。

❹吸管工具：用于调整图像的亮度值（与影响所有颜色通道的“色阶”吸管工具不同）。单击“设置黑场”工具将设置“位移”，同时将吸管选取的像素颜色设置为黑色；单击“设置灰场”工具将设置“曝光度”，同时将吸管选取的像素设置为中度灰色；单击“设置白场”工具将设置“曝光度”，同时将吸管选取的像素设置为白色（对于 HDR 图像为 1.0）。

提示：“曝光度”对话框中的吸管工具分别用于在图像中取样以设置黑场、灰场和白场。由于曝光度的工作原理是基于线性颜色空间，而不是通过当前颜色空间运用计算来调整的，因此只能调整图像的曝光度而无法调整色调。

5.2.20 实例——“曝光度”调整命令的使用

本实例将通过改变“曝光度”参数来得到不同的曝光效果。

(1) 打开本书配套资源中的“目标文件\第 5 章\5.2\5.2.20\花.jpg”，如图 5-61 所示。

(2) 执行“图像”|“调整”|“曝光度”命令，打开“曝光度”对话框，设置“曝光度”为-1，如图 5-62 所示，效果如图 5-63 所示。

图 5-61 打开素材

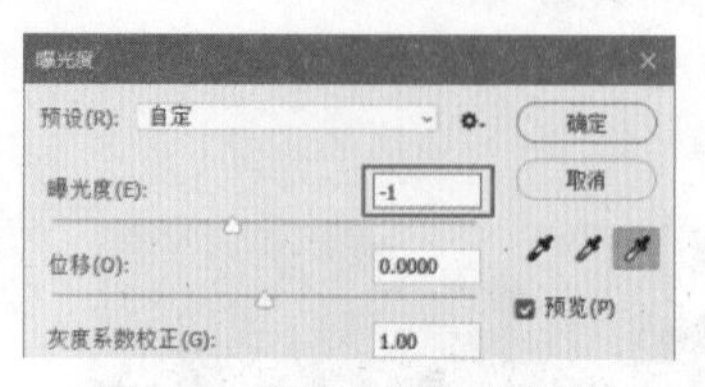

图 5-62“曝光度”对话框

(3) 修改“曝光度”为 1，效果如图 5-64 所示。

图 5-63“曝光度”为-1

图 5-64“曝光度”为 1

5.3 图像的特殊调整命令

使用“去色”“反相”“色调均化”“阈值”“渐变映射”和“色调分离”等命令可更改图像中的颜色或亮度值，主要用于创建特殊颜色和色调效果，一般不用于颜色校正。

5.3.1 实例——“黑白”调整命令的使用

本实例将使用“黑白”调整命令制作黑白图像效果。通过选择“色调”复选框，调整“色相”“饱和度”参数可制作不同的效果。

(1) 打开本书配套资源中的“目标文件\第 5 章\5.3\5.3.1\头像.jpg”，如图 5-65 所示。

(2) 执行“图像”|“调整”|“黑白”命令，打开“黑白”对话框，如图 5-66 所示。

图 5-65 打开素材

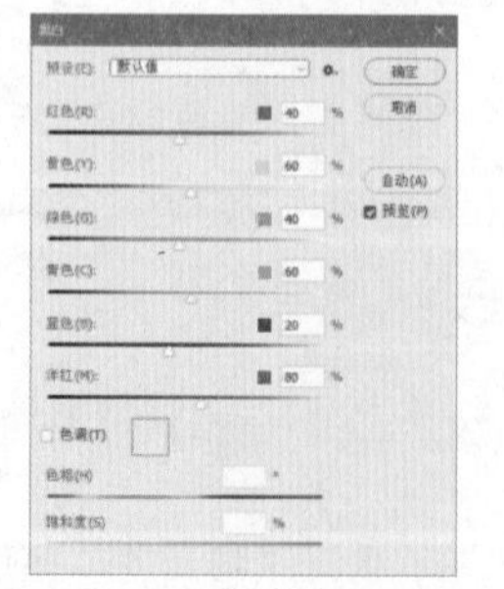

图 5-66“黑白”对话框

(3) 在“预设”下拉列表中选择不同的模式，得到的图像效果不同，如图 5-67 所示。

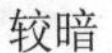
较暗　　高对比度红色滤镜色　　中灰密度

图 5-67 选择不同“预设”模式的图像效果

(4) 勾选“色调”复选框，对图像中的灰度应用颜色，预览效果如图 5-68 所示。

(5) 设置“色相”为 200、“饱和度”为 30，调整颜色，预览效果如图 5-69 所示。

图 5-68 选择“色调”的预览效果

图 5-69 调整“色相”和“饱和度”的预览效果

5.3.2 “渐变映射”调整命令的使用

执行“图像”|“调整”|“渐变映射”命令，通过在弹出的对话框中设置颜色参数，可为图像填充渐变色，如图 5-70 所示。

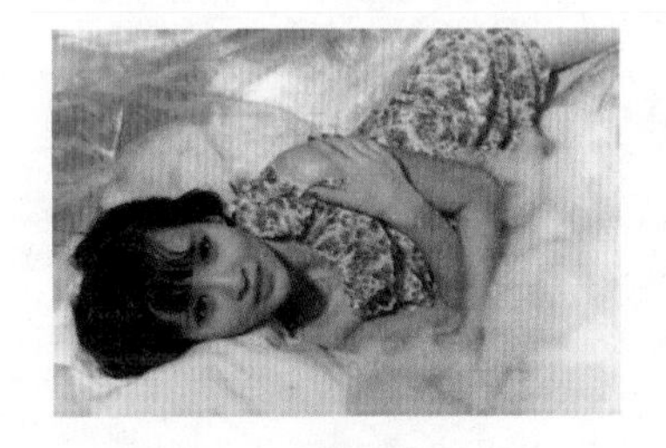

原图像

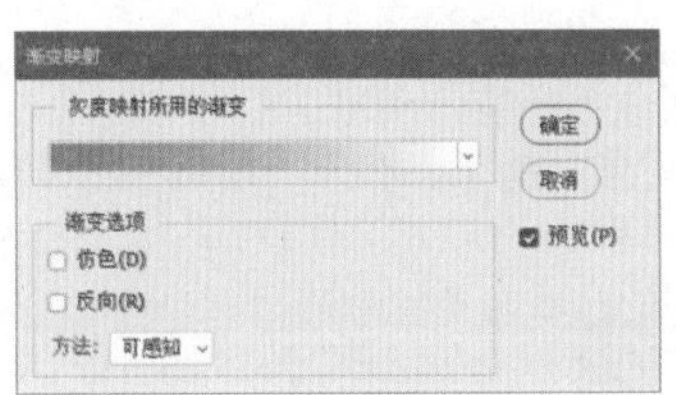

设置参数

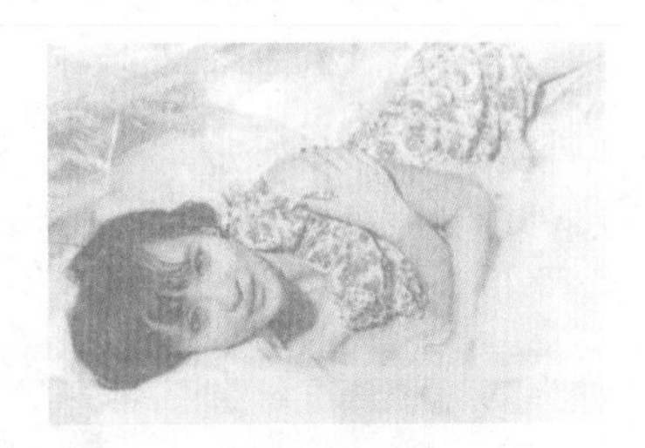

填充渐变色结果

图 5-70 操作过程

5.3.3 实例——“反相”调整命令的使用

“反相”命令可用来反转图像中的颜色。使用此命令可将一个正片黑白图像变成负片，或从扫描的黑白负片得到一个正片。

(1) 打开本书配套资源中的“目标文件\第 5 章\5.3\5.3.3\猫.jpg”，如图 5-71 所示。

(2) 执行“图像”|“调整”|“反相”命令，或按 Ctrl+I 快捷键，得到如图 5-72 所示的反相效果。

图 5-71 打开素材

图 5-72 反相效果

5.3.4 “去色”调整命令

执行“去色”命令可以删除图像的颜色，将彩色图像变成黑白图像，而不改变图像的颜色模式，如图 5-73 所示。它给 RGB 图像中的每个像素指定相等的红色、绿色和蓝色值，从而得到去色效果。此命令与在“色相/饱和度”对话框中将“饱和度”设置为-100 有相同的效果。

图 5-73 去色效果

5.3.5 实例——“阈值”命令的使用

使用“阈值”命令可将灰度或彩色图像转换为高对比度的黑白图像。用户可以指定某个色阶作为阈值，所有比阈值色阶亮的像素转换为白色，而所有比阈值暗的像素转换为黑色，从而得到黑白图像。使用“阈值”命令，可以得到具有特殊艺术效果的黑白图像。

(1) 打开本书配套资源中的“目标文件\第 5 章\5.3\5.3.5\原图.jpg”，如图 5-74 所示。

(2) 执行“图像”|“调整”|“阈值”命令，打开“阈值”对话框。该对话框中显示了当前图像像素亮度的直方图，预览效果如图 5-75 所示。

图 5-74 打开素材

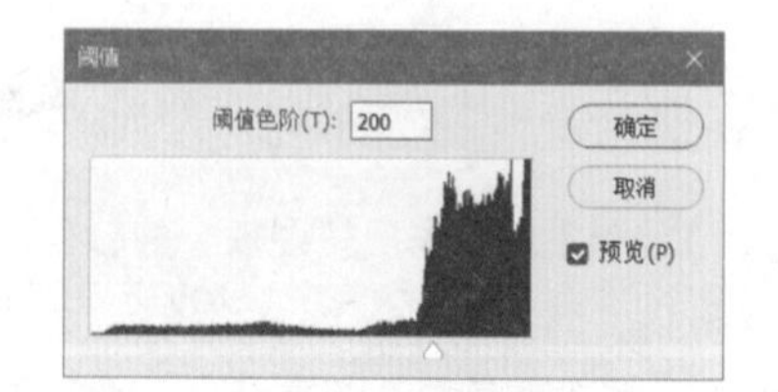

图 5-75“阈值”对话框

(3) 设置“阈值色阶”为 200，单击“确定”按钮，图像调整结果如图 5-76 所示。

图 5-76 图像调整结果

5.3.6 “色调均化”调整命令的使用

执行“色调均化”命令时，Photoshop 会查找复合图像中的最亮和最暗值，并将这些值重新映射，使最亮值表示白色，最暗值表示黑色，然后 Photoshop 尝试对亮度进行色调均化，也就是在整个灰度中均匀分布中间像素值。执行“色调均化”命令前后的图像对比如图 5-77 所示。

原图像

调整结果

图 5-77 执行“色调均化”命令前后的图像对比

5.3.7 “色调分离”调整命令的使用

使用“色调分离”命令可以指定图像的色调级数，并按此级数将图像的像素映射为最接近的颜色。例如，在 RGB 图像中指定两个色调级可以产生六种颜色：两种红色、两种绿色和两种蓝色。在图像中创建特殊效果，如创建大的单色色调区域时，此命令非常有用。在减少灰度图像中的灰色色阶数时，其效果非常明显。同时它也可以在彩色图像中产生一些特殊效果，如图 5-78 所示。

原图像

设置参数

调整结果

图 5-78 使用“色调分离”命令调整图像

5.4 调整图层

调整图层用于调整图像颜色和色调，但不会破坏原图像。用户可随时根据需要修改调整参数，而无须担心原图像被破坏。

5.4.1 了解调整图层的优势

在 Photoshop 中，图像色彩与色调的调整方式有两种：一种方式是执行“图像”|“调整”下拉菜单中的调整命令，另一种方式是使用调整图层来操作。如图 5-79 所示为原图，图 5-80 和图 5-81 所示分别为两种调整方式的调整效果。可以看到，执行“图像”|“调整”下拉菜单中的调整命令会直接修改所选图层中的像素数据，而调整图层可以达到同样的调整效果，但不会修改数据。

图 5-79 原图

图 5-80 执行调整命令的效果

图 5-81 创建调整图层的效果

调整图层的优点如下：

➢ 调整图层不破坏原图像。可以尝试不同的设置并随时重新编辑调整图层，也可以通过降低调整图层的“不透明度”来弱化调整效果。

➢ 编辑具有选择性。在调整图层的图像蒙版上绘画可将调整应用于图像的一部分。通过使用不同的灰度色调在蒙版上绘画，可以改变调整效果。

➢ 能够将调整应用于多个图像。通过在图像之间复制和粘贴调整图层，可以快速应用相同的颜色和色调进行调整。

提示：调整图层可以随时修改参数，而“图像”|“调整”下拉菜单中的命令一旦应用，将文档关闭后图像就不能恢复了。

5.4.2 实例——制作弄堂的黄昏效果

本实例将使用“高反差保留”滤镜、“渐变映射”与“亮度/对比度”调整图层制作弄堂的黄昏效果。

(1) 打开本书配套资源中的“目标文件\第 5 章\5.4\5.4.2\弄堂.png”，如图 5-82 所示。

(2) 在“图层 0”底部新建图层，填充黑色。回到“图层 0”，按 Ctrl+J 快捷键，复制图层。选中复制的图层，执行“滤镜”|“其他”|“高反差保留”命令，弹出“高反差保留”对话框，设置“半径”如图 5-83 所示。

图 5-82 打开素材

图 5-83“高反差保留”对话框

(3) 单击“确定”按钮关闭“高反差保留”对话框。此时图像显示效果如图 5-84 所示。

(4) 在“图层”面板中设置图层混合模式为“叠加”。单击“属性”面板上的“渐变映射”按钮，创建“渐变映射”调整图层，在“图层”面板上设置“混合模式”为“颜色”、“不透明度”为 50%，如图 5-85 所示。

图 5-84 图像显示效果

图 5-85 设置参数

(5) 此时画面的显示效果如图 5-86 所示。

(6) 创建“亮度/对比度”调整图层，设置参数如图 5-87 所示。

图 5-86 画面显示效果

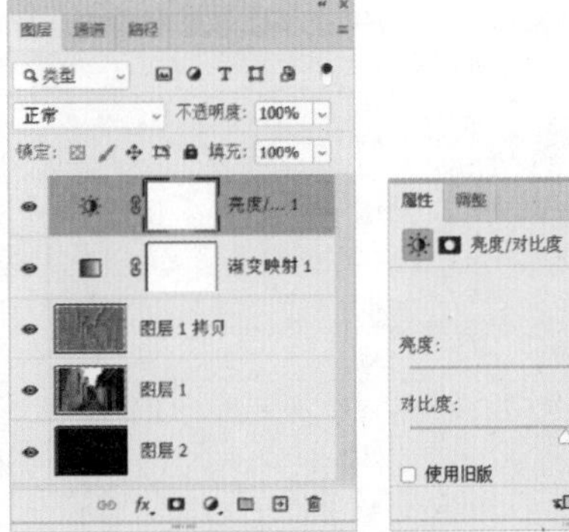

图 5-87 创建“亮度/对比度”调整图层

(7) 最终结果如图 5-88 所示。

图 5-88 最终结果

5.4.3 删除调整图层

选择调整图层，按下 Delete 键，或者将它拖动到“图层”面板底部的“删除图层”按钮上，即可将其删除。如果只想删除蒙版而保留调整图层，可在调整图层的蒙版上右击，在弹出的快捷键菜单中选择“删除图层蒙版”命令。

第6章 绘画与图像修饰

Photoshop提供了丰富多样的绘图工具和修图工具，具有强大的绘图和修图功能。使用这些绘图工具，再配合画笔面板、混合模式、图层等其他功能，可以创作传统绘画技巧难以企及的作品。

6.1 如何设置颜色

颜色设置是进行图像修饰与编辑应掌握的基本技能。在Photoshop中，可以通过很多种方法来设置颜色。例如，可以用“吸管”工具吸取图像的颜色，也可使用“颜色”面板或“色板”面板设置颜色等。

6.1.1 了解前景色与背景色

前景色与背景色是用户当前使用的颜色。在工具箱中可设置前景色和背景色选项，它由“设置前景色”“设置背景色”色块、“切换前景色和背景色”“默认前景色和背景色”按钮组成，如图6-1所示。

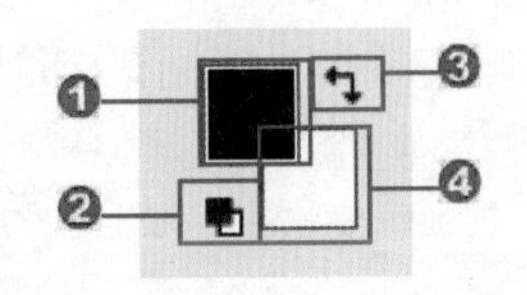

图6-1 工具箱的组成

❶“设置前景色”色块：该色块中显示的是当前所使用的前景颜色。单击工具箱中的“设置前景色”色块，可在打开的“拾色器（前景色）”对话框中选择所需的颜色。

❷“默认前景色和背景色”按钮：单击该按钮，或按D快捷键，可恢复前景色和背景色为默认的黑白颜色。

❸“切换前景色和背景色”按钮：单击该按钮，或按X快捷键，可切换当前前景色和背景色。

❹“设置背景色”色块：该色块中显示的是当前所使用的背景颜色。单击该色块，可在打开的“拾色器（背景色）”对话框中对背景色进行设置。

6.1.2 了解“拾色器”对话框

单击工具箱中的“设置前景色”或“设置背景色”色块，都可以打开“拾色器”对话框，如图6-2所示。在“拾色器”对话框中可以基于HSB、RGB、Lab、CMYK等颜色模式指定颜色。还可以将拾色器设置为只能从Web安全或几个自定颜色系统中选取颜色。

❶拾取的颜色：显示当前拾取的颜色，在拖动鼠标时可显示光标的位置。

❷色域：在色域中可通过单击或拖动鼠标来改变当前拾取的颜色。

❸只有Web颜色：选择该复选框，在色域中只显示Web安全色，如图6-3所示。此时拾取的任何颜色都是Web安全颜色。

❹颜色滑块：拖动颜色滑块可以调整颜色范围。

❺新的/当前：“新的”颜色块中显示的是当前设置的颜色；“当前”颜色块中显示的是上一次设置的颜色，单击该图标，可将当前颜色设置为上一次使用的颜色。

❻不是Web安全颜色图标：由于RGB、HSB和Lab颜色模型中的一些颜色在CMYK模型中没有等同的颜色，因此无法打印出来。如果当前设置的颜色是不可打印的颜色，便会出现警告标志。CMYK中与这些颜色最接近的颜色显示在警告标志的下面，单击小方块可以将当前颜色替换为小方块中的颜色。

❼添加到色板：单击该按钮，可以将当前设置的颜色添加到“色板”面板。

❽点按以选择Web安全颜色：如果出现该标志，表示当前设置的颜色不能在网上正确显示。单击警告标志下

面的小方块，可将颜色替换为最接近的 Web 颜色。

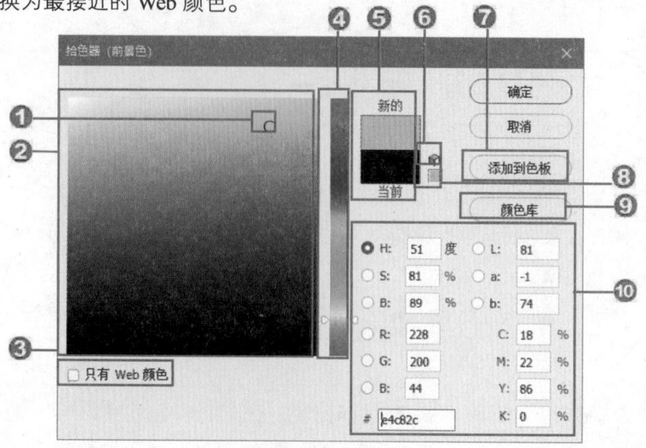

图 6-2“拾色器”对话框

❾颜色库：单击该按钮，可以切换到“颜色库”对话框。

❿颜色值：输入颜色值可精确设置颜色。在 CMYK 颜色模式下，以青色、洋红、黄色和黑色的百分比来指定每个分量的值；在 RGB 颜色模式下，指定 0～255 之间的分量值；在 HSB 颜色模式下，以百分比指定饱和度和亮度，以及 0°～360°的角度指定色相；在 Lab 模式下，输入 0～100 之间的亮度值以及-128～+127 之间的 A 值和 B 值，在“#”文本框中可输入一个十六进制值，如 000000 是黑色，FFFFFF 是白色。

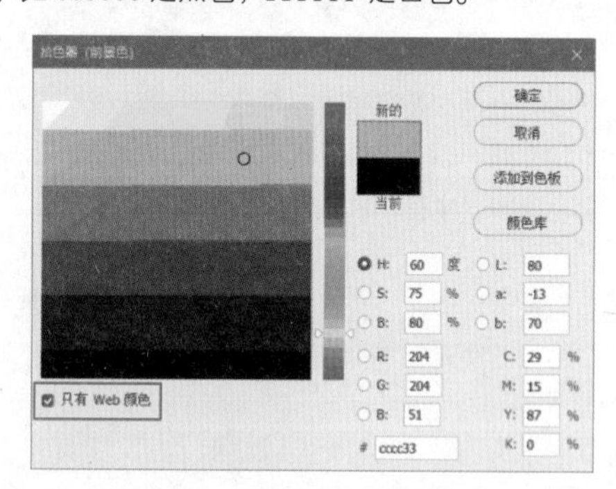

图 6-3 只显示 Web 安全色

提示：在“颜色”面板中也可以设置前景色和背景色。

6.1.3 了解“吸管”工具选项栏

选择“吸管”工具后，工具选项栏如图 6-4 所示。

❶取样大小：用来设置吸管工具拾取颜色的范围大小，其下拉列表如图 6-5 所示。选择“取样点”选项，可拾取光标所在位置像素的精确颜色；选择“3×3 平均”选项，可拾取光标所在位置 3 个像素区域内的平均颜色；选择“5×5 平均”选项，可拾取光标所在位置 5 个像素区域内的平均颜色。其他选项依此类推。

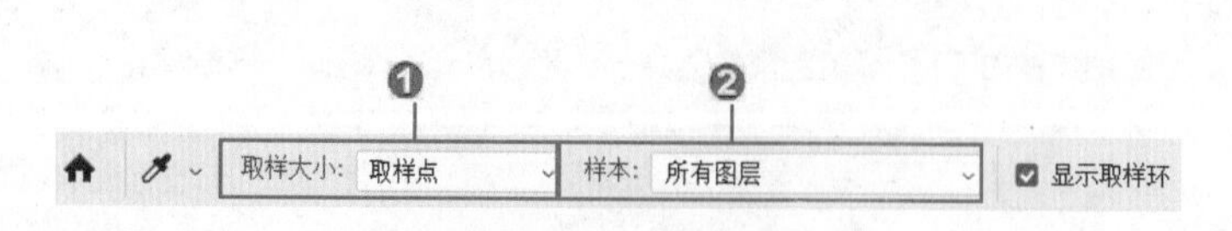

图 6-4“吸管”工具选项栏

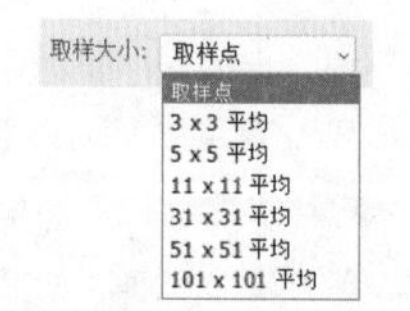

图 6-5“取样大小”下拉列表

❷样本：用来设置吸管工具拾取颜色的图层，包括“所有图层”和“当前图层”两个选项。选择“所有图层”选项，拾取颜色为光标所在位置的颜色；选择“当前图层”选项，拾取颜色为当前图层光标所在位置的颜色。

6.1.4 “颜色”面板

除了在工具箱中设置前景色和背景色，也可以在“颜色”面板上设置所需要的颜色。执行“窗口”|“颜色”命令，可打开“颜色”面板。“颜色”面板采用类似于美术调色的方式来混合颜色，如果要编辑前景色，可单击“前景色”色块，如图 6-6 所示。

如果要编辑背景色，则单击“背景色”色块，如图 6-7 所示。在 RGB 文本框中输入数值，或者拖动滑块可调整颜色。

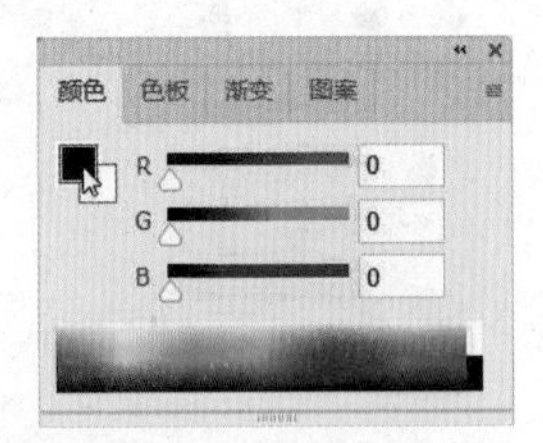

图 6-6 单击“前景色”色块

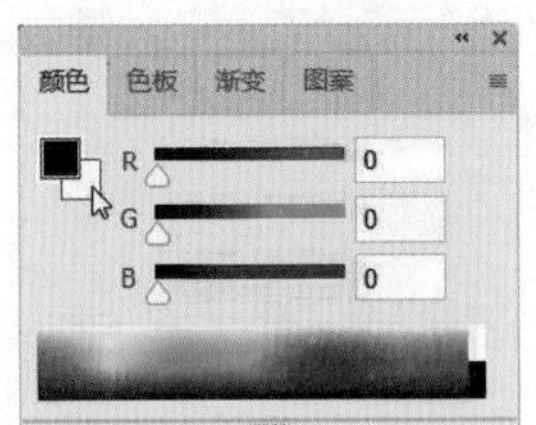

图 6-7 单击“背景色”色块

6.1.5 “色板”面板

执行“窗口”|“色板”命令，可打开“色板”面板。“色板”中的颜色都是系统预先设置好的，单击一个颜色样本，即可将它设置为前景色，如图 6-8 所示。按 Alt 键单击颜色样本，则可将它设置为背景色，如图 6-9 所示。

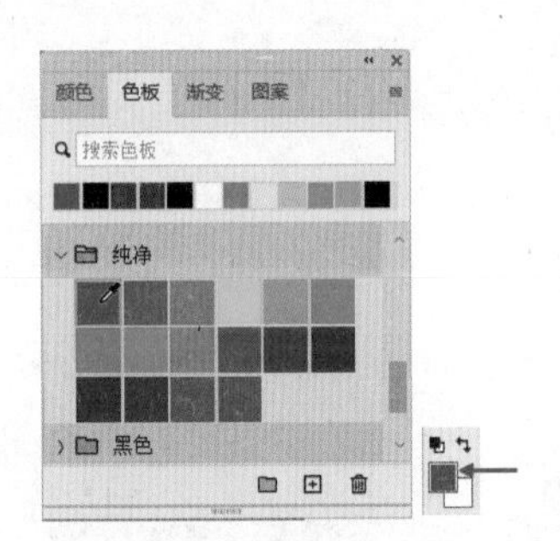

图 6-8 设置前景色

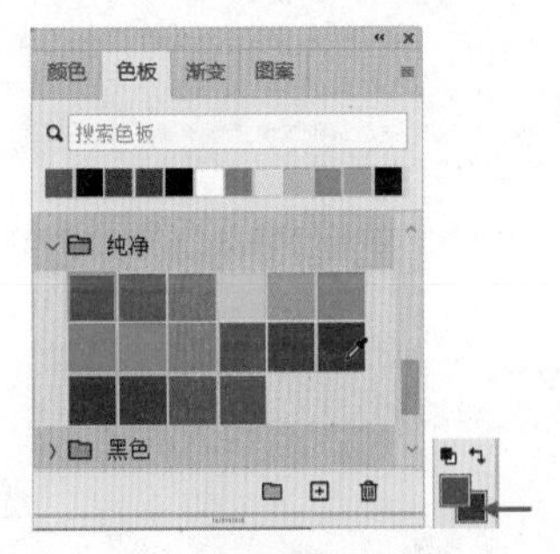

图 6-9 设置背景色

6.2 绘画工具

在 Photoshop 中，绘图与绘画是两个截然不同的概念。绘图是基于 Photoshop 的矢量功能创建的矢量图形，而绘画则是基于像素创建的位图图形。

6.2.1 了解画笔工具

“画笔”工具选项栏如图 6-10 所示。在开始绘图之前，应选择所需的画笔笔尖形状和大小，并设置不透明度、流量等画笔属性。

“工具预设”选取器：单击画笔图标，可打开如图 6-11 所示的“工具预设”选取器，在其中可选择 Photoshop 提供的样本画笔预设。单击右侧的下拉按钮，在弹出的快捷菜单中可进行新建工具预设等相关命令的操作，或对现有画笔进行修改以产生新的效果。

图 6-10“画笔”工具选项栏

“画笔预设”选取器：单击右侧的下拉按钮，可以打开如图 6-12 所示的画笔下拉面板，在其中可以选择画笔样本，设置画笔的大小和硬度。

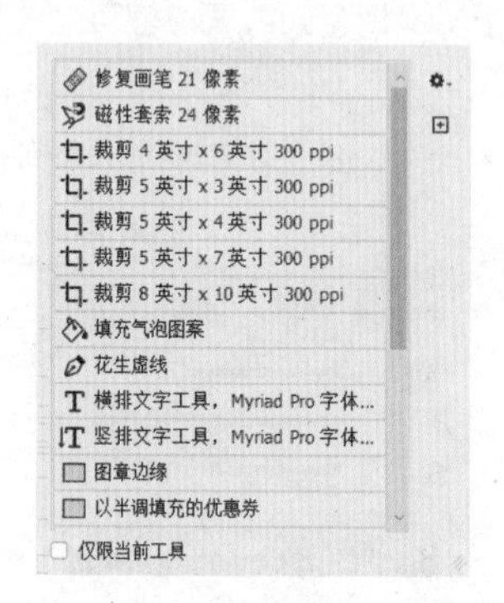

图 6-11 “工具预设”选取器

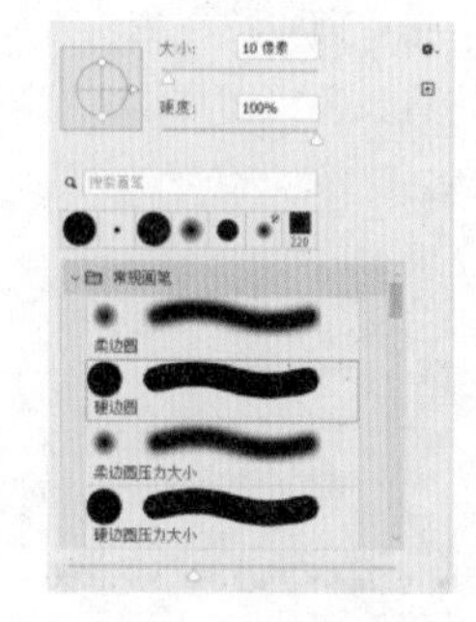

图 6-12 画笔下拉面板

➢ 大小：拖动滑块或者在文本框中输入数值可以调整画笔的大小。在 Photoshop 中将画笔大小的最大值调整到了 5000 像素。

➢ 硬度：用来设置画笔笔尖的硬度。

➢ 画笔列表：在列表中可以选择画笔样本。

➢ 创建新的预设：单击按钮，可以打开“新建画笔”对话框，在其中设置画笔的名称后单击“确定”按钮，可以将当前画笔保存为新的画笔预设样本。

画笔面板：单击该按钮，可打开画笔面板，在其中设置画笔的动态控制。

模式模式：正常：在“模式”下拉列表中可选择画笔绘画颜色与底图的混合方式。画笔混合模式与图层混合模式含义、原理完全相同。

不透明度不透明度：100%：“不透明度”选项用于设置绘制图形的不透明度。该数值越小，越能透出背景图像，如图 6-13 所示。

不透明度压力：连接数位板后，单击该按钮可以控制画笔始终对“不透明度”使用“压力”。

“不透明度”为 10%

“不透明度”为 50%

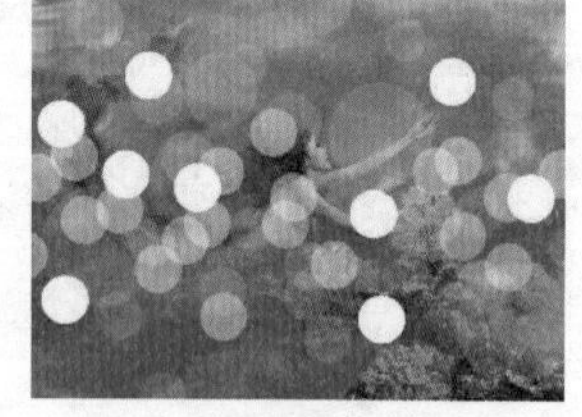

“不透明度”为 100%

图 6-13 不透明度不同的画笔绘画效果

流量流量：100%：“流量”选项用于设置画笔墨水的流量大小，以模拟真实的画笔。该数值越大，墨水的流量越大。当“流量”小于 100%时，如果在画布上快速地绘画，就会发现绘制图形的透明度明显降低。

喷枪：单击该按钮，可转换画笔为喷枪工作状态。在此状态下创建的线条更柔和，而且如果使用喷枪工具时按住鼠标左键不放，会使前景色在单击处淤积，直至释放鼠标。

平滑平滑：该选项用于设置描边平滑度。可使用较高的数值来减少描边抖动。

平滑选项：单击图标右下角的三角按钮，在弹出的下拉列表中可选择平滑选项。

设置画笔角度 0°：该选项用于设置画笔角度。

数位板压力按钮 ：单击该按钮后，使用数位板绘画时，画笔压力可覆盖“画笔”面板中的不透明度和大小设置。

在画笔下拉面板中单击面板右上角的按钮 ，将打开快捷菜单，如图 6-14 所示。

重命名画笔：选择此命令，可重新命名当前所选画笔。

删除画笔：选择此命令，可删除当前选定的画笔。在需要删除的画笔上右击，在弹出的快捷菜单中也可以选择此命令。

导入画笔：使用该命令可将保存在文件中的画笔载入当前画笔列表中。执行此命令时，将打开“载入”对话框，供用户选择画笔文件（该类文件的扩展名为 ABR，默认保存位置为安装文件夹下的“Adobe \ Photoshop\ Presets \ Brushes”目录），如图 6-15 所示为载入头发画笔绘制的图形。

导出选中的画笔：建立了新画笔或更改了画笔的设置后，可选择此命令保存面板中当前所有的画笔样式。此时会弹出“另保存”对话框，供用户输入画笔文件的名称和确定保存位置。

图 6-14 面板菜单

图 6-15 载入头发画笔绘制的图形

6.2.2 实例——使用“画笔工具”添加光影

本实例将使用“画笔”工具 为画面添加光影层次（包括海面光影与月亮倒影）。

(1) 启动 Photoshop 程序后，执行“文件” | “打开”命令，弹出“打开”对话框，选择本书配套资源中的“第 6 章\6.2\6.2.2\月夜.psd”文件，单击“打开”按钮，如图 6-16 所示。

(2) 设置前景色为蓝色（#2c457e），选择“画笔”工具 ，在“画笔”工具选项栏中选择一个柔边缘笔刷，设置画笔的大小，如图 6-17 所示。

(3) 在画面中涂抹，为海面添加光影层次，结果如图 6-18 所示。

提示：使用画笔工具时，在画面中单击，然后按住 Shift 键单击画面中任意一点，两点之间会以直线连接。按住 Shift 键还可以绘制水平、垂直或 45°角为增量的直线。

图 6-16 打开素材

图 6-17 设置参数

(4) 更改前景色为黄色（#f1fd6e），设置适当的画笔参数，绘制月亮的倒影，结果如图 6-19 所示，

图 6-18 添加海面光影层次

图 6-19 绘制月亮倒影

6.2.3 了解“铅笔”工具选项栏

“铅笔”工具的使用方法与“画笔”工具类似，但“铅笔”工具只能绘制硬边线条或图形，和生活中的铅笔非常相似。“铅笔”工具选项栏如图 6-20 所示。

“自动抹除”选项是“铅笔”工具特有的选项。当选中此选项后，可将“铅笔”工具当作橡皮擦来使用。一般情况下，“铅笔”工具使用前景色绘画，选中“自动抹除”选项后，在与前景色颜色相同的图像区域绘图时，会自动擦除前景色而填入背景色。

图 6-20“铅笔”工具选项栏

6.2.4 实例——使用“铅笔工具”为薯条添加表情

本例将使用“铅笔”工具和“画笔”工具，为一副薯条的图片绘制表情来表达情感。

(1) 启动 Photoshop 程序后，执行“文件”|“打开”命令，弹出“打开”对话框，选择本书配套资源中的“第 6 章\6.2\6.2.4\薯条.jpg”文件，单击“打开”按钮，如图 6-21 所示。

(2) 按 Ctrl+Shift+Alt+N 快捷键新建图层。选择“铅笔”工具，在工具选项栏中的下拉列表中选择一个硬边圆笔尖，设置大小为 3 像素，如图 6-22 所示。

图 6-21 打开素材

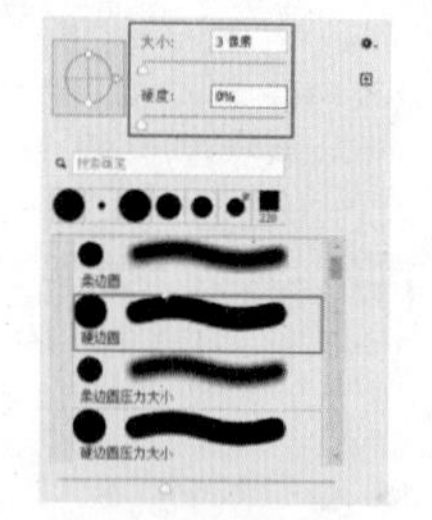

图 6-22 选择画笔

(3) 将前景色设置为黑色，在薯条上绘制出各种表情图形，如图 6-23 所示。

(4) 按]键将笔尖调大至 9 像素，在薯条上单击绘制圆形的眼睛，让表情更加的可爱，如图 6-24 所示。

(5) 单击“图层”面板中的“创建新图层”按钮，新建图层。按 X 键将前景色设为白色，再按[键将笔尖调小，继续在薯条上绘制表情图形，使整个画面更加活泼有生气，如图 6-25 所示。

(6) 使用上述操作方法，依次为薯条添加不同颜色的表情，结果如图 6-26 所示。

(7) 选中“图层 1”，设置前景色为白色。选择“油漆桶”工具，在表情中填充白色，结果如图 6-27 所示。

(8) 使用上述操作方法，为薯条上的表情分别填充不同的颜色，结果如图 6-28 所示。

(9) 选择“画笔”工具，在工具选项栏的下拉列表中选择一个柔边圆笔尖，设置大小为 20 像素，如图 6-29 所示

(10) 新建图层，设置前景色为粉红色（#f98686），在表情图形上涂抹，绘制腮红，结果如图 6-30 所示。

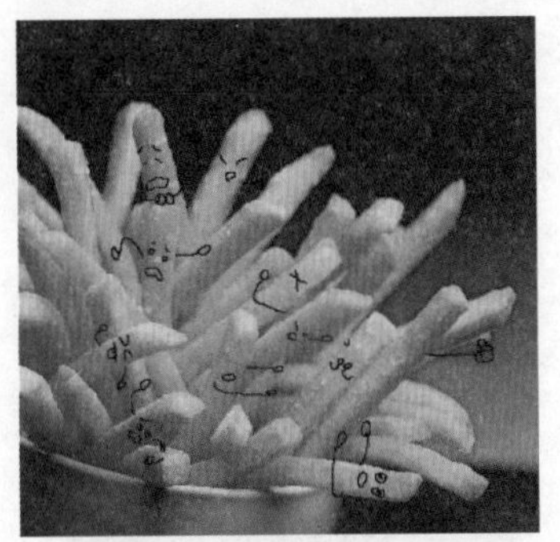

图 6-23 绘制表情图形

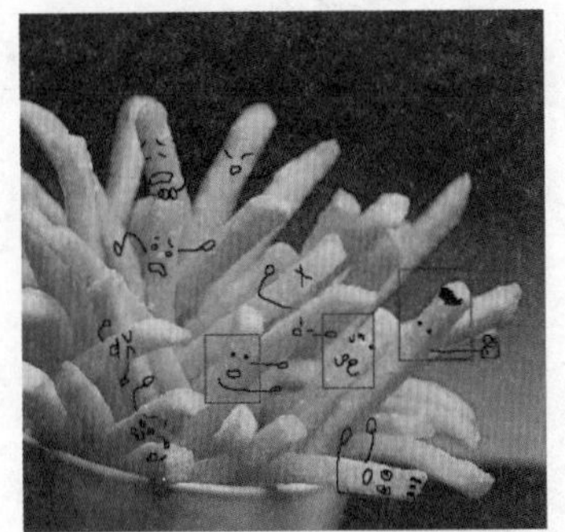

图 6-24 绘制眼睛

图 6-25 继续绘制表情图形

图 6-26 绘制不同颜色的表情

图 6-27 填充白色

图 6-28 填充不同的颜色

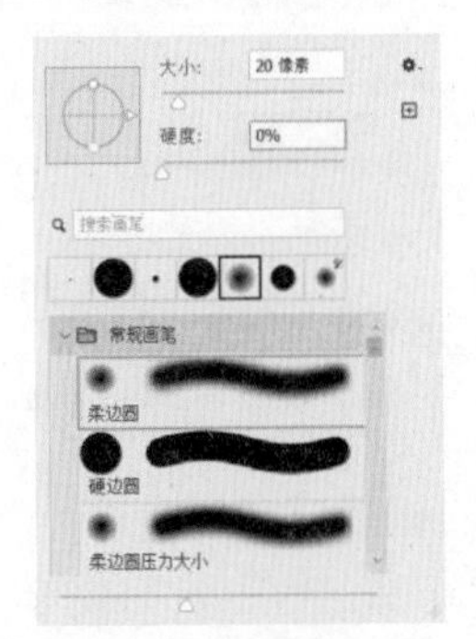

图 6-29 选择画笔

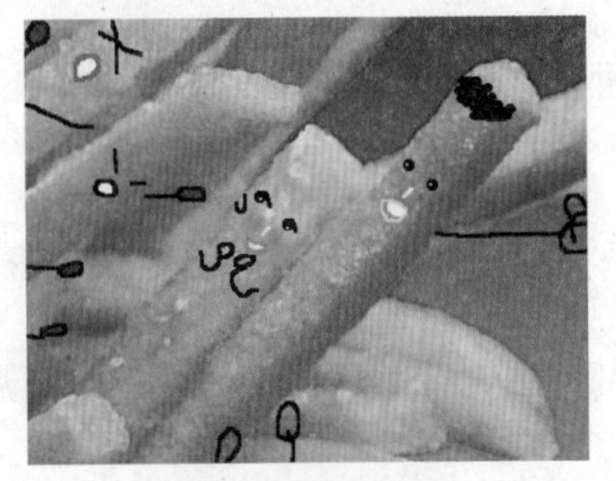

图 6-30 绘制腮红

(11) 使用上述绘制腮红的操作方法，为其他表情绘制不同颜色的腮红，结果如图 6-31 所示。

（12）新建图层，选择“椭圆选框”工具，在表情旁边创建选区，设置前景色为灰色（#636562），按 Alt+Delete 组合键填充灰色，设置“不透明度”为 50%，结果如图 6-32 所示。

图 6-31 绘制不同颜色的腮红

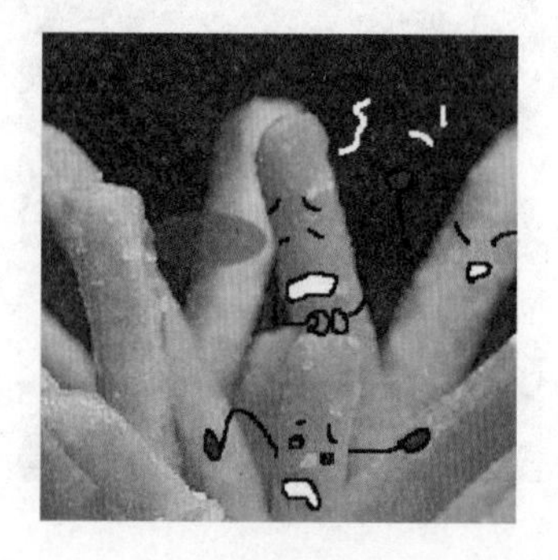

图 6-32 填充灰色

（13）选择“横排文字”工具，在工具选项栏中选择字体样式为方正卡通简体，设置字体大小为 18 点、字体颜色为白色，在刚创建的灰色图层中输入文字，如图 6-33 所示。

（14）重复上述操作，继续绘制图形及输入文字，结果如图 6-34 所示。

（15）按 Ctrl+O 快捷键，打开“蝴蝶结”素材。选择“移动”工具，将素材拖到编辑的文档中，按 Ctrl+T 快捷键显示定界框，调整其大小和位置，最终结果如图 6-35 所示。

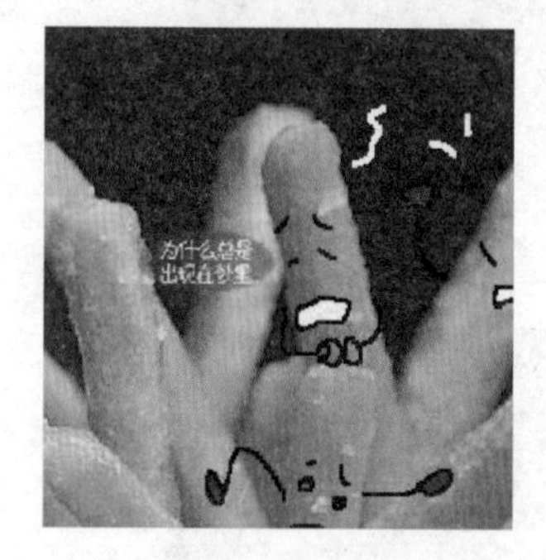

图 6-33 输入文字

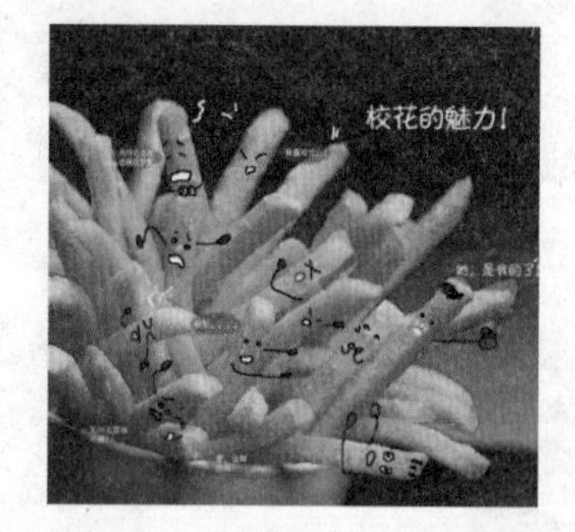

图 6-34 继续绘制图形及输入文字

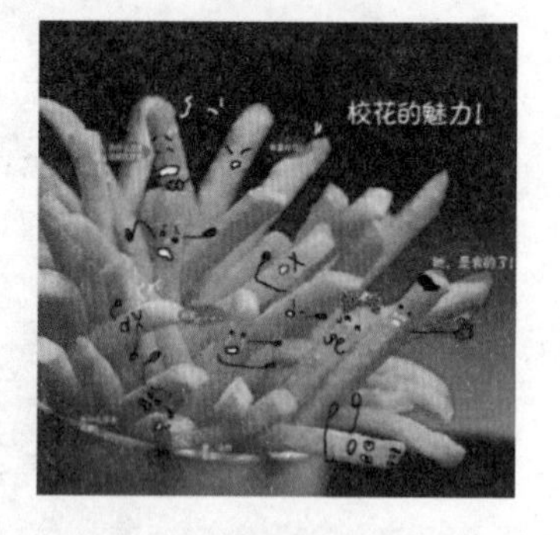

图 6-35 最终结果

6.2.5 了解“颜色替换”工具选项栏

“颜色替换”工具选项栏如图 6-36 所示。

图 6-36“颜色替换”工具选项栏

模式模式：饱和度：用来设置可以替换的颜色属性，包括“色相”“饱和度”“颜色”和“明度”。默认为“颜色”，它可以同时替换色相、饱和度和明度。

取样按钮：用来设置颜色取样的方式。单击“连续”按钮，在拖动鼠标时可连续对颜色取样。单击“一次”按钮，只替换包含第一次单击的颜色区域中的目标颜色。单击“背景色板”按钮，只替换包含当前背景色的区域。

限制限制：连续：选择“不连续”，可替换出现在光标下任何位置的样本颜色。选择“连续”，只替换与光标下的颜色邻近的颜色。选择“查找边缘”，可替换包含样本颜色的连续区域，同时保留形状边缘的锐化程度。

容差容差：35%：用来设置工具的容差。颜色替换工具只替换色板单击点颜色容差范围内的颜色，因此该值越高，包含的颜色范围越广。

消除锯齿☑ 消除锯齿：勾选该选项，可以为校正的区域定义平滑的边缘，从而消除锯齿。

6.2.6 实例——用“颜色替换工具”为指甲换色

本实例将使用“颜色替换工具”为手指甲更换颜色。

(1) 启动 Photoshop 程序后，执行“文件” | “打开”命令，弹出“打开”对话框，选择本书配套资源中的“第 6 章\6.2\6.2.6\人物.jpg”文件，单击“打开”按钮，如图 6-37 所示。

(2) 按 Ctrl+J 快捷键，复制图层，设置前景色为黄色（# fff65d）。选择“颜色替换”工具，在工具选项栏中设置画笔硬度为 60%。单击“连续”按钮，将“限制”设置为“连续”。设置“容差”为 35%。

(3) 按 Ctrl+“+”快捷键，放大手的部分，在手指甲的位置上替换颜色，如图 6-38 所示（在操作时应注意，光标中心的十字线不要碰到人物的手及脸部，否则也会替换其颜色）。

(4) 按[键将笔尖调小，在手指甲的边缘涂抹，进行细致加工，最终结果如图 6-39 所示。

图 6-37 打开素材

图 6-38 替换颜色

图 6-39 最终结果

6.2.7 了解“混合器画笔”工具选项栏

使用“混合器画笔”工具，可让不懂绘画的用户轻易绘制出漂亮的画面，让专业人士如虎添翼。“混合器画笔”工具选项栏如图 6-40 所示。

图 6-40“混合器画笔”工具选项栏

切换画笔：单击右侧的下拉按钮，可以打开“画笔”面板，更方便选择需要的画笔。

每次描边后载入画笔：单击该按钮，可以使光标下的颜色与前景色混合。

每次描边后清理画笔：该按钮用于控制每一笔涂抹结束后对画笔是否进行更新和清理。其功能类似于画家在绘画时一笔过后是否将画笔在水中清洗。

有用的混合画笔组合 非常潮湿，深混...：系统在下拉列表中提供了多种混合画笔。当选择某一种混合画笔时，右边的 4 个选项会自动改变为预设值。

潮湿 潮湿：100%：设置从画布拾取的油彩量。

载入 载入：50%：设置画笔上的油彩量。

混合 混合：100%：设置颜色混合的比例。

流量 流量：100%：这是以前版本其他画笔常见的设置，可以设置描边的流动速率。

启用喷枪：喷枪模式的作用是，当画笔在一个固定的位置一直描绘时，画笔会像喷枪那样一直喷出颜色。如果不启用这个模式，则画笔只描绘一下就停止喷出颜色。

设置描边平滑度 10%：该选项用于设置描边平滑度。较高的数值可减少描边抖动。

平滑选项：单击图标右下角的三角按钮，可在弹出的下拉列表中选择平滑选项。

设置画笔角度 0°：该选项用于设置画笔角度。

数位板压力按钮：单击该按钮后，使用数位板绘画时，画笔压力可覆盖“画笔”面板中的不透明度和大小设置。

对所有图层取样 对所有图层取样：该选项的作用是，无论文档有多少图层，都可将所有图层作为一个单独的合并的图层。

6.2.8 实例——使用“混合器画笔”工具制作油画效果

本实例将使用“混合器画笔”工具为照片添加油画的效果。

(1) 执行“文件” | “打开”命令，选择本书配套资源中的“目标文件\第 6 章\6.2\6.2.8\朝阳.jpg”，单击“打开”按钮，打开一张素材图像，如图 6-41 所示。

(2) 选择“混合器画笔”工具，按住 Alt 键在画面上单击拾取颜色，在“混合器画笔”工具选项栏中选择“Kyle 的真实油画-01”笔尖，设置“潮湿”为 100%、“载入”为 50%、“混合”为 50%，如图 6-42 所示。

图 6-41 打开素材

图 6-42 设置参数

(3) 在天空的左右两侧涂抹，添加油画笔触效果，如图 6-43 所示。

(4) 按住 Alt 键，继续在画面中拾取颜色，在靠近朝阳的区域涂抹，结果如图 6-44 所示。

图 6-43 在天空的左右两侧涂抹

图 6-44 在靠近朝阳的区域涂抹

(5) 按住 Alt 键，继续在画面中拾取颜色，在冰面上涂抹，为朝阳的倒影添加油画效果，如图 6-45 所示。

图 6-45 最终结果

6.2.9 设置绘画光标显示方式

Photoshop 可以自由设置绘画时光标显示的方式和形状，以方便绘画操作。选择“编辑”|“首选项”|“光标”命令，在打开的对话框中可以设置“绘图光标”和“其他光标”的外观，如图 6-46 所示。其中绘图工具包括“橡皮擦”“铅笔”“画笔”等工具。

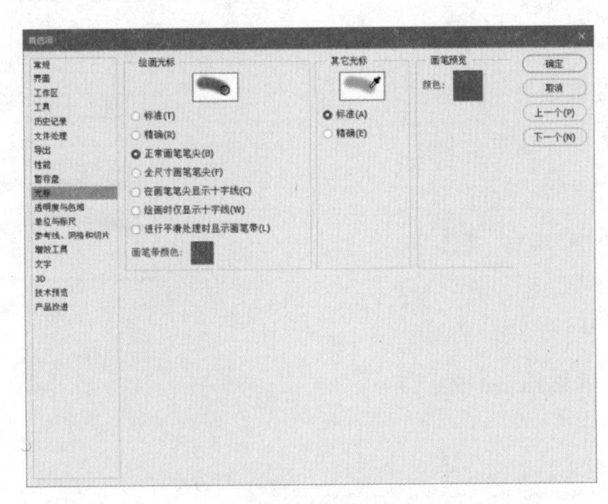

图 6-46“首选项”对话框

提示：按下 Caps Lock 键可以在绘画时快速切换光标显示方式。

绘画光标有 5 种显示方式，如图 6-47 所示：

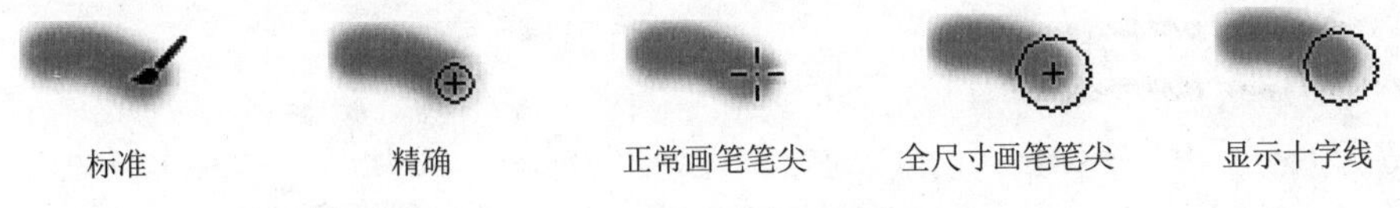

图 6-47 绘画光标

- 标准：使用工具箱中各工具图标的形状作为光标形状。
- 精确：使用十字形光标作为绘画光标。该光标形状便于精确绘图和编辑。
- 正常画笔笔尖：光标形状为画笔的一半大小，其形状为画笔的形状。
- 全尺寸画笔笔尖：光标形状为全尺寸画笔大小，其形状为画笔的形状。这样可以精确看到画笔所覆盖的范围和当前选择的画笔形状。
- 显示十字线：该选项只有在选择“正常画笔笔尖”和“全尺寸画笔笔尖”显示方式时才有效。选中该选项，可在画笔笔尖的中间位置显示十字形，以方便绘画操作。

6.3 “画笔”面板

“画笔”面板是非常重要的面板，它可以用来设置各种绘画工具、图像修复工具、图像润饰工具和擦除工具的工具属性和描边效果。

6.3.1 了解“画笔”面板

选择“窗口”|“画笔”命令，或按下 F5 键，打开“画笔设置”面板，如图 6-48 所示。

❶画笔：单击该按钮，打开“画笔”面板，可以浏览、选择 Photoshop 提供的预设画笔，如图 6-49 所示。画笔的可控参数众多，包括笔尖的形状及相关的大小、硬度、纹理等特性，如果每次绘画前都重复设置这些参数，将是一件非常繁琐的工作。为了提高工作效率，Photoshop 提供了预设画笔功能。预设画笔是一种存储的画笔笔尖，并带有诸如大小、形状和硬度等定义的特性。Photoshop 提供了许多常用的预设画笔，用户也可以将自己常用的画笔存储为画笔预设。

在工具选项栏中单击“画笔预设”下拉按钮，打开画笔预设下拉列表，拖动滚动条即可浏览、选择所需的预设画笔，每个画笔的右侧还有该画笔绘画效果预览，如图 6-50 所示。

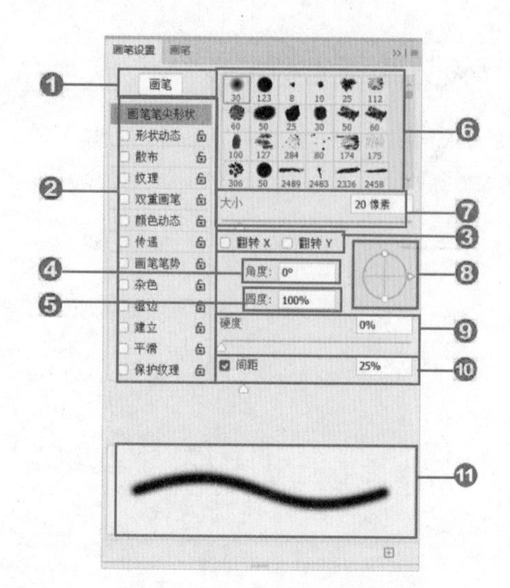

图 6-48“画笔设置”面板

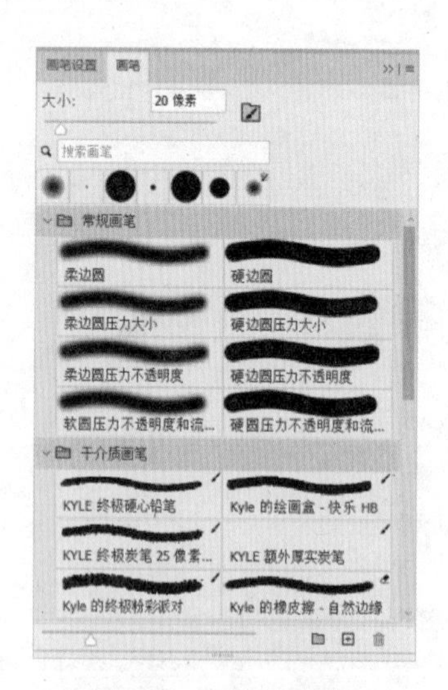

图 6-49“画笔”面板

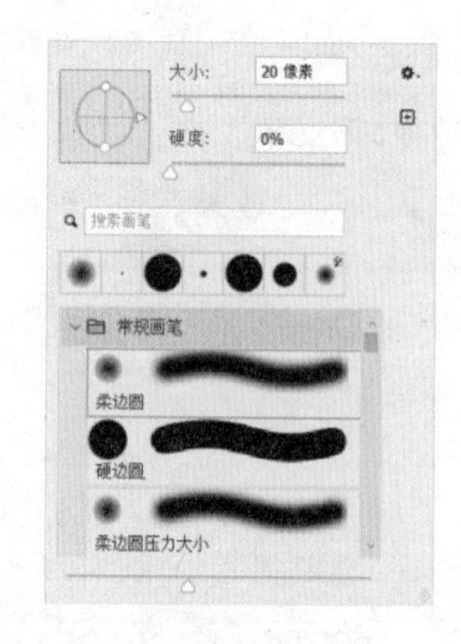

图 6-50 画笔预设下拉列表

❷画笔笔尖形状及预设：可定义画笔笔尖形状以及形状动态、散布、纹理等预设。其中，图标表示该选项处于可用状态，图标表示锁定该选项。

❸翻转 X/翻转 Y：启用水平和垂直方向的画笔翻转。

❹角度：在此文本框中输入数值可调整画笔在水平方向上的旋转角度，角度取值范围为-180°～180°。也可以通过在右侧的预览框中拖拽水平轴进行设置。不同角度值的画笔效果如图 6-51 所示。

❺圆度：用于控制画笔长轴和短轴的比例。可在“圆度”文本框中输入 0～100 的数值，或直接拖动右侧画笔控制框中的圆点来调整。不同圆度的画笔效果如图 6-52 所示。

❻画笔笔触样式列表：在此列表中有各种画笔笔触样式可供选择，用户可以选择默认的笔触样式，也可以自己载入需要的画笔进行绘制。默认的笔触样式一般有：尖角画笔、柔角画笔、喷枪硬边圆形画笔、喷枪柔边圆形画笔和滴溅画笔等。

❼“大小”文本框：此选项用于设置笔触的大小，可以设置 1~2500 像素之间的笔触大小。可以通过拖拽下方的

滑块进行设置，也可以在右侧的文本框中直接输入数值来设置。

❽画笔形状编辑框：拖动圆坐标，可以设置画笔的圆度和角度。也可以在“角度”和“圆度”文本框中输入具体的参数值。

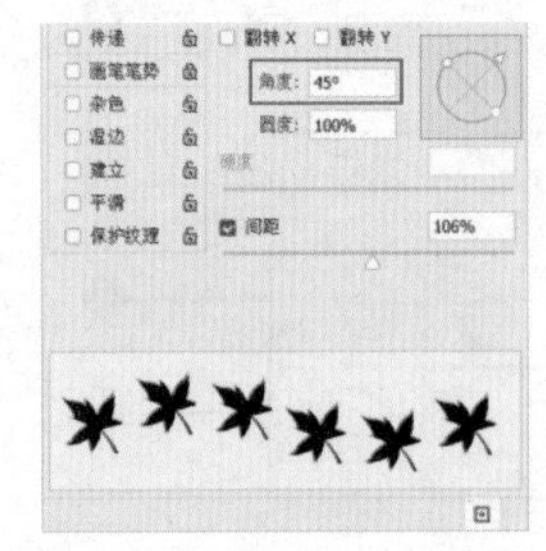

图 6-51 不同角度值的画笔效果

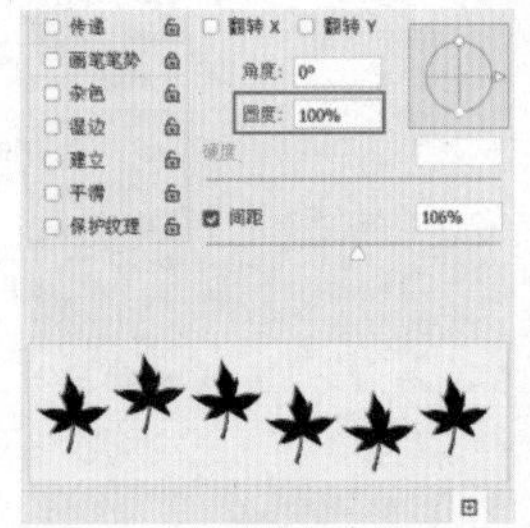

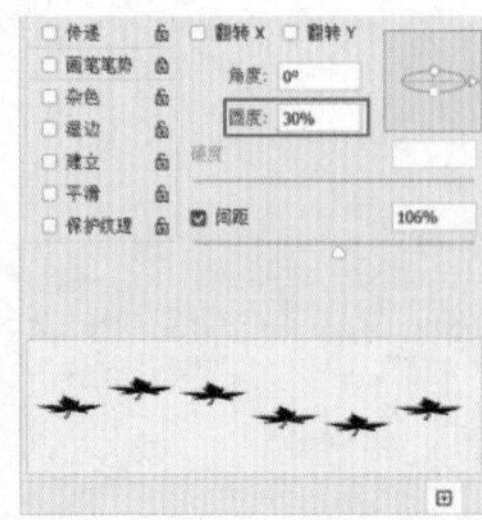

图 6-52 不同圆度的画笔效果

❾硬度：设置画笔笔触的柔和程度，变化范围为 0%～100%，如图 6-53 所示为硬度为 0%和 100%的绘画效果。

❿间距：用于设置在绘制线条时两个绘制点之间的距离。使用该项设置可以得到点画线效果，如图 6-54 所示为间距为 0%和 100%的绘画效果。

⓫画笔描边预览框：通过预览框查看画笔描边的动态。单击“创建新画笔”按钮，可在打开的“新建画笔”对话框中为画笔设置一个新的名称。单击“确定”按钮，可将当前设置的画笔创建为一个新的画笔样本。

硬度为 0%

硬度为 100%

图 6-53 不同硬度画笔的绘画效果

间距为 0%

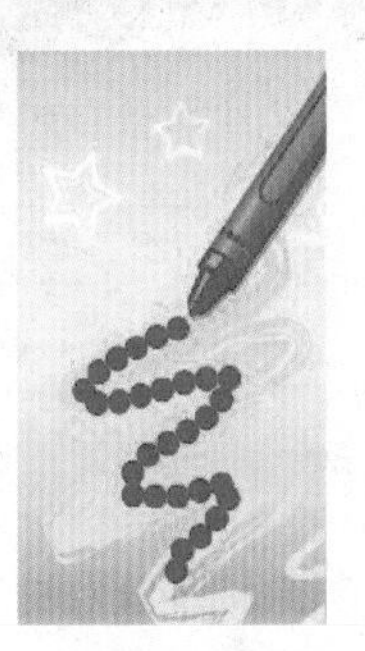

间距为 100%

图 6-54 不同间距画笔的绘画效果

提示：选择“画笔”或“铅笔”工具后，在图像窗口任意位置右击，可快速打开画笔预设列表。

6.3.2 形状动态

“形状动态”用于设置绘画过程中画笔笔迹的变化。如图 6-55 所示，“形状动态”包括“大小抖动”“最小直径”“角度抖动”“圆度抖动”“最小圆度”等内容。

❶大小抖动：拖动滑块或输入数值可以控制绘制过程中画笔笔迹大小的波动幅度。数值越大，波动幅度就越大，不同大小抖动值的绘画效果如图 6-56 所示。

❷控制：用于选择大小抖动变化产生的方式。选择“关”，则在绘图过程中画笔笔迹大小始终波动，不予另外控制；选择“渐隐”，然后在其右侧文本框中输入数值可控制抖动变化的渐隐步长，数值越大，画笔消失的距离越长，变化越慢，反之则距离越短，变化越快，如图 6-57 所示。如果安装了压力敏感的数值化板，还可以指定笔压力、笔倾斜和光笔旋转控制项。

❸最小直径：控制画笔尺寸在发生波动时画笔的最小尺寸。数值越大，直径能够变化的范围也就越

小，如图 6-58 所示。

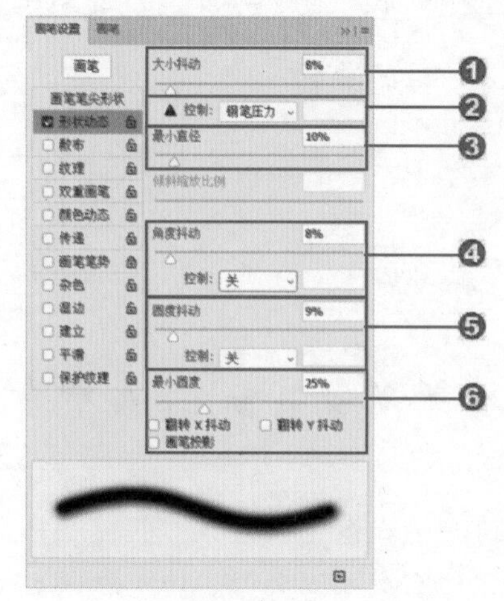

图 6-55“形状动态”选项

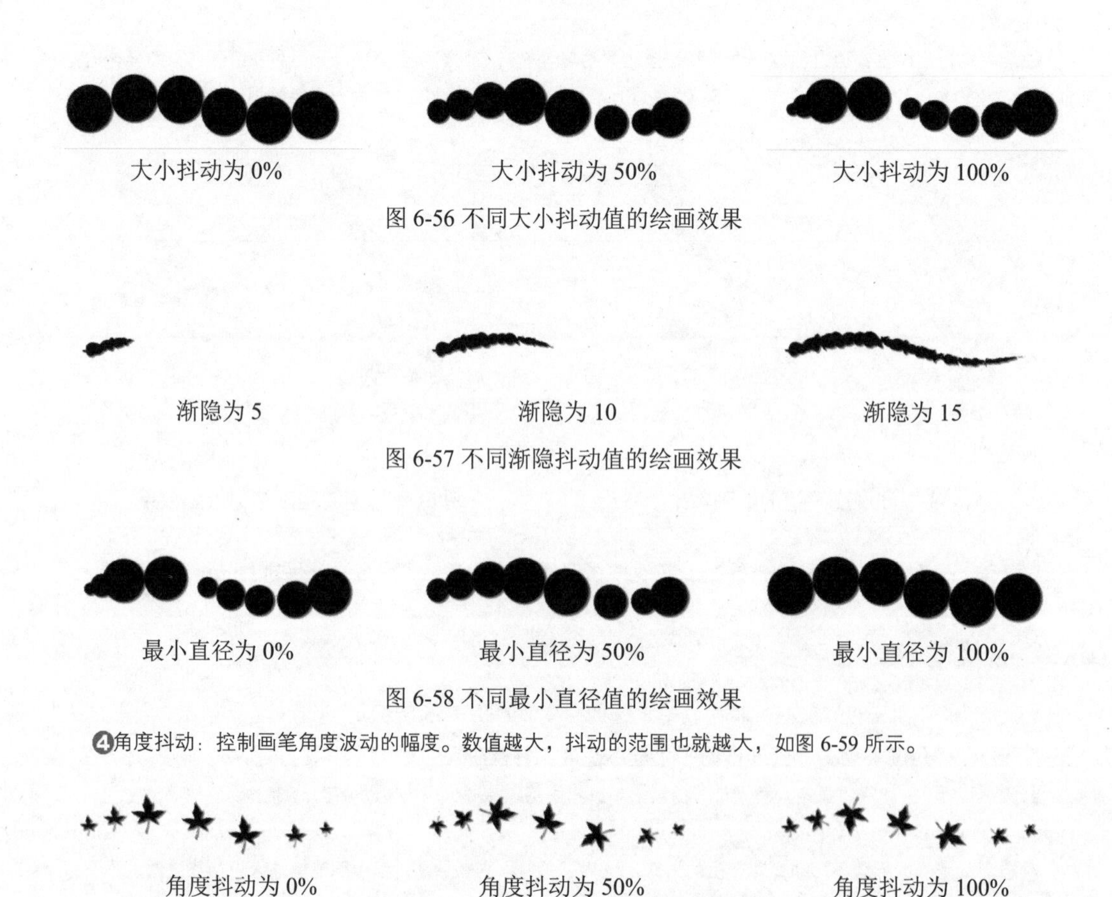

大小抖动为 0%　　大小抖动为 50%　　大小抖动为 100%

图 6-56 不同大小抖动值的绘画效果

渐隐为 5　　渐隐为 10　　渐隐为 15

图 6-57 不同渐隐抖动值的绘画效果

最小直径为 0%　　最小直径为 50%　　最小直径为 100%

图 6-58 不同最小直径值的绘画效果

❹角度抖动：控制画笔角度波动的幅度。数值越大，抖动的范围也就越大，如图 6-59 所示。

角度抖动为 0%　　角度抖动为 50%　　角度抖动为 100%

图 6-59 不同角度抖动值的绘画效果

❺圆度抖动：控制在绘画时画笔圆度的波动幅度。数值越大，圆度变化的幅度也就越大，如图 6-60 所示。

❻最小圆度：控制画笔在圆度发生波动时画笔的最小圆度尺寸值。该值越大，发生波动的范围越小，波动的幅度也会相应变小。

圆度抖动为 0%　　圆度抖动为 50%　　圆度抖动为 100%

图 6-60 不同圆度抖动值的绘画效果

6.3.3 散布

“散布”动态控制画笔偏离绘画路线的程度和数量。“散布”选项如图 6-61 所示。

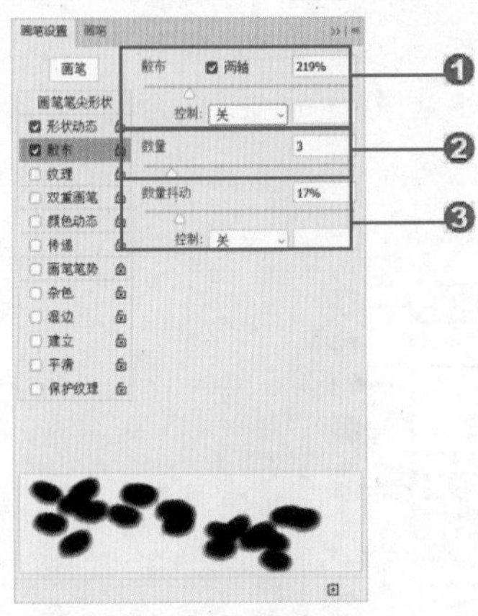

图 6-61 “散布”选项

❶散布：控制画笔偏离绘画路线的程度，数值越大，偏离的距离越大，如图 6-62 所示。若选中“两轴”复选框，则画笔将在 X、Y 两个方向分散，否则仅在一个方向上发生分散。

散布为 0%　　散布为 500%　　散布为 1000%

图 6-62 不同散布值的绘画效果

❷数量：控制画笔点的数量，数值越大，画笔点越多，如图 6-63 所示，数值范围为 1 ~ 16。

数量为 1　　数量为 8　　数量为 16

图 6-63 不同数量值的绘画效果

❸数量抖动：用来控制每个空间间隔中画笔点的数量变化。

6.3.4 纹理

在画笔上添加纹理效果，可控制纹理的叠加模式、缩放比例和深度，如图 6-64 所示。

❶选择纹理：单击纹理下拉按钮，从下拉列表中可选择所需的纹理。选中“反相”复选框，相当于对纹理执行了“反相”命令。

❷缩放：用来设置纹理的缩放比例。

❸亮度：用来设置纹理的明暗度。

❹对比度：用来设置纹理的对比强度。此值越大，对比度越明显。

❺为每个笔尖设置纹理：用来确定是否对每个画笔点都分别进行渲染。若不选择此项，则“深度”“最小深度”及“深度抖动”选项无效。

❻模式：用于选择画笔和图案之间的混合模式。

❼深度：用来设置图案的混合程度。此数值越大，纹理越明显。

❽最小深度：控制图案的最小混合程度。

❾深度抖动：控制纹理显示浓淡的抖动程度。

6.3.5 双重画笔

“双重画笔”指的是使用两种笔尖形状创建的画笔，其选项如图 6-65 所示。创建“双重画笔”的步骤是，首先在“模式”下拉列表中选择两种画尖的混合模式，接着在下面的笔尖形状列表中选择一种笔尖作为画笔的第二个笔尖形状。

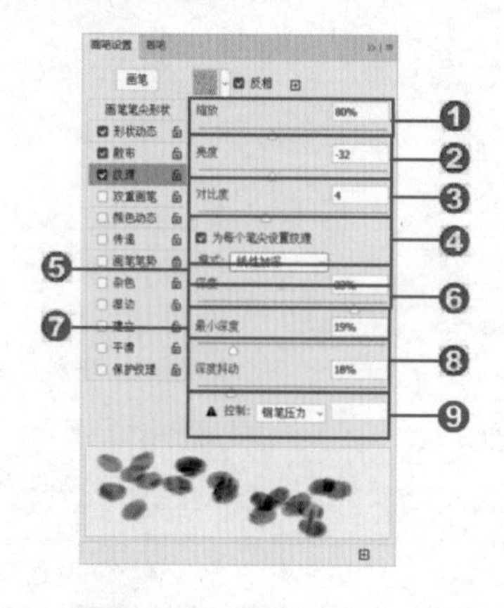

图 6-64“纹理”选项

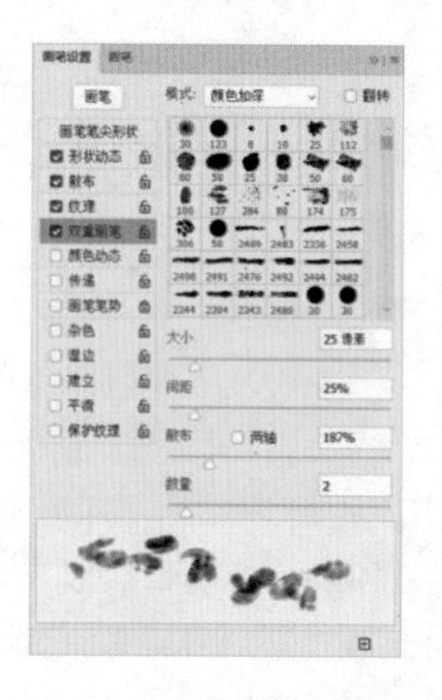

图 6-65“双重画笔”选项

6.3.6 颜色动态

“颜色动态”控制在绘画过程中画笔颜色的变化情况，其选项如图 6-66 所示。需注意的是，设置动态颜色属性时，“画笔”面板下方的预览框并不会显示出相应的效果，动态颜色效果只有在图像窗口绘画时才会看到。

❶前景/背景抖动：设置画笔颜色在前景色和背景色之间变化。例如，在使用草形画笔绘制草地时，可设置前景色为浅绿色，背景色为深绿色，这样就可以得到颜色深浅不一的草丛效果。

❷色相抖动：指定画笔绘制过程中画笔颜色色相的动态变化范围。

❸饱和度抖动：指定画笔绘制过程中画笔颜色饱和度的动态变化范围。

❹亮度抖动：指定画笔绘制过程中画笔亮度的动态变化范围。

❺纯度：设置绘画颜色的纯度变化范围。

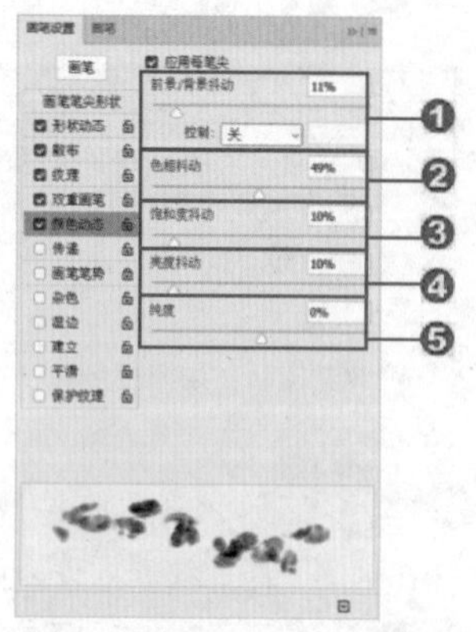

图 6-66“颜色动态”选项

6.3.7 画笔笔势

“画笔笔势”用来调整毛刷画笔笔尖、侵蚀画笔笔尖的角度，其选项如图 6-67 所示。

6.3.8 传递

“传递”用来确定油彩在描边路线中的改变方式。单击“画笔设置”面板中的“传递”，会显示相应的选项，如图 6-68 所示。

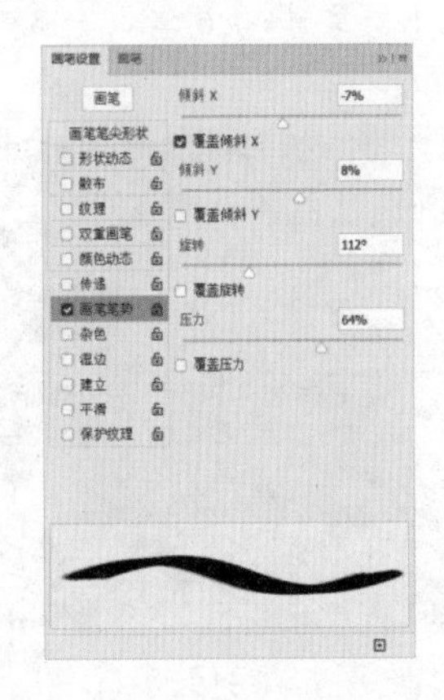

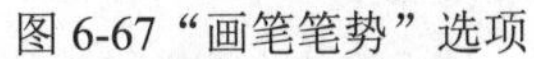

图 6-67“画笔笔势”选项

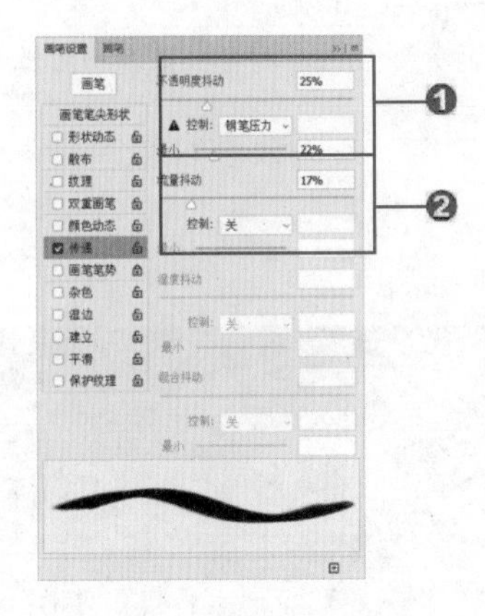

图 6-68“传递”选项

❶不透明抖动：用来设置画笔笔迹中油彩不透明度的变化程度。如果要指定如何控制画笔笔迹的不透明度变化，可在“控制”下拉列表中选择一个选项。

❷流量抖动：用来设置画笔笔迹中油彩流量的变化程度。如果要指定如何控制画笔笔迹的流量变化，可在“控制”下拉列表中选择一个选项。

6.3.9 实例——新建画笔打造梦幻夜景

本实例将通过画笔的设置来制作萤火虫在黑暗中的闪烁效果。

(1) 执行“文件”|“新建”命令，弹出“新建文档”对话框，设置参数如图 6-69 所示。单击“创建”按钮，关闭对话框，新建一个文档。新建一个图层，关闭背景图层。选择“画笔”工具，将前景色设置为黑色，在画布中绘制一个圆形，如图 6-70 所示。

图 6-69 设置参数

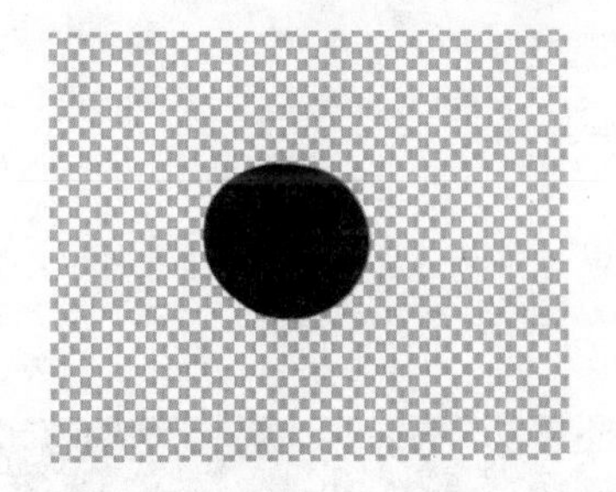

图 6-70 绘制一个圆形

(2) 双击圆形所在的图层，打开“图层样式”对话框，设置“外发光”参数如图 6-71 所示。

(3) 单击“确定”按钮，为圆形添加“外发光”效果，如图 6-72 所示。

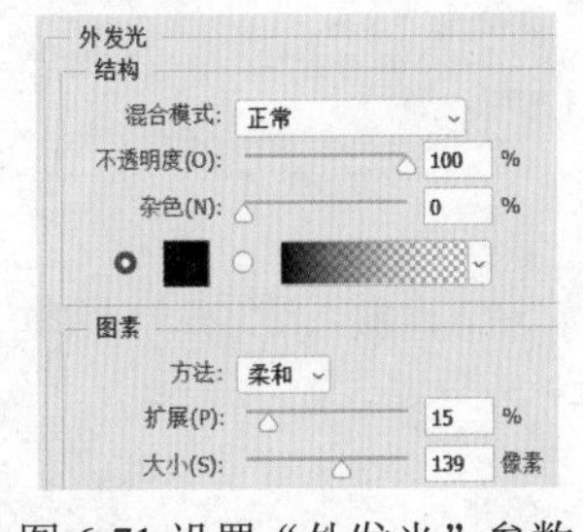

图 6-71 设置“外发光”参数

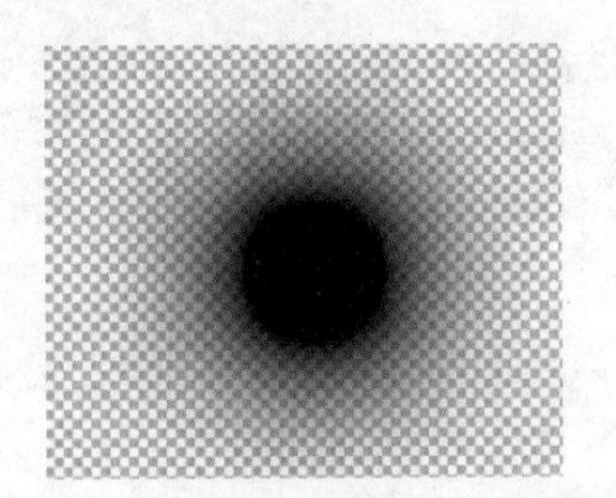

图 6-72 添加“外发光”效果

(4) 执行“编辑”|“定义画笔预设”命令，弹出“画笔名称”对话框，设置“名称”为“萤火虫”，

如图 6-73 所示。

(5) 执行“文件” | “打开”命令，选择本书配套资源中的“目标文件\第 6 章\6.3\6.3.9\梦幻.jpg”，单击“打开”按钮，打开一张素材图像，如图 6-74 所示。

图 6-73 “画笔名称”对话框

图 6-74 打开素材

(6) 选择“画笔”工具，按 F5 键，弹出“画笔设置”面板，设置参数如图 6-75 所示。

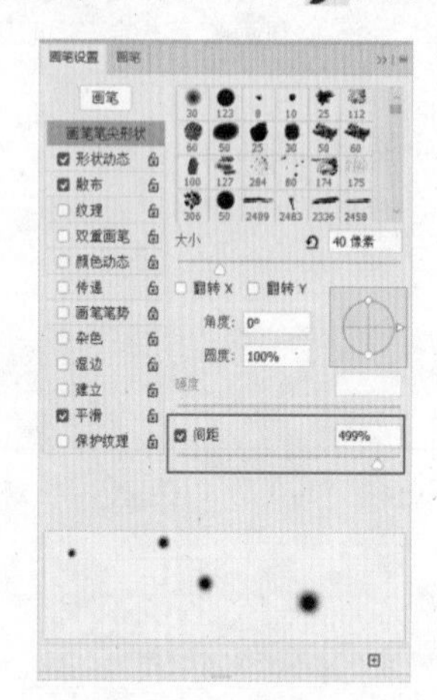

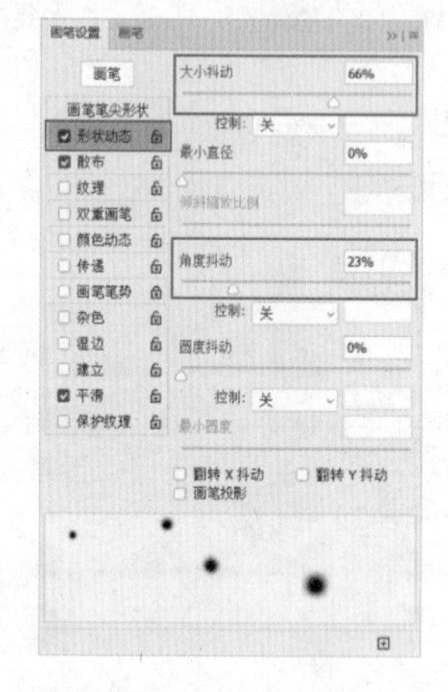

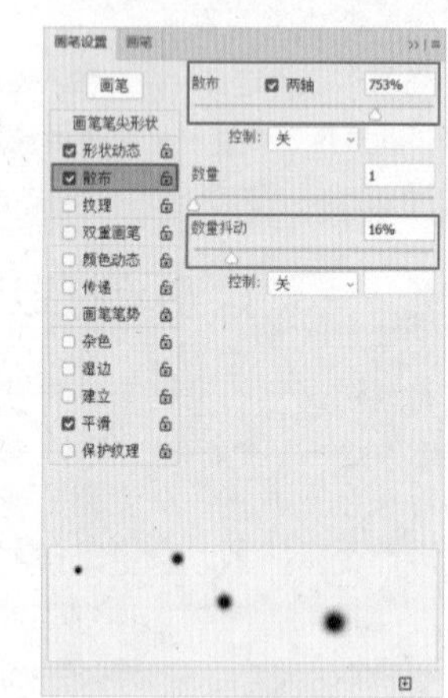

图 6-75 设置参数

(7) 新建一个图层，在图像上涂抹，绘制圆点模拟萤火虫的光亮，如图 6-76 所示。

(8) 双击圆点所在的图层，打开“图层样式”对话框，设置“颜色叠加”参数如图 6-77 所示。

图 6-76 绘制圆点

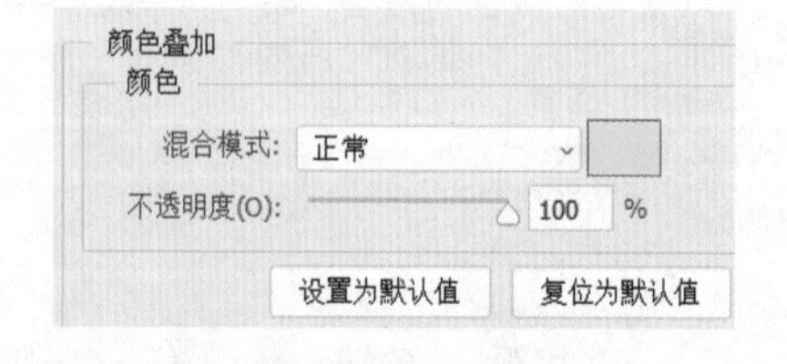

图 6-77 设置“颜色叠加”参数

(9) 设置“外发光”参数，如图 6-78 所示。

(10) 单击“确定”按钮关闭对话框。显示效果如图 6-79 所示。

(11) 重复上述操作，修改画笔参数以及图层样式参数，绘制绿色的光亮，结果如图 6-80 所示。

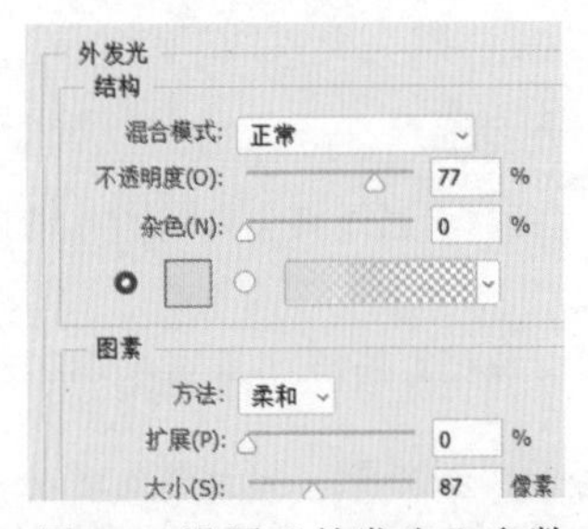

图 6-78 设置“外发光”参数

图 6-79 显示效果

图 6-80 绘制绿色的光亮

6.4 填充颜色

在前面的章节中介绍了如何在 Photoshop 中定义颜色，本节将进一步介绍如何使用颜色、图案和各种颜色混合来填充选区、图像，以及如何向选区或路径的轮廓添加颜色。

6.4.1 了解“油漆桶”工具选项栏

“油漆桶”工具可用于在图像或选区中填充颜色或图案。要说明的是，在使用“油漆桶”工具填充前需要对鼠标单击位置的颜色进行取样，从而只填充颜色相同或相似的图像区域。“油漆桶”工具选项栏如图 6-81 所示。

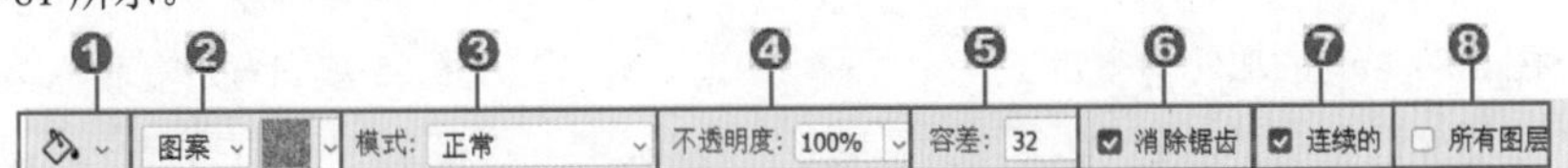

图 6-81“油漆桶”工具选项栏

❶“填充”列表框：用于选择填充的内容。当选择“图案”作为填充内容时，“图案”列表框将被激活，单击其右侧的下拉按钮，可从打开的图案下拉面板中选择所需的填充图案。

❷“图案”列表框：通过图案列表定义填充的图案，并通过拾色器的快捷菜单进行图案的载入、复位、替换等操作。

❸模式：设置实色或图案填充的模式。

❹不透明度：用来设置填充内容的不透明度。

❺容差：用来定义必须填充的像素的颜色相似程度。低容差会填充颜色值范围内与单击点像素非常相似的像素，高容差则填充更大范围内的像素。

❻消除锯齿：可以平滑填充选区的边缘。

❼连续的：只填充与鼠标单击点相邻的像素。取消勾选则可填充图像中的所有相似像素。

❽所有图层：选择该项，表示基于所有可见图层中的合并颜色数据填充像素；取消勾选则仅填充当前图层。

6.4.2 实例——运用“油漆桶”工具为卡通画上色

本实例将运用“油漆桶”工具中的填充前景色和图案来为黑白的卡通画换上亮丽的衣服并添加背景图案。

(1) 执行“文件” | “打开”命令，选择本书配套资源中的“目标文件\第 6 章\6.4\6.4.2\卡通.jpg”，单击“打开”按钮，打开一张素材图像，如图 6-82 所示。

(2) 选择背景图层，按 Ctrl+J 键复制背景图层。选择“油漆桶”工具，在工具选项栏中设置“填充”为“前景”、“容差”为 32，设置前景色为橘色（#fc7e05）。在头部和衣服上单击，填充前景色，结果如图 6-83 所示。

图 6-82 打开素材

图 6-83 填充头部和衣服前景色

(3) 调整前景色为红色（#ff0204），为衣服、头冠、鼻子填充前景色，结果如图 6-84 所示。

(4) 采样同样方法，调整前景色，然后为衣服、头部、腮红和背景填色，结果如图 6-85 所示。

图 6-84 填充衣服等前景色

图 6-85 填充背景等颜色

(5) 在工具选项栏中将“填充”设置为“图案”，然后选择一个图案，在背景上单击填充图案，如图 6-86 所示。

(6) 执行“编辑” | “渐隐油漆桶”命令，弹出“渐隐”对话框，设置参数如图 6-87 所示。

图 6-86 填充背景图案

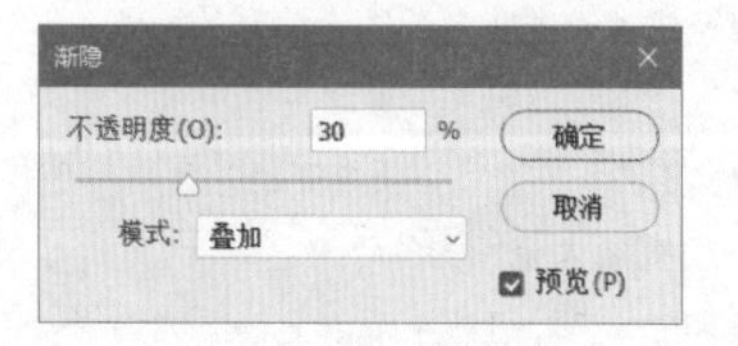

图 6-87 设置参数

(7) 单击“确定”按钮完成填充，最终效果如图 6-88 所示。

图 6-88 最终结果

6.4.3 了解“填充”命令

除了使用“油漆桶”工具对图像进行实色或图案的填充外，还可以执行“填充”命令进行填充。“填充”命令可以说是对填充工具功能的扩展，它的一项重要功能是可以有效地保护图像中的透明区域，有针对性地填充图像。

执行“编辑”|“填充”命令，或按 Shift+F5 快捷键，打开“填充”对话框，如图 6-89 所示。

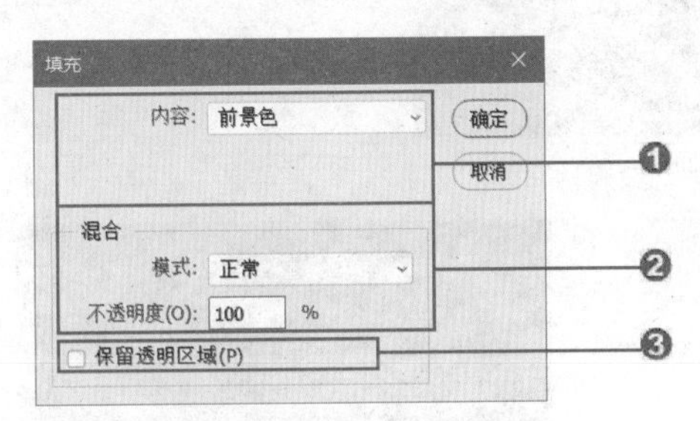

图 6-89“填充”对话框

❶内容：定义应用何种内容对图像进行填充。

❷混合：指定填充混合的模式和不透明度。

❸保留透明区域：填充具有像素的区域，保留图像中的透明区域不被填充。这和图层的“锁定透明像素”按钮的作用相同。

6.4.4 实例——“填充”命令的使用

使用“填充”命令可以在当前图层或选区内填充颜色或图案，在填充时还可以设置不透明度和混合模式。

(1) 执行“文件”|“打开”命令，选择本书配套资源中的“目标文件\第 6 章\6.4\6.4.4\面包字.psd”，单击“打开”按钮，打开一张素材图像，如图 6-90 所示。

(2) 选择“图层 1”，如图 6-91 所示。按 Ctrl 键单击图层 1，将其载入选区，如图 6-92 所示。

(3) 执行“编辑”|“填充”命令，或按 Shift+F5 快捷键，弹出“填充”对话框。在“内容”下拉列表中选择“图案”，在“自定图案”下拉列表中选择图案，设置“模式”为“叠加”、“不透明度”为 30%，如图 6-93 所示。单击“确定”按钮关闭对话框。

(4) 按 Ctrl+D 快捷键，取消选区，最终结果如图 6-94 所示。

图 6-90 打开素材

图 6-91 选择图层 1

图 6-92 载入选区

图 6-93 “填充”对话框

图 6-94 最终结果

6.4.5 了解“描边”命令

执行“编辑”|“描边”命令，打开“描边”对话框，如图 6-95 所示。在其中设置参数后单击“确定”按钮，即可为图像添加描边。

❶描边：定义描边的宽度，即硬边边框的宽度，以及通过单击“颜色”缩览图和拾色器定义描边的颜色。

❷位置：定义描边的位置，在选区或图层边界的内部、外部或者沿选区或图层边界居中描边。

❸混合：指定描边的混合模式和不透明度，以及是否只对具有像素的区域描边，即对图像中的透明区域不描边。

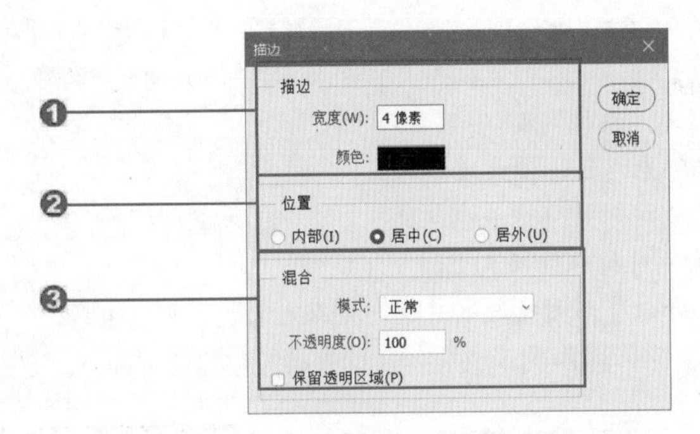

图 6-95“描边”对话框

6.4.6 实例——“描边”命令的使用

本实例将使用“描边”命令为老虎添加白色的描边，制作时尚插画效果。

(1) 执行“文件” | “打开”命令，选择本书配套资源中的“目标文件\第 6 章\6.4\6.4.6\背景.jpg”，单击“打开”按钮，打开一张素材图像，如图 6-96 所示。

(2) 继续打开一张已抠取的老虎素材，将其移至背景中，如图 6-97 所示。

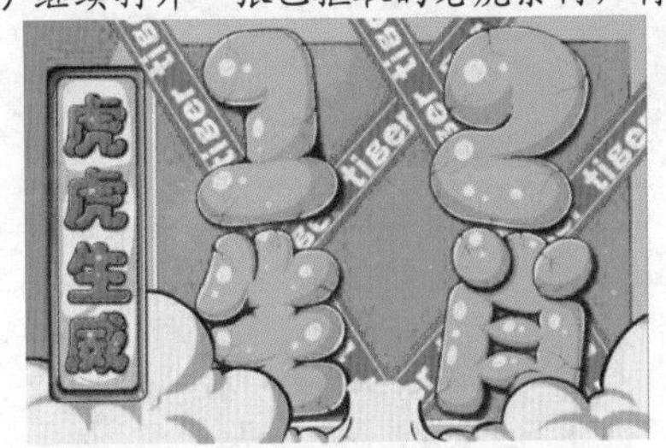

图 6-96 打开背景素材

图 6-97 移动老虎至背景中

(3) 执行“编辑” | “描边”命令，弹出“描边”对话框，设置描边“宽度”为 25 像素、“颜色”为“白色”，如图 6-98 所示。单击“确定”按钮，完成对老虎添加白色的描边，最终结果如图 6-99 所示。

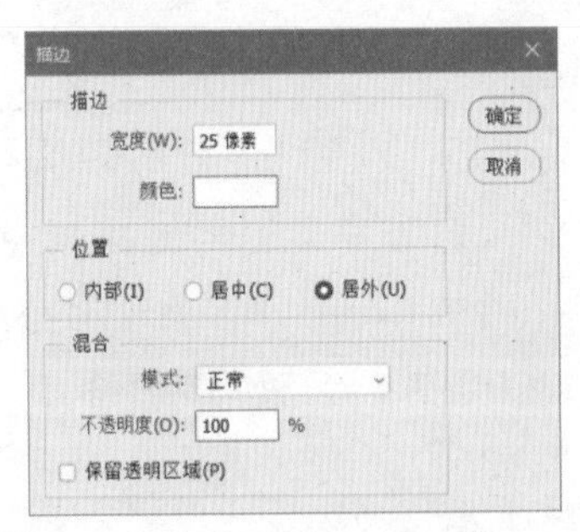

图 6-98“描边”对话框

图 6-99 最终结果

6.4.7 了解“渐变”工具选项栏

“渐变”工具可以用来阶段性地对图像进行任意方向的填充，以表现图像颜色的自然过渡。对图像进行渐变填充时，首先要通过“渐变”工具选项栏来完成渐变样式等各选项的设置，如图 6-100 所示。

图 6-100“渐变”工具选项栏

显示当前渐变预设：单击渐变颜色条可打开“渐变编辑器”对话框。

渐变类型：定义渐变的类型。Photoshop 可创建五种形式的渐变（线性渐变、径向渐变、角度渐变、对称渐变和菱形渐变），单击工具选项栏中的按钮即可选择相应的渐变类型，如图 6-101 所示。

- 线性渐变：从起点到终点线性渐变。
- 径向渐变：从起点到终点以圆形图案逐渐改变。
- 角度渐变：围绕起点以逆时针环绕逐渐改变。
- 对称渐变：在起点两侧对称地线性渐变。
- 菱形渐变：从起点向外以菱形图案逐渐改变，终点定义菱形的一角。

5 种渐变填充效果如图 6-101 所示，图中的箭头表示鼠标拖动的位置和方向。

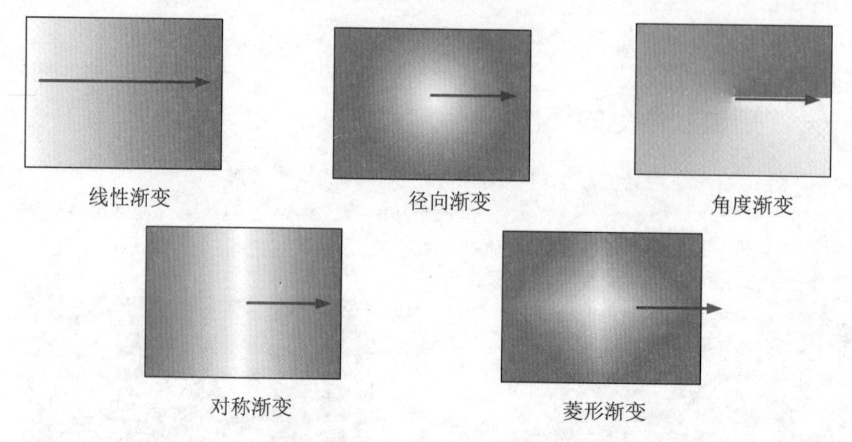

图 6-101 渐变类型

模式 模式：正常：在下拉列表中可以选择渐变填充的色彩与底图的混合模式。

不透明度 不透明度：100%：输入 1%～100%之间的数值，以控制渐变填充的不透明度。

反向 反向：选择此选项，所得到的渐变效果与所设置的渐变颜色相反。

仿色 仿色：选择此选项，可使渐变效果过渡更为平滑。

透明区域 透明区域：选择此选项，可启用编辑渐变时设置的透明效果。填充渐变时得到透明效果。

方法 方法：可感知：设置渐变以何种方式显示在画布上。一共有三种方式可选，即“可感知”“线性”和“古典”。

6.4.8 了解渐变编辑器

虽然 Photoshop 提供了丰富的预设渐变，但要制作个性化的图像效果，仍然需要创建自定义渐变。单击“渐变”工具选项栏中的渐变颜色条，打开如图 6-102 所示的“渐变编辑器”对话框，在此对话框中可以创建新渐变并修改当前渐变的颜色设置。

❶预设渐变：在编辑渐变之前可从中选择一个渐变，以便在此基础上进行编辑修改。

❷渐变类型：设置显示为单色形态的实底或显示为多色带形态的杂色。

❸平滑度：调整渐变颜色的平滑程度。值越大，渐变越柔和；值越小，渐变颜色越分明。

❹色标：定义渐变中应用的颜色或者调整颜色的范围。通过拖动色标滑块可以调整颜色的位置，单击渐变颜色条可以增加色标。

❺在选项区域中双击对应的文本框或缩览图，可以设置色标的不透明度、位置和颜色等。

❻单击某个按钮可以实现相应的操作，如将渐变文件载入到渐变预设，保存当前渐变预设，创建新的渐变预设等。

❼不透明色标：用于调节渐变颜色的不透明度值。值越大越不透明。编辑方法和编辑色标的方法相同。

❽颜色中点：拖动滑块可调节颜色或者透明度过渡范围。

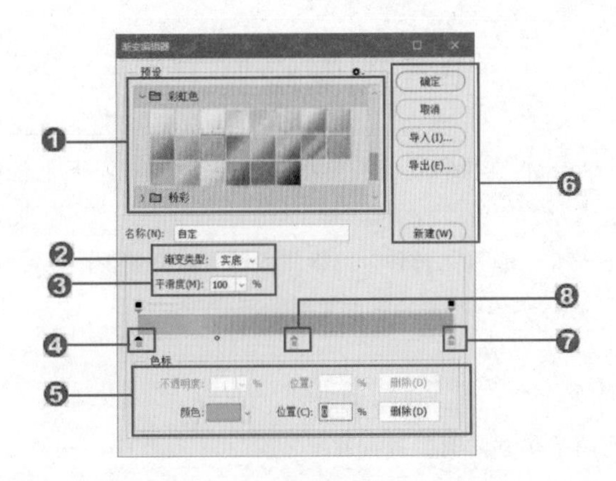

图 6-102“渐变编辑器”对话框

6.4.9 实例——渐变工具之“线性渐变”的使用

使用“线性渐变”可创建以直线从起点到终点的渐变。下面使用“线性渐变”制作背景。

(1) 执行“文件” | “打开”命令，选择本书配套资源中的“目标文件\第 6 章\6.4\6.4.9\背景.psd”，单击“打开”按钮，如图 6-103 所示。

(2) 在“图层”面板下方单击“创建新图层”按钮，新建一个图层，重命名为“渐变层”，如图 6-104 所示。

图 6-103 打开背景图像

图 6-104 创建新图层

(3) 选中“渐变层”，选择“渐变”工具，在“渐变”工具选项栏中单击渐变颜色条，弹出“渐变编辑器”对话框，设置参数如图 6-105 所示。

(4) 在“渐变”工具选项栏中选择“线性渐变”，从下往上拖拽鼠标，创建渐变，如图 6-106 所示。

图 6-105 设置参数

图 6-106 创建线性渐变

6.5 图像修复工具

在前面的内容中，Photoshop 向我们展示了强大的图像处理功能，下面继续了解 Photoshop 在美化、修复图像方面的强大功能。

借助 Photoshop，通过简单、直观的操作，可以将各种有缺陷的数码照片加工成为精美的图片，也可以基于设计的需要使普通的图像具有特定的艺术效果。

6.5.1 “仿制源”面板

“仿制源”面板主要用于仿制图章工具或修复画笔工具，使这些工具在使用起来更加方便、快捷。在对图像进行修饰时，如果需要确定多个仿制源，使用该面板进行设置，即可在多个仿制源中进行切换，并可对仿制源区域的大小、缩放比例、方向进行动态调整，从而提高了仿制工具的工作效率。

选择“窗口”|“仿制源”命令，即可在视图中显示“仿制源”面板，如图 6-107 所示。

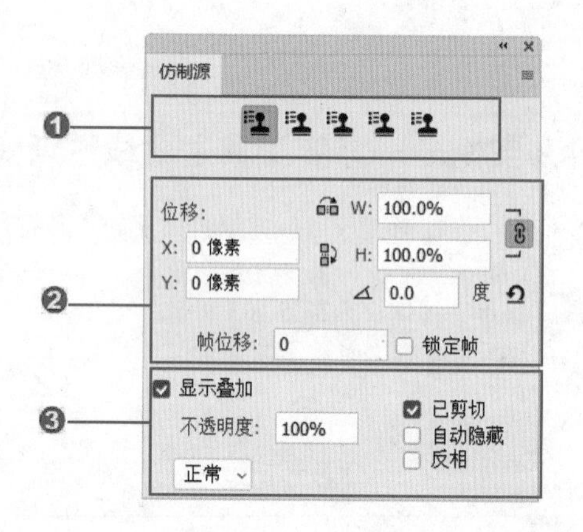

图 6-107“仿制源”面板

❶仿制源：单击“仿制源”按钮，然后设置取样点，最多可以设置 5 个不同的取样源。通过设置不同的取样点，可以更改“仿制源”按钮的取样源。“仿制源”面板将存储本源，直到关闭文件。

❷位移：输入 W（宽度）或 H（高度）值，可缩放所仿制的源，默认情况下将约束比例。要单独调整尺寸或恢复约束选项，可单击“保持长宽比”按钮。指定 X 和 Y 像素位移，可在相对于取样点的精确的位置进行绘制。输入旋转角度，可旋转仿制的源。还可以设置“帧位移”参数，或者选择“锁定帧”选项来固定帧。

❸显示叠加：要显示仿制源的叠加，可选择“显示叠加”并指定叠加选项。调整样本源叠加选项能够在使用仿制图章工具和修复画笔进行绘制时，更好地查看叠加的图像和下面的图像。在“不透明度”选项中可以设置叠加的不透明度。选择“自动隐藏”复选框，可在应用绘画描边时隐藏叠加。如果要设置叠加的外观，可从仿制源调整底部的弹出菜单中选择“正常”“变暗”“变亮”或“差值”混合模式。选择“反相”复选框，可反相叠加选中的颜色。

6.5.2 实例——“仿制源”面板的使用

本实例主要讲解了在“仿制源”面板上使用“仿制图章”工具创建叠加图像。

(1) 执行“文件”|“打开”命令，选择本书配套资源中的“目标文件\第 6 章\6.5\6.5.2\舞动.jpg”，单击“打开”按钮，打开一张素材图像，如图 6-108 所示。

(2) 选择“仿制图章”工具，在打开的“仿制图章”工具选项栏中设置大小为 175。执行“窗口”|“仿制源”命令,打开“仿制源”面板，单击“仿制源”按钮，在画面中的人物上单击，建立一个仿制源。然后在“位移”选项组中设置相应的参数，如图 6-109 所示。

(3) 勾选“显示叠加”复选框，移动鼠标至图像上时将出现一个叠加层，在画面左侧单击，即可完成图像的叠加，最终结果如图 6-110 所示。

图 6-108 打开素材

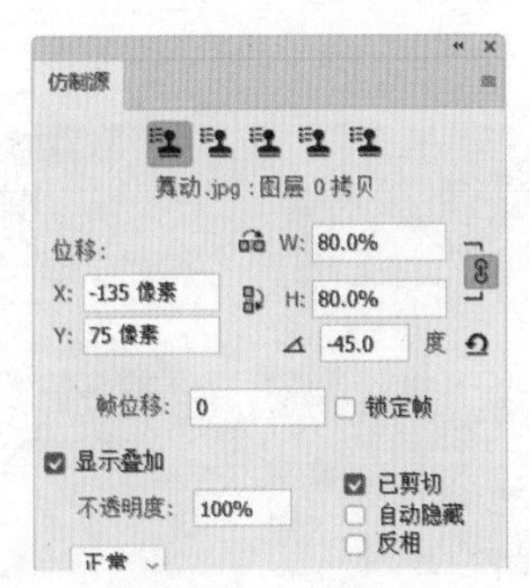

图 6-109 设置参数

图 6-110 最终结果

6.5.3 了解“仿制图章”工具选项栏

“仿制图章”工具可用于对图像的内容进行复制，既可以在同一幅图像内部进行复制，也可以在不同图像之间进行复制。“仿制图章”工具选项栏如图 6-111 所示。

图 6-111“仿制图章”工具选项栏

❶对齐：选中此选项，不论执行多少次操作，每次复制图像时都会以上次取样点的最终移动位置为起点开始复制，以保持图像的连续性。否则在每次复制图像时，都会以第一次按下 Alt 键取样时的位置为起点进行复制，造成图像的多重叠加。

❷样本：可选择是从当前图层，还是当前及下方图层，或者所有图层取样。

6.5.4 实例——“仿制图章”工具的使用

本实例将使用“仿制图章”工具去除图像中的内容。

(1) 打开本书配套资源中的“目标文件\第 6 章\6.5\6.5.4\城市.jpg”，如图 6-112 所示。

(2) 选择“仿制图章”工具，在打开的工具选项栏中选择适当大小的画笔，然后移动光标至图像上，按住 Alt 键单击进行取样，如图 6-113 所示。此时的光标显示为⊕形状。

(3) 松开 Alt 键，移动光标到当前图像（或另一幅图像）中，按住鼠标左键任意涂抹，将取样图像被复制到当前位置，同时去除原图像中的内容，如图 6-114 所示。在拖动鼠标涂抹的过程中，取样点（以“十”形状进行标记）也会发生移动，但取样点和复制图像位置的相对距离始终保持不变。

(4) 复制完成后的结果如图 6-115 所示。

图 6-112 打开素材

图 6-113 按住 Alt 键取样

图 6-114 涂抹要删除图形

图 6-115 最终结果

6.5.5 了解“修复画笔”工具选项栏

“修复画笔”工具与“仿制图章”工具的功能及使用方法非常相似，也是通过从图像中取样或用图案填充图像来修复图像，不同的是，“修复画笔”工具在填充时，会将取样点的像素融入目标区域，从而使修复区域与周围图像完美地结合在一起。“修复画笔”工具选项栏如图 6-116 所示。在修复图像前应在“源”中选择取样的方式。

❶取样：选择此方式，“修复画笔”工具与“仿制图章”工具一样，通过从图像中取样来修复有缺陷图像。

❷图案：选择此方式，“修复画笔”工具与“仿制图章”工具一样，使用图案填充图像，但该工具在填充图案时可根据周围的环境自动调整填充图案的色彩和色调。

图 6-116“修复画笔”工具选项栏

6.5.6 实例——“修复画笔”工具的使用

本实例将使用“修复画笔”工具来修复婴儿眼睛。

(1) 打开本书配套资源中的“目标文件\第 6 章\6.5\6.5.6\婴儿.jpg”文件，如图 6-117 所示。

(2) 选择“修复画笔”工具，在工具选项栏中选择一个柔角笔尖，将“源”设置为“取样”。将光标放在眼睛附近没有黑眼圈的皮肤上，按住 Alt 键单击进行取样，此时光标显示为形状，如图 6-118 所示。

(3) 松开 Alt 键，在黑眼圈处单击并拖动鼠标进行修复，结果如图 6-119 所示。

(4) 继续按住 Alt 键在眼睛的周围没有黑眼圈的皮肤上单击取样，然后修复黑眼圈，最终结果如图 6-120 所示。

图 6-117 打开素材

图 6-118 在图像中取样

图 6-119 拖动鼠标进行修复

图 6-120 最终结果

6.5.7 了解“内容感知移动”工具选项栏

使用“内容感知移动”工具将选中的对象移动或扩展到图像的其他区域后，可以重组和混合对象，产生出色的视觉效果。“内容感知移动”工具选项栏如图 6-121 所示。

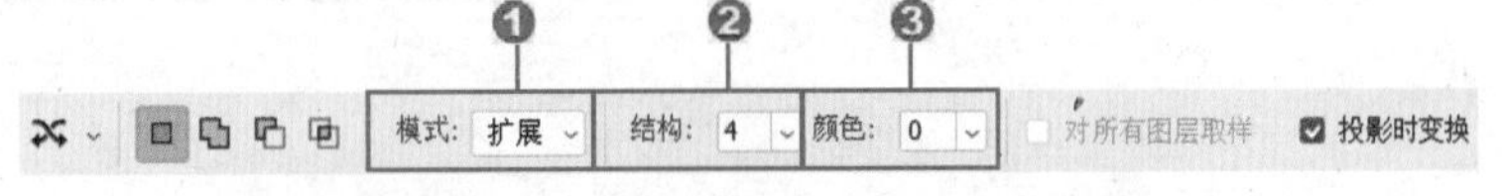

图 6-121“内容感知移动”工具选项栏

❶模式：用来选择图像移动的方式。图像移动的方式包括“移动”和“扩展”。

❷结构：调整源结构的保留严格程度。

❸颜色：调整可修改源色彩的程度。

6.5.8 实例——“内容感知移动工具”的使用

本实例将使用“内容感知移动”工具修复照片。

(1) 打开本书配套资源中的“目标文件\第 6 章\6.5\6.5.11\蜗牛.jpg” 文件，如图 6-122 所示。

(2) 选择“内容感知移动”工具，在工具选项栏中设置“模式”为“移动”。框选左边蜗牛，如图 6-123 所示。

(3) 将光标放在选区内，单击并向左上角拖动鼠标复制图形，如图 6-124 所示。松开鼠标，原区域自动以周围像素进行填充，如图 6-125 所示。

(4) 设置“模式”为“扩展”，将蜗牛拖动至需要放置图像的区域，结果如图 6-126 所示。

(5) 采用同样方法复制蜗牛，最终结果如图 6-127 所示。

图 6-122 打开素材

图 6-123 选择图形

图 6-124 拖动复制图形

图 6-125 原区域自动填充

图 6-126 复制蜗牛

图 6-127 最终结果

6.5.9 了解“红眼”工具选项栏

“红眼”工具是一个专用于数码照片修饰的工具，可用来去除照片中人物的红眼。在光线暗淡的房间里时，人眼瞳孔会放大，如果闪光灯的强光突然照射，瞳孔来不及收缩，视觉神经的血红色就会出现在照片上形成“红眼”。要想避免红眼，可以使用相机的红眼消除功能。

“红眼”工具的使用方法非常简单，只需要在“红眼”工具选项栏中设置参数后，在图像中红眼位置单击一下即可。如果对修复结果不满意，可以先还原图像，在修改参数后再次进行修复。“红眼”工具选项栏如图 6-128 所示。

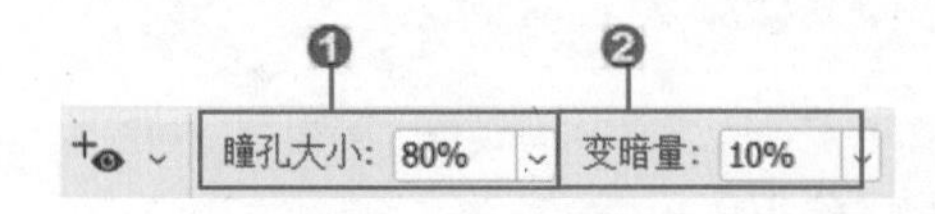

图 6-128“红眼”工具选项栏

❶瞳孔大小：设置瞳孔（眼睛暗色的中心）的大小。

❷变暗量：设置瞳孔的暗度。

提示：使用“画笔”工具，设置前景色为黑色，设置混合模式为“颜色”，也可以去除人物红眼。

6.5.10 实例——“红眼”工具的使用

本实例将使用“红眼”工具去除人物的红眼。

(1) 打开本书配套资源中的“目标文件\第 6 章\6.5\6.5.13\人物.jpg”文件，如图 6-129 所示。

(2) 选择“红眼”工具，在工具选项栏中设置“瞳孔大小”为 80%，“变暗量”为 10%，然后在瞳孔处单击，如图 6-130 所示。

图 6-129 打开素材

图 6-130 在瞳孔处单击

(3) 去除红眼如图 6-131 所示。

(4) 采用同样方法去除另一只眼睛的红眼，结果如图 6-132 所示。

图 6-131 去除红眼

图 6-132 最终结果

6.6 图像修饰工具

图像修饰工具包括“模糊”工具、“锐化”工具和“涂抹”工具。使用这些工具，可以对图像对比度、清晰度进行控制，以创建真实、完美的图像。

6.6.1 实例——“模糊”工具的使用

使用“模糊”工具可以柔化图像，减少图像的细节。本实例将使用“模糊”工具模糊背景，突出花的部分。

(1) 打开本书配套资源中的“目标文件\第 6 章\6.6\6.6.1\花.jpg”文件，如图 6-133 所示。

(2) 选择“模糊”工具，在工具选项栏中设置“强度”为 100%，涂抹背景，效果如图 6-134 所示。

图 6-133 打开素材

图 6-134 模糊效果

6.6.2 实例——“锐化”工具的使用

“锐化”工具与“模糊”工具的功能相反，它通过增大图像相邻像素之间的反差以锐化图像，从而使图像看起来更为清晰。本实例将使用“锐化”工具来提高花的清晰度。

(1) 打开 6.6.1 小节中完成的模糊效果图，如图 6-135 所示。

(2) 选择“锐化”工具，在工具选项栏中设置“强度”为 50%，涂抹花朵，效果如图 6-136 所示。

图 6-135 打开素材

图 6-136 锐化效果

6.6.3 实例——“涂抹”工具的使用

使用“涂抹”工具涂抹图像，可以制作出类似于手指拖过湿油漆时的效果。

(1) 打开本书配套资源中的“目标文件\第 6 章\6.6\6.6.3\人物.jpg”文件，如图 6-137 所示。

(2) 选择“涂抹”工具，在火焰上单击并拖动，如图 6-138 所示。

(3) 最终效果如图 6-139 所示。

图 6-137 打开素材

图 6-138 在火焰上单击并拖动

图 6-139 最终效果

6.7 颜色调整工具

图像颜色调整工具包括“减淡”“加深”“海绵”三个工具。使用此工具可以对图像的局部进行色调和颜色上的调整。如果要对整幅图像或某个区域进行调整，则可以使用 Photoshop 的色调调整命令，如“色阶”“曲线”“亮度/对比度”命令等。

6.7.1 了解“减淡”工具选项栏

“减淡”工具可用于增强图像部分区域的颜色亮度。它和“加深”工具是一组效果相反的工具，两者常用来调整图像的对比度、亮度和细节。“减淡”工具选项栏如图 6-140 所示。

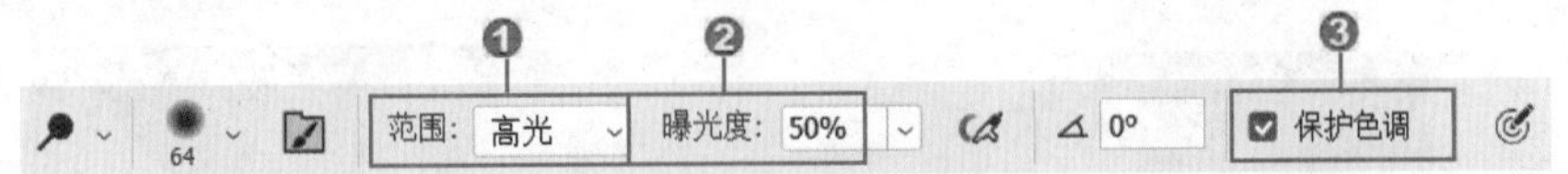

图 6-140“减淡”工具选项栏

❶范围：指定图像中区域颜色的加深范围，包括 3 个选项。

➢ 阴影：修改图像的低色调区域。

➢ 高光：修改图像高亮区域。

➢ 中间调：修改图像的中间色调区域（即介于阴影和高光之间的色调区域）。

❷曝光度：定义曝光的强度。值越大，曝光度越大，图像变暗的程度越明显。

❸保护色调：作用是可以在操作的过程中保护画面的亮部和暗部尽量不受影响，或者说受到较小的影响，并且在色相可能改变的时候，尽量保持色相不要发生改变。

提示：“减淡”“加深”工具都属于色调调整工具，它们通过增加和减少图像区域的曝光度来变亮或变暗图像。其功能与“图像”|“调整”|“亮度/对比度”命令类似，但由于“减淡”“加深”工具通过鼠标拖动的方式来调整局部图像，因而在处理图像的局部细节方面更为方便和灵活。

6.7.2 实例——“减淡”工具的使用

本实例将通过“减淡”工具的使用展示未保护色调与保护色调的两种截然不同的效果。

(1) 打开本书配套资源中的“目标文件\第 6 章\6.7\6.7.2\果子.jpg”文件，如图 6-141 所示。

(2) 选择“减淡”工具，涂抹画面，效果如图 6-142 所示。

图 6-141 打开素材

图 6-142 减淡效果

(3) 勾选“保护色调”复选框，涂抹画面，效果如图 6-143 所示。

图 6-143 保护色调的减淡效果

6.7.3 实例——“加深”工具的使用

“加深”工具可用于调整图像的部分区域颜色，降低图像颜色的亮度。其使用方法和“减淡”工具完全相同。使用“加深”工具前后的对比效果如图 6-144 与图 6-145 所示。

图 6-144 打开素材

图 6-145 加深效果

(1) 打开本书配套资源中的“目标文件\第 6 章\6.7\6.7.3\树木素材.jpg”文件，如图 6-144 所示。

(2) 选择“加深”工具，设置工具选项栏参数如图 6-146 所示。

图 6-146 设置参数

(3) 在树上涂抹，加深图像，效果如图 6-145 所示。

6.7.4 了解“海绵”工具选项栏

“海绵”工具为色彩饱和度调整工具，可用来降低或提高图像色彩的饱和度。饱和度即图像颜色的强度和纯度，用 0%～100%的数值来衡量。饱和度为 0%的图像为灰度图像。

使用“海绵”工具前，首先需要在“海绵”工具选项栏中对工具模式进行设置。“海绵”工具选项栏如图 6-147 所示。

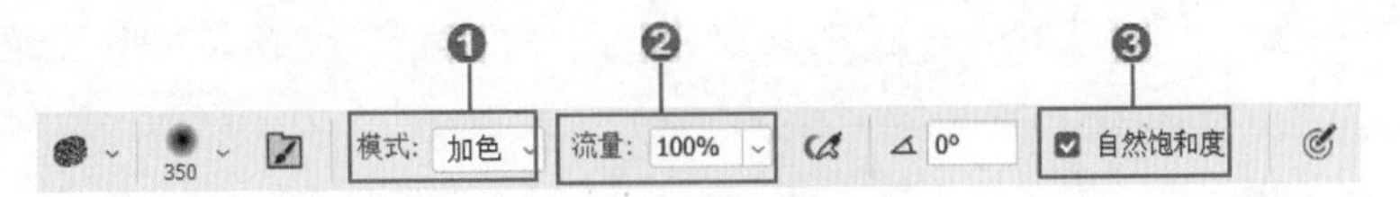

图 6-147“海绵”工具选项栏

❶模式：用于设置绘画模式。其下拉列表中包括“加色”和“去色”两个选项。

➢ 加色：选择此工作模式时，使用“海绵”工具可降低图像的饱和度，使图像中的灰度色调增加。当已是灰度图像时，则会增加中间灰度色调。

➢ 去色：选择此工作模式时，使用“海绵”工具可增加图像的饱和度，使图像中的灰度色调减少。当已是灰度图像时，则会减少中间灰度色调。

❷流量：设置饱和度的更改效率。

❸自然饱和度：选中该复选框后，操作更加智能化。例如，运用“海绵”工具对图像进行降低饱和度的操作时，勾选该复选框会对饱和度已经很低的像素做较轻的处理，而对饱和度比较高的像素做较强的处理。

6.7.5 实例——“海绵”工具的应用

本实例将使用“海绵”工具增加画面的饱和度，使得画面的视觉效果更加强烈。

(1) 打开本书配套资源中的“目标文件\第 6 章\6.7\6.7.5\琴.jpg”文件，如图 6-148 所示。

(2) 选择“海绵”工具，在工具选项栏中勾选“自然饱和度”复选框，在画面中涂抹，效果如图 6-149 所示。

(3) 在工具选项栏中取消“自然饱和度”复选框的勾选，在画面中涂抹，效果如图 6-150 所示。

图 6-148 打开素材

图 6-149 勾选“自然饱和度”涂抹效果

图 6-150 不勾选“自然饱和度”涂抹效果

6.8 橡皮擦工具

“橡皮擦”工具可用于擦除背景或图像，共有“橡皮擦”“背景橡皮擦”和“魔术橡皮擦”三种方式，分别适合在不同的场合使用。

6.8.1 了解“橡皮擦”工具选项栏

如果在“背景”图层上使用“橡皮擦”工具，Photoshop 会在擦除的位置填入背景色；如果当前图层为非“背景”图层，那么擦除的位置就会变为透明。“橡皮擦”工具选项栏如图 6-151 所示，其中包括“模式”“不透明度”“流量”和“平滑”等选项。这里仅对其特有的“模式”和“抹到历史记录”选项进行介绍。

图 6-151 “橡皮擦”工具选项栏

❶模式：设置橡皮擦的笔触特性。可选择“画笔”“铅笔”和“块”三种模式来擦除图像，所得到的效果与使用这些模式绘图的效果相同。

❷抹到历史记录：选择此复选框，可使“橡皮擦”工具具有“历史记录画笔”工具的功能，能够有选择性地恢复图像至某一历史记录状态。其操作方法与“历史记录画笔”工具相同。

6.8.2 实例——用“橡皮擦”工具抠取人物

本实例将使用“橡皮擦”工具抠取人物，并为人物添加背景，制作出安逸的田园生活场景。

(1) 打开本书配套资源中的“目标文件\第 6 章\6.8\6.8.2\人物.jpg”文件，如图 6-152 所示。

(2) 选择“橡皮擦”工具，在工具选项栏中设置“模式”为“画笔”，选择适当的画笔大小，在画面中涂抹，结果如图 6-153 所示。

图 6-152 打开素材

图 6-153 涂抹画面

(3) 沿人物轮廓涂抹，擦除背景的颜色，结果如图 6-154 所示。按]键调整画笔的大小，在背景上涂抹，结果如图 6-155 所示。

图 6-154 擦除背景

图 6-155 涂抹背景

(4) 将白色的背景擦除，结果如图 6-156 所示。按 Ctrl 键新建图层，填充黑色，查看擦除效果，此时可以看到人物的手腕上还残留白色的背景。按 Ctrl+“+”快捷键，放大区域，如图 6-157 所示。

图 6-156 擦除白色背景

图 6-157 放大区域

(5) 擦除残留的背景色，如图 6-158 所示。打开一张田园背景图像，将擦出的人物拖动到背景图像中，调整大小，并为其添加曲线，调整图层及投影样式。最终结果如图 6-159 所示。

图 6-158 擦除残留背景色

图 6-159 最终结果

提示：在擦除图像时，按下 Alt 键可激活“抹到历史记录”功能（相当于选中“抹到历史记录”选项），快速恢复部分误擦除的图像。

6.8.3 了解“背景橡皮擦”工具选项栏

“背景橡皮擦”工具可将图层上的像素擦成透明，并且在擦除背景的同时在前景中保留对象的边缘，因而非常适合清除一些背景较为复杂的图像。如果当前图层是“背景”图层，那么使用“背景橡皮擦”工具擦除后，“背景”图层将转换为名为“图层 0”的普通图层。

“背景橡皮擦”工具的使用方法也比较简单，选择该工具后，沿着保留对象的周围拖动鼠标，即可将画笔大小范围内与画笔中心取样点颜色相同或相似的区域（根据容差大小确定）清除。离保留对象较远的背景图像则可直接使用选框工具或“橡皮擦”工具去除。

配合使用工具选项栏，可以更灵活、更方便地使用“背景橡皮擦”工具。“背景橡皮擦”工具选项栏如图 6-160 所示。

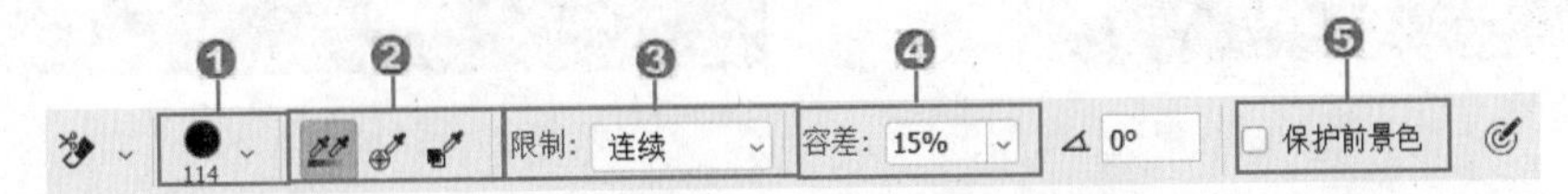

图 6-160“背景橡皮擦”工具选项栏

❶画笔：单击将弹出画笔下拉面板，在其中可设置画笔大小、硬度、角度、圆度和间距等参数。画笔的笔尖形状不能选择。

❷取样模式按钮：可以以 3 种不同的取样模式进行擦除操作。单击按钮，在鼠标移动的过程中，随着取样点的移动而不断地取样，此时会发现背景色板颜色在操作过程中不断变化；单击按钮，取样一次，以第一次擦除操作的取样作为取样颜色，取样颜色不随鼠标的移动而改变；单击按钮，以工具箱背景色板的颜色作为取样颜色，只擦除图像中有背景色的区域。

❸限制：用来选择擦除背景的限制类型。有三种类型。

不连续，擦除容差范围内所有与取样颜色相同或相似的区域。

连续：只擦除与取样颜色连续的区域。

查找边缘：擦除与取样颜色连续的区域，同时能够较好地保留颜色反差较大的边缘。

❹容差：用于控制擦除颜色区域的大小。数值越大，擦除的范围也就越大。

❺保护前景色：选择此复选框，可以防止擦除与前景色颜色相同的区域，从而起到保护某部分图像区域的作用。

6.8.4 实例——用“背景橡皮擦”工具抠取动物毛发

本实例将使用“背景橡皮擦”工具，结合工具选项栏，抠取带有毛发的动物，更换其背景。

(1) 打开本书配套资源中的“目标文件\第 6 章\6.8\6.8.4\鹰.jpg”文件，如图 6-161 所示。

(2) 选择“背景橡皮擦”工具，单击选项栏中的“连续”按钮，设置“容差”为 30%，将光标放在背景图像上，如图 6-162 所示。

图 6-161 打开素材

图 6-162 光标放在背景图像上

(3) 单击并拖动鼠标，将背景擦除，结果如图 6-163 所示。

(4) 打开一张背景素材图像，将抠取的鹰拖至背景素材中，并调整好大小及位置，如图 6-164 所示。

图 6-163 擦除背景

图 6-164 调整图像大小和位置

(5) 发现鹰的抠图效果并不完美，它还残留一层淡淡的背景色。下面就来仔细处理这些多余的图像内容。选中图层，重新设置“背景橡皮擦”工具选项栏参数，单击“一次”按钮，选择“不连续”，勾选“保护前景色”。

(6) 选择“吸管”工具，在鹰的浅色毛发上单击，拾取为前景色，按 E 键切换到“背景橡皮擦”工具，在多余的背景色上单击并拖动，即可擦除，如图 6-165 所示。

图 6-165 最终结果

6.8.5 实例——使用“魔术橡皮擦”工具抠取人像

“魔术橡皮擦”工具是“魔棒”工具与“背景橡皮擦”工具功能的结合，它可以将一定容差范围内的背景颜色全部清除而得到透明区域。本实例将运用“魔术橡皮擦”工具抠取人像并添加绚丽的背景。

(1) 打开本书配套资源中的“目标文件\第 6 章\6.8\6.8.5\人物.jpg”文件，如图 6-166 所示。

图 6-166 打开素材

(2) 选择“魔术橡皮擦”工具，在工具选项栏中设置参数如图 6-167 所示。

容差: 15 消除锯齿 连续 对所有图层取样 不透明度: 100%

图 6-167 设置参数

(3) 在背景上单击，擦除白色背景，结果如图 6-168 所示。

(4) 打开背景素材文件，选择“移动”工具，将抠取的人物拖入背景素材文件中，按 Ctrl+[快捷键调整好图层间的顺序，最终结果如图 6-169 所示。

图 6-168 擦除背景

图 6-169 最终结果

第7章 路径与形状

路径和形状是 Photoshop 可以建立的两种矢量图形。由于是矢量对象，因此可以自由地缩小或放大而不影响其分辨率，还可输出到 Illustrator 矢量图形软件中进行编辑。

路径在 Photoshop 中有着广泛的应用，它可以描边和填充颜色，可作为剪切路径应用到矢量蒙版中。此外，路径还可以转换为选区，因而常用于抠取复杂而光滑的对象。

7.1 了解图像的类型

要想深刻理解并掌握 Photoshop 等图形图像软件，必须了解图形图像的两个基本概念：位图图像和矢量图形。

计算机图形可以分为位图图像和矢量图形两大类型。Photoshop 是一个位图图像处理软件，因此它具有位图图像处理软件的一些共同特点，如以“像素”为最基本单位对图像进行编辑和处理。

7.1.1 了解矢量图形

矢量图形由一些用数学方式描述的曲线组成，其基本组成单元是锚点和路径。无论缩放多少，矢量图形的边缘都是平滑的，而且矢量图形文件所占的磁盘空间很少，非常适合网络传输。目前网络上流行的 Flash 动画就是矢量图形格式。

矢量图形与分辨率无关，可以将它们缩放到任意尺寸，按任意分辨率打印都不会丢失细节或降低清晰度。如图 7-1 所示，图形放大很大倍数后，构成图形的线条和色块仍然非常光滑，没有失真的现象。

图 7-1 矢量图形放大

矢量图形特别适合表现大面积色块的卡通、标志、插画、文字或公司 LOGO。制作和处理矢量图形的软件有 CorelDraw、Free Hand、Illustrator、AutoCAD 等。

虽然，Photoshop 是一个位图软件，但在 Photoshop 中使用钢笔工具、形状工具绘制的路径，以及使用文字工具输入的文字都属于矢量图形的范畴。

提示：矢量图形文件格式有很多，如 Adobe Illustrator 软件的*.AI、*.EPS 和 SVG 格式，AutoCAD 软件的*.dwg 和 dxf 格式，CorelDRAW 软件的*.cdr 格式、Windows 标准图元文件*.wmf 和增强型图元文件*.emf 格式等。

7.1.2 了解位图图像

位图图像又称点阵图像或栅格图像，它是由许许多多的点组成的，这些点被称之为像素(pixel)。不同颜色的像素点按照一定次序进行排列，就组成了色彩斑斓的图片。

当把位图图像放大到一定程度显示时，在计算机屏幕上就可以看到一个个的方形小色块，如图 7-2 所示。这些小色块就是组成图像的像素，位图图像就是通过记录下每个像素的位置和颜色信息来保存图像，因此图像的像素越多，每个像素的颜色信息越多，该图像文件所占磁盘空间也就越大。

原图像

放大显示

图 7-2 位图图像

由于位图图像是通过记录每个像素的方式保存图像，因而它可以表现出图像的阴影和色彩的细微层次，从而看起来非常逼真。位图图像常用于保存复杂、色彩和色调变化丰富的图像，如人物、风景照片等。通过扫描仪、数字照相机获得的图像，其格式都是位图图像格式。

位图图像与分辨率有关。当位图图像在屏幕上以较大的倍数显示，或以过低的分辨率打印时，就会出现锯齿状的图像边缘。因此，在制作和处理位图图像之前，应首先根据输出的要求，设置适当的图像的分辨率。

制作和处理位图图像的软件有：Adobe Photoshop、Corel Photo-Paint、Fireworks、Painter 和 Ulead PhotoImpact 等。

提示：位图图像和矢量图形格式没有好坏之分，只是适用范围和领域不同而已。随着软件功能的增强，Photoshop 也具有了部分矢量图形的绘制能力，如 Photoshop 创建的路径和形状就是矢量图形。Photoshop 文件既可以包含位图，又可以保存矢量数据。通过软件，矢量图形可以轻松地转化为任何分辨率和大小的位图图像，而点阵图转化为矢量图形则需要经过复杂的数据处理，而且生成的矢量图形的质量和原来的图像相比要差很多，会丢失大量的图像细节。

7.2 了解路径与锚点

要想掌握 Photoshop 的矢量工具，如钢笔工具和形状工具等，必须先要了解路径与锚点。下面就来了解路径与锚点的特征以及它们之间的关系。

7.2.1 什么是路径

路径是可以转换为选区或者使用颜色填充和描边的轮廓。

路径按照形态分为开放路径、闭合路径以及复合路径。

开放路径即起始锚点和结束锚点不重合，如图 7-3 所示。

闭合路径即起始锚点和结束锚点重合为一个锚点，没有起点和终点，路径呈闭合状态，如图 7-4 所示。

复合路径是将两个独立的路径通过相交、相减等模式创建为一个新的复合状态路径，如图 7-5 所示。

图 7-3 开放路径

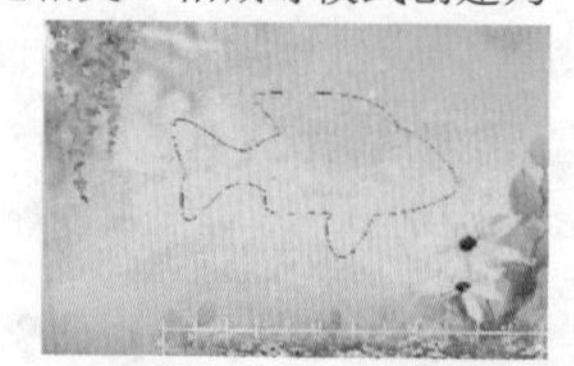
图 7-4 闭合路径

图 7-5 复合路径

7.2.2 什么是锚点

路径由直线路径段或曲线路径段组成，它们通过锚点连接。锚点分为两种，一种是平滑点，另外一种是角点。平滑点连接可以形成平滑的曲线，如图 7-6 所示；角点连接形成直线，如图 7-7 所示，或者转角曲线，如图 7-8 所示。曲线路径段上的锚点有方向线，方向线的端点为方向点，它们用于调整曲线形状。

图 7-6 平滑点连接曲线

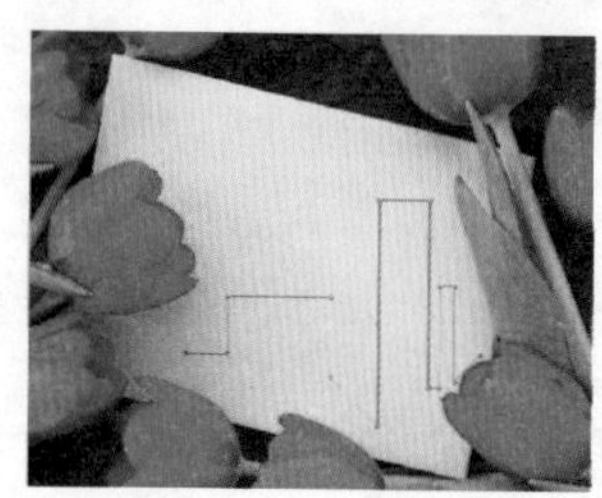
图 7-7 角点连接的直线

图 7-8 角点连接的转角曲线

7.2.3 了解绘图模式

使用 Photoshop 中的钢笔和形状等矢量工具可以创建不同类型的对象，包括形状图层、工作路径和像素图形。选择一个矢量工具后，需要先在工具选项栏中选择相应的绘制模式，然后再进行绘图操作。

选择“形状”选项后，可在单独的形状图层中创建形状。形状图层由填充区域和形状两部分组成，填充区域定义了形状的颜色、图案和图层不透明度，形状则是一个矢量图形，它同时显示在“图层”和“路径”面板中，如图 7-9 所示。

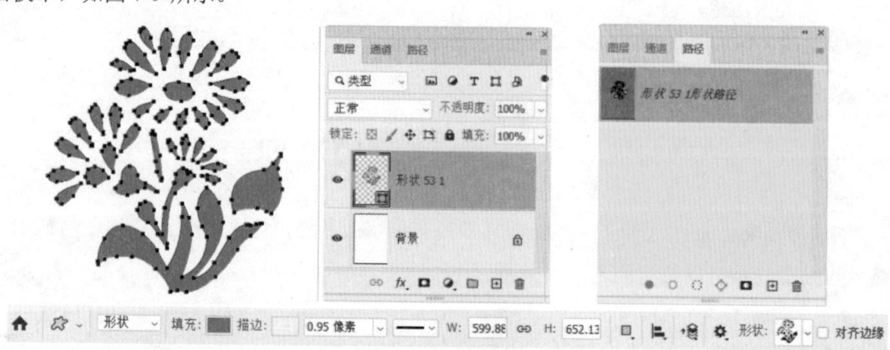

图 7-9“形状”绘图模式

选择“路径”选项后，可创建工作路径，它显示在“路径”面板中，如图 7-10 所示。路径可以转换为选区或创建矢量蒙版，也可以填充和描边从而得到光栅化的图像。

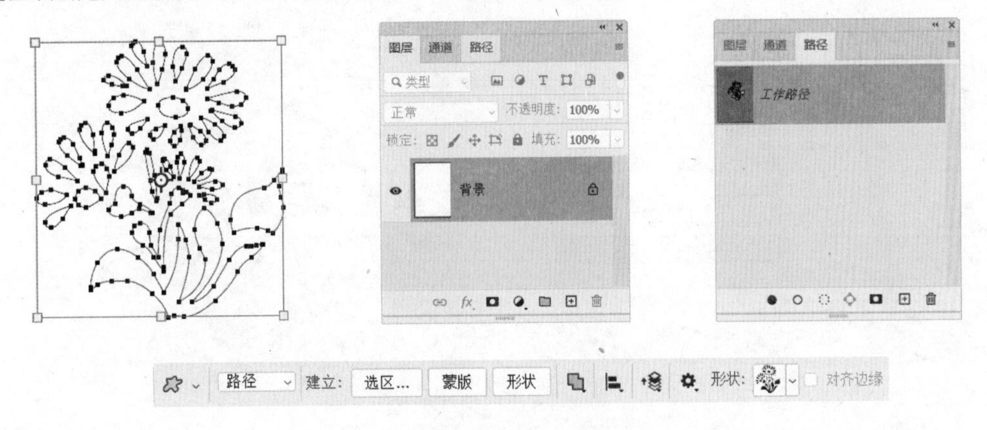

图 7-10“路径”绘图模式

选择“像素”选项后，可以在当前图层上绘制栅格化的图形（图形的填充颜色为前景色）。由于不能创建矢量图形，因此“路径”面板中也不会有路径，如图 7-11 所示。该选项不能用于钢笔工具。

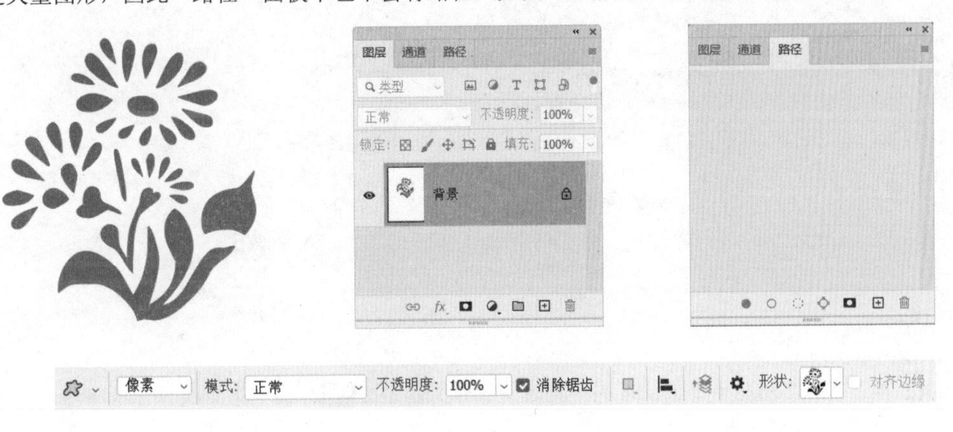

图 7-11“像素”绘图模式

7.2.4 实例——绘制形状

选择“形状”模式后，可以在填充以及描边选项下拉列表组中选择纯色、渐变和图案对图形进行填充和描边。

（1）新建一个尺寸为 500 像素 × 500 像素、分辨率为 300 像素的灰色（#e3e3e3）文档。选择“自定形状”工具，在自定形状中选择形状，设置其他参数，拖动鼠标绘制形状，如图 7-12 所示。

图 7-12 设置参数

（2）选择形状图层，在“属性”面板中设置“描边”为白色、“大小”为 15 像素、“线型”为虚线，显示效果如图 7-13 所示。

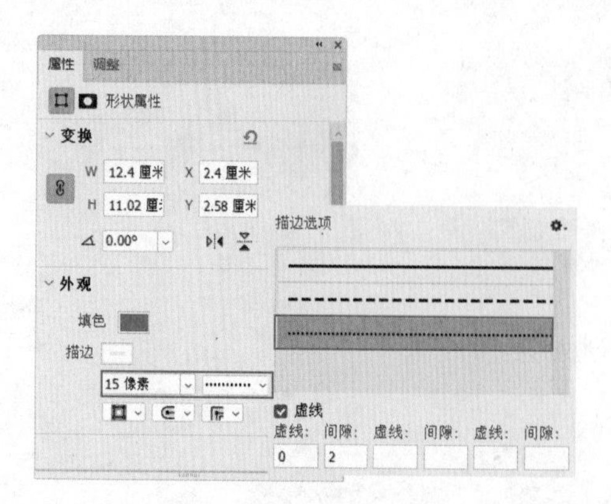

图 7-13 选择虚线描边

（3）在“属性”面板中更改“描边”的线型为“实线”，单击“填色”按钮，选择“渐变色”，设置渐变色参数，选择“线性”，设置“角度”为 90 度，显示效果如图 7-14 所示。

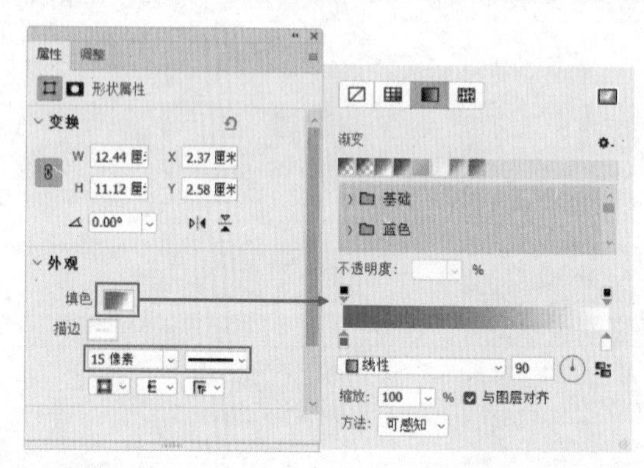

图 7-14 填充渐变色

（4）在“属性”面板中单击“填色”按钮，选择“图案”，在列表中选择合适的图案，将“缩放”设置为 40%，显示效果如图 7-15 所示。

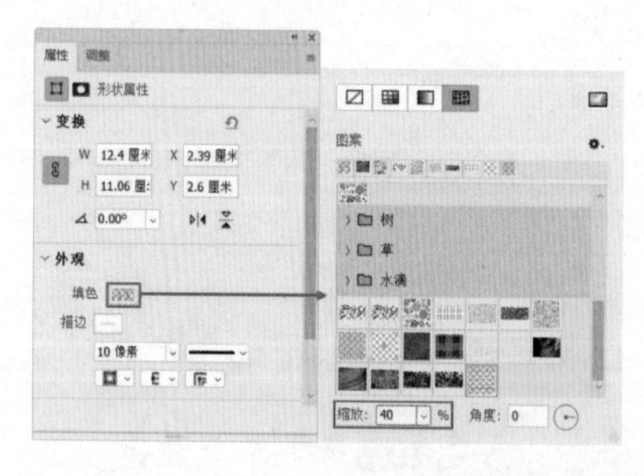

图 7-15 填充图案

7.2.5 路径

在工具选项栏中选择“路径”，选择并绘制路径后，单击“选区”“形状”或“蒙版”按钮，可以将路径转换为选区、形状图层或矢量蒙版，如图 7-16~图 7-18 所示。

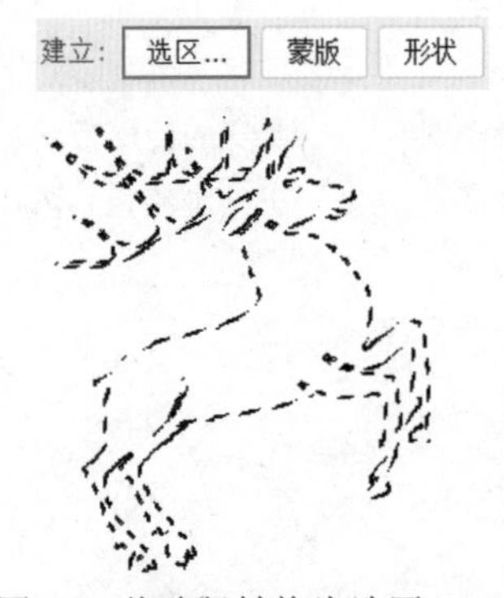

图 7-16 将路径转换为选区

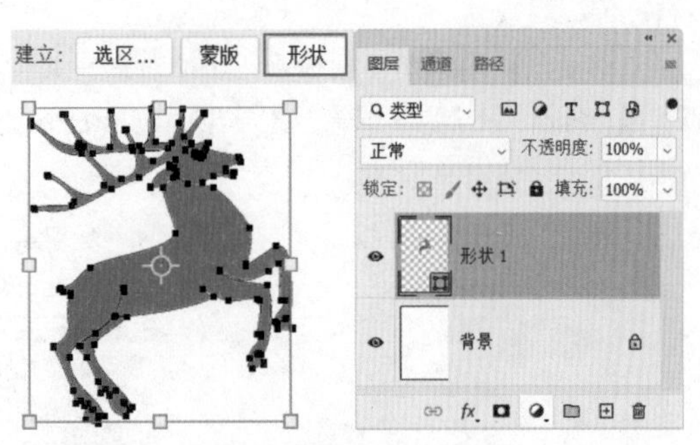

图 7-17 将选区转换为形状图层

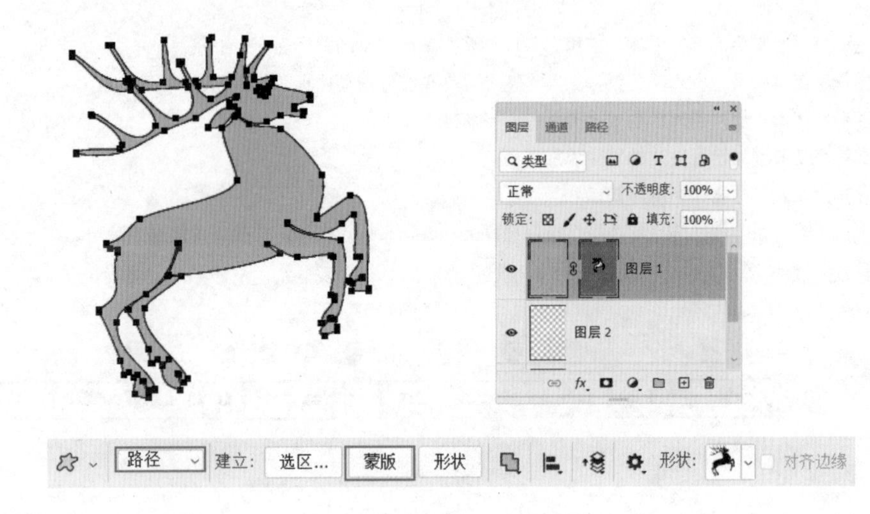

图 7-18 为路径添加矢量蒙版

7.2.6 像素

在工具选项栏中选择“像素”选项后，可以为绘制的图像设置混合模式和不透明度，如图 7-19 所示。

模式：设置混合模式，使绘制的图像与下方其他图像产生混合效果。

不透明度：为图像指定不透明度，使其呈现透明效果。

消除锯齿：平滑图像的边缘，消除锯齿。

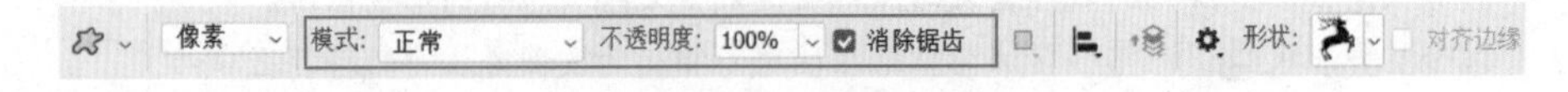

图 7-19 设置像素参数

7.3 钢笔工具

“钢笔”工具是 Photoshop 中很强大的绘图工具，它主要有两种用途：一是绘制矢量图形，二是用于选取对象。在作为选取工具使用时，使用“钢笔”工具描绘的轮廓光滑、准确，将路径转换为选区就可以准确地选择对象。

7.3.1 认识“钢笔”工具组

“钢笔”工具是绘制和编辑路径的主要工具，了解和掌握“钢笔”工具的使用方法是创建路径的基础。Photoshop 的“钢笔”工具组中包括 6 个工具（见图 7-20），分别用于绘制路径、添加锚点、删除锚点及转换锚点等。

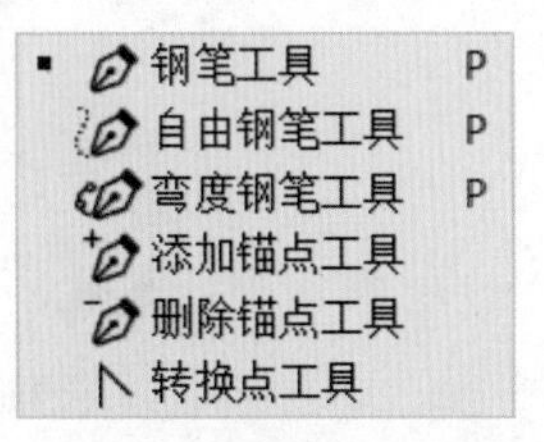

图 7-20“钢笔”工具组

钢笔工具：最常用的路径工具，使用它可以创建光滑而复杂的路径。

自由钢笔工具：类似于真实的钢笔工具，它允许在单击并拖动鼠标时创建路径。

弯度钢笔工具：使用点来绘制或更改路径、形状。

添加锚点工具：为已经创建的路径添加锚点。

删除锚点工具：从路径中删除锚点。

转换点工具：用于转换锚点的类型，可以将路径的圆角转换为尖角，或将尖角转换为圆角。

“钢笔”工具选项栏如图 7-21 所示。

图 7-21“钢笔”工具选项栏

❶定义路径的创建模式：单击此按钮，可在打开的下拉列表中选择选项，“形状”：在形状图层中创建路径；“路径”：直接创建路径；“像素”：创建的路径为填充像素的框。

❷建立选项组：选择不同的选项，可分别将路径建立成不同的对象。单击某个图标，可以在“钢笔”工具和“形状”工具选项栏之间切换。

❸创建复合路径的选项。

- 新建图层：单击该按钮，可以创建新的路径图层。
- 合并形状：在原路径区域的基础上添加新的路径区域。
- 减去顶层形状：在原路径区域的基础上减去路径区域。
- 与形状区域相交：新路径区域与原路径区域交叉区域为新的路径区域。
- 排除重叠形状：原路径区域与新路径区域不相交的区域为最终的路径区域。
- 合并形状组件：可以合并重叠的路径组件。

❹对齐与分布：对象以不同的方式进行对齐。

❺调整形状顺序：可以将形状调整到不同的图层。

❻几何选项：显示当前工具的选项面板。选择“钢笔”工具后，在工具选项栏中单击此按钮，可以打开钢笔选项下拉面板。面板中有一个“橡皮带”选项，如图 7-22 所示。

选择“橡皮带”复选框后，在绘制路径时可以预先看到将要创建的路径段，从而可以判断出路径的走向。

图 7-22“橡皮带”选项

❼自动添加/删除：定义钢笔停留在路径上时是否具有直接添加或删除锚点的功能。

❽对齐边缘：将矢量形状边缘与像素网格对齐。

提示：

技巧一：路径间的运算关系具有灵活的可编辑性。使用“路径选择”工具选择路径，在工具选项栏上可设置其他的路径运算方式。假如当前两条路径为相减运算关系，如果要得到两条路径的交叉运算，使用“路径选择”工具选择第二条路径，然后在选项栏上单击与形状区域相交按钮即可。

技巧二：在绘制路径的过程中，按 Delete 键可删除上一个添加的锚点，按 Delete 键两次删除整条路径，按 Delete 键三次则删除所有显示的路径。

技巧三：选择“钢笔”工具后，在绘图窗口中单击确定起始锚点，按住 Shift 键的同时，单击可创建与上起始锚点保持 45° 整数倍的夹角（如 0° 、90° ）。

技巧四：在使用“钢笔”工具时，按住 Ctrl 键可切换至直接选择工具，按住 Alt 键可切换至转换点工具。

7.3.2 实例——用“钢笔”工具绘制转角曲线路径

通过单击并拖动鼠标的方式可以绘制光滑流畅的曲线，但是如果想要绘制与上一段曲线之间出现转折的曲线，就需要在创建锚点前改变方向线的方向。下面通过转角曲线绘制一个心形图形。

（1）按 Ctrl+O 快捷键，弹出“打开”对话框，在对话框中选择本书配套资源中的“目标文件\第 7 章\7.3\7.3.2\娃娃.jpg”文件，单击“打开”按钮，如图 7-23 所示。

（2）执行“视图”|“显示”|“网格”命令，显示网格。通过网格辅助绘图可以轻松地创建对称图形。

（3）选择“钢笔”工具，选择“路径”选项，在网格点上单击并向右上方拖动鼠标，创建一个平滑点，如图 7-24 所示。

图 7-23 打开素材

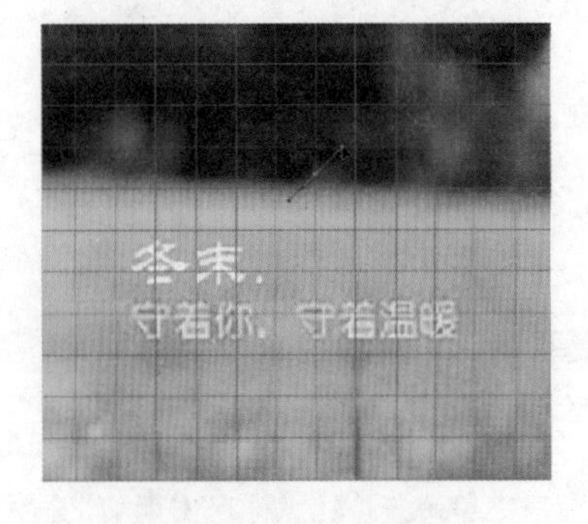

图 7-24 创建一个平滑点

（4） 将光标移至下一个锚点处，单击并向下拖动鼠标创建曲线，如图 7-25 所示。

（5）将光标移至下一个锚点处，单击但无需拖动鼠标，创建一个角点（见图 7-26），完成半边心形的绘制。

（6）继续在左侧的位置上建立曲线，如图 7-27 所示。

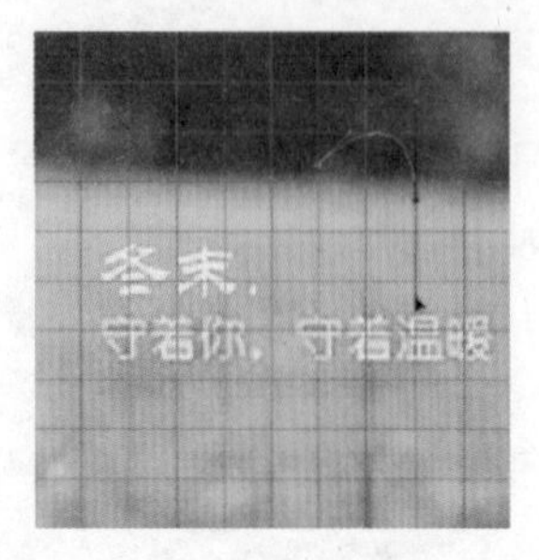

图 7-25 创建曲线

图 7-26 创建一个角点

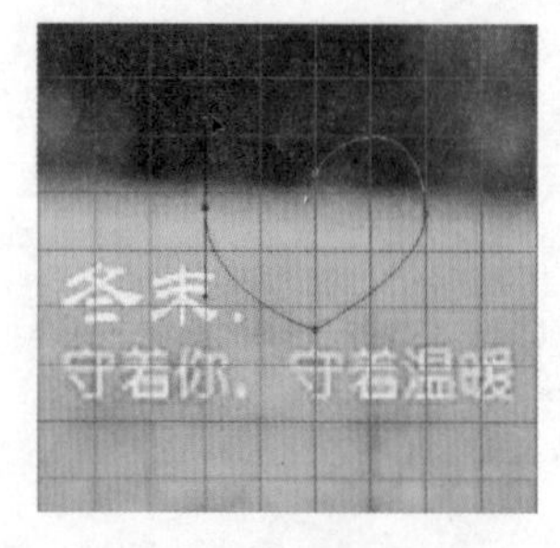

图 7-27 建立曲线

（7）将光标移至路径的起点上，建立一个闭合路径，如图 7-28 所示。按 Ctrl 键切换到“直接选择”工具，在路径的起始处单击显示锚点，此时当前锚点上会出现两条方向线，将光标移至左下角的方向线上，按住 Alt 键切换为转换点工具，单击并向上拖动该方向线，使之与右侧的曲线对称，如图 7-29 所示。

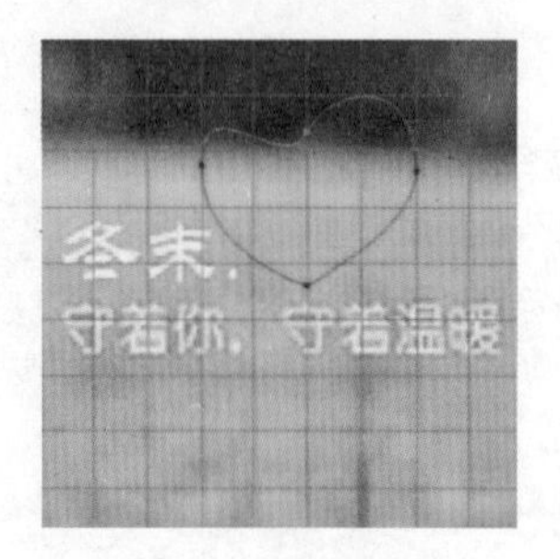

图 7-28 建立一个闭合路径

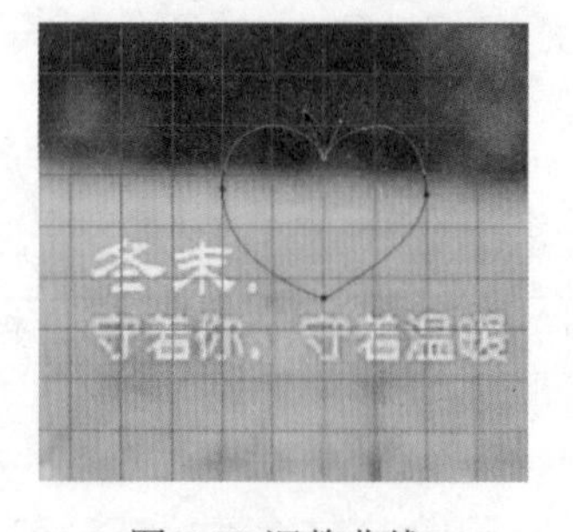

图 7-29 调整曲线

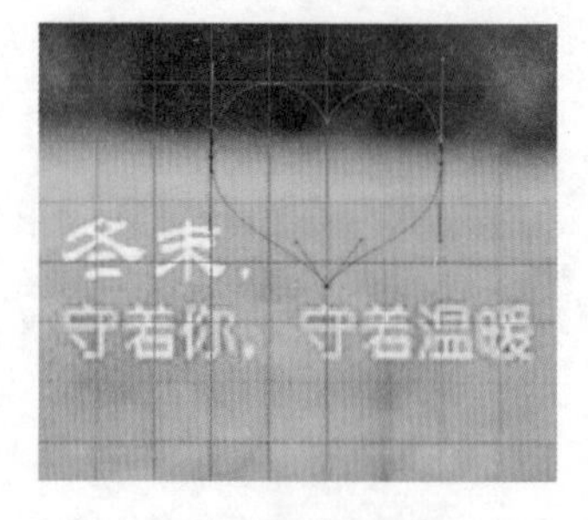

图 7-30 调整弧度

（8）继续调整心形的弧度，如图 7-30 所示。

（9） 新建图层，按 Ctrl+Enter 快捷键，将路径转换为选区，如图 7-31 所示。

（10）填充红色，按 Ctrl+H 快捷键，隐藏网格，最终结果如图 7-32 所示。

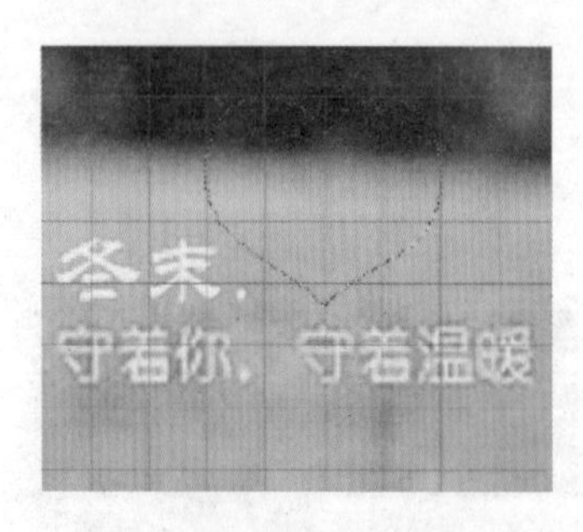

图 7-31 将路径转换为选区

图 7-32 最终结果

7.3.3 了解“自由钢笔”工具选项栏

与“钢笔”工具不同，“自由钢笔”工具以徒手绘制的方式建立路径。在工具箱中选择该工具，在图像窗口中单击并按住鼠标自由拖动，直至到达适当的位置后松开鼠标，光标所移动的轨迹即为路径。

在绘制路径的过程中，系统会自动根据曲线的走向添加适当的锚点和设置曲线的平滑度。

选择“自由钢笔”工具后，选中工具选项栏中的“磁性的”复选框，“自由钢笔”工具也具有了和“磁性套索”工具一样的磁性功能，在单击确定路径起始点后，沿着图像边缘移动光标，系统会自动根据颜色反差建立路径。

选择“自由钢笔”工具，在工具选项栏中单击按钮，打开“自由钢笔”工具选项面板，如图 7-33 所示。

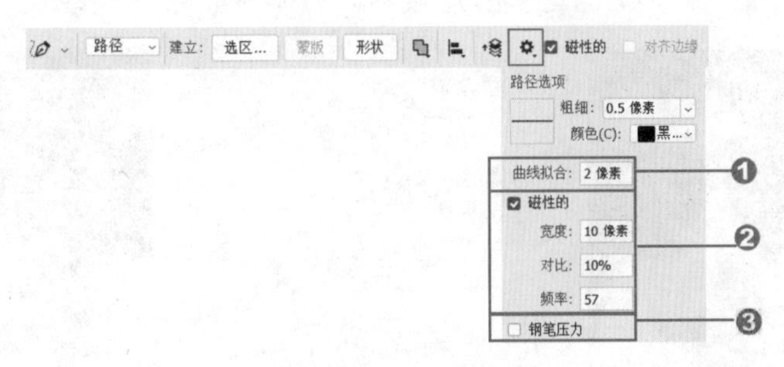

图 7-33“自由钢笔”工具选项面板

❶曲线拟合：沿路径按拟合贝塞尔曲线时允许的错误容差。像素值越小，允许的错误容差越小，创建的路径越精细。

❷磁性的：选中“磁性的”复选框后，“宽度”选项可用于检测“自由钢笔”工具从光标开始指定距离以内的边缘；“对比”选项可用于指定该区域看作边缘所需的像素对比度，值越大，图像的对比度越低；“频率”选项可用于设置锚点添加到路径中的频率。

❸钢笔压力：使用绘图压力以更改钢笔的宽度。

7.3.4 实例——用“自由钢笔”工具添加胡须

本实例将使用“自由钢笔”工具为饰品娃娃添加胡须。

（1） 打开本书配套资源中的“目标文件\第 7 章\7.3\7.3.4\饰品.jpg”文件，如图 7-34 所示。

（2）选择“自由钢笔”工具，在工具选项栏中选择“形状”模式，设置“填充”为“无”、“描边”颜色为“黑色”“宽度”为 1 点。

（3）拖动鼠标绘制路径，如图 7-35 所示。

（4）采样同样的方法，继续绘制路径，为娃娃添加胡须，结果如图 7-36 所示。

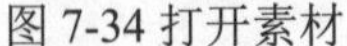

图 7-34 打开素材

图 7-35 绘制路径

图 7-36 添加胡须

7.3.5 实例——用“自由钢笔”工具抠取瓷器猫

“自由钢笔”工具与“磁性套索”工具非常相似，在使用时，只需在对象边缘单击，然后沿边缘拖动，便会紧贴对象轮廓生成路径。下面使用“自由钢笔”工具的特性来抠取瓷器猫，并添加绚丽的背景。

（1）打开本书配套资源中的“目标文件\第 7 章\7.3\7.3.5\猫.jpg”文件，如图 7-37 所示。

（2）选择“自由钢笔”工具，在工具选项栏中单击按钮，打开如图 7-38 所示的下拉列表，选择“磁性的”复选框，便可转换为“磁性钢笔”工具。

提示：“曲线拟合”和“钢笔压力”是“自由钢笔”和“磁性钢笔”工具的共同选项，“磁性的”是控制“磁性钢笔”工具的选项。

（3）在猫的边缘单击，然后沿边缘拖动，便会紧贴猫轮廓生成一个闭合路径，如图 7-39 所示。

图 7-37 打开素材

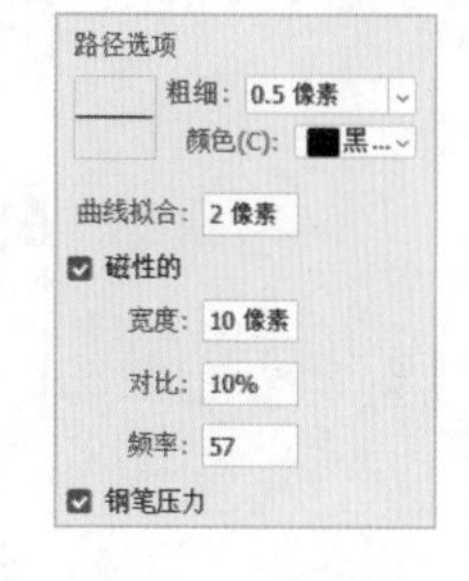

图 7-38 下拉列表

图 7-39 创建路径

（4）按 Ctrl+Enter 快捷键，将路径转换为选区，单击“图层”面板底部的“添加图层蒙版”按钮，去除背景，结果如图 7-40 所示。

（5）打开背景文件，如图 7-41 所示。

（6）选择“移动”工具，拖动抠取的猫至背景文件中，然后调整图层的顺序。按 Ctrl 键单击“图层”面板底部的“创建新图层”按钮，在下方创建新图层。选择“画笔”工具，在工具选项栏中选择柔角笔尖，设置适当的不透明度和流量，然后在猫的底部涂抹，制作阴影效果，最终结果如图 7-42 所示。

图 7-40 去除背景

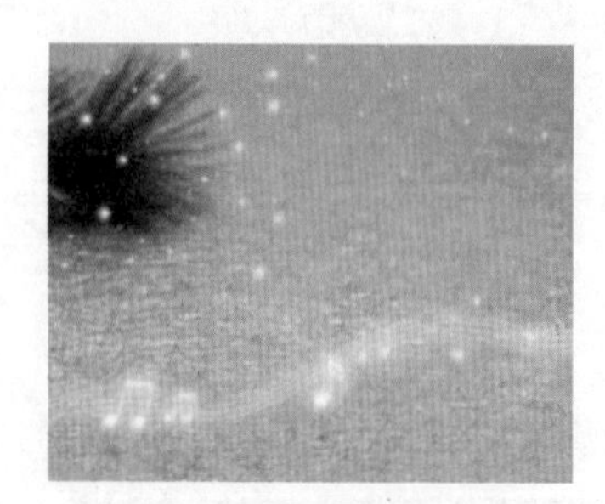

图 7-41 打开背景文件

图 7-42 最终结果

7.4 编辑路径

要想使用“钢笔”工具准确地描摹对象的轮廓，就必须熟练掌握锚点和路径的编辑方法。下面介绍如何对锚点和路径进行编辑。

7.4.1 选择和移动锚点、路径和路径段

Photoshop 提供了两个路径选择工具：“路径选择”工具和“直接选择”工具。

“路径选择”工具可用于选择整条路径。移动光标至路径区域内任意位置单击，路径上的所有锚点即被全部选中（以黑色实心显示），如图 7-43 所示，此时在路径上方拖动鼠标可移动整个路径。如果

当前的路径有多条子路径，可按住 Shift 键依次单击，连续选择各子路径，如图 7-44 所示。或者拖动鼠标拉出一个虚框，与框交叉和被框包围的所有路径都将被选中。如果要取消选择，可在画面空白处单击。

图 7-43 选择全部路径上的锚点

图 7-44 选择各子路径

使用“直接选择”工具单击一个锚点即可选择该锚点，选中的锚点为黑色实心，未选中的锚点为空心方块，如图 7-45 所示。单击一个路径段，即可选择该路径段，如图 7-46 所示。

图 7-45 选择锚点

图 7-46 选择路径段

提示：按住 Alt 键单击一个路径段，可以选择该路径段及路径段上的所有锚点。

选择锚点、路径和路径段后，按住鼠标不放并拖动，即可将其移动。如果选择了锚点，但光标从该锚点上移开了，则需要将光标重新定位在该锚点上，按住并拖动鼠标才可将其移动，否则只能在画面中拖动出一个矩形框。矩形框可以框选锚点或者路径段，但不能移动锚点。路径也是如此，从选择的路径上移开光标后，需要重新将光标定位在该路径上才能将其移动。

提示：按住 Alt 键移动路径，可在当前路径内复制子路径。如果当前选择的是“直接选择”工具，按 Ctrl 键可切换为“路径选择”工具。

7.4.2 添加和删除锚点

使用“添加锚点”工具和“删除锚点”工具，可添加和删除锚点。

选择“添加锚点”工具后，移动光标至路径上，如图 7-47 所示。当光标变为形状时，单击即可添加一个锚点，如图 7-48 所示。如果单击并拖动鼠标，可以添加一个平滑锚点，如图 7-49 所示。

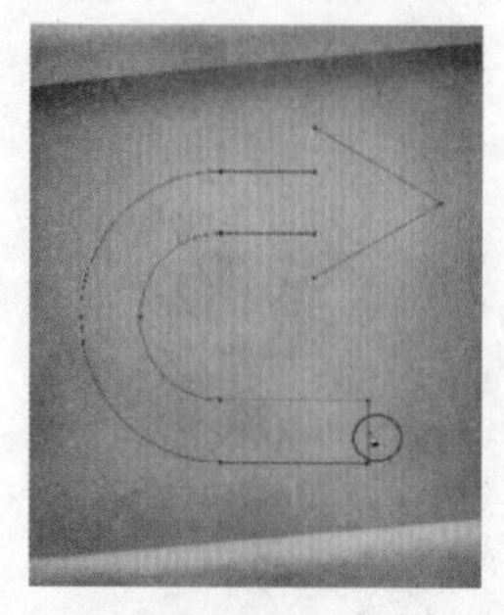
图 7-47 移动光标至路径上

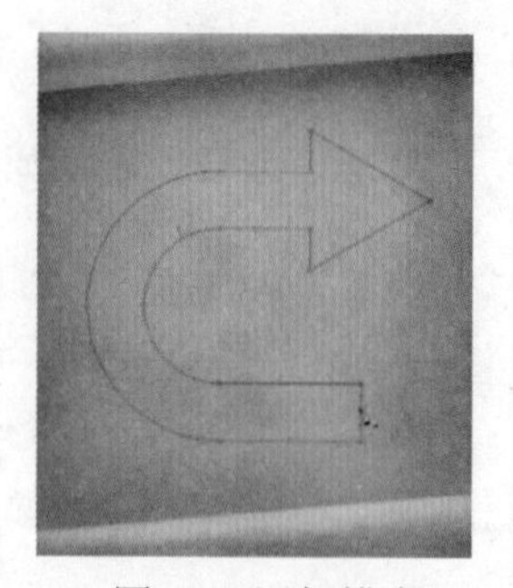
图 7-48 添加锚点

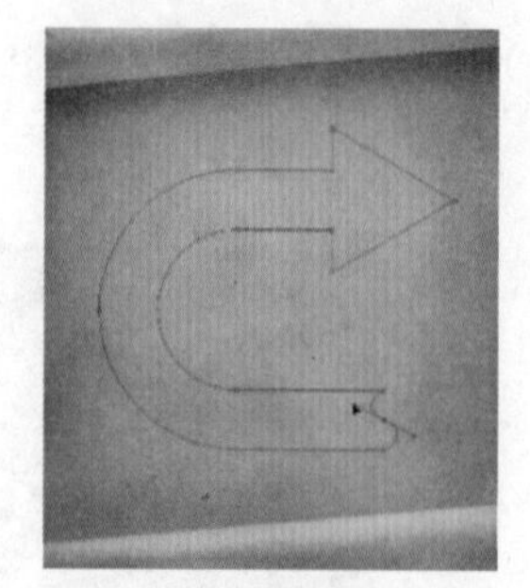
图 7-49 添加平滑锚点

选择“删除锚点”工具后，将光标放在锚点上，如图 7-50 所示。当光标变为形状时，单击即可删除该锚点，如图 7-51 所示。使用“直接选择”工具，选择锚点后，按 Delete 键也可以将其删除，但该锚点两侧的路径段也会同时被删除，如图 7-52 所示。如果路径为闭合路径，则删除锚点后会变为开放路径。

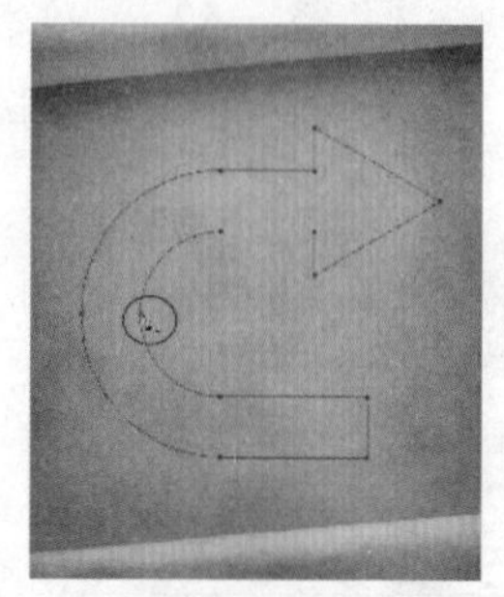
图 7-50 将光标放在锚点上

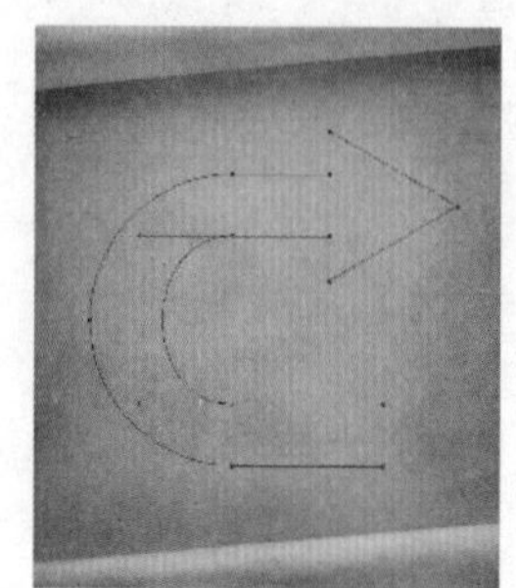
图 7-51 删除锚点

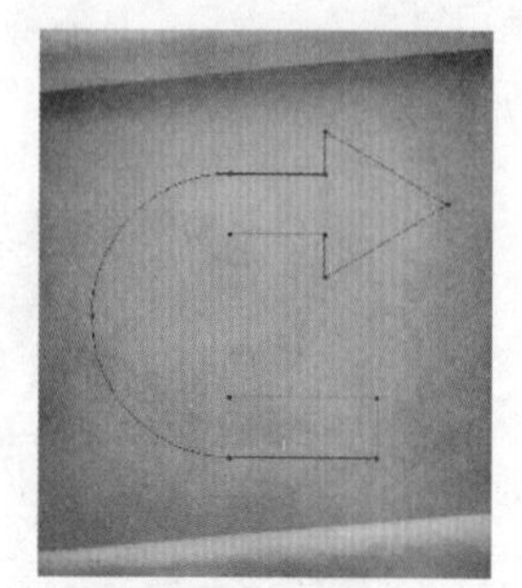
图 7-52 删除路径段

7.4.3 转换锚点的类型

使用转换点工具可轻松完成平滑点和角点之间的相互转换。

如果当前锚点为角点（见图 7-53），在工具箱中选择转换点工具，然后移动光标至角点上拖动鼠标可将其转换为平滑点，如图 7-54 所示。如果当前锚点是平滑点，单击该平滑点可将其转换为角点，如图 7-55 所示。

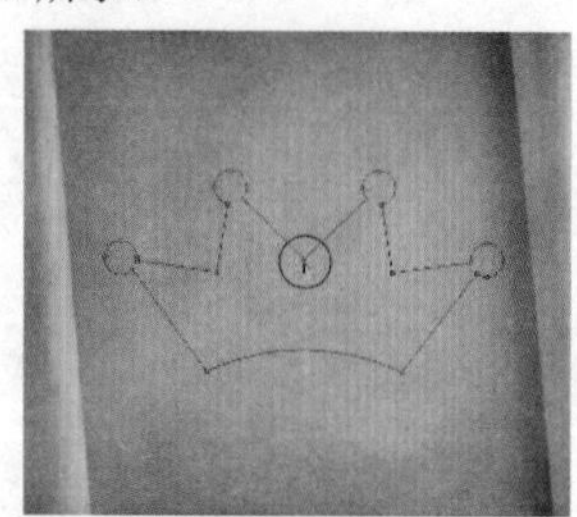
图 7-53 锚点为角点

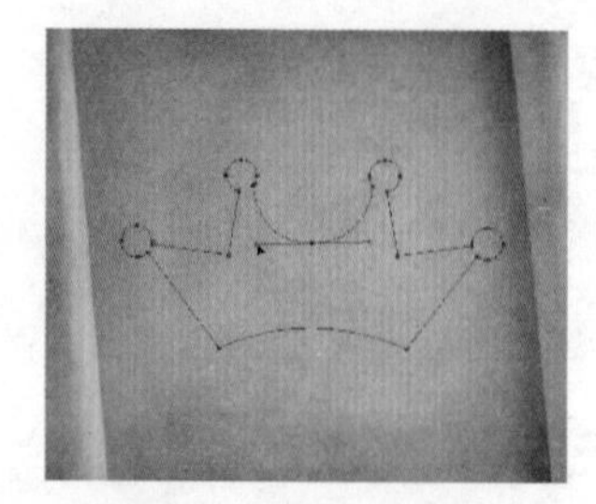
图 7-54 角点转为平滑点

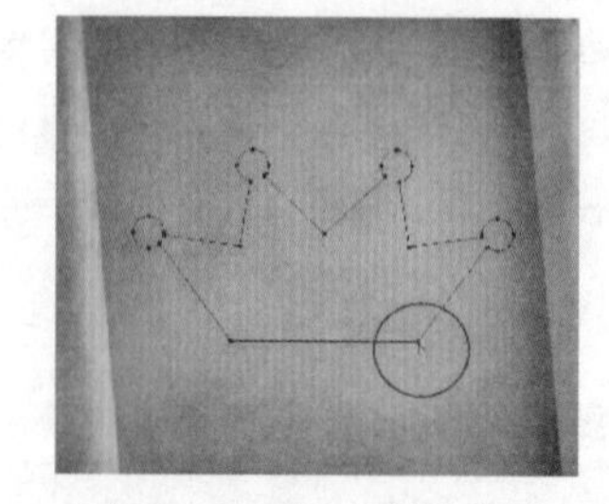
图 7-55 平滑点转为角点

7.4.4 实例——转换点工具的使用

下面使用转换点工具进行具体的实例操作。

（1）打开本书配套资源中的“目标文件\第 7 章\7.4\7.4.4\画.jpg”文件，选择“钢笔”工具，在画面中绘制曲线，如图 7-56 所示。

（2）单击转换点工具，单击需要转换为角点的锚点，如图 7-57 所示。

（3）再次单击角点并拖动，将角点转换为平滑点，如图 7-58 所示。

（4）新建一个图层，选择“画笔”工具，在工具选项栏中选择“硬边圆”笔触形状，设置大小为 3 像素。切换到“路径”面板，右击工作路径，在弹出的快捷菜单中选择“描边路径”，弹出“描边路径”对话框，在“工具”下拉列表中选择画笔，并添加一个气球素材，结果如图 7-59 所示。

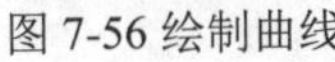

图 7-56 绘制曲线　　图 7-57 选择锚点　　图 7-58 角点转换为平滑点　　图 7-59 最终结果

提示：若想将平滑点转换成带有方向线的角点，在选择转换点工具后，移动光标至平滑点一侧的方向点上方拖动即可。

7.4.5 调整路径方向线

使用“直接选择”工具选中锚点之后，该锚点及相邻锚点的方向线和方向点就会显示在图像窗口中。方向线和方向点的位置确定了曲线段的曲率，移动这些元素可改变路径的形状。

移动方向点与移动锚点的方法类似，首先移动光标至方向点上，然后按住鼠标拖动，即可改变方向线的长度和角度。例如，原图形如图 7-60 所示，在使用“直接选择”工具拖动平滑点上的方向线时，方向线始终为一条直线，锚点两侧的路径段都会发生改变，如图 7-61 所示；在使用转换点工具拖动方向时，则可以单独调整平滑点任意一侧的方向线，而不会影响到另外一侧的方向线和同侧的路径段，如图 7-62 所示。

图 7-60 原图形　　图 7-61 改变方向线　　图 7-62 单独调整方向线

7.4.6 实例——路径的变换操作

与图像和选区一样，路径也可以进行旋转、缩放、斜切、扭曲等变换操作。下面通过具体的操作步骤来讲解路径的变换。

（1） 打开本书配套资源中的“目标文件\第 7 章\7.4\7.4.6\动漫.jpg”文件，如图 7-63 所示。

（2）选择“自定形状”工具，在工具选项栏中选择“路径”选项，单击“形状”按钮，在弹出的下拉面板中选择鸟图形，在画面中绘制形状，如图 7-64 所示。

图 7-63 打开素材

图 7-64 绘制形状

（3）执行“编辑” | “变换路径” | “旋转” | 命令，将光标定位在定界框的角点处，在出现旋转箭头时旋转路径，如图 7-65 所示。

（4）选择“路径选择”工具，按住 Alt 键拖动中路径，再复制一层。按 Ctrl+T 快捷键，进入自由变换状态，将光标定位在定界框的角点处，在出现斜向的双向箭头时，按住 Shift+Alt 快捷键往内拖动，缩小路径，如图 7-66 所示。

图 7-65 旋转路径

图 7-66 复制并缩小路径

（5）再次复制一个鸟路径，按 Ctrl+T 快捷键，进入自由变换状态。右击，选择“水平翻转”选项，再选择“斜切”，将光标定位在中间控制点处，当箭头变为白色并带有水平或垂直的双向箭头时，拖动鼠标，斜切变换图形，如图 7-67 所示。

（6）再次复制一个鸟路径，按 Ctrl+T 快捷键，进入自由变换状态，调整大小，如图 7-68 所示。

图 7-67 复制路径并斜切变换

图 7-68 复制路径并调整大小

（7）新建一个图层，按 Ctrl+Enter 快捷键，将路径转换为选区，填充白色，最终结果如图 7-69 所示。

图 7-69 最终结果

7.4.7 实例——创建自定义形状

绘制的形状可以保存为自定义的形状，以便随时使用。下面将前面绘制的形状保存为自定义形状。

（1）在“路径”面板中选择已绘制的工作路径，如图 7-70 所示。

（2）执行“编辑”|“定义自定形状”命令，打开“形状名称”对话框，输入名称，如图 7-71 所示。单击“确定”按钮。

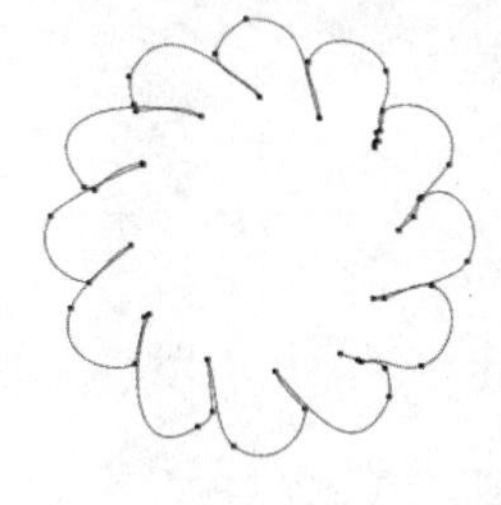

图 7-70 选择工作路径

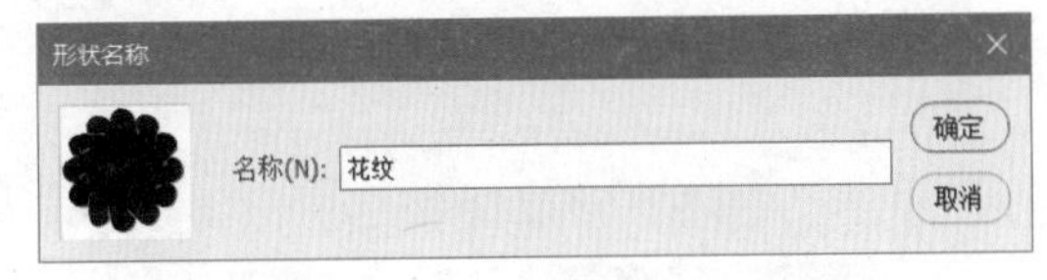

图 7-71 “形状名称”对话框

（3）需要使用此形状时，选择“自定形状”工具，单击工具选项栏中的“形状”按钮，打开下拉面板就可以找到该形状，如图 7-72 所示。

（4） 绘制该形状，并填充黄色（#f5f80b），然后添加“内发光”样式，设置参数如图 7-73 所示。

（5） 最终结果如图 7-74 所示。

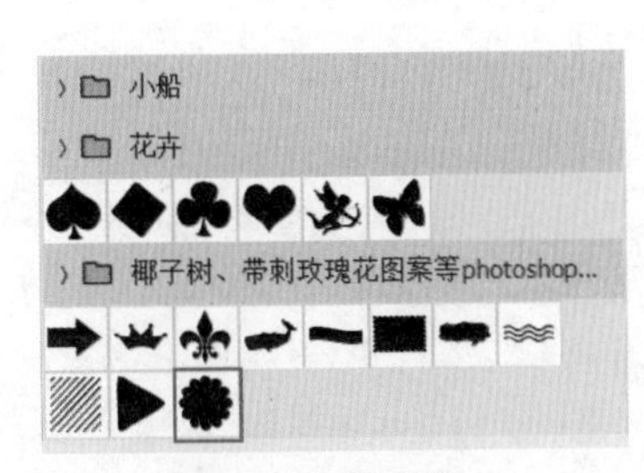

图 7-72 选择形状

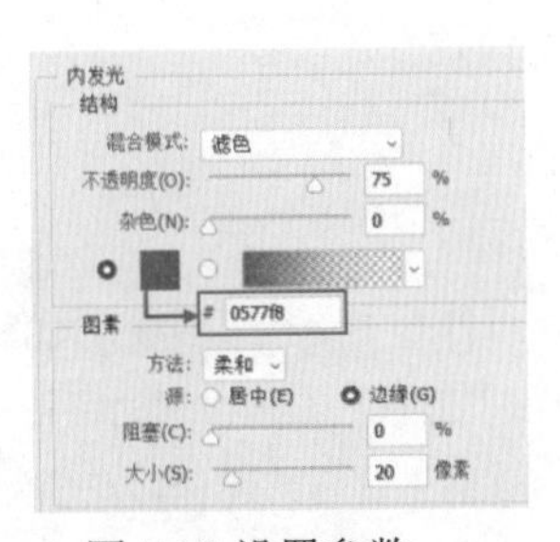

图 7-73 设置参数

图 7-74 最终结果

7.4.8 路径的对齐与分布

“路径选择”工具选项栏中包含了“对齐”与“分布”选项，如图 7-75 所示。

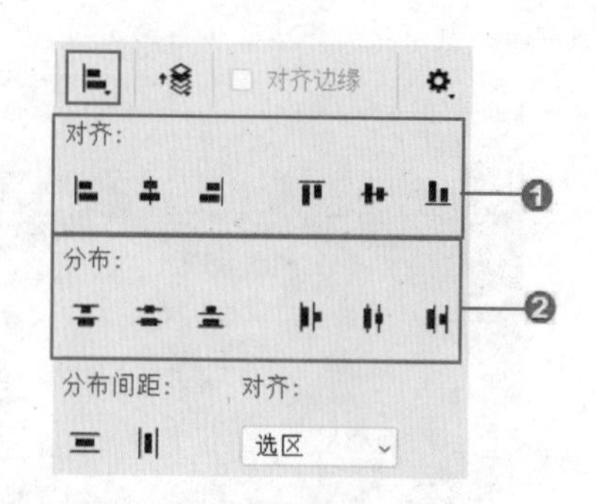

图 7-75 路径选择工具

❶对齐：工具选项栏中的“对齐”选项包括“顶对齐”、“垂直居中对齐”、“底对齐”、“左对齐”、“水平居中对齐”和“右对齐”。使用“路径选择”工具选择需要对齐的路径后，单击工具选项栏中的一个对齐选项即可进行路径对齐操作，如图 7-76 所示为选择不同选项的对齐结果。

❷分布：工具选项栏中的“分布”选项包括“按顶分布”、“垂直居中分布”、“按底分布”、“按左分布”、“水平居中分布”和“按右分布”。要分布路径，应至少选择三个路径组件，然后单击工具选项栏中的一个分布选项即可进行路径的分布操作，如图 7-77 所示为选择不同选项的分布结果。

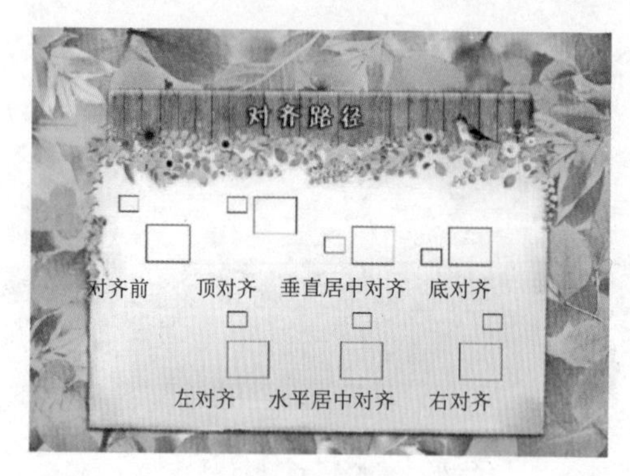

图 7-76 对齐路径

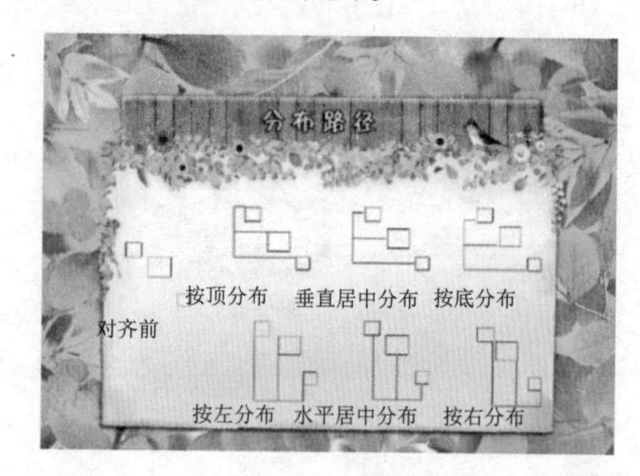

图 7-77 分布路径

7.5 “路径”面板

“路径”面板中显示了每条存储的路径、当前工作路径和当前矢量蒙版的名称和缩览图。通过该面板可以保存和管理路径。

7.5.1 了解“路径”面板

执行“窗口”|“路径”命令，可以打开“路径”面板，如图 7-78 所示。

❶工作路径：使用“钢笔”工具或“形状”工具绘制的路径为工作路径。工作路径是出现在“路径”面板中的临时路径，如果没有存储便取消了对它的选择（在“路径”面板空白处单击可取消对工具路径的选择），再绘制新的路径时，原工作路径将被新的工作路径替换，如图 7-79 所示。

❷形状路径：当前文件中包含的形状路径。

❸用前景色填充路径：用前景色填充路径区域。

❹用画笔描边路径：用“画笔”工具描边路径。

❺将路径作为选区载入：将当前选择的路径转换为选区。

❻从选区中生成工作路径：从当前选择的选区中生成工作路径。

❼添加图层蒙版：从当前路径创建蒙版。

❽创建新路径：单击“创建新路径”按钮，可以新建路径，如图 7-80 所示。执行“路径”面板菜单中的“新建路径”命令，或按 Alt 键的同时单击面板中“创建新路径”按钮，可以打开新路径对话框，在对话框中输入路径的名称，单击“确定”按钮，也可以新建路径。新建路径后，可以使用“钢笔”工具或“形状”工具绘制图形，此时创建的路径不再是工作路径，如图 7-81 所示。

❾删除当前路径：删除当前选择的路径。

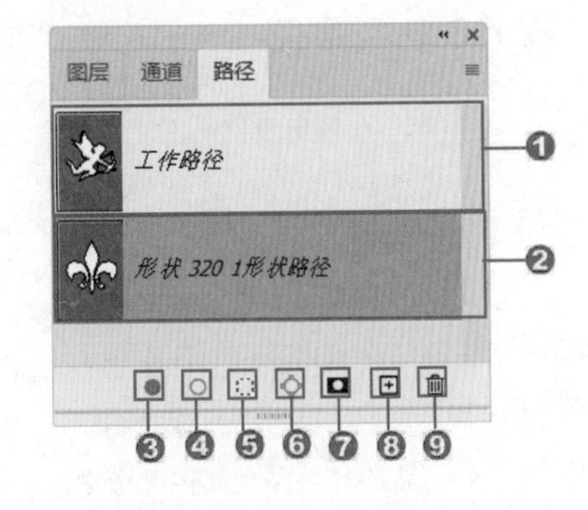

图 7-78“路径”面板

通过路径面板菜单也可实现上述操作，面板菜单如图 7-82 所示。

原工作路径

取消选择工作路径

绘制新的工作路径

图 7-79 工作路径

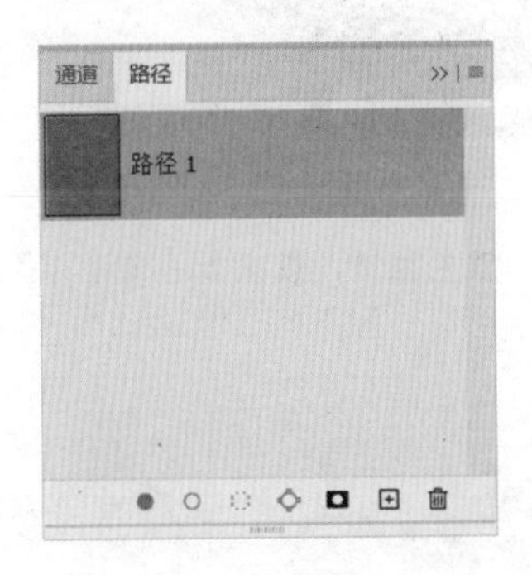

图 7-80 新建路径

图 7-81 绘制图形后的路径

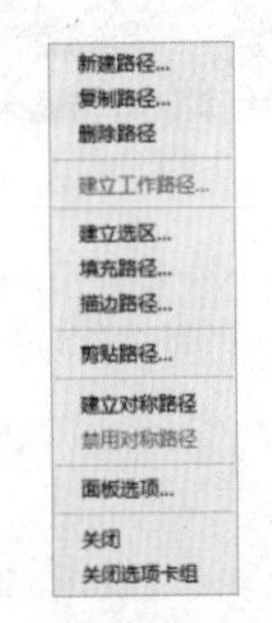

图 7-82 路径面板菜单

7.5.2 一次选择多个路径与隐藏路径

Photoshop 允许用户处理多个路径，可以从路径面板菜单将命令应用于多路径。在“路径”面板中按住 Shift 键并单击可以选择多个路径。

若想隐藏路径，单击“路径”面板空白处即可，操作后路径从图像窗口中消失。

提示：按下 Ctrl+H 快捷键，可隐藏图像窗口中显示的当前路径，但当前路径并未关闭，编辑路径操作仍对当前路径有效。

7.5.3 复制路径

1. 在面板中复制

将要复制的路径拖动至“新建路径”按钮⊞，或右击该路径，从弹出的快捷菜单中选择“复制路径”命令即可。

2. 通过剪切板复制

运用“路径选择”工具选择画面中的路径后，执行“编辑”|“拷贝”命令，可以将路径复制到剪切板中。复制路径后，执行“编辑”|“粘贴”命令，可粘贴路径。如果在其他打开的图像中执行粘贴命令，则可将路径粘贴到其他图像中。

7.5.4 实例——复制路径

（1） 打开本书配套资源中的“目标文件\第 7 章\7.5\7.5.4\天使.psd”文件，如图 7-83 所示。

（2）打开“路径”面板，单击工作路径，将路径激活，按 Ctrl+C 键复制路径，如图 7-84 所示。

（3）打开“素材.jpg”文件，切换到“路径”面板，单击“路径”面板中的“新建路径”按钮⊞，按 Ctrl+V 键，粘贴路径。选择“路径选择”工具，选中路径，按 Ctrl+T 快捷键，进入自由变换状态，调整路径的大小及方向，移至适当的位置，如图 7-85 所示。

图 7-83 打开素材

图 7-84 复制路径

（4）按 Ctrl+Enter 快捷键，载入选区，新建图层，填充白色，添加黑色描边，设置大小为 1 像素，最终结果如图 7-86 所示。

图 7-85 调整路径

图 7-86 最终结果

7.5.5 保存路径

使用“钢笔”工具或“自定形状”工具创建路径时，新的路径作为“工作路径”出现在“路径”面板中。工作路径是临时路径，必须进行保存，否则当再次绘制路径时，新路径将代替原工作路径。

保存工作路径的方法如下：

1）执行下列操作之一保存工作路径：

➢ 单击“路径”面板底部的“创建新路径”按钮⊞；

➢ 单击面板右上角的按钮≡，从弹出的面板菜单中选择“新建路径”命令，打开“新建路径”对话框，如图 7-87 所示。在其中输入名称，单击“确定”按钮，即可新建路径。

2）工作路径保存之后，在“路径”面板中双击该路径名称，可为新路径命名，如图 7-88 所示。

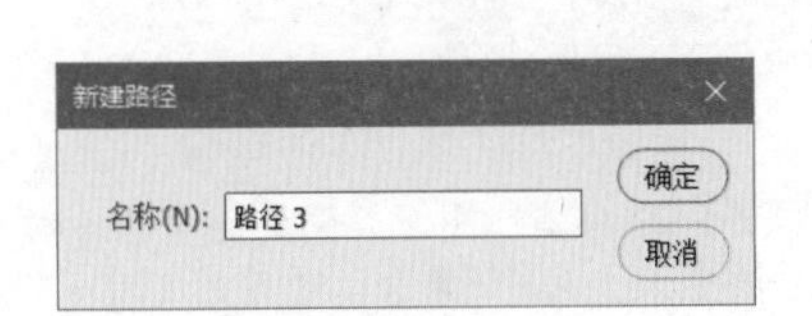

图 7-87“新建路径”对话框

图 7-88 为新路径命名

7.5.6 删除路径

在“路径”面板中选择需要删除的路径后，单击“删除当前路径”按钮🗑，也可将路径直接拖至该按钮上删除。或者执行面板菜单中的“删除路径”命令，即可将其删除。用“路径选择”工具▶选择路径后，按 Delete 键也可以将其删除。

7.5.7 路径的隔离模式

当一个文件中存在多个矢量路径，尤其是它们之间存在叠加关系时，可以通过隔离操作来编辑多个路径中的某个路径，此时其他的路径不受影响。

显示当前文档中的路径，如图 7-89 所示。用“路径选择”工具▶选择需要编辑的路径后，在右击弹出的快捷菜单中选择“隔离图层”命令，便可隔离路径，如图 7-90 所示。

图 7-89 显示路径

图 7-90 隔离图层

7.5.8 实例——描边路径制作音乐会海报

音乐会海报采用的较多元素就是剪影人物，本实例将通过描边路径来给剪影人物添加描边效果。

（1）启动 Photoshop，执行“文件”|“打开”命令，打开本书配套资源中的“目标文件\第 7 章\7.5\7.5.8\

音乐会.psd”文件，如图 7-91 所示。

（2）切换到“路径”面板，选择工作路径，如图 7-92 所示。然后返回“图层”面板。

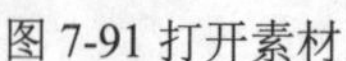

图 7-91 打开素材　　图 7-92 选择工作路径

（3）选中四个剪影人物，按 Ctrl+Alt+E 快捷键，盖印图层。.选中盖印图层。设置前景色为白色，选择“画笔”工具，在路径的位置上右击，弹出快捷菜单，设置大小为 10 像素，硬度为 100%。

（4）选择“钢笔”工具，在剪影人物上右击，在弹出的快捷菜单中选择“描边子路径”命令，如图 7-93 所示。

（5）弹出“描边子路径”对话框，设置“工具”为“画笔”，勾选“模拟压力”复选框，如图 7-94 所示。单击“确定”按钮。按 Ctrl+H 快捷键，隐藏路径，最终结果如图 7-95 所示。

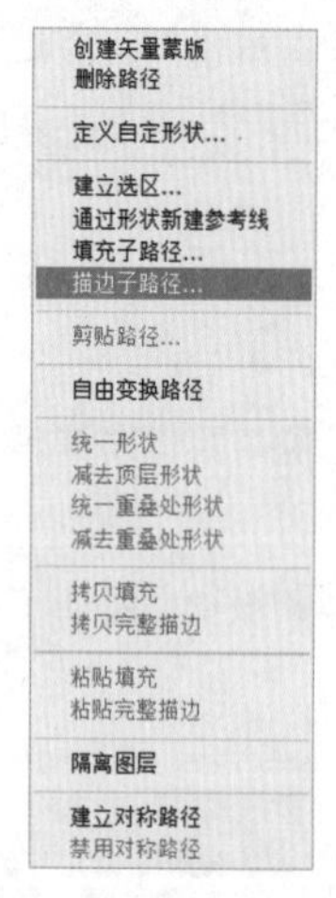

图 7-93 选择命令

图 7-94“描边子路径”对话框

图 7-95 最终结果

提示：在“描边子路径”对话框中可以选择画笔、铅笔、橡皮擦、背景橡皮擦、仿制图章、历史记录画笔、加深或减淡等工具描边路径，如果勾选“模拟压力”选项，则可以使描边的线条产生粗细变化。在描边路径前，需要先设置好工具的参数。

7.6 形状工具

形状实际上就是由路径轮廓围成的矢量图形。使用 Photoshop 提供的“矩形”“椭圆”“多边形”“直线”等形状工具可以创建规则的几何形状，使用“自定形状”工具可以创建不规则的复杂形状。Photoshop 形状工具组如图 7-96 所示。

7.6.1 了解“矩形”工具

使用“矩形”工具可绘制矩形、正方形的形状、路径或填充区域，使用方法也比较简单。选择工具箱中的“矩形”工具，在工具选项栏中设置参数，移动光标至图像窗口中拖动，即可得到所需的矩形路径或形状。

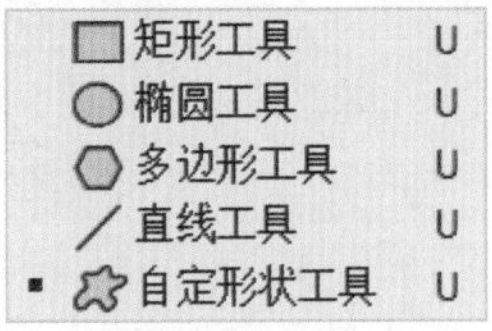

“矩形”工具选项栏如图 7-97 所示，可用于在使用“矩形”工具前设置参数。

矩形工具 U
椭圆工具 U
多边形工具 U
直线工具 U
自定形状工具 U

图 7-96 形状工具组

单击工具选项栏中的“设置其他形状和路径选项”按钮，将打开如图 7-97 所示的面板，在其中可设置矩形的大小和长宽比例等。

图 7-97“矩形”工具选项栏

对齐边缘：将边缘对齐像素边缘。

路径选项：设置路径的显示样式，包括“粗细”和“颜色”。

矩形选项：定义矩形的创建方式。

从中心：从中心绘制矩形。

7.6.2 实例——“矩形”工具的使用

绘制矩形后，输入圆角半径值可以创建圆角矩形。Photoshop 支持用户单独调整每个角的半径值，并可以同时对多个图层上的矩形进行调整。

（1） 打开本书配套资源中的“目标文件\第 7 章\7.6\7.6.2\合成.jpg”文件，如图 7-98 所示。

（2） 按 Ctrl+J 快捷键，复制背景图层，然后选中背景复制图层。

（3）选择“矩形”工具，在工具选项栏中选择“路径”，设置圆角半径为 0 像素，在画面中绘制矩形，如图 7-99 所示。

图 7-98 打开素材

图 7-99 绘制矩形

（4）单击“属性”面板上的“将角半径链接在一起”按钮，如图 7-100 所示，解除角半径的链接。

（5）重新输入圆角半径值，如图 7-101 所示。

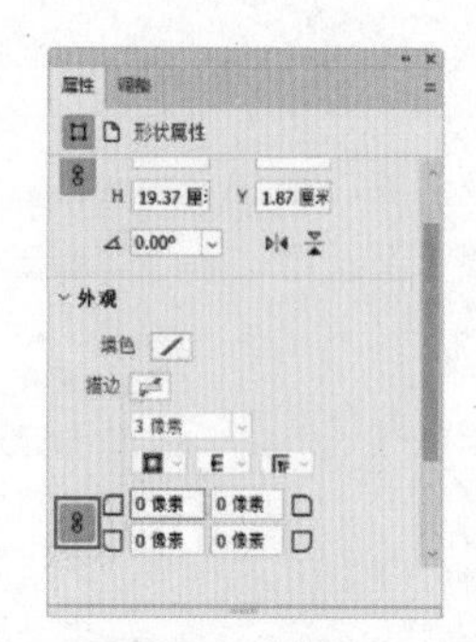

图 7-100 单击按钮

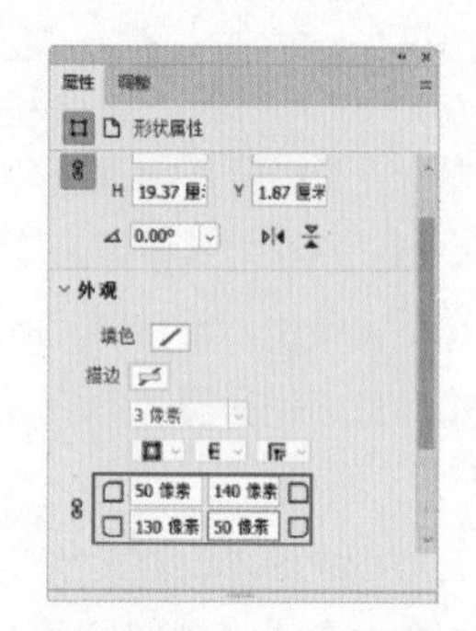

图 7-101 输入圆角半径

（6）修改圆角半径的结果如图 7-102 所示。

（7）按 Ctrl+Enter 快捷键载入选区，单击“图层”面板底部的“添加图层蒙版”按钮，创建图层蒙版，如图 7-103 所示。

图 7-102 修改圆角半径

图 7-103 添加蒙版

（8）单击“图层”面板底部的“添加图层样式”按钮 fx，添加“投影”样式，设置参数如图 7-104 所示。单击“确定”按钮，最终结果如图 7-105 所示。

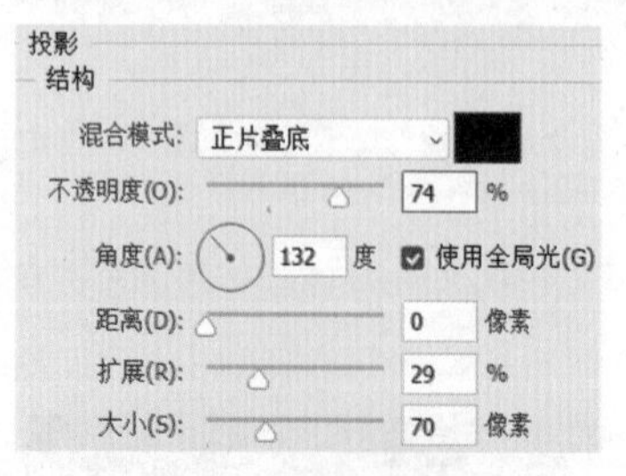

图 7-104 设置参数

图 7-105 最终结果

7.6.3 了解“多边形”工具

使用“多边形”工具可绘制多边形，如三角形和五角星等。在使用“多边形”工具之前，需要在工具选项栏中设置多边形的边数，系统默认为 5，取值范围为 3～100。“多边形”工具选项栏如图 7-106 所示。

❶路径选项：设置路径样式参数，包括“粗细”和“颜色”。

❷多边形选项：设置多边形的创建方式。

❸星形比例：修改参数可更改多边形的样式，如将数值设置为 50%，可得到星形。

❹平滑星形缩进：创建平滑星形凹角。

❺从中心：以中心点为基点创建多边形。

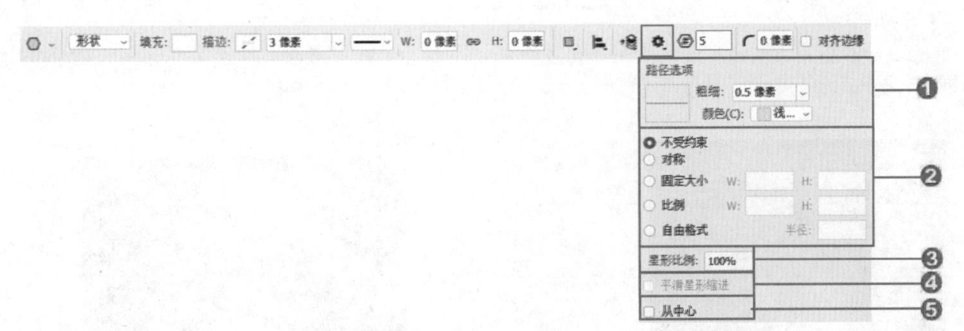

图 7-106“多边形”工具选项栏

7.6.4 实例——使用“多边形”工具制作梦幻水果屋

本实例将通过使用“多边形”工具及设置工具选项栏中的参数来制作梦幻的水果屋效果。

（1） 打开本书配套资源中的“目标文件\第 7 章\7.6\7.6.4\水果屋.jpg”文件，如图 7-107 所示。

（2）选择“多边形”工具，在工具选项栏中选择“形状”，设置“填充”为“无”、“描边”为“白色”、“宽度”为 2 点、“设置边数”为 6，按住 Shift 键在画面中绘制六边形，结果如图 7-108 所示。

图 7-107 打开素材

图 7-108 绘制六边形

（3）选择“移动”工具，按 Alt 键拖动并复制刚绘制的六边形，调整大小及角度，如图 7-109 所示。

（4）选择“多边形”工具，在工具选项栏中选择“形状”，设置“填充”为“无”、“描边”为“白色”、“宽度”为 2 点、“设置边数”为 5，按住 Shift 键在画面中绘制五角星，然后在“属性”面板中设置参数更改五角星的样式。选择绘制完成的五角星，按住 Alt 键复制两个至不同位置，调整大小及角度，结果如图 7-110 所示。

图 7-109 复制六边形

图 7-110 绘制五角星

（5）继续绘制五边形，在“属性”面板中更改“设置星形比例”选项的参数值。按住 Alt 键复制刚绘制的五边形，再调整大小及位置，结果如图 7-111 所示。

（6）重复上述操作，继续绘制五角星，在“属性”面板中更改“设置星形比例”选项的参数值，绘制并复制星形，如图 7-112 所示。

图 7-111 绘制五边形

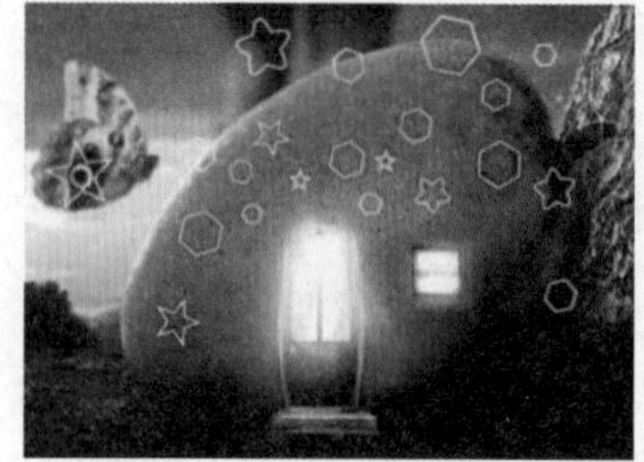

图 7-112 绘制五角星

（7）选择“多边形”工具，在工具选项栏中选择“形状”，设置“填充”为“白色”、“描边”为“无”、“设置边数”为 10，按住 Shift 键在画面中绘制十边形。在“属性”面板中更改“设置星形比例”选项的参数值，选择“平滑星形缩进”选项，结果如图 7-113 所示。

（8）按 Shift 键选中所有的多边形，按 Ctrl+ G 快捷键创建组。双击组，打开“图层样式”对话框，添加“外发光”样式，设置参数如图 7-114 所示。

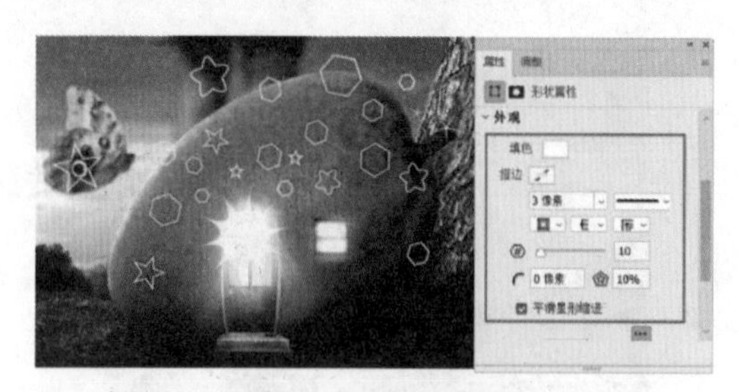

图 7-113 绘制十边形

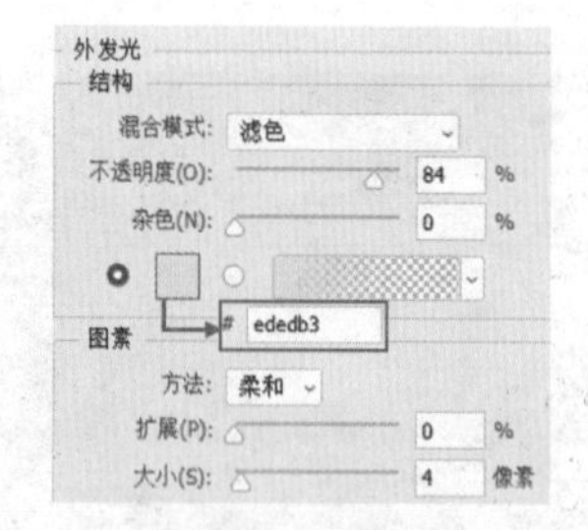

图 7-114 设置参数

（9）参数设置完毕后，单击“确定”按钮，结果如图 7-115 所示。

（10）添加“星光”素材至画面中，最终结果如图 7-116 所示。

图 7-115 添加外发光

图 7-116 最终结果

7.6.5 了解“直线”工具选项栏

使用“直线”工具不仅可以绘制直线形状或路径，也可以绘制箭头形状或路径。

若绘制线段，首先在如图 7-117 所示的工具选项栏“粗细”文本框中输入线段的宽度，然后移动光标至图像窗口拖动鼠标即可。若想绘制水平、垂直或呈 45° 角的直线，可在绘制时按住 Shift 键。

图 7-117 “直线” 工具选项栏

如果绘制的是箭头，则需在工具选项栏的 “箭头” 选项组中确定箭头的位置和形状。

❶起点：箭头位于线段的开始端。

❷终点：箭头位于线段的终止端。

❸宽度：确定箭头的宽度。系统默认为 10 像素。

❹长度：确定箭头的长度。系统默认为 10 像素。

❺凹度：确定箭头内凹的程度。系统默认为 50%。

7.6.6 实例——“直线” 工具的使用

本实例将使用 “直线” 工具绘制不同的箭头形状。

（1） 打开本书配套资源中的 “目标文件\第 7 章\7.6\7.6.6\透明球.psd” 文件，如图 7-118 所示。

（2）选择 “直线” 工具，在工具选项栏中选择 “形状”，设置 “填充” 为 “白色”、“粗细” 为 “15 像素”，单击 “设置其他形状和路径选项” 按钮，弹出 “直线选项” 面板，勾选 “起点” 和 “终点” 复选框，设置 “宽度” “长度” “凹度” 参数如图 7-119 所示。

图 7-118 打开素材

图 7-119 设置参数

（3）按 Shift 键，在画面中绘制箭头，调整形状图层 1 至图层 3 下面，如图 7-120 所示。

（4）取消选择 “起点” 复选框的选择，更改 “宽度” “长度” “凹度” 参数值，绘制箭头，如图 7-121 所示。

图 7-120 绘制箭头 1

图 7-121 绘制箭头 2

（5）重新设置参数，继续绘制箭头，如图 7-122 所示。

（6）重复上述操作，修改参数后绘制箭头，如图 7-123 所示。

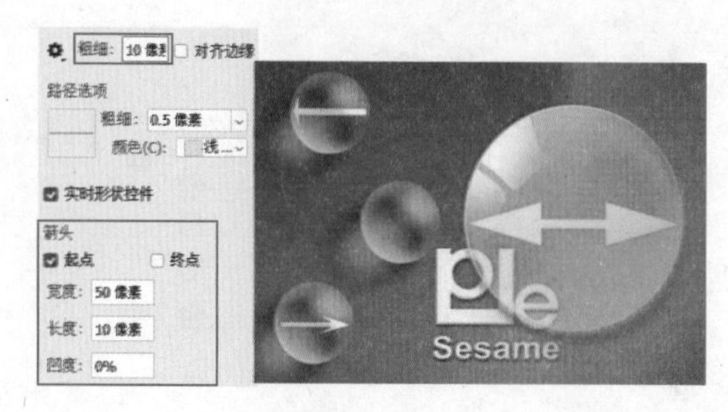

图 7-122 绘制箭头 3

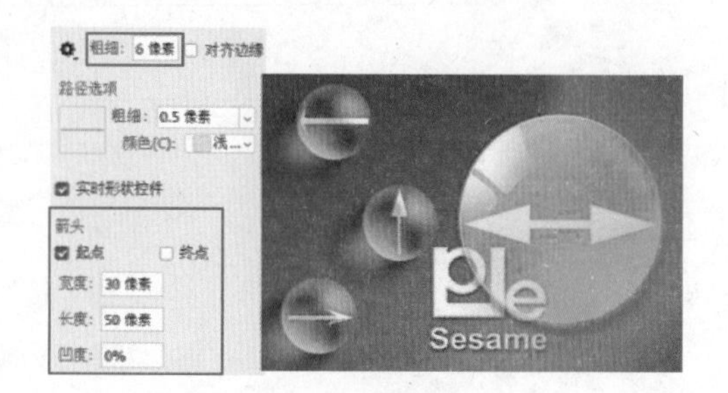

图 7-123 绘制箭头 4

7.6.7 了解“自定形状”工具

使用“自定形状”工具，可以绘制 Photoshop 预设的各种形状，以及自定义形状。

首先在工具箱中选择该工具，然后单击工具选项栏“形状”下拉列表按钮，从如图 7-124 所示的“形状”下拉列表中选择所需的形状，然后在图像窗口中拖动鼠标即可绘制相应的形状。

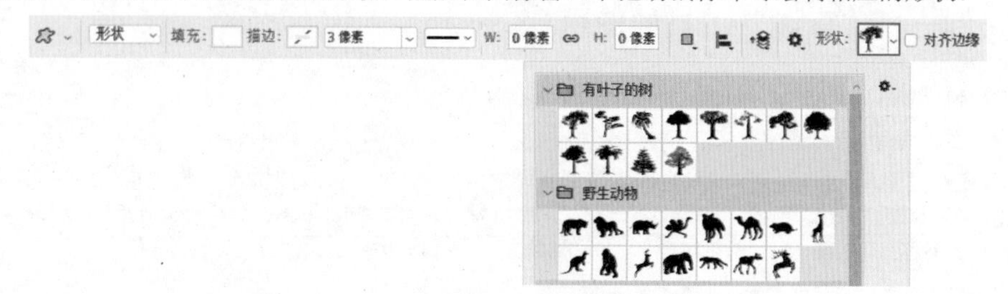

图 7-124“形状”下拉列表

单击“形状”下拉列表右上角的按钮，可以打开菜单，如图 7-125 所示。选择“导入形状”命令，可以打开一个提示对话框。单击“确定”按钮，打开“载入”对话框，选择形状文件，单击“载入”按钮，即可将外部形状文件载入，如图 7-126 所示。

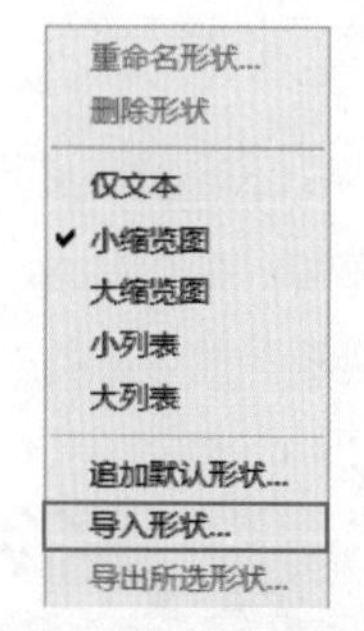

图 7-125 打开菜单

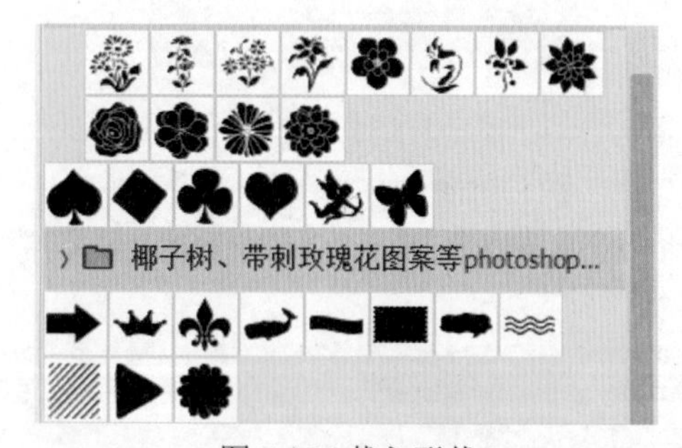

图 7-126 载入形状

7.6.8 实例——用“自定形状”工具制作插画效果

本实例将使用软件中预设的形状为画面添加各种类型的形状，制作出极具趣味的插画效果。

（1） 打开本书配套资源中的“目标文件\第 7 章\7.6\7.6.8\插画.psd”文件，如图 7-127 所示。

（2）选择“自定形状”工具，单击工具选项栏中的“形状”下拉列表按钮，在展开的下拉列表中选择小猫形状，设置“填充”为“白色”、“描边”为“黑色”、“宽度”为 2 点，绘制该形状，如图 7-128 所示。

图 7-127 打开素材

图 7-128 绘制小猫形状

（3）选择树形状，更改“描边”宽度为 1 点，绘制树形状，并复制三份，放置在相应位置，再调整图层之间的顺序，结果如图 7-129 所示。

（4）选择鸟形状，设置“填充”为“白色”、“描边”为“黑色”、“宽度”为 2 点，绘制该形状，如图 7-130 所示。

图 7-129 绘制树形状

图 7-130 绘制鸟形状

（5）选择心形状，绘制三个不同大小的心形，并按 Shift 键选中三个心形形状图层，按 Ctrl+G 快捷键，编织组，如图 7-131 所示。

（6）复制组，再在组中复制三个心形，调整心形的位置，并更改描边宽度为 1 点，最终结果如图 7-132 所示。

图 7-131 绘制心形状

图 7-132 最终结果

第8章 文本的应用

文字是设计作品的重要组成部分，它不仅可以传达信息，还能起到美化版面、强化主题的作用。本章详细讲解了 Photoshop 中文字的输入和编辑方法。通过本章的学习，可以快速地掌握点文字和段落文字的输入方法、变形文字的设置以及路径文字的制作。

8.1 文字工具概述

在平面设计中，文字一直是画面不可缺少的元素，好的文字布局和设计有时会起到画龙点睛的作用。对于商业平面作品而言，文字更是不可缺少的内容，只有通过文字的点缀和说明，才能清晰、完整地表达作品的含义。

Photoshop 的文字操作和处理方法非常灵活，可以添加各种图层样式，或进行变形等艺术化处理，使之鲜活醒目。

8.1.1 文字的类型

Photoshop 中的文字是由以数学方式定义的形式组成的。当我们在图像中创建文字时，字符由像素组成，并且与图像文件具有相同的分辨率。但是，在将文字栅格化以前，Photoshop 会保留基于矢量的文字轮廓，因此即使是对文字进行缩放或调整文字大小，文字也不会因为分辨率的限制而出现锯齿。

文字的划分方式有很多种。如果从排列方式上划分，可以将文字分为横排文字和直排文字；如果从创建的内容上划分，可以将其分为点文字、段落文字和路径文字；如果从样式上划分，则可将其分为普通文字和变形文字。

8.1.2 了解“文字”工具选项栏

Photoshop 中的文字工具包括“横排文字”工具、“直排文字”工具、“直排文字蒙版”工具和“横排文字蒙版”工具，如图 8-1 所示。其中，“横排文字”工具和“直排文字”工具可用来创建点文字、段落文字和路径文字，“直排文字蒙版”工具和“横排文字蒙版”工具可用来创建文字选区。

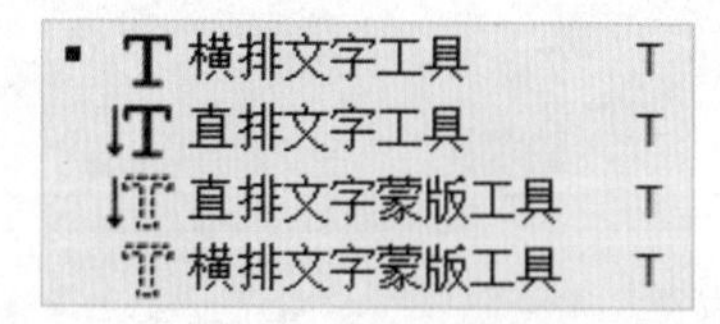

图 8-1 文字工具

图 8-2 所示为“文字”工具选项栏。

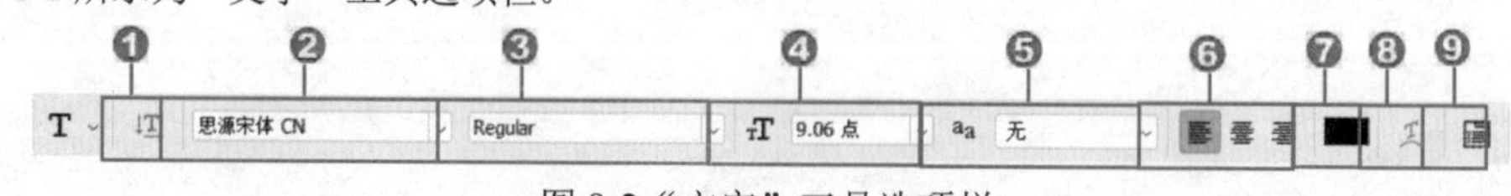

图 8-2“文字”工具选项栏

❶更改文本方向：用于选择文字的输入方向。

❷设置字体 思源宋体 CN：用于设定文字的字体。

❸设置字体样式 Regular：用于为字符设置样式，包括 Regular（规则的）、Italic（斜体）、Bold（粗体）、Bold Italic（粗斜体）、Black（黑体）等。该选项只对部分英文字体有效。

❹设置字体大小 9.06 点：用于设定文字的大小，如图 8-3 所示。

❺设置消除锯齿的方式 无：用于消除文字的锯齿，包括无、锐利、犀利、浑厚和平滑 5 个选项，如图 8-4 所示。

❻设置文本对齐：用于设定文字的段落格式，分别是左对齐、居中对齐和右对齐。

❼设置文本颜色：单击颜色色块，可在打开的拾色器中设置文字的颜色。

❽创建文字变形：用于对文字进行变形操作。

❾切换字符和段落面板：用于显示或隐藏字符和段落面板。

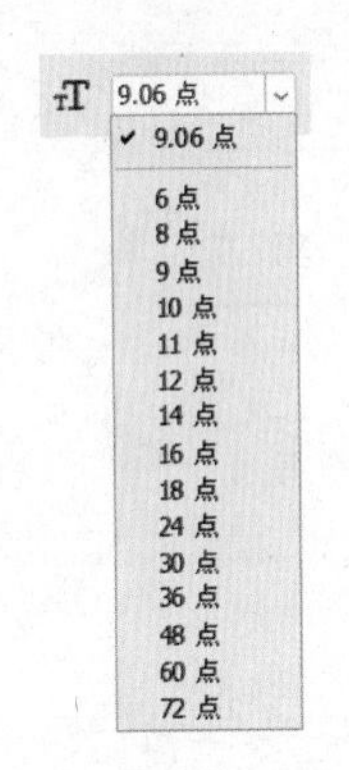

图 8-3 文字大小下拉列表

图 8-4 消除锯齿的方式下拉列表

8.2 文字输入与编辑

本节将对创建与编辑文字的相关知识进行介绍，讲解如何创建点文字、段落文字，以及段落样式的使用方法。

8.2.1 了解“字符”面板

“字符”面板可用于编辑文本字符。选择“窗口”|“字符”命令，弹出“字符”面板，如图 8-5 所示。

❶ 思源宋体 CN：单击右侧的按钮，在打开的下拉列表中可以为文字选择字体，如图 8-6 所示。

❷ 9.06 点：单击右侧的按钮，在打开的下拉列表中可以选择字号。也可以在文本框中直接输入数值来设置字体的大小。

❸ V/A：用来调整两个字符之间的间距。

❹：设置所选字符的比例间距。

❺：在垂直方向上调整字符的高度。

❻：用来控制文字与基线的距离，它可以升高或降低选定的文字，从而创建上标或下标。当该值为正值时，横排文字上移，直排文字移向基线右侧；该值为负值时，横排文字下移，直排文字移向基线左侧。

❼ T T TT Tт T¹ T₁ T T：可以创建仿粗体、斜体等字体样式，以及为字符添加下划线或删除线。选择文字后，单击相应的按钮即可为其添加样式，如图 8-7 所示。

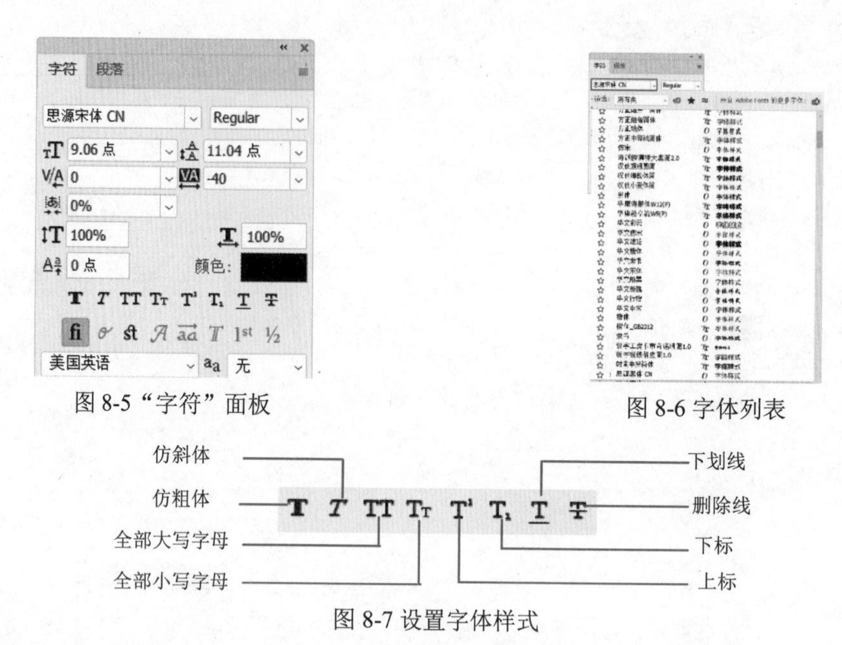

图 8-5 “字符”面板

图 8-6 字体列表

图 8-7 设置字体样式

⑧ fi ℴ st 𝒜 aā 𝕋 1st ½：对所选字符进行有关连字符和拼写规则的语言设置。

⑨：行距调整选项用来设置文本中各个文字行之间的垂直间距。在行距下拉列表中可以为文本设置行距，也可以在文本框中输入数值来设置行距。

⑩：字距调整选项用来设置整个文本中所有字符或者被选择的字符之间的间距。

⑪：通过水平缩放选项可以调整字符的宽度。未设置缩放的字符的值为 100%。

⑫颜色：单击“颜色”选项中的颜色色块，可以打开“拾色器”对话框，从中设置文字的颜色。

⑬美国英语：对所选字符进行有关连字符和拼写规则的语言设置。

⑭无：设置消除文字锯齿的方式。

8.2.2 实例——创建点文字

点文字是一个水平或垂直的文本行，在处理标题等字数较少的文字时，可以通过点文字来完成。下面为卡通电视机添加点文字。

(1) 打开本书配套资源中的“目标文件\第 8 章\8.2\8.2.2\电视机.jpg”文件，如图 8-8 所示。

(2) 选择“横排文字”工具T，在工具选项栏中设置字体为“方正剪纸简体”、字体大小为 100 点、字体颜色为白色。在需要输入文字的位置单击，设置插入点，画面中会出现一个闪烁的“I”形光标，如图 8-9 所示。

图 8-8 打开素材

图 8-9 设置插入点

(3) 输入文字，如图 8-10 所示。

(4) 在“通”字和“电”字中间单击，按 Enter 键对文字进行换行，再在“卡”字前面单击，按两次空格键，调整文字的位置，如图 8-11 所示。

图 8-10 输入文字

图 8-11 调整文字

(5) 框选“卡通”两字，如图 8-12 所示。在工具选项栏中重设颜色为黄色，结果如图 8-13 所示。

图 8-12 框选点文字

图 8-13 更改颜色

8.2.3 了解“段落”面板

“段落”面板可用于编辑段落文件。选择“窗口”|“段落”命令，打开“段落”面板，如图 8-14 所示。

❶单击对齐按钮以定义段落的对齐方式，如图 8-15 所示。

➢ 段落左对齐：左对齐文本，如图 8-16 所示。

➢ 段落右对齐：右对齐文本，如图 8-17 所示。

图 8-14“段落”面板

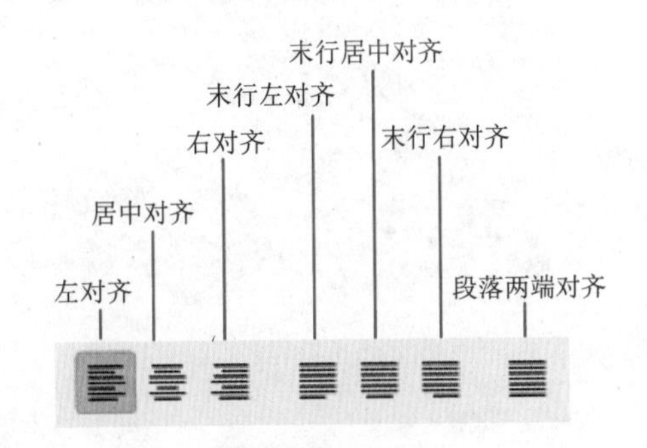

图 8-15 对齐按钮

➢ 段落居中对齐：居中对齐文本，如图 8-18 所示。

- 未行左对齐 ：左对齐文本的最后一行，其他行左右两端强制对齐。
- 未行右对齐 ：右对齐文本的最后一行，其他行左右两端强制对齐。
- 未行居中对齐 ：居中对齐文本的最后一行，其他行左右两端强制对齐。
- 段落两端对齐 ：通过在字符间添加间距的方式，使文本左右两端强制对齐，如图 8-19 所示。

图 8-16 段落左对齐

图 8-17 段落右对齐

图 8-18 段落居中对齐

图 8-19 段落两端对齐

❷设置左缩进 ：横排文字从段落的左边缩进，直排文字则从段落的顶端缩进，如图 8-20 所示。

❸设置右缩进 ：横排文字从段落的右边缩进，直排文字则从段落的底端缩进。

❹设置首行缩进 ：缩进段落中的首行文字，图 8-21 所示。对于横排文字，首行缩进与左缩进有关；对于直排文字，首行缩进与顶端缩进有关。

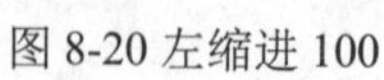

图 8-20 左缩进 100

图 8-21 首行缩进 30

❺设置段前距 ：设置选择的段落与前一段落的距离，如图 8-22 所示。

❻设置段后距 ：设置选择的段落与后一段落的距离，如图 8-23 所示。

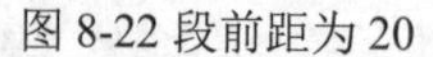

图 8-22 段前距为 20

图 8-23 段后距为 20

❼避头尾设置 无 ：避头尾法则设置，选取换行集为无、JS 宽松、JS 严格。

❽标点挤压 无 ：选取内部字符间距集。

❾☑ 连字 ：为了对齐的需要，有时会将某一行末端的单词断开至下一行，这时需要使用连字符在断开的单词之间显示标记。未启用“连字”和启用“连字”的效果如图 8-24 和图 8-25 所示。

图 8-24 未启用“连字”

图 8-25 启用“连字”

8.2.4 创建段落文字

段落文本是在定界框内输入的文字，它具有自动换行、可调整文字区域大小等优势。在需要处理文字较多的文本时，可以使用段落文字来完成。

选择“横排文字”工具T，在画面中单击，输入文字，如图 8-26 所示。

在工具选项栏中设置文字的字体、字号和颜色等属性，在画面中单击并拖动鼠标，绘制一个定界框。此时画面中会出现闪烁的文本输入光标，输入段落文字，如图 8-27 所示。输入完毕后，单击按钮✓即可退出操作。

图 8-26 输入标题文字

图 8-27 输入段落文字

8.2.5 实例——编辑段落文字

创建段落文本后，可以根据需要调整定界框的大小，文字会自动在调整后的定界框内重新排列。通过定界框还可以旋转、缩放和斜切文字。

(1) 执行“文件” | “打开”命令，打开本书配套资源中的“目标文件\第 8 章\8.2\8.2.5\春.psd”文件，如图 8-28 所示。

(2) 选择“横排文字”工具T，将鼠标放在定界框的控制点上，鼠标指针变为⤢形状，

(3) 拖动控制点缩放定界框，结果如图 8-29 所示。如果按住 Shift 键的同时拖动控制点，可以成比例的缩放定界框。

(4) 将鼠标放在定界框的外侧，当鼠标指针变为↻形状时拖动控制点，旋转定界框，结果如图 8-30 所示。

(5) 按住 Ctrl 键的同时，将鼠标放在定界框的外侧，鼠标指针变为▶时拖动鼠标改变定界框的倾斜度，结果如图 8-31 所示。

图 8-28 打开素材

图 8-29 缩放定界框

图 8-30 旋转定界框

图 8-31 倾斜定界框

8.2.6 了解“字符样式”和“段落样式”面板

在“字符样式”和“段落样式”面板中可以保存文字样式。保存的文字样式可快速应用于其他文字、线条或文本段落。字符样式是诸多字符属性的集合（如字体、大小、颜色等）。单击“字符样式”面板中的按钮，可创建一个空白的字符样式，如图 8-32 所示。双击该样式将打开“字符样式选项”对话框，在该对话框中可以设置字符属性，如图 8-33 所示。

对其他文本应用字符样式时，只需选择文字图层，再单击“字符样式”面板中的样式即可。

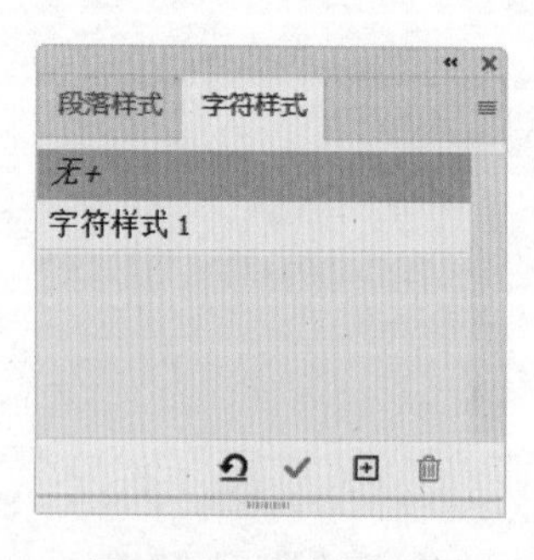

图 8-32 新建字符样式

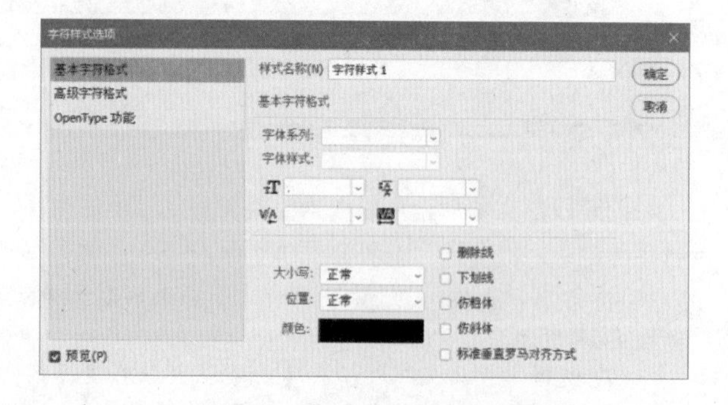

图 8-33“字符样式选项”对话框

段落样式的创建和使用方法与字符样式基本相同。单击“段落样式”面板中的按钮，可创建一个空白的段落样式，如图 8-34 所示。双击该样式将打开“段落样式选项”对话框，在其中可以设置段落属性，如图 8-35 所示。

图 8-34 新建段落样式

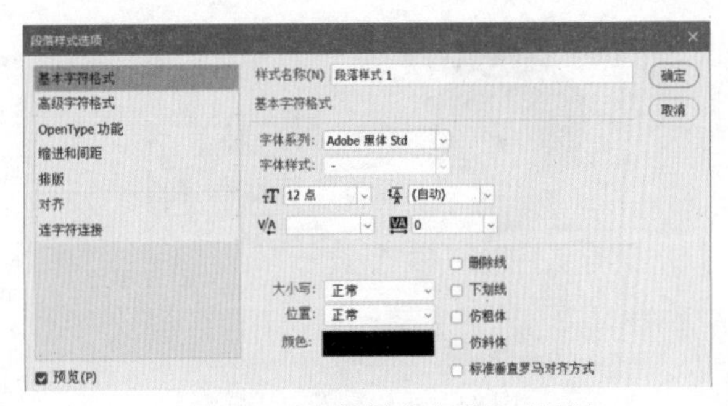

图 8-35 “段落样式选项”对话框

8.2.7 实例——“段落样式”面板的使用

(1) 执行“文件”|“打开”命令，打开本书配套资源中的“目标文件\第 8 章\8.2\8.2.7\素材.jpg”文件。选择“横排文字”工具T，输入“BABY”文字，如图 8-36 所示。

(2) 执行“窗口”|“段落样式”命令，打开“段落样式”面板，单击面板右下角“创建新的段落样式”按钮⊞，新建“段落样式 1”，如图 8-37 所示。

图 8-36 输入文字

图 8-37 新建段落样式

(3) 双击“段落样式 1”，弹出“段落样式选项”对话框，设置参数如图 8-38 所示。

(4) 单击“确定”按钮，建立新的段落样式。在“图层”面板中选择文字图层，在“段落样式”面板中单击“段落样式 1”，应用该段落样式，结果如图 8-39 所示。

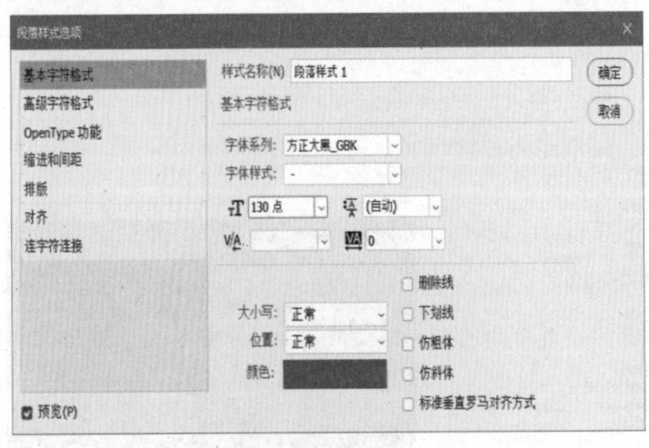

图 8-38 设置参数

图 8-39 应用段落样式

(5) 设置字体为“方正琥珀简体”、大小为 120 点、颜色为黄色，再次输入其他文字，如图 8-40 所示。

(6) 单击按钮✓，退出操作，结果如图 8-41 所示。

(7) 分别选中每个字母，为其更改颜色，结果如图 8-42 所示。

(8) 双击文字图层，弹出“图层样式”对话框，在其中设置参数，给文字添加“描边”和“投影”效果，如图 8-43 所示。

图 8-40 再次输入文字

图 8-41 字体颜色为黄色

图 8-42 更改字母颜色

图 8-43 最终结果

8.3 创建变形文字

在 Photoshop 中，对文字可以进行变形操作，如转换为波浪形、球形等各种形状，从而创建富有动感的文字特效。

8.3.1 了解“变形文字”对话框

执行“文字”|“文字变形”命令，或单击文字工具选项栏中的按钮，将打开如图 8-44 所示的“变形文字”对话框，使用该对话框可制作出各种文字弯曲变形的艺术效果。Photoshop 提供的 15 种文字变形样式如图 8-45 所示。

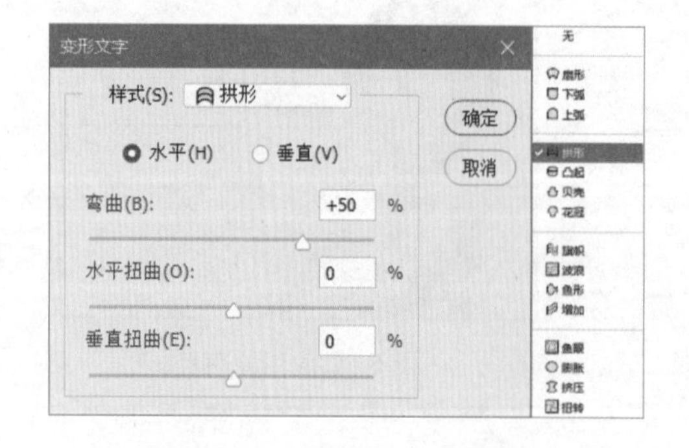

图 8-44“变形文字”对话框

图 8-45 文字变形样式

要取消文字的变形，打开“变形文字”对话框，在“样式”下拉列表中选择“无”选项，单击“确定”按钮关闭对话框即可。

提示：使用横排文字工具和直排文字工具创建的文本，只要保持文字的可编辑性，即没有将其栅格化、转换成为路径或形状前，可以随时进行重置变形与取消变形的操作。要重置变形，可选择一个文字工具，然后单击工具选项栏中的“创建文字变形”按钮，也可执行“图层”|“文字”|“文字变形”命令，打开“变形文字”对话框，修改变形参数，或者在“样式”下拉列表中选择另一种样式。

8.3.2 实例——创建变形文字

Photoshop 中提供了多种文字变形选项，在图像中输入文字后，便可进行变形操作。

(1) 执行“文件”|“打开”命令，打开本书配套资源中的“目标文件\第 8 章\8.3\8.3.2\纸牌女.jpg”文件，如图 8-46 所示。

(2) 选择“横排文字”工具，设置字体为华文琥珀、字体大小为 55 点、颜色为红色，输入文字，如图 8-47 所示。

(3) 单击工具选项栏中的“创建文字变形”按钮，在弹出的“变形文字”对话框中选择“旗帜”样式，如图 8-48 所示。

图 8-46 打开素材

图 8-47 输入文字

(4) 参数设置完毕后，单击“确定”按钮，应用文字变形样式，结果如图 8-49 所示。

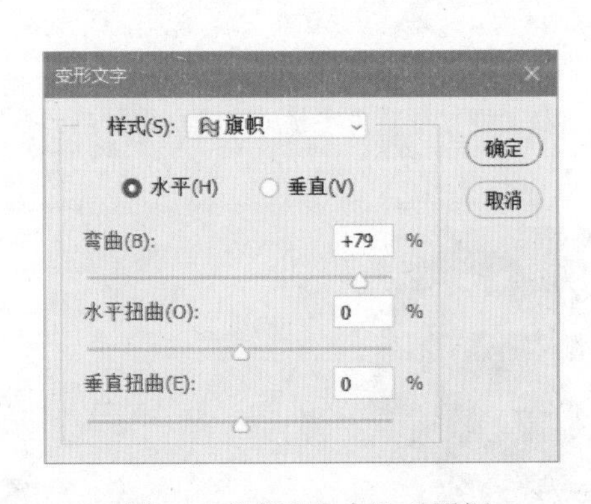

图 8-48 “变形文字”对话框

图 8-49 应用文字变形样式

(5) 继续输入文字并进行变形处理，设置参数及应用效果如图 8-50 所示。

(6) 添加两颗爱心至不同处，最后结果如图 8-51 所示。

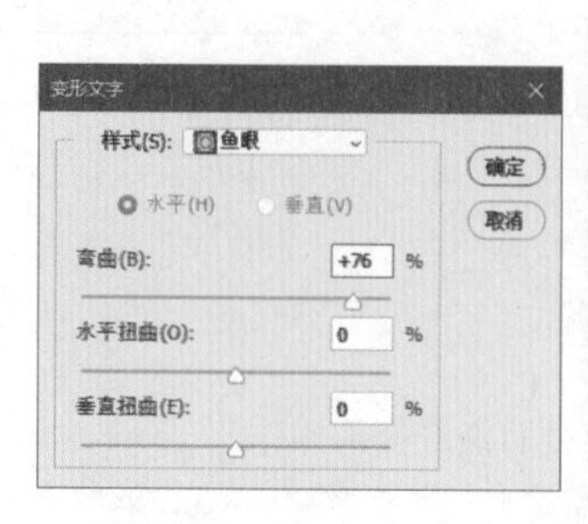

图 8-50 输入文字的参数设置及应用效果

图 8-51 最后结果

8.4 创建路径文字

路径指的是使用“钢笔”工具或“形状”工具创建的直线或曲线轮廓。沿着已有的路径排列文字，通过调整文字与路径之间的关系，可更改文字的显示效果。

8.4.1 实例——沿路径排列文字

沿路径排列文字，首先要绘制路径，然后使用文字工具输入文字。

(1) 执行“文件” | “打开”命令，打开本书配套资源中的“目标文件\第 8 章\8.4\8.4.1\人物.jpg”文件。选择“钢笔”工具，在工具选项栏中选择“路径”选项，在画布中绘制一段开放的路径，如图 8-52 所示。

(2) 选择“横排文字”工具T，设置工具选项栏中的字体为隶书、字体大小为 25 点、颜色为紫色（#fa03c3），然后在路径上方放置光标（光标会显示为形状），如图 8-53 所示。

图 8-52 绘制开放路径

图 8-53 在路径上方放置光标

(3) 单击，输入文字，然后按下 Ctrl + H 快捷键隐藏路径，即可得到文字按照路径走向排列的效果，如图 8-54 所示。

图 8-54 沿路径排列文字

8.4.2 实例——移动和翻转路径上的文字

在 Photoshop 中，不仅可以沿路径编辑文字，还可以移动、翻转路径中的文字。

(1) 执行“文件” | “打开”命令，打开本书配套资源中的“目标文件\第 8 章\8.4\8.4.2\人物.psd”文件。

(2) 在“图层”面板中选择文字图层，如图 8-55 所示。

(3) 画面中会显示路径，选择“路径选择”工具或“直接选择”工具，移动光标至文字上方，当光标显示为形状时拖动，如图 8-56 所示。

图 8-55 选择图层

图 8-56 移动光标至文字上方

(4) 按住鼠标左键移动光标，即可改变文字在路径上的起始位置，如图 8-57 所示。

(5) 按住鼠标左键并朝路径的另一侧拖动文字，可以翻转文字，如图 8-58 所示。

图 8-57 改变文字在路径上的起始位置

图 8-58 翻转文字

8.4.3 实例——创建异形轮廓段落文本

在 Photoshop 中，除了可以将文字沿路径排列之外，也可以将文本放置于一个闭合的路径或形状中。该功能在特殊的文字排版中非常有用。下面通过具体的操作来进行讲解。

(1) 执行“文件” | “打开”命令，打开本书配套资源中的“目标文件\第 8 章\8.4\8.4.3\酒杯.jpg”文件。

(2) 选择“钢笔”工具，沿杯子上半部分绘制一条闭合路径，如图 8-59 所示。

(3) 选择“横排文字”工具，移动光标至路径内，光标会显示为形状，单击，输入文字，如图 8-60 所示。

(4) 在轮廓内创建段落文本的结果如图 8-61 所示。

图 8-59 绘制路径

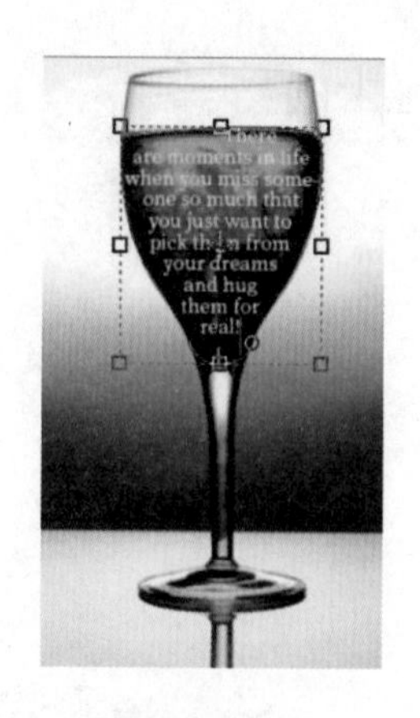

图 8-60 输入文字

图 8-61 最终结果

8.5 管理文字的命令

管理文字的操作包括拼写检查与查找替换，可帮助用户检查文档中的文字。该功能不仅能精确查找文字，还能替换指定文字。

8.5.1 实例——“拼写检查”命令的使用

使用“拼写检查”命令，可以搜索文档中的文字，检查正确与否，还能修改发现错误的文字。

(1) 执行“文件” | “打开”命令，打开本书配套资源中的“目标文件\第 8 章\8.5\8.5.1\新年海报.psd”文件，如图 8-62 所示。

执行“编辑” | “拼写检查”命令，打开“拼写检查”对话框，系统会发现“Ygar”单词拼写错误。在“拼写检查”对话框的“建议”列表框中选择正确单词，或者直接在“更改为”文本框中输入“Year!”，如图 8-63 所示。

图 8-62 打开素材

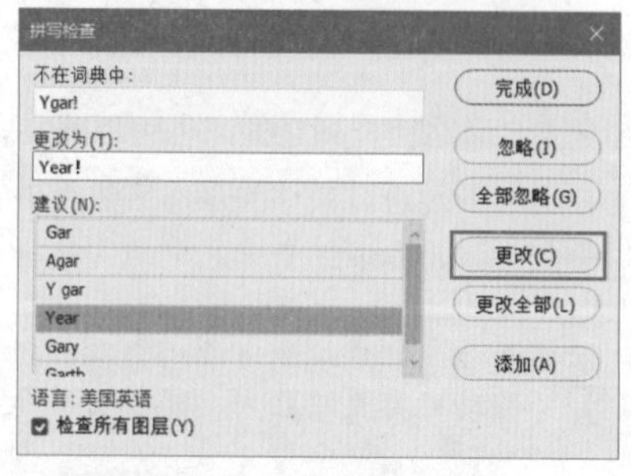

图 8-63 “拼写检查”对话框

(2) 单击“更改”按钮，弹出提示对话框，如图 8-64 所示。

(3) 单击“确定”按钮关闭对话框，最后结果如图 8-65 所示。

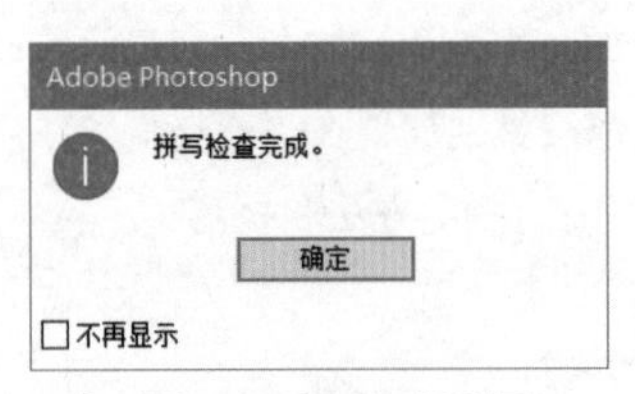

图 8-64 提示对话框

图 8-65 最后结果

8.5.2 查找和替换文本

“编辑”|“查找和替换文本”命令也是一项基于文字的查找功能，使用它可以查找当前文本中需要修改的文字、单词、标点或字符，并将其替换为正确的内容。“查找和替换”对话框如图 8-66 所示。

在进行内容替换时，在“查找内容”文本框中输入要替换的内容，在“更改为”文本框内输入用来替换的内容，然后单击“查找下一个”按钮，Photoshop 会将搜索到的内容高亮显示，单击“更改”按钮可将其替换。如果单击“更改全部”按钮，则搜索并替换所找到文本的全部匹配项。

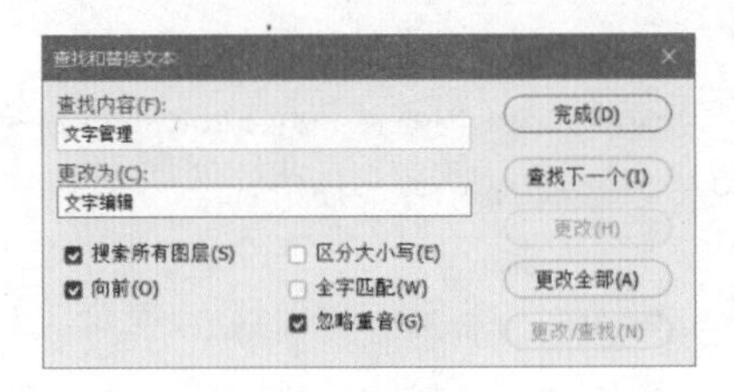

图 8-66“查找和替换”对话框

第9章 滤镜的应用

滤镜是Photoshop的万花筒，可以制作出许多令人眼花缭乱的特殊效果，如指定印象派绘画或马赛克拼贴外观，或者添加光照和扭曲效果。Photoshop中的所有滤镜都按类别放置在“滤镜”菜单中，使用时只需选择并执行滤镜命令即可。本章将详细讲解滤镜在图像处理中的应用方法和技巧。

9.1 滤镜的使用方法

Photoshop的滤镜种类繁多，功能和应用各不相同，但在使用方法上却有许多相似之处，了解和掌握这些方法和技巧，对提高滤镜的使用效率很有帮助。

9.1.1 什么是滤镜

Photoshop滤镜是一种插件模块，能够控制图像中的像素。位图是由像素构成的，每一个像素都有自己的位置和颜色，滤镜就是通过改变像素的位置或颜色来生成特殊效果。

9.1.2 滤镜的种类

滤镜分为内置滤镜和外挂滤镜两大类。内置滤镜是Photoshop自身提供的各种滤镜，外挂滤镜是由其他厂商开发的滤镜，需要安装在Photoshop中才能使用。

9.1.3 滤镜的使用方法

滤镜的使用原则：

➢ 使用滤镜处理某一个图层中的图像时，需要选择该图层，并且图层必须是可见的。

➢ 滤镜可应用于当前选择范围、当前图层或通道，如果需要将滤镜应用于整个图层，不要选择任何图像区域。

➢ 有些滤镜只对RGB颜色模式图像起作用，不能将滤镜应用于位图模式或索引模式图像，有些滤镜不能应用于CMYK颜色模式图像。

➢ 有些滤镜完全在内存中处理，因而在处理高分辨率图像时非常消耗内存。

➢ 有些滤镜允许在应用之前预览处理效果，以便调整得到最佳的滤镜参数。预览滤镜效果大致有以下几种方法:

（1）如果滤镜对话框中有“预览”复选框，可以勾选此选项，以便在图像窗口预览应用滤镜的结果。此时仍然可以使用Ctrl+“+”和Ctrl+“-”快捷键调整图像窗口的大小。

（2）一般的滤镜对话框都有预览框，从中也可以预览滤镜效果，按住鼠标并在其中拖动可移动预览图像，以查看不同位置的图像效果，如图9-1所示。

（3）移动光标至图像窗口，此时光标显示为□形状，单击即可在滤镜对话框中的预览框中显示该区域图像的滤镜效果。

❶图像预览框：按住鼠标可移动预览图像。

❷预览：选中此选项，可在图像窗口中预览滤镜应用效果。

❸缩小预览图像按钮。

❹放大预览图像按钮。

提示：在任意滤镜对话框中按住 Alt 键，“取消”按钮就会变成“复位”按钮，便可将参数恢复到初始状态。

图 9-1 “高斯模糊”对话框

9.1.4 提高滤镜工作效率

有些滤镜在使用时会占用大量内存，尤其是将滤镜应用于大尺寸、高分辨率的图像时，处理速度会非常缓慢。在这些情况下应该掌握以下技巧以提高滤镜的工作效率：如果图像尺寸较大，可以在图像上先选择一小部分区域试验滤镜参数设置和效果，得到满意的结果后，再应用于整幅图像。如果图像尺寸很大且内存不足时，可将滤镜应用于单个通道来为图像添加滤镜效果。

在运行滤镜之前先执行“编辑”|“清理”|“全部”命令释放内存。

将更多的内存分配给 Photoshop。如果需要，可关闭其他正在运行的应用程序，以便为 Photoshop 提供更多的可用内存。

尝试更改设置以提高占用大量内存的滤镜的速度，如“光照效果”“木刻”“染色玻璃”“铬黄”“波纹”“喷溅”“喷色描边”和“玻璃”滤镜等。

9.1.5 快速执行上次使用的滤镜

当对图像使用了一个滤镜进行处理后，滤镜菜单的顶部会出现该滤镜的名称，单击它便可以快捷使用该滤镜，也可按 Ctrl+F 快捷键执行这一操作。如果要对该滤镜的参数做出调整，可按下 Ctrl+Alt+F 快捷键打开滤镜对话框，在对话框中重新设置参数。

9.1.6 查看滤镜的信息

在“帮助”|“关于增效工具”子菜单中可以找到 Photoshop 中所有增效工具。如果要查看某一增效工具的信息，可以选择相应的内容。

9.2 滤镜库

滤镜库集合了多个滤镜，可以将多个滤镜同时应用于同一图像，或者对同一图像多次应用同一滤镜，甚至还可以使用库中的其他滤镜替换原有的滤镜。

9.2.1 了解“滤镜库”对话框

执行“滤镜”|“滤镜库”命令，可以打开“滤镜库”对话框，如图 9-2 所示。对话框左侧是预览区，中间是 6 组可供选择的滤镜，右侧是参数设置区。

❶预览窗口：用于预览应用滤镜的效果。

❷滤镜缩览图列表窗口：以缩览图的形式列出了风格化、画笔描边、扭曲、素描、纹理和艺术效果滤镜组的一些常用滤镜。

❸缩放区：可缩放预览窗口中的图像。

❹显示/隐藏滤镜缩览图按钮：单击按钮，对话框中的滤镜缩览图列表窗口会立即隐藏，这样图像预览窗口得

到扩大，可以更方便地观察应用滤镜效果；单击按钮[⌃]，滤镜列表窗口又会重新显示。

❺滤镜下拉列表框：以下拉列表的形式显示了滤镜缩览图列表窗口中的所有滤镜。单击下拉按钮⌄可从中进行选择。

❻滤镜参数：当选择某个滤镜时，该区域会显示出相应的滤镜参数。用户可在该区域对滤镜参数进行设置。

❼应用到图像上的滤镜列表：该列表按照先后次序，列出了当前所有应用到图像上的滤镜列表。选择其中的某个滤镜，用户可以对其参数进行修改，或者单击其左侧的眼睛图标，隐藏该滤镜效果。

❽已应用但未选择的滤镜：已经应用到当前图像上的滤镜。其左侧显示了眼睛图标。

❾隐藏的滤镜：隐藏的滤镜，其左侧未显示眼睛图标。

❿新建效果图层：单击按钮[+]可添加新的滤镜。

⓫删除效果图层：单击按钮[🗑]可以删除当前选择的滤镜。

图 9-2“滤镜库”对话框

9.2.2 实例——使用“滤镜库”制作油画效果

本实例将使用“滤镜库”中的“画笔描边”滤镜组中三个不同的滤镜，制作出荷花的油画效果。

(1) 执行“文件”|“打开”命令，选择本书配套资源中的“目标文件\第 9 章\9.2\9.2.2\素材.jpg”文件，打开一张素材图像，如图 9-3 所示。

(2) 执行“滤镜”|“滤镜库”命令，弹出“滤镜库”对话框，展开“画笔描边”滤镜组列表，选择“喷色描边”滤镜，如图 9-4 所示。

图 9-3 打开素材

图 9-4 选择“喷色描边”滤镜

(3) 单击“新建效果图层”按钮⊞，新建一个滤镜效果图层，该图层也会自动添加“喷色描边”滤镜。这里单击更改为“阴影线”滤镜，如图9-5所示。

(4) 再次单击“新建效果图层”按钮⊞，新建滤镜效果图层，然后选择“喷溅”滤镜，如图9-6所示。

图9-5 选择“阴影线”滤镜

图9-6 选择“喷溅”滤镜

(5) 单击“确定”按钮，三个滤镜叠加后，创建出如同油画般的画面效果，如图9-7所示。

图9-7 创建油画效果

9.3 智能滤镜

所谓智能滤镜实际上就是应用在智能对象上的滤镜。与应用在普通图层上的滤镜不同，对应用在智能对象上的滤镜，Photoshop保存的是滤镜的参数和设置，而不是图像应用滤镜的效果，这样在应用滤镜的过程中，当发现某个滤镜的参数设置不恰当、滤镜前后次序颠倒或某个滤镜不需要时，就可以像更改图层样式一样，将该滤镜关闭或重新设置滤镜参数，Photoshop会使用新的参数对智能对象重新进行计算和渲染。

9.3.1 实例——用智能滤镜制作素描效果

要应用智能滤镜，首先应将图层转换为智能对象，或选择“滤镜”|“转换为智能滤镜”命令。下面以实例说明智能滤镜的用法。

(1) 按下Ctrl + O快捷键，打开本书配套资源中的“目标文件\第9章\9.3\9.3.1\娃娃.jpg”文件，如图9-8所示。

(2) 执行“滤镜”|“转换为智能滤镜”命令，在弹出的提示对话框中单击“确定”按钮。将背景图层转换为智能对象，图层缩览图右下角出现智能对象标识，如图9-9所示。

(3)　按Ctrl+J快捷键，将智能对象图层复制一层，如图9-10所示。

(4) 执行“滤镜”|“滤镜库”命令，选择“艺术效果”滤镜组中的“海报边缘”选项，设置各项参数如图9-11所示。

(5) 单击底部的“新建效果图层”按钮⊞，新建一个滤镜效果图层，该图层也会自动添加“海报边缘”滤镜，选择“扭曲”滤镜组中的“扩散亮光”滤镜，设置各项参数如图 9-12 所示。

图 9-8 打开素材

图 9-9 转换为智能对象

图 9-10 复制图层

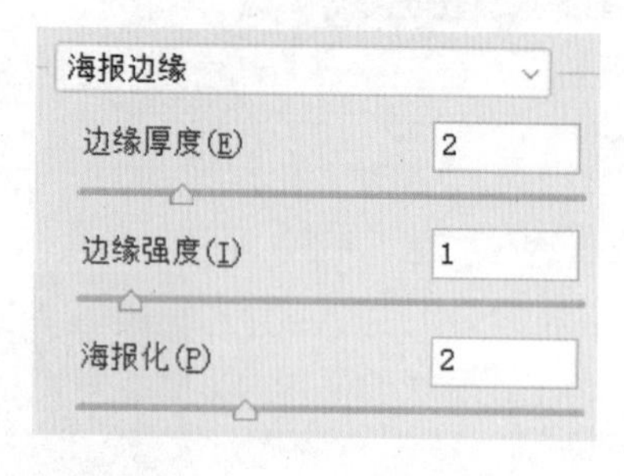

图 9-11 设置“海报边缘”滤镜参数

(6) 单击“确定”按钮关闭对话框。在“图层”面板的智能图层下方可以看到创建的智能滤镜，如图 9-13 所示，

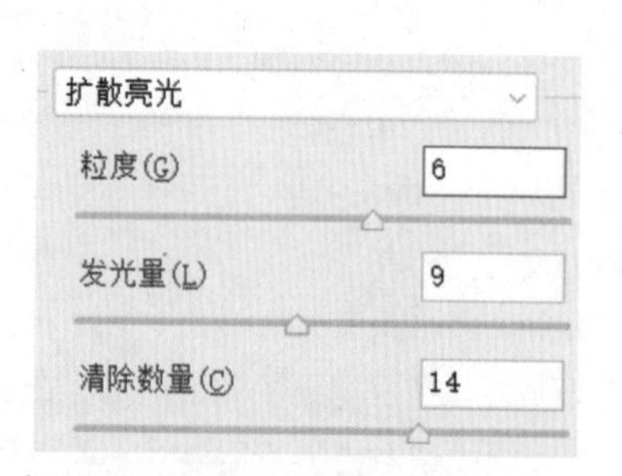

图 9-12 设置“扩散亮光”滤镜参数

图 9-13 智能滤镜

(7) 此时图像效果如图 9-14 所示。

(8) 执行“滤镜”|“渲染”|“镜头光晕”命令，弹出“镜头光晕”对话框，设置参数如图 9-15 所示。

图 9-14 图像效果

图 9-15“镜头光晕”对话框

(9) 单击“确定”按钮，在“图层”面板的智能图层下方可以看到新增“镜头光晕”滤镜，如图 9-16 所示。此时图像的显示效果如图 9-17 所示。

图 9-16 新增“镜头光晕”滤镜

图 9-17 最终效果

9.3.2 智能滤镜和普通滤镜的区别

在 Photoshop 中，普通的滤镜是通过修改像素来产生效果的。例如，如图 9-18 所示的图像文件经过“高斯模糊”滤镜处理后的效果如图 9-19 所示，从“图层”面板中可以看到，“背景”图层的像素被修改了，如果将图像保存并关闭，则无法恢复原来的效果。

智能滤镜是一种非破坏性的滤镜，它将滤镜效果应用于智能对象上，不会修改图像的原始数据，如图 9-20 所示为“高斯模糊”智能滤镜的处理结果，可以看到，它与普通“高斯模糊”滤镜的效果完全相同。

图 9-18 原图像

图 9-19 普通滤镜处理

图 9-20 智能滤镜处理

9.4 独立滤镜

Photoshop 提供了多种独立滤镜，包括液化、消失点和镜头校正等。本节将选择常用的两个滤镜，对其使用方法进行介绍。

9.4.1 实例——使用“自适应广角”滤镜校正建筑物

“自适应广角”滤镜可用来校正由于使用广角镜头而造成的镜头扭曲。它可以快速拉直在全景图或采用鱼眼镜头和广角镜头拍摄的照片中看起来弯曲的线条。下面使用该滤镜来校正建筑物向内倾斜的效果。

(1) 执行“文件” | “打开”命令，选择本书配套资源中的“目标文件\第 9 章\9.4\9.4.1\建筑.jpg”文件，单击“打开”按钮，打开如图 9-21 所示的素材。可以看到，由于镜头的原因，建筑物向内发生了

倾斜。

（2）执行“滤镜”|“自适应广角”命令，打开“自适应广角”对话框，Photoshop 首先会识别拍摄该照片所使用的相机和镜头，对话框左下角会显示相关信息，并自动对照片进行简单的校正。

（3）如果对自动校正效果不满意，可以在对话框右侧设置校正参数，如图 9-22 所示。单击对话框左上角的“约束工具”按钮，在画面中需要拉直的地方绘制约束直线，如图 9-23 所示。松开鼠标后，即可将弯曲的图像拉直。

图 9-21 打开素材

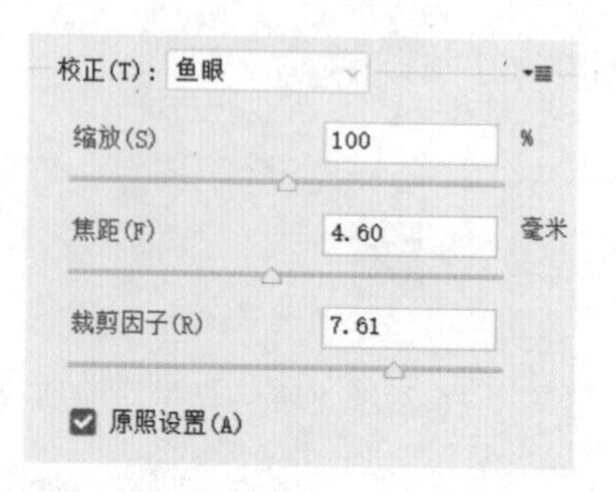

图 9-22 设置参数

（4）单击“确定”按钮，最终结果如图 9-24 所示。

图 9-23 绘制直线

图 9-24 最终结果

9.4.2 实例——使用滤镜制作油画效果

本实例将使用油画滤镜为果蔬静物制作出油画的效果。

（1）执行“文件”|“打开”命令，选择本书配套资源中的“目标文件\第 9 章\9.4\9.4.2\果蔬.jpg”，单击“打开”按钮，打开一张素材图像，如图 9-25 所示。

（2）执行“滤镜”|“风格化”|“油画”命令，弹出“油画”对话框，在右边设置相关参数如图 9-26 所示。

图 9-25 打开素材

画笔
描边样式(S): 3.4
描边清洁度(C): 9.3
缩放(L): 7.7
硬毛刷细节(B): 4.5
光照
角度(A): 151 度
闪亮(H): 4.9

图 9-26 设置参数

（3）单击“确定”按钮。最终效果如图 9-27 所示。

图 9-27 最终效果

9.5 风格化滤镜

在 Photoshop 中，风格化滤镜包括“查找边缘”滤镜、“风”滤镜、“浮雕效果”滤镜、“拼贴”滤镜等，可以产生各种绘画或印象派的效果。下面我们对其中的“查找边缘”和“风”滤镜进行详细介绍。

9.5.1 实例——“查找边缘”滤镜的使用

“查找边缘”滤镜可以自动搜索图像的主要颜色区域，将高反差区域变亮，低反差区域变暗，其他区域则介于两者之间，并使硬边变为细线条，柔边变粗犷，自动形成一个清晰的轮廓，以突出图像的边缘。

(1) 执行“文件”|“打开”命令，选择本书配套资源中的“目标文件\第 9 章\9.5\9.5.1\速度.jpg”，打开素材，如图 9-28 所示。

(2) 按 Ctrl+J 快捷键，复制一份，执行“滤镜”|“风格化”|“查找边缘”命令，系统自动将图像区域转换为清晰的轮廓，如图 9-29 所示。

图 9-28 打开素材

图 9-29 使用“查找边缘”效果

(3) 单击“图层”面板底部的“添加图层蒙版”按钮，选中蒙版，再选择“画笔”工具，设置前景色为黑色，涂抹列车，隐藏其查找边缘的效果，最终结果如图 9-30 所示。

图 9-30 最终结果

9.5.2 实例——“风”滤镜的使用

使用“风”滤镜可在图像中增加一些细小的水平线来模拟风吹效果。

(1) 执行“文件” | “打开”命令，选择本书配套资源中的“目标文件\第 9 章\9.5\9.5.2\向日葵.jpg”，打开素材，如图 9-31 所示。

(2) 执行“滤镜” | “风格化” | “风”命令，弹出“风”对话框，设置参数如图 9-32 所示。

(3) 单击“确定”按钮。最终结果如图 9-33 所示。

图 9-31 打开素材

图 9-32 设置参数

图 9-33 最终结果

9.6 模糊滤镜

模糊滤镜包括“表面模糊”滤镜、“动感模糊”滤镜、“径向模糊”滤镜等。它们可以柔化像素，降低相邻像素间的对比度，使图像产生柔和、平滑过渡的效果。下面对常用的几种模糊滤镜进行详细的介绍。

9.6.1 实例——“动感模糊”滤镜的使用

使用“动感模糊”滤镜，可以根据制作效果的需要沿指定方向模糊图像，产生的效果类似于以固定的曝光时间给一个移动的对象拍照。

(1) 执行“文件” | “打开”命令，选择本书配套资源中的“目标文件\第 9 章\9.6\9.6.1\我和你.jpg”，打开素材，如图 9-34 所示。按 Ctrl+J 快捷键，复制图层。

(2) 执行“滤镜” | “模糊” | “动感模糊”命令，弹出“动感模糊”对话框，设置参数如图 9-35 所示。

图 9-34 打开素材

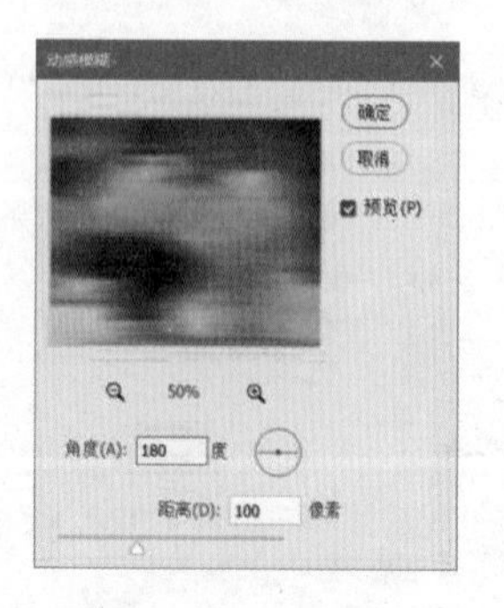

图 9-35 设置参数

(3) 单击“确定”按钮。生成的动感模糊效果如图 9-36 所示。

(4) 单击“图层”面板上的“添加图层蒙版”按钮，添加图层蒙版。选中蒙版，按 B 键切换到“画笔”工具，在人物上涂抹，隐藏人物部分的模糊效果，最终结果如图 9-37 所示。

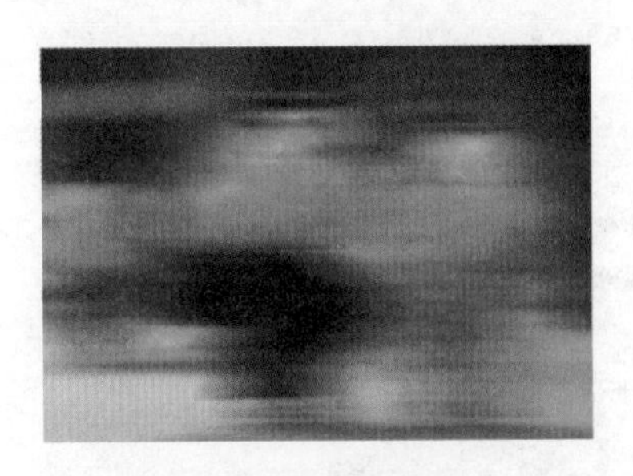
图 9-36 生成动感模糊效果

图 9-37 最终结果

9.6.2 实例——“高斯模糊”滤镜的使用

“高斯模糊”滤镜可用来添加低频细节，使图像产生一种朦胧效果。

(1) 执行“文件” | “打开”命令，选择本书配套资源中的“目标文件\第 9 章\9.6\9.6.2\花朵.jpg”，打开素材，如图 9-38 所示。按 Ctrl+J 快捷键，复制图层。

(2) 选择“矩形选框”工具，建立一个矩形选区，如图 9-39 所示。

图 9-38 打开素材

图 9-39 建立选区

(3) 执行“滤镜” | “模糊” | “高斯模糊”命令，弹出“高斯模糊”对话框。在对话框中设置“半径”为 5 像素，如图 9-40 所示。

(4) 单击“确定”按钮。按 Ctrl+D 快捷键，取消选区，最终结果如图 9-41 所示。

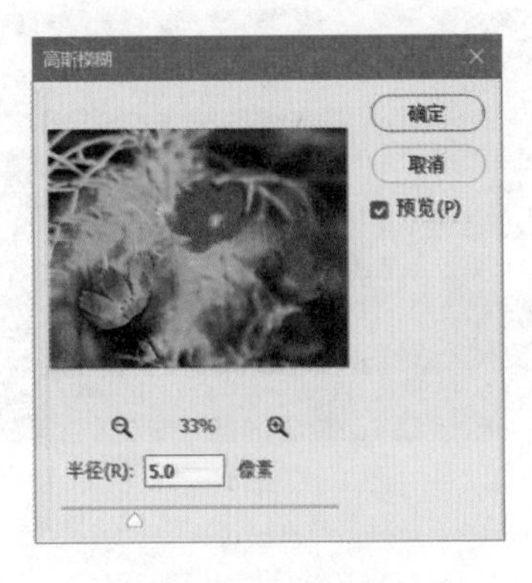

图 9-40 设置参数

图 9-41 最终结果

9.6.3 实例——“径向模糊”滤镜的使用

“径向模糊”滤镜可用于模拟缩放或旋转相机时所产生的模糊效果，产生一种柔化的模糊效果。

(1) 执行“文件” | “打开”命令，选择本书配套资源中的“目标文件\第 9 章\9.6\9.6.3\黑夜.jpg”，打开素材，如图 9-42 所示。按 Ctrl+J 快捷键，复制图层。

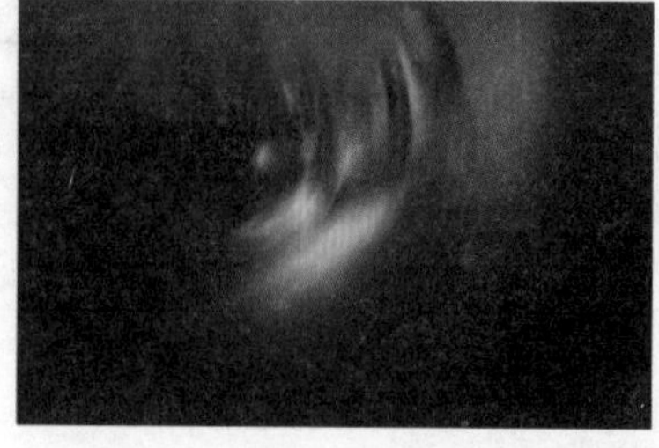

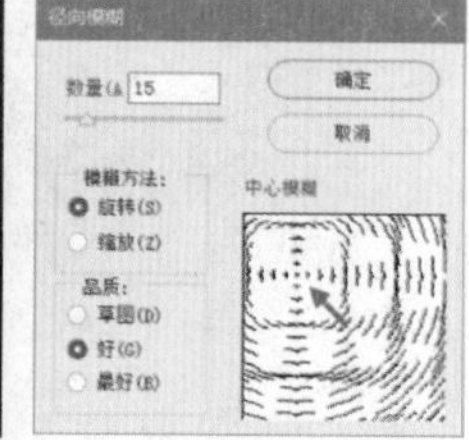

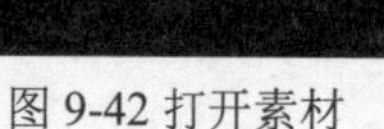

图 9-42 打开素材

图 9-43 设置径向模糊参数

(2) 执行“滤镜” | “模糊” | “径向模糊”命令，弹出“径向模糊”对话框。设置“数量”为 15（数量越大，模糊效果越明显），设置“模糊方法”为“旋转”（使图像沿同心圆环线产生旋转的模糊效果），将光标放置在设置框中，再拖拽鼠标左键更改定位模糊的原点（原点位置不同，模糊中心也不同），如图 9-43 和图 9-44 所示。

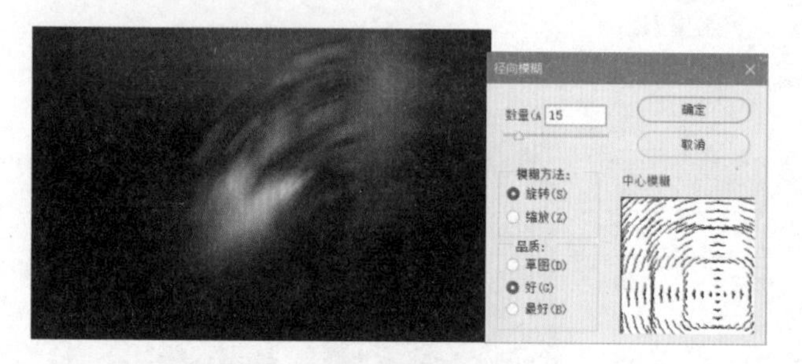

图 9-44 更改原点

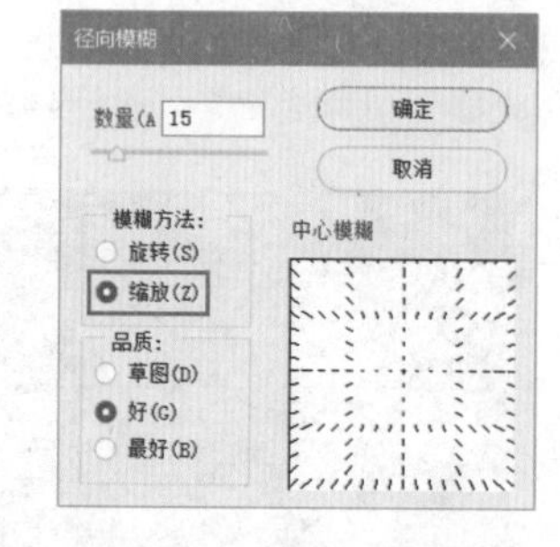

图 9-45 选择“缩放”选项

(3) 将“模糊方法”设置为“缩放”，如图 9-45 所示，可以从中心向外产生反射模糊效果，如图 9-46 所示。

(4) 单击“图层”面板上的“添加图层蒙版”按钮，添加蒙版。选中蒙版，设置前景色为黑色，按 B 键切换到“画笔”工具，在人物上涂抹，隐藏人物的模糊效果。

(5) 添加花纹素材至画面中，放置在适当的位置，最终结果如图 9-47 所示。

图 9-46 模糊效果

图 9-47 最终结果

9.7 扭曲滤镜

扭曲滤镜包括“波浪”滤镜、“波纹”滤镜、“极坐标”滤镜、“球面化”滤镜、“切变”滤镜等。

使用扭曲滤镜可以通过创建三维或其他形体效果对图像进行几何变形，创建 3D 或其他扭曲效果。下面对其中的“波浪”滤镜、“波纹”滤镜以及“球面化”滤镜进行详细介绍。

9.7.1 实例——“波浪”滤镜的使用

“波浪”滤镜可用来在图像上创建波浪起伏的图案，生成波浪效果。

(1) 执行“文件” | “打开”命令，选择本书配套资源中的“目标文件\第 9 章\9.7\9.7.1\红与黑.jpg”，打开素材，如图 9-48 所示。按 Ctrl+J 快捷键，复制图层。

(2) 执行“滤镜” | “扭曲” | “波浪”命令，弹出“波浪”对话框，设置参数如图 9-49 所示。

提示：在“波浪”对话框中，选择不同的类型可以产生不同的波浪效果，更改左侧的参数设置也会影响波浪的效果。

(3) 单击“确定”按钮。最终结果如图 9-50 所示。

图 9-48 打开素材

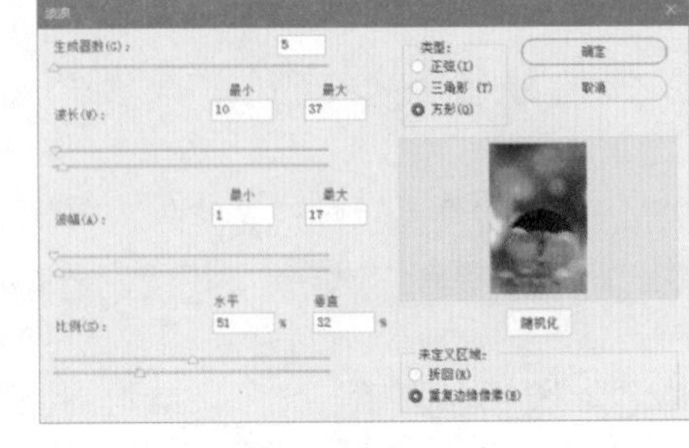

图 9-49 设置参数

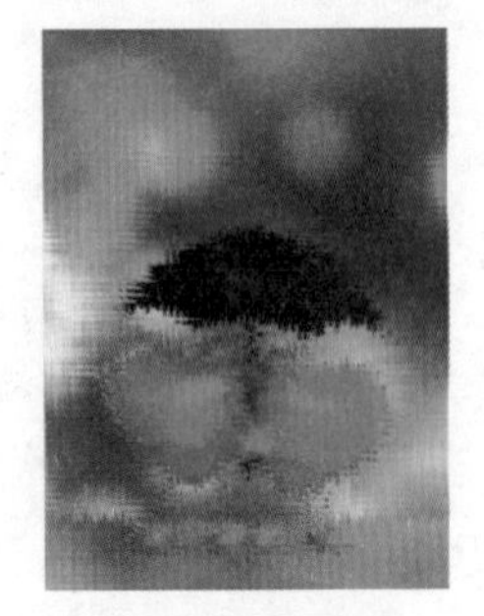

图 9-50 最终结果

9.7.2 实例——“波纹”滤镜的使用

“波纹”滤镜和“波浪”滤镜的工作方式相同，但提供的选项较少，只能控制波纹的数量和波纹大小。下面为添加“波纹”滤镜的具体操作步骤。

(1) 执行“文件” | “打开”命令，选择本书配套资源中的“目标文件\第 9 章\9.7\9.7.2\魅惑.jpg”，打开素材，如图 9-51 所示。按 Ctrl+J 快捷键，复制图层。

(2) 执行“滤镜” | “扭曲” | “波纹”命令，弹出“波纹”对话框，设置参数如图 9-52 所示。

(3) 单击“确定”按钮。最终结果如图 9-53 所示。

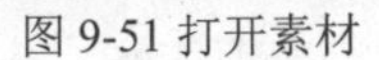

图 9-51 打开素材

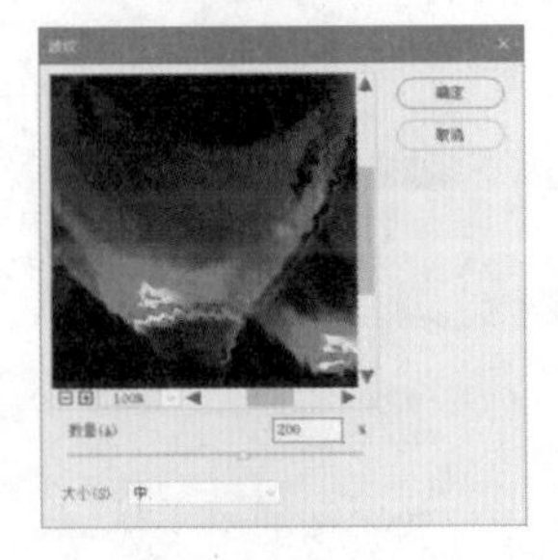

图 9-52 设置参数

图 9-53 最终结果

9.7.3 实例——“球面化”滤镜的使用

“球面化”滤镜可通过将选区折成球形、扭曲图像以及伸展图像以适合选中的曲线，使图像产生 3D 效果。下面为添加“球面化”滤镜的具体操作步骤。

(1) 执行“文件” | “打开”命令，选择本书配套资源中的“目标文件\第 9 章\9.7\9.7.3\牛仔.jpg”，

打开素材，如图 9-54 所示。按 Ctrl+J 快捷键，复制图层。

(2) 执行“滤镜”|“扭曲”|“球面化”命令，打开“球面化”对话框，设置参数如图 9-55 所示。

(3) 单击“确定”按钮。最终结果如图 9-56 所示。

图 9-54 打开素材

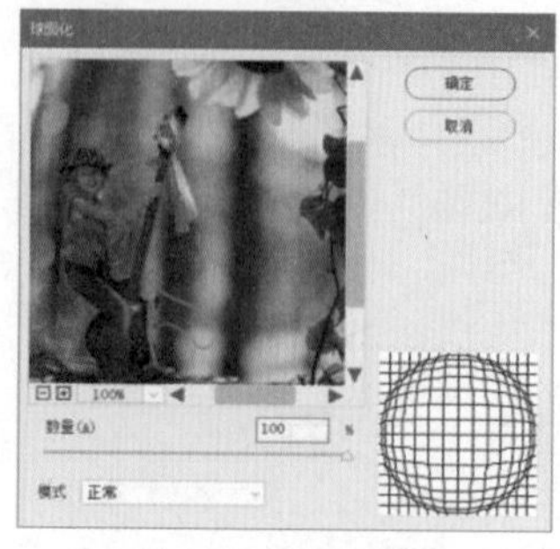

图 9-55 设置参数

图 9-56 最终结果

9.8 锐化滤镜

“锐化”滤镜组中包含“USM 锐化”滤镜、“防抖”滤镜以及“智能锐化”滤镜等。使用锐化滤镜可以通过增强相邻像素间的对比度来聚焦模糊的图像，使图像变得清晰。

9.8.1 实例——“USM 锐化”滤镜的使用

“USM 锐化”滤镜可用来查找图像颜色发生明显变化的区域，然后将其锐化。下面为添加“USM 锐化”滤镜的具体操作步骤。

(1) 执行“文件”|“打开”命令，选择本书配套资源中的“目标文件\第 9 章\9.8\9.8.1\儿童.jpg”，打开素材，如图 9-57 所示。按 Ctrl+J 快捷键，复制图层。

(2) 执行“滤镜”|“锐化”|“USM 锐化”命令，弹出“USM 锐化”对话框，设置参数如图 9-58 所示。

(3) 单击“确定”按钮。最终结果如图 9-59 所示。

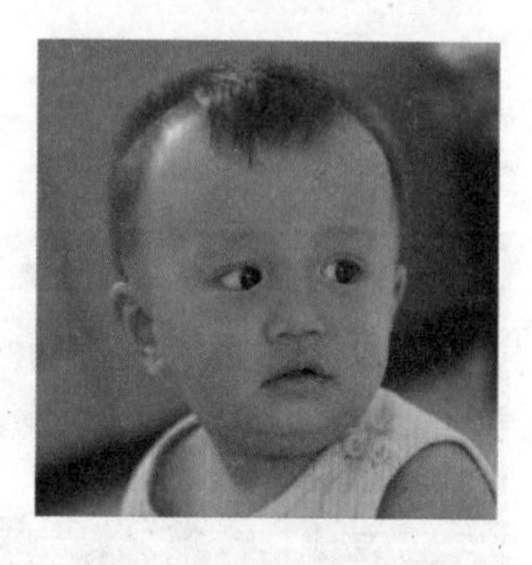

图 9-57 打开素材

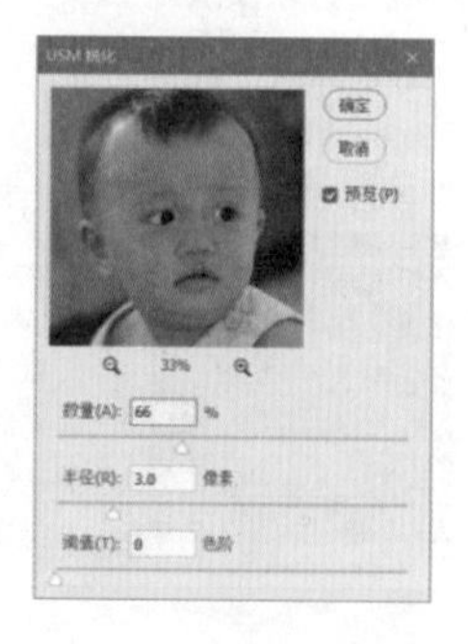

图 9-58 设置参数

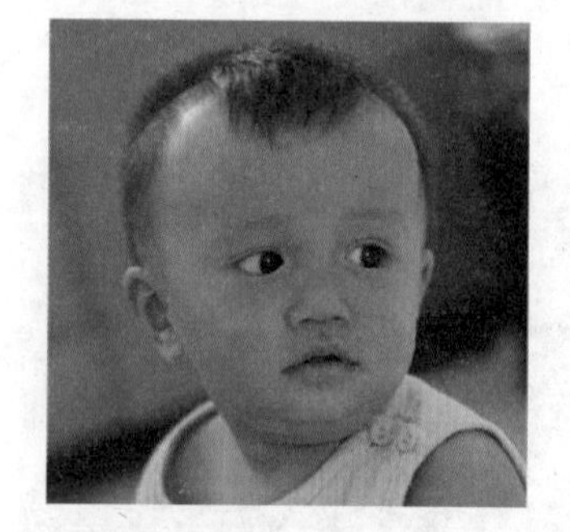

图 9-59 最终结果

9.8.2 实例——“防抖”滤镜与“智能锐化”滤镜的使用

所拍摄的静态图像（如使用长焦镜头拍摄的室内或室外图像以及在不开闪光灯的情况下使用较慢的快门速度拍摄的室内静态场景图像）特别适合使用 Photoshop 提供的防抖功能进行处理。利用“防抖”滤镜及“智能锐化”滤镜，可以将图像清晰度最大化，并同时将杂色和光晕最小化，让照片展现出清晰的状态。下面为具体的操作步骤。

(1) 执行“文件” | “打开”命令，选择本书配套资源中的“目标文件\第 9 章\9.8\9.8.2\孩子.jpg”，打开素材，如图 9-60 所示。按 Ctrl+J 快捷键，复制图层。

(2) 执行“滤镜” | “锐化” | “防抖”命令，打开“防抖”对话框，在“模糊描摹设置”选项组中设置相关参数，此时图像预览如图 9-61 所示。单击“确定”按钮，关闭对话框。

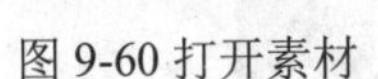

图 9-60 打开素材

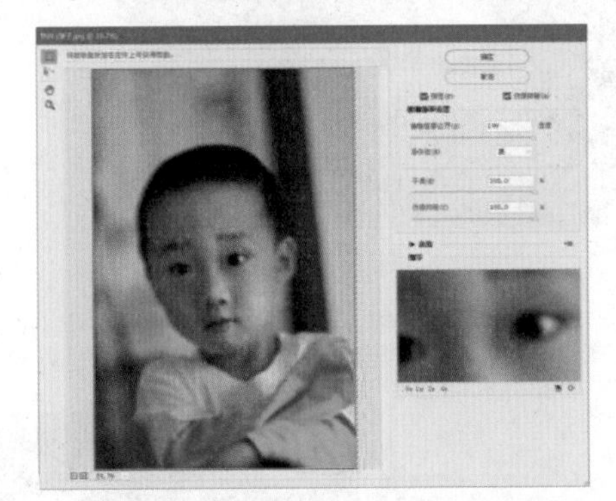

图 9-61 “防抖”对话框

(3) 执行“滤镜” | “锐化” | “智能锐化”命令，在弹出的对话框中拖动各个滑块设置参数，让图像更加清晰可见，如图 9-62 所示。

(4) 单击“确定”按钮，关闭对话框。最终结果如图 9-63 所示。

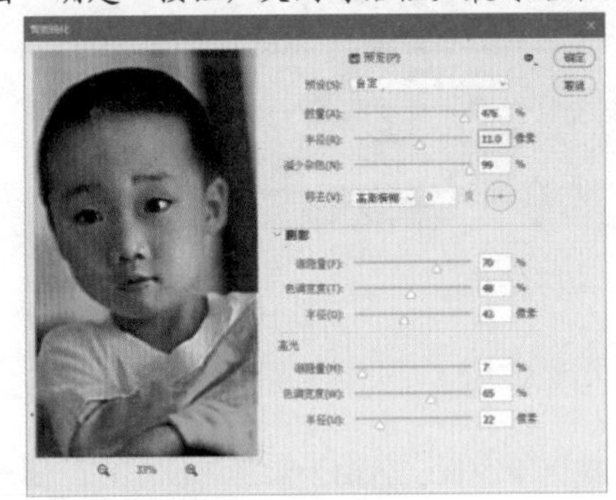

图 9-62 设置参数

图 9-63 最终结果

9.9 纹理滤镜

“纹理”滤镜组包含 6 种滤镜。这些滤镜可用来在图像中添加纹理质感，模拟具有深度感物体的外观。

9.9.1 实例——“染色玻璃”滤镜的使用

“染色玻璃”滤镜可用来将图像重新绘制为单色的相邻单元格，色块之间的缝隙用前景色填充，使图像看起来像是彩色玻璃。下面为添加“染色玻璃”滤镜的具体操作步骤。

(1) 执行“文件” | “打开”命令，选择本书配套资源中的“目标文件\第 9 章\9.9\9.9.1\色彩.jpg”，打开素材，如图 9-64 所示。按 Ctrl+J 快捷键，复制图层。

(2) 执行“滤镜” | “滤镜库”命令，弹出“滤镜库”对话框，选择“纹理”选项组中的“染色玻璃”滤镜，设置参数如图 9-65 所示。

图 9-64 打开素材

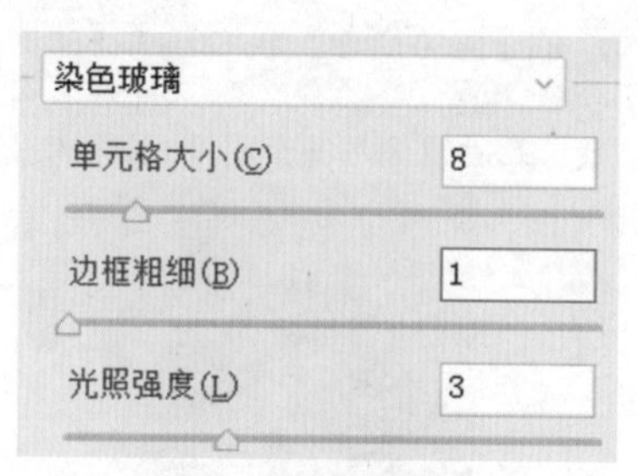

图 9-65 设置参数

(3) 单击“确定”按钮。最终结果如图 9-66 所示。

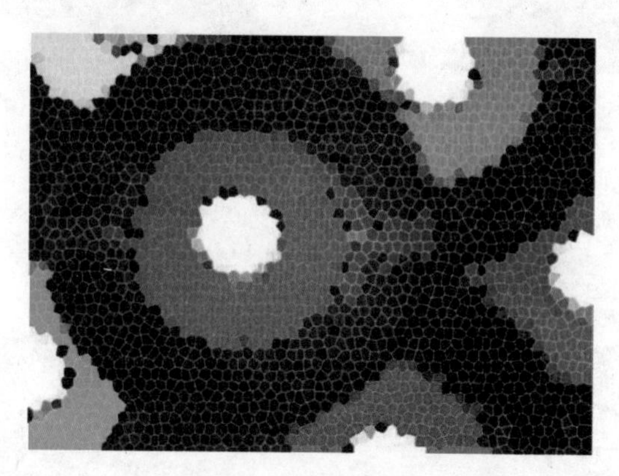

图 9-66 最终结果

9.9.2 实例——“纹理化”滤镜的使用

利用“纹理化”滤镜可以将选定或外部的纹理应用于图像。下面为添加“纹理化”滤镜的具体操作步骤。

(1) 执行“文件” | “打开”命令，选择本书配套资源中的“目标文件\第 9 章\9.9\9.9.2\公主.jpg”，打开素材如图 9-67 所示。按 Ctrl+J 快捷键，复制图层。

(2) 执行“滤镜” | “滤镜库”命令，弹出“滤镜库”对话框，选择“纹理”选项组中的“纹理化”滤镜，设置参数如图 9-68 所示。

图 9-67 打开素材

图 9-68 设置参数

(3) 单击“确定”按钮。最终结果如图 9-69 所示。

图 9-69 最终结果

9.10 像素化滤镜

像素化滤镜包括“彩色半调”滤镜、“晶格化”滤镜、“马赛克”滤镜、“铜版雕印”滤镜等。像素化滤镜可以使单元格中颜色值相近的像素结成块状。下面详细介绍“彩色半调”滤镜和“晶格化”滤镜的使用方法。

9.10.1 实例——“彩色半调”滤镜的使用

“彩色半调”滤镜可用来使图像产生网点状效果，它将图像划分为矩形，并用圆形替换每个矩形。下面为添加“彩色半调”滤镜的具体操作步骤。

(1) 执行“文件” | “打开”命令，选择本书配套资源中的“目标文件\第 9 章\9.10\9.10.1\缤纷.jpg”，打开素材，如图 9-70 所示。按 Ctrl+J 快捷键，复制图层。

(2) 执行“滤镜” | “像素化” | “彩色半调”命令，打开“彩色半调”对话框，设置参数如图 9-71 所示。

图 9-70 打开素材

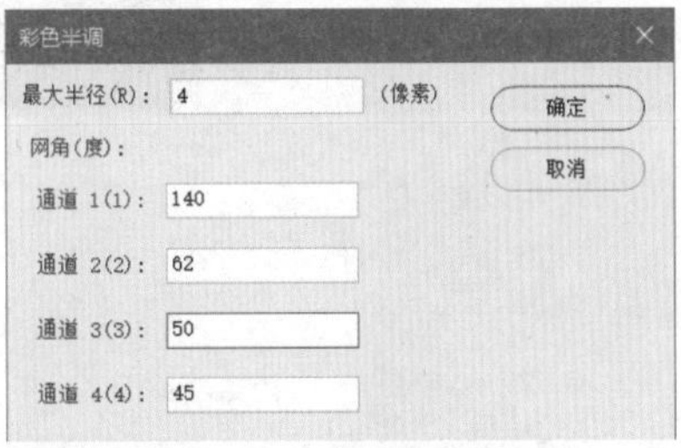

彩色半调
最大半径(R)： 4 (像素)
网角(度)：
通道 1(1)： 140
通道 2(2)： 62
通道 3(3)： 50
通道 4(4)： 45
确定
取消

图 9-71 设置参数

(3) 单击“确定”按钮。最终结果如图 9-72 所示。

图 9-72 最终结果

9.10.2 实例——“晶格化”滤镜的使用

“晶格化”滤镜可用来使图像中颜色相近的像素结块形成多边形纯色。下面为添加“晶格化”滤镜的具体操作步骤。

(1) 执行“文件” | “打开”命令，选择本书配套资源中的“目标文件\第 9 章\9.10\9.10.2\彩椒.jpg”，打开素材，如图 9-73 所示。按 Ctrl+J 快捷键，复制图层。

(2) 执行“滤镜” | “像素化” | “晶格化”命令，打开“晶格化”对话框，设置参数如图 9-74 所示。

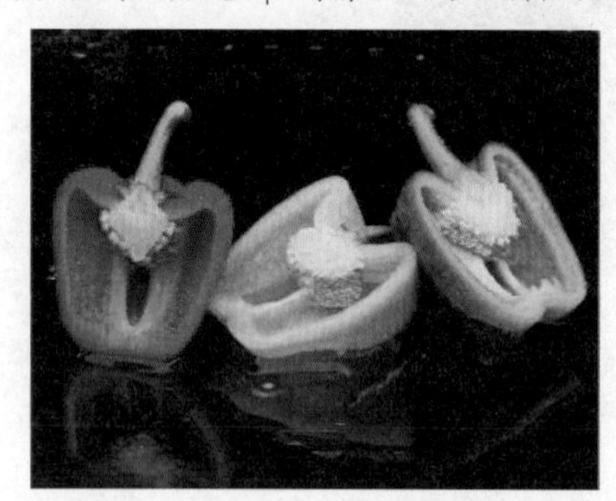

图 9-73 打开素材

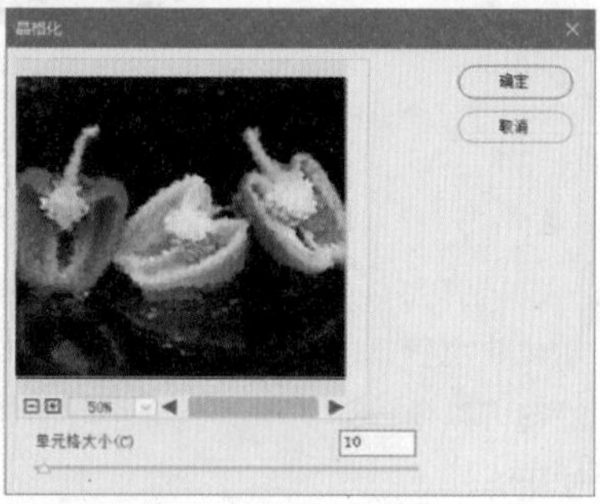

图 9-74 设置参数

(3) 单击“确定”按钮，最终结果如图 9-75 所示。

图 9-75 最终结果

9.11 渲染滤镜

渲染滤镜包括“火焰”滤镜、“云彩”滤镜、“分层云彩”滤镜、“镜头光晕”效果、“光照效果”滤镜等，可用来创建火焰效果，或者使图像产生三维、云彩或光照效果，以及添加模拟的镜头折射和反射效果。

9.11.1 实例——“云彩”滤镜与“分层云彩”滤镜的使用

利用“云彩”滤镜可以使用介于前景色与背景色之间的随机值生成柔和的云彩图案。

利用“分层云彩”滤镜可以将云彩数据和现有的像素混合。首次使用滤镜时，图像的某些部分被反相为云彩图案，多次应用滤镜后，就会创建出与大理石纹理相似的凸像与叶脉图案。

(1) 新建一个 800 像素 × 700 像素的空白文档，设置前景色为青色（#1ccac0）、背景色为白色。

(2) 执行“滤镜” | “渲染” | “云彩”命令，添加“云彩”滤镜，结果如图 9-76 所示。

(3) 执行“滤镜” | “渲染” | “分层云彩”命令，添加“分层云彩”滤镜，结果如图 9-77 所示。

图 9-76 添加“云彩”滤镜

图 9-77 添加“分层云彩”滤镜

(4) 按 Ctrl+F 快捷键，多次应用“分层云彩”滤镜，生成大理石状纹理，如图 9-78 所示。

图 9-78 生成大理石状纹理

9.11.2 实例——“镜头光晕”滤镜的使用

“镜头光晕”滤镜可用来模拟亮光照射到相机镜头所产生的效果，如玻璃、金属等的反射光，或用来增强日光和灯光效果。下面为添加“镜头光晕”滤镜的具体操作步骤。

(1) 执行“文件”|“打开”命令，选择本书配套资源中的“目标文件\第 9 章\9.11\9.11.2\梦幻.jpg”，打开素材，如图 9-79 所示。按 Ctrl+J 快捷键，复制图层。

(2) 新建一个黑色的图层，执行“滤镜”|“渲染”|“镜头光晕”命令，弹出“镜头光晕”对话框，设置参数如图 9-80 所示。

图 9-79 打开素材

图 9-80“镜头光晕”对话框

(3) 单击“确定”按钮。然后将黑色图层的“混合模式”更改为“滤色”，画面显示效果如图 9-81 所示。

(4) 执行“滤镜”|“扭曲”|“极坐标”命令，弹出“极坐标”对话框，设置参数及预览效果如图 9-82 所示。

(5) 单击“确定”按钮。画面显示效果如图 9-83 所示。

(6) 按 Ctrl+J 快捷键，复制图层，再按 Ctrl+T 快捷键，旋转图层，结果如图 9-84 所示。

图 9-81 显示效果

图 9-82 “极坐标”对话框

图 9-83 显示效果

图 9-84 复制并旋转图层

(7) 按 Ctrl+U 快捷键，弹出“色相/饱和度”对话框，设置参数如图 9-85 所示。

(8) 单击“确定”按钮。画面显示效果如图 9-86 所示。

图 9-85 设置参数

图 9-86 显示效果

(9) 重复上述操作，复制并旋转图层，再在“色相/饱和度”对话框中设置颜色参数，显示效果如图 9-87 所示。

(10) 按 Ctrl+E 快捷键，合并 3 个“滤色”图层，设置图层的“不透明度”为 82%。运用相同的方法，继续制作镜头光晕效果，最终结果如图 9-88 所示。

图 9-87 显示效果

图 9-88 最终结果

9.12 艺术效果滤镜

艺术效果滤镜包括“干画笔”“木刻”“壁画”“彩色铅笔”“粗糙蜡笔”“水彩”等 15 种滤镜。艺术效果滤镜可以用来模拟各种涂抹手法，将普通的图像制作成具有绘画风格和绘画技巧的艺术效果，如油画、水彩画和壁画等。艺术效果滤镜同样集成在“滤镜库”中。下面对“干画笔”滤镜和“木刻”滤镜进行详细介绍。

9.12.1 实例——“干画笔”滤镜的使用

“干画笔”滤镜可用来使用干画笔技术绘制图像边缘，并通过将图像的颜色范围降到普通颜色范围来简化图像。下面为添加“干画笔”滤镜的具体操作步骤。

(1) 执行“文件”|“打开”命令，选择本书配套资源中的“目标文件\第 9 章\9.12\9.12.1 四个朋友.jpg”，打开素材，如图 9-89 所示。按 Ctrl+J 快捷键，复制图层。

图 9-89 打开素材

(2) 执行“滤镜”|“滤镜库”命令，打开“滤镜库”对话框，选择“艺术效果”选项组中的“干画笔”，设置参数如图 9-90 所示。

(3) 单击“确定”按钮。最终结果如图 9-91 所示。

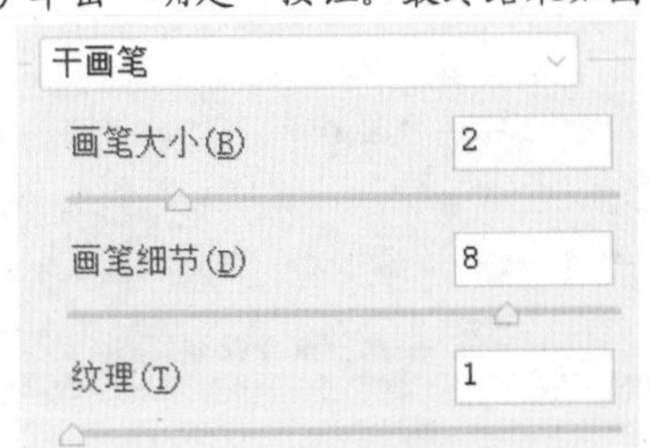

图 9-90 设置参数

图 9-91 最终结果

9.12.2 实例——“木刻”滤镜的使用

经过“木刻”滤镜处理可以使图像产生看上去像是由从彩纸上剪下的边缘粗糙的剪纸片组成的效果。下面为添加“木刻”滤镜的具体操作步骤。

(1) 执行“文件”|“打开”命令，选择本书配套资源中的“目标文件\第 9 章\9.12\9.12.2 山水.jpg”，打开素材，如图 9-92 所示。按 Ctrl+J 快捷键，复制图层。

(2) 执行“滤镜”|“滤镜库”命令，打开“滤镜库”对话框，选择“艺术效果”选项组中的“木刻”，设置参数如图 9-93 所示。

(3) 单击“确定”按钮。最终结果如图 9-94 所示。

图 9-92 打开素材

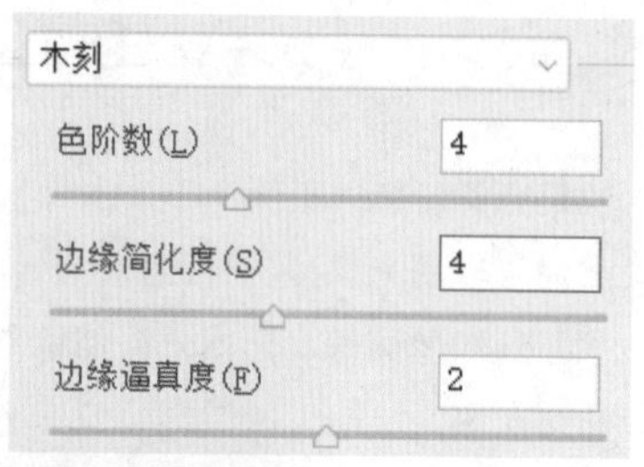

图 9-93 设置参数

图 9-94 最终结果

9.13 杂色滤镜

杂色滤镜包括“减少杂色”滤镜、“添加杂色”滤镜、“蒙尘与划痕”滤镜、“去斑”滤镜和“中间值”滤镜、杂色滤镜可以用来添加或去除杂色或一些带有随机分布色阶的像素，创建特殊的图像纹理和效果。

9.13.1 实例——“减少杂色”滤镜的使用

“减少杂色”滤镜对于去除使用数码相机拍照的照片中的杂色是非常有效的。下面为添加“减少杂色”滤镜的具体操作步骤。

(1) 执行“文件” | “打开”命令，选择本书配套资源中的“目标文件\第 9 章\9.13\9.13.1 高空.jpg”，打开素材，如图 9-95 所示。按 Ctrl+J 快捷键，复制图层。

(2) 执行“滤镜” | “杂色” | “减少杂色”命令，弹出“减少杂色”对话框，设置参数如图 9-96 所示。

图 9-95 打开素材

图 9-96 设置参数

(3) 单击“确定”按钮。最终结果如图 9-97 所示。

图 9-97 最终结果

9.13.2 实例——“添加杂色”滤镜的使用

使用“添加杂色”滤镜可以将随机的像素应用于图像，以模拟在高速胶片上拍摄所产生的颗粒效果，也可以用来减少羽化选区或渐变填充中的条纹。

(1) 执行“文件” | “打开”命令，选择本书配套资源中的“目标文件\第 9 章\9.13\9.13.2 纯白.jpg”，打开素材，如图 9-98 所示。按 Ctrl+J 快捷键，复制图层。

(2) 执行“滤镜” | “杂色” | “添加杂色”命令，弹出“添加杂色”对话框，设置参数如图 9-99 所示。

图 9-98 打开素材

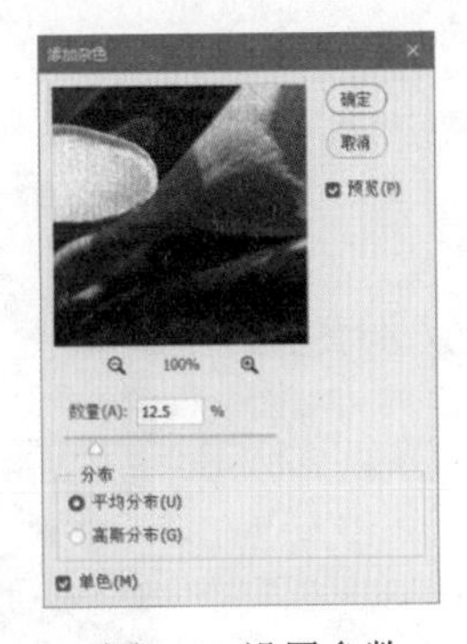

图 9-99 设置参数

(3) 单击“确定”按钮。最终结果如图 9-100 所示。

图 9-100 最终结果

9.14 “高反差保留”滤镜的使用

使用“高反差保留”滤镜可以在具有强烈颜色变化的地方按指定的半径来保留边缘细节，并且不显示图像的其余部分。下面为添加“高反差保留”滤镜的具体操作步骤。

(1) 执行“文件” | “打开”命令，选择本书配套资源中的“目标文件\第 9 章\9.14\时尚.jpg”，打开素材，如图 9-101 所示。按 Ctrl+J 快捷键，复制图层。

(2) 执行“滤镜”|“其他” | “高反差保留”命令，弹出“高反差保留”对话框，设置参数如图 9-102 所示。

图 9-101 打开素材

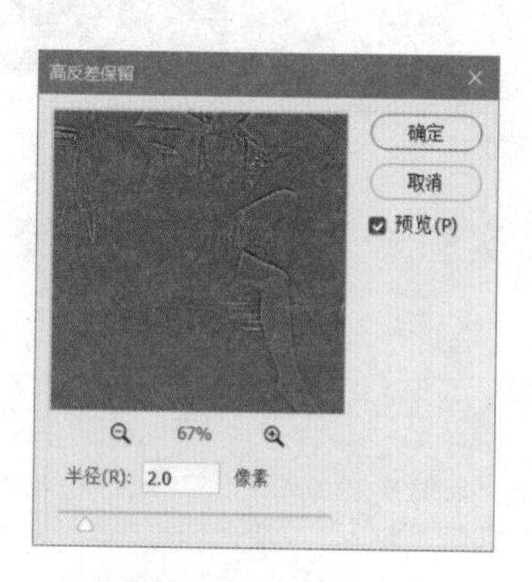

图 9-102 设置参数

(3) 单击“确定”按钮。最终结果如图 9-103 所示。

图 9-103 最终结果

第10章 Camera Raw 的使用

Camera Raw 功能强大，可以解释相机原始数据文件，使用有关相机的信息以及图像元数据来构建和处理彩色图像。本章将介绍 Camera Raw 的使用方法。

10.1 认识 Camera Raw 滤镜

Camera Raw 作为一个独立的滤镜，可以调整照片的颜色，包括白平衡、色调以及饱和度，对图像进行锐化处理，减少杂色，纠正镜头问题以及重新修饰等操作。

10.1.1 Camera Raw 滤镜的工作界面

执行“滤镜”|“Camera Raw 滤镜”命令，弹出“Camera Raw”对话框，如图 10-1 所示。

图 10-1 “Camera Raw”对话框

❶直方图：显示图像信息，包括颜色、高光和阴影等。

❷预览窗口：在窗口中显示图像。在设置参数的同时可预览效果。

❸缩放视图：按指定级别缩放视图。

❹切换视图：在原图和效果图之间切换。

❺工具栏：单击某个按钮可选择相应的工具来编辑视图。

❻参数设置：展开选项栏，设置参数可调整图像。

10.1.2 了解 Camera Raw 中的工具

Camera Raw 滤镜提供了不同类型的工具，用户使用这些工具可灵活地编辑图像。

- 切换到全屏模式：单击该按钮，可切换至全屏模式。再单击该按钮，可退出全屏模式。
- 编辑：单击该按钮，可在对话框中显示参数选项。

- 污点去除：通过涂抹的方式修复图像中选中的区域。
- 蒙版：创建蒙版来定义要编辑的区域。
- 红眼去除：可以去除红眼。将光标放在红眼区域，单击并拖动出一个选区，选中红眼，放开鼠标后 Camera Raw 会使选区大小适合瞳孔，然后拖动选框的边框，使其选中红眼，就可以校正红眼。
- 预设：为图像创建不同的风格效果。
- 更多图像设置：单击该按钮，在弹出的菜单中选择选项，可对图像进行再设置。
- 缩放工具：单击该按钮可以放大窗口中图像的显示比例，按住 Alt 键单击则缩小图像的显示比例。如果要恢复到 100%显示，可以双击该按钮。
- 抓手工具：放大窗口以后，可使用该工具在预览窗口中移动图像。按住空格键可以切换为该工具。
- 颜色取样器工具：用该工具在图像中单击，可以建立取样点，对话框顶部会显示取样像素的颜色值，以便于调整时观察颜色的变化情况。
- 切换网格覆盖图：单击该按钮，可以在图像之上覆盖网格。

10.1.3 了解图像调整选项组

在 Camera Raw 中提供了多个图像调整选项组。

- 基本：调整白平衡、颜色饱和度和色调等参数。
- 曲线：调整曲线或参数影响图像的显示效果。
- 细节：对图像进行锐化处理，或者减少杂色。
- 混色器：有 HSL 和颜色两种模式，可以调整图像的色相、饱和度以及明亮度等。
- 颜色分级：调整图像的中间调、阴影和高光。
- 光学：可以扭曲图像或者为图像添加晕影。
- 几何：应用白平衡校正或者水平校正等。
- 效果：为图像添加颗粒和晕影效果。
- 校准：校准图像的阴影和色调。

10.2 在 Camera Raw 滤镜中修改照片

Camera Raw 提供了基本的照片修复功能。

10.2.1 实例——用“污点去除”工具去除痘痘

“污点去除”工具可以在不改变画笔大小的情况下，通过涂抹的方式取样另一区域的图像来修复选中的区域。下面为“污点去除”工具的具体操作步骤。

（1）执行“文件”|“打开”命令，选择本书配套资源中的“目标文件\第 10 章\10.2\10.2.1\素材.jpg”文件，打开一张素材图像，如图 10-2 所示。

（2）执行“滤镜”|“Camera Raw 滤镜”命令，弹出如图 10-3 所示的“Camera Raw”对话框。单击对话框左下角的按钮 ，在弹出的快捷菜单中选择“100%”，，放大显示比例。

（3）选择“污点去除”工具，设置“大小”为 5、“羽化”为 100%、“不透明度”为 100%，然后选择需要涂抹的有痘痘的位置，如图 10-4 所示。

（4） 松开鼠标，系统自动取样匹配的样本，如图 10-5 所示。

（5） 采用相同的操作方法，去除其他位置上的痘痘，如图 10-6 所示。

（6）单击“确定”按钮。最终结果如图 10-7 所示。

图 10-2 打开素材

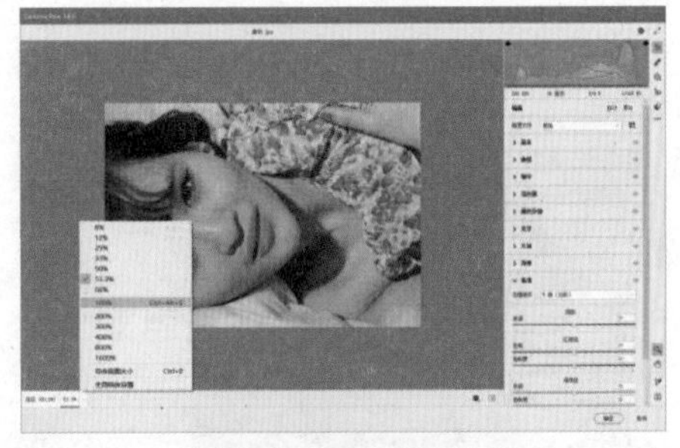

图 10-3 调整缩放比例

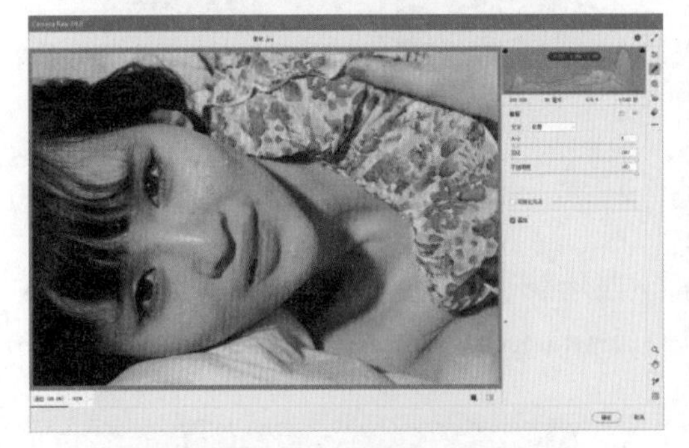

图 10-4 设置参数及选择涂抹位置

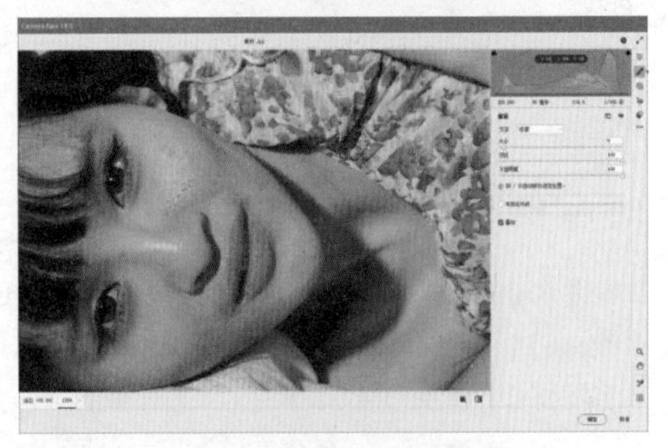

图 10-5 自动取样

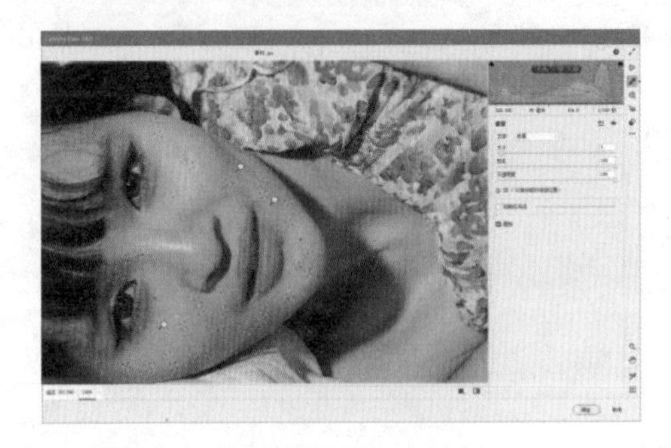

图 10-6 去除其他位置上的痘痘

图 10-7 最终结果

10.2.2 实例——用“径向滤镜”调亮局部图像

本实例将使用“径向滤镜”来调整人物的脸部，提高人物的亮度。

（1）执行“文件”|“打开”命令，选择本书配套资源中的“目标文件\第 10 章\10.2\10.2.2\素材.jpg”文件，打开一张素材图像，如图 10-8 所示。

（2）执行“滤镜”|“Camera Raw 滤镜”命令，弹出“Camera Raw”对话框，在右侧单击“蒙版”按钮，在弹出的菜单中选择“径向渐变”选项，如图 10-9 所示。

图 10-8 打开素材

图 10-9 选择选项

（3）在人物的头部位置绘制一个椭圆，调整椭圆的位置及大小，然后设置参数如图 10-10 所示。

（4）单击“确定”按钮。最终结果如图 10-11 所示。

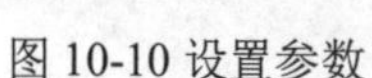

图 10-10 设置参数

图 10-11 最终结果

10.2.3 实例——更改图像的大小和分辨率

在拍摄 RAW 照片时，有时为了能够获得更多的信息，照片的尺寸和分辨率设置得都比较大。如果要使用 Camera Raw 修改照片的尺寸或者分辨率，可单击“Camera Raw”对话框底部的工作流程选项。下面为本实例的具体操作步骤。

（1）按 Ctrl+O 快捷键，弹出“打开”对话框，选择本书配套资源中的“目标文件\第 10 章\10.2\10.2.3\人物.NEF”，单击“打开”按钮，切换到“Camera Raw”对话框，如图 10-12 所示。

（2）单击“Camera Raw”对话框底部的工作流程选项，弹出“Camera Raw 首选项”对话框，如图 10-13 所示。

图 10-12“Camera Raw”对话框

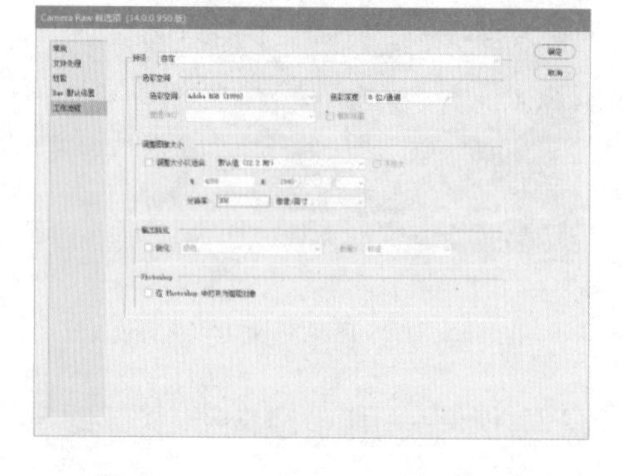

图 10-13“Camera Raw 首选项”对话框

（3）在对话框中设置参数，如图 10-14 所示，便可更改图像的大小及分辨率。

（4）单击“确定”按钮，然后单击“打开图像”按钮，最终结果如图 10-15 所示。

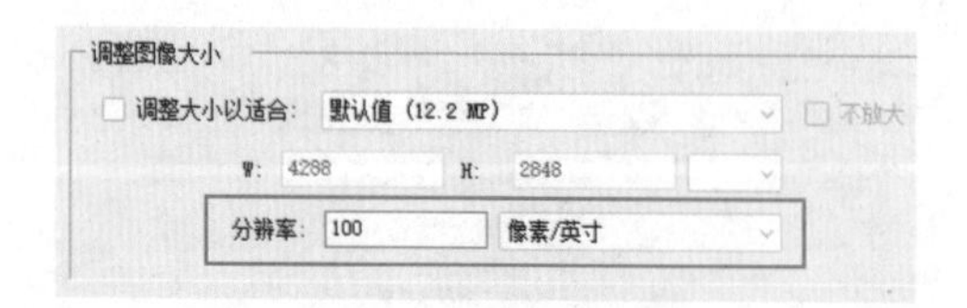

图 10-14 设置参数

图 10-15 最终结果

10.3 在 Camera Raw 滤镜中调整图像颜色和色调

Camera Raw 滤镜可以用来调整照片的白平衡色调、饱和度，以及校正镜头缺陷。下面将通过几个实例来介绍调整颜色和色调的操作步骤。

10.3.1 实例——调整照片曝光度

一般情况下，从高光、阴影和中间调三方面考虑曝光，在 Camera Raw 滤镜中分别对应的是曝光（高光）、黑色（阴影）和亮度（中间调）。

（1）按 Ctrl+O 快捷键，弹出“打开”对话框，选择本书配套资源中的“目标文件\第 10 章\10.3\10.3.1\人物.jpg”，单击“打开”按钮，打开素材图像，如图 10-16 所示。

（2） 执行“滤镜” | “Camera Raw 滤镜”命令，弹出“Camera Raw”对话框。

（3）在调整照片的曝光度之前，需要观察一下高光及阴影。在 Camera Raw 滤镜中具有内置的修剪警告，因此不会失去高光细节。单击直方图右上角纯黑色的三角形按钮为高光修剪，纯白色的三角形按钮为阴影修剪，可以查看对哪些区域进行了修剪，如图 10-17 所示。

图 10-16 打开素材

图 10-17 查看信息

（4）在对话框的右侧设置曝光度、亮光和黑色的参数，如图 10-18 所示。

（5）单击“确定”按钮。最终结果如图 10-19 所示。

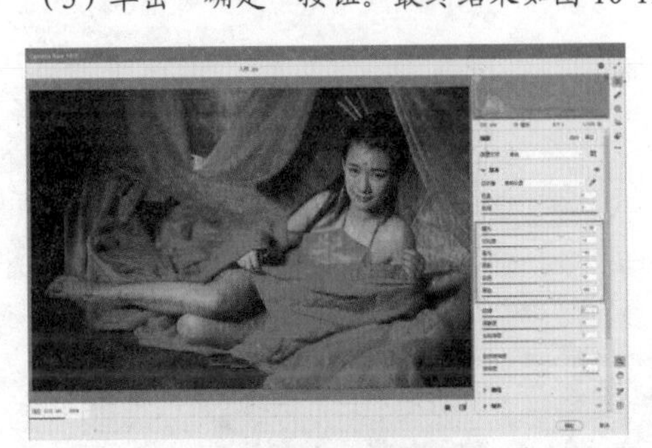

图 10-18 设置参数

图 10-19 最终结果

10.3.2 实例——用“清晰度”滑块创建柔和皮肤

“清晰度”滑块可用来增强中间调的对比度，使图像具有更大的冲击力和影响（它实际上没有锐化图像）。下面通过调整“清晰度”滑块来创建柔和皮肤，打造细嫩的皮肤效果。

（1）按 Ctrl+O 快捷键，弹出“打开”对话框，选择本书配套资源中的“目标文件\第 10 章\10.3\10.3.2\人物.jpg”，单击“打开”按钮。执行“滤镜” | “Camera Raw 滤镜”命令，弹出“Camera Raw”对话框。为了方便查看编辑前后效果，可以调整显示比例，将图像放大到 100%，如图 10-20 所示。

（2）向左滑动“清晰度”滑块，应用小于 0 的清晰度值降低中间调对比度，取得柔和的效果，并降低图像的饱和度，调整后的人脸图像如图 10-21 所示。

图 10-20 调整显示比例

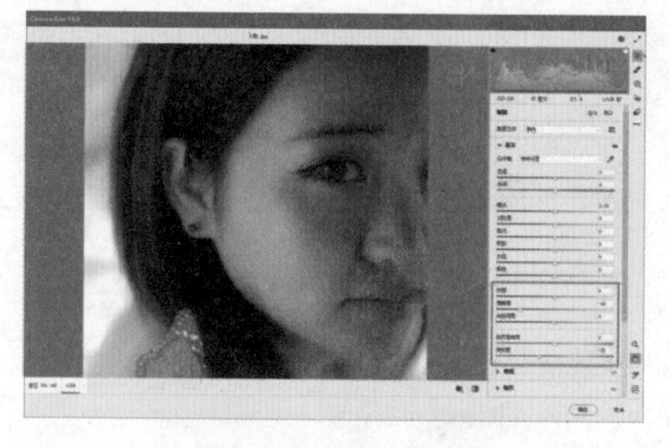

图 10-21 调整人脸图像

（3）选择“污点去除”工具，去除人物脸上较大的污点，如图 10-22 所示。

（4）单击“确定”按钮。最终结果如图 10-23 所示。

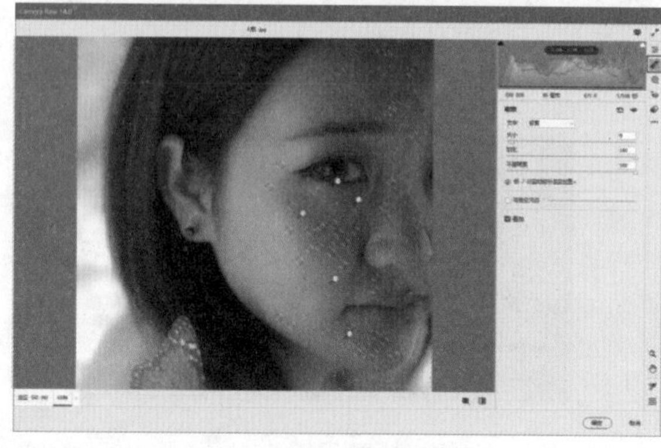

图 10-22 去除污点

图 10-23 最终结果

10.3.3 实例——调整色相

在 Camera Raw 中展开“混色器”选项组，可以显示色相、饱和度和明度等参数，与“色相/饱和度”命令相似。下面为调整色相的具体操作步骤。

（1）按 Ctrl+O 快捷键，弹出“打开”对话框，选择本书配套资源中的“目标文件\第 10 章\10.3\10.3.3\人物.jpg”，单击“打开”按钮，如图 10-24 所示。

（2）执行“滤镜”|“Camera Raw 滤镜”命令，弹出“Camera Raw”对话框，展开“混色器”选项组，在“调整”中选择“HSL”，设置“色相”参数如图 10-25 所示。

图 10-24 打开素材

图 10-25 设置“色相”参数

（3）选择“饱和度”选项，设置参数如图 10-26 所示。

（4）展开“基本”选项组，滑动“曝光”和“对比度”滑块，如图 10-27 所示。

图 10-26 设置“饱和度”参数

图 10-27 滑动“曝光”和“对比度”滑块

（5）单击“确定”按钮。图像调整结果如图 10-28 所示。
（6）添加文字至左下角，结果如图 10-29 所示。

图 10-28 调整结果

图 10-29 添加文字

第11章 蒙版

图层蒙版可用来控制图层区域的显示或隐藏，是进行图像合成最常用的手段。使用图层蒙版混合图像的好处在于，可以在不破坏图像的情况下反复试验、修改混合方案，直至得到所需的效果。

11.1 蒙版概述

在 Photoshop 中，蒙版就是遮罩，控制着图层或图层组中的不同区域如何隐藏和显示。通过更改蒙版，可以对图层应用各种特殊效果，而不会影响该图层上的实际像素。

蒙版是灰度图像，可以像编辑其他图像那样来编辑蒙版。在蒙版中，用黑色绘制的内容将会隐藏，用白色绘制的内容将会显示，而用灰色绘制的内容将以半透明状态显示。

蒙版主要用于合成图像，如图 11-1 所示为应用蒙版合成图像的精彩案例。

本书将蒙版分为 4 种，分别为快速蒙版、矢量蒙版、剪贴蒙版和图层蒙版。快速蒙版可以辅助用户快速创建需要的选区，在快速蒙版模式下可以使用各种编辑工具或滤镜命令对蒙版进行编辑。矢量蒙版可用于控制图层的显示与隐藏，但它与分辨率无关，其形状由“钢笔”工具或“形状”工具创建。剪贴蒙版是一种比较特殊的蒙版，它是依靠底层图层的形状来定义图像的显示区域。图层蒙版可通过灰度图像控制图层的显示与隐藏，它可以由绘画工具或选择工具进行创建和修改。

虽然分类不同，但是这些蒙版的工作方式是相同的。下面将逐一讲述蒙版的应用方法。

图 11-1 蒙版应用案例

11.2 快速蒙版

快速蒙版是一种临时蒙版，适用于快速创建和编辑选区。默认情况下，在快速蒙版模式中，无色的区域表示选区以内的区域，半透明的红色区域表示选区以外的区域。当离开快速蒙版模式时，无色区域成为当前选择区域。

当在快速蒙版模式中工作时，通道面板中会出现一个临时快速蒙版通道。如果需要将选区保存，可以将快速蒙版转换为 Alpha 通道。

11.3 矢量蒙版

矢量蒙版是依靠路径图形来定义图层中图像的显示区域，它与分辨率无关，可由“钢笔”或“形状”工具创建。使用矢量蒙版可以在图层上创建锐化、无锯齿的边缘形状。

11.3.1 实例——创建矢量蒙版

下面通过具体的操作步骤来讲解如何创建矢量蒙版。

（1）执行“文件”|“打开”命令，弹出“打开”对话框，选择本书配套资源中的“第 11 章\11.3\11.3.1\人物.jpg”“背景.jpg”文件，单击“打开”按钮，如图 11-2 所示。

（2）选择“移动”工具，将人物图像拖拽到背景文档中，然后按 Ctrl+T 快捷键调整大小和位置，如图 11-3 所示。

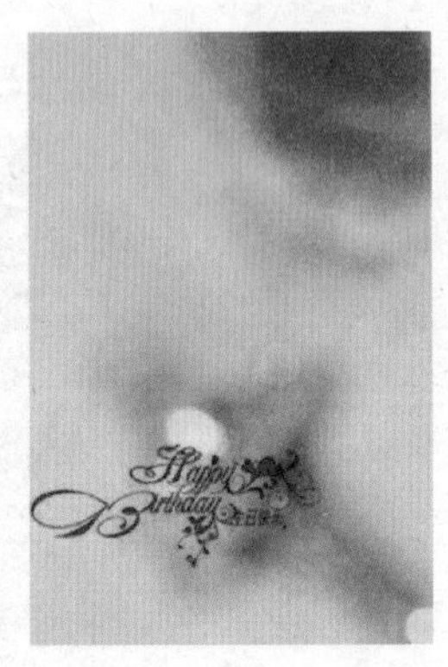

图 11-2 打开素材

图 11-3 调整人物图像大小和位置

（3）选择“自定形状”工具，在工具选项栏中选择“路径”选项，再打开“形状”下拉面板，选择形状，如图 11-4 所示。

（4）在画面中绘制该形状，如图 11-5 所示。

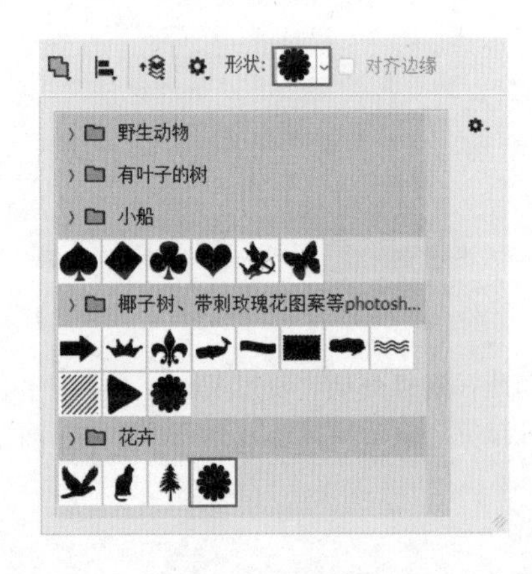

图 11-4 选择形状

图 11-5 绘制图形

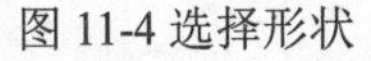

（5）执行“图层”|“矢量蒙版”|“当前路径”命令，基于路径创建矢量蒙版，将路径区域以外的图像隐藏，如图 11-6 所示。

（6）双击“图层 1”，打开“图层样式”对话框，在“描边”面板中设置参数如图 11-7 所示。添加描边的结果如图 11-8 所示。

图 11-6 创建矢量蒙版

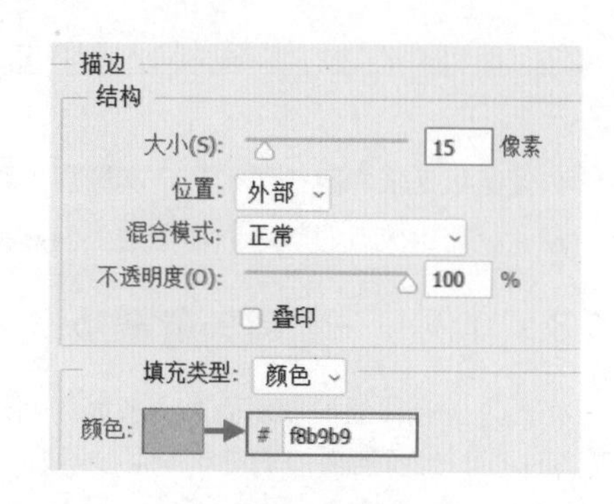

图 11-7 设置参数

（7）添加素材，最终结果如图 11-9 所示。

图 11-8 添加描边

图 11-9 最终结果

提示：矢量蒙版只能用锚点编辑工具和钢笔工具来编辑，如要用绘画工具或是滤镜修改蒙版，可选择蒙版，然后执行“图层”|“栅格化”|“矢量蒙版”命令，将矢量蒙版栅格化，把它转换成图层蒙版。

11.3.2 变换矢量蒙版

矢量蒙版是基于矢量对象的蒙版，它与分辨率无关，因此在进行变换和变形操作时不会产生锯齿。单击“图层”面板中的矢量蒙版缩览图，选择矢量蒙版，执行“编辑”|“变换路径”子菜单中的命令，可以对矢量蒙版进行各种变换操作。

11.3.3 启用与禁用矢量蒙版

创建矢量蒙版后，按住 Shift 键单击蒙版缩览图可暂时停用蒙版，蒙版缩览图上会显示出一个红色的叉，如图 11-10 所示。暂时停用蒙版后，图像也会恢复到应用蒙版前的状态，显示效果如图 11-11 所示。按住 Shift 键再次单击蒙版缩览图可重新启用蒙版，恢复蒙版对图像的遮罩，如图 11-12 所示。

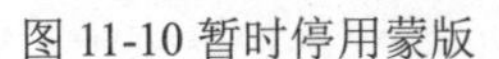
图 11-10 暂时停用蒙版

图 11-11 暂时停用蒙版显示效果

图 11-12 重新启用蒙版

11.3.4 删除矢量蒙版

在图层上选择矢量蒙版，执行“图层”|“矢量蒙版”|“删除”命令，可删除矢量蒙版。直接将矢量蒙版缩览图拖至“图层”面板中的“删除图层”按钮上（见图 11-13），弹出如图 11-14 所示的提示对话框，单击“确定”按钮，可将其删除。

图 11-13“删除图层”按钮

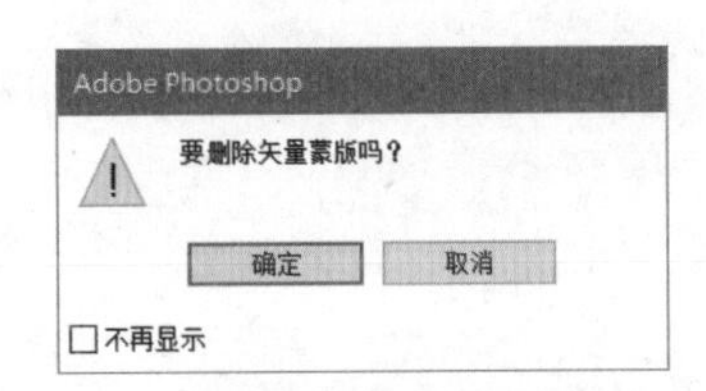

图 11-14 提示对话框

11.4 剪贴蒙版

剪贴蒙版图层是 Photoshop 中的特殊图层，它利用下方图层的图像形状对上方图层图像进行剪切，从而控制上方图层的显示区域和范围，得到特殊的效果。

11.4.1 实例——创建剪贴蒙版

创建剪贴蒙版，可以隐藏图像的多余部分。操作方法如下：

（1）执行“文件”|“打开”命令，弹出“打开”对话框，选择本书配套资源中的“第 11 章\11.4\11.4.1\素材.jpg”文件，单击“打开”按钮，如图 11-15 所示。

（2）选择“钢笔”工具，在工具选项栏中设置路径的创建模式为“形状”、“填充”为白色，沿着屏幕绘制一个不规则形状，系统将自动建立一个形状图层，如图 11-16 所示。

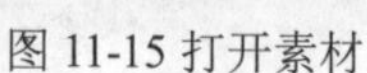

图 11-15 打开素材

图 11-16 绘制形状

（3）打开一个屏保素材，将其拖至画面中，调整位置及大小，如图 11-17 所示。

（4）执行“图层”｜“创建剪贴蒙版”命令，或按 Ctrl + Alt + G 快捷键，创建剪贴蒙版，如图 11-18 所示。

图 11-17 添加素材

图 11-18 创建剪贴蒙版

提示：按住 Alt 键，移动光标至分隔两个图层之间的实线上，当光标显示为↓□形状时单击（见图 11-19），或在需要建立剪贴蒙版的图层上右击，在弹出的快捷菜单中选择“创建剪贴蒙版”选项（见图 11-20），也可创建剪贴蒙版。

图 11-19 移动光标至两个图层之间

图 11-20 选择选项

11.4.2 了解剪贴蒙版中的图层

打开一张素材，如图 11-21 所示。在剪贴蒙版中，最下面的图层为基底图层（即箭头↓指向的那个图层），上面的图层为内容图层。基底图层名称带有下划线，内容图层的缩览图是缩进的，并显示出一个剪贴蒙版图层标志↓，如图 11-22 所示。

基底图层中的透明区域充当了整个剪贴蒙版组的蒙版，也就是说，它的透明区域就像蒙版一样，可以将内容图层中的图像隐藏起来，所以只要移动基底图层，就会改变内容图层的显示区域，如图 11-23 所示。

图 11-21 打开素材

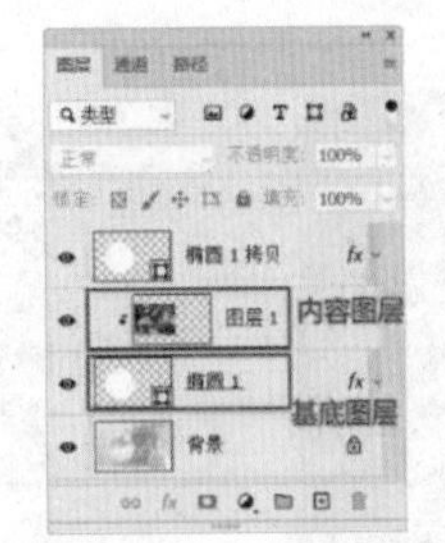

图 11-22 显示剪贴蒙版图层标志

图 11-23 移动基底图层

11.4.3 释放剪贴蒙版

选择剪贴蒙版中的基底图层正上方的内容图层（见图 11-24），执行“图层”|“释放剪贴蒙版”命令，或按下 Alt＋Ctrl＋G 快捷键，可释放全部剪贴蒙版，如图 11-25 所示。

图 11-24 选择图层

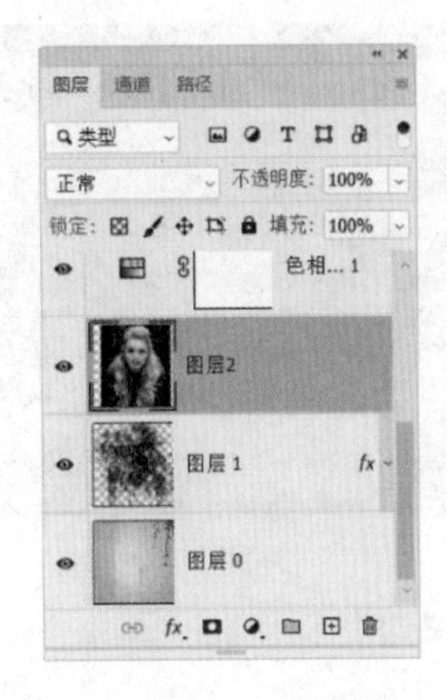

图 11-25 释放剪贴蒙版

11.5 图层蒙版

图层蒙版是与分辨率相关的位图图像，它是图像合成中应用最为广泛的蒙版。下面来讲解如何使用图层蒙版。

11.5.1 实例——创建图层蒙版

在 Photoshop 中可以为某个图层或图层组添加图层蒙版，下面介绍如何创建图层蒙版。

（1）执行“文件”|“打开”命令，弹出“打开”对话框，选择本书配套资源中的“第 11 章\11.5\11.5.1\背景.jpg” “新娘.jpg” 文件，单击“打开”按钮，如图 11-26 所示。

提示：执行“图层”|“图层蒙版”|“显示全部”命令创建的蒙版默认全部填充白色，因而图层图像仍全部显示在图像窗口中。如果执行的是“图层”|“图层蒙版”|“隐藏全部”命令，或按住 Alt 键并单击“添加图层蒙版”按钮，得到的是一个黑色的蒙版，当前图层中的图像会被全部隐藏。

（2）拖动人物图像至背景图像窗口中，按 Ctrl + T 键调整图片的大小和位置，如图 11-27 所示。

图 11-26 打开素材

（3）单击“图层”面板上的“添加图层蒙版”按钮，为“图层 1”添加图层蒙版，如图 11-28 所示。

图 11-27 调整图像大小和位置

图 11-28 添加图层蒙版

（4）设置前景色为黑色，选择“画笔”工具，按“[”或“]”键调整画笔大小，在图层周围涂抹。

（5）按 Alt 键单击图层蒙版缩览图，图像窗口中会显示出蒙版图像，如图 11-29 所示。从图中可以看出，位于蒙版黑色区域的图像被隐藏。如果要恢复图像显示状态，再次按住 Alt 键单击蒙版缩览图即可。编辑图层蒙版，最终结果如图 11-30 所示。

图 11-29 显示蒙版图像

图 11-30 最终结果

提示：添加图层蒙版后，图层的右侧会显示出蒙版缩览图，同时在图层缩览图和蒙版缩览图之间显示链接标记，表示当前图层蒙版和图层处于链接状态，如果移动或缩放其中一个，另一个也会发生相应的改变，如同链接图层一样。按下 Ctrl 键单击“添加图层蒙版”按钮，可在当前图层上添加矢量蒙版。

11.5.2 为图层组增加蒙版

如果有多个图层需要统一的蒙版效果，可以将这些图层放于一个图层组中，然后为图层组添加蒙版，以简化操作。如果要为图层组添加蒙版，选择图层组，单击“图层”面板中的“添加图层蒙版”按钮即可。

11.5.3 实例——从选区中生成图层蒙版

在图像上创建选区，以选区为基础添加蒙版，可以隐藏图像的部分区域。

（1）执行“文件”|“打开”命令，弹出“打开”对话框，选择本书配套资源中的“第 11 章\11.5\11.5.3\背景.jpg”“人物.jpg”文件，单击“打开”按钮，如图 11-31 所示。

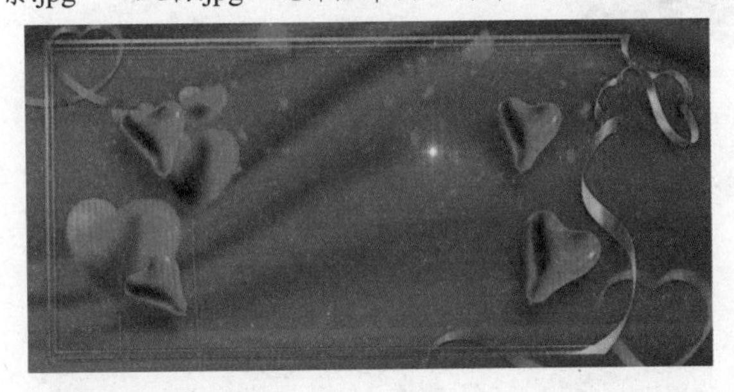

图 11-31 打开素材

（2）将人物图像拖动至背景素材中，并调整人物图像至适当的位置，结果如图 11-32 所示。

（3）选择“自定形状”工具，在工具选项栏中选择“路径”选项，再打开“形状”下拉面板，选择形状，如图 11-33 所示。

图 11-32 拖动人物图像至背景素材中适当的位置

图 11-33 选择形状

（4）按住 Shift 键，在图像上绘制路径，如图 11-34 所示。

（5）按 Ctrl+Enter 键，将路径转换为选区，如图 11-35 所示。

图 11-34 绘制路径

图 11-35 创建选区

（6）单击“图层”面板下方的“添加图层蒙版”按钮，添加蒙版，结果如图 11-36 所示。

（7）双击人物图层，打开“图层样式”对话框，设置“斜面和浮雕”参数如图 11-37 所示。

图 11-36 添加蒙版

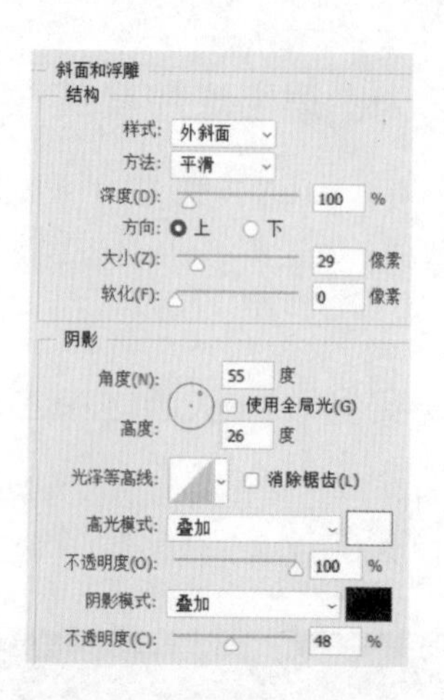

图 11-37 设置“斜面和浮雕”参数

（8）设置“内阴影”参数如图 11-38 所示。

（9）单击“确定”按钮，关闭对话框。调整图层的顺序，添加文字，最终结果如图 11-39 所示。

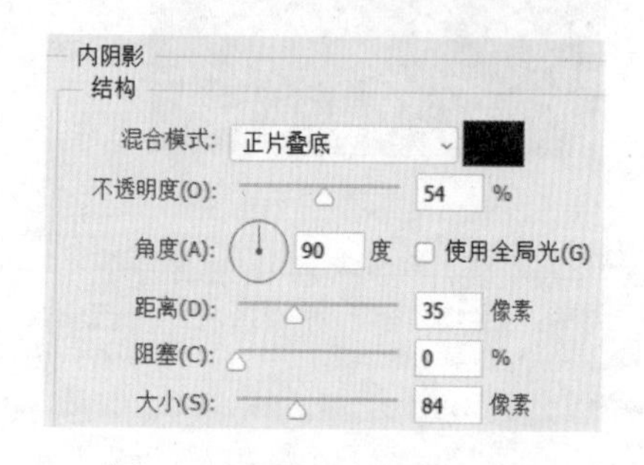

图 11-38 设置“内阴影”参数

图 11-39 最终结果

提示：选区与蒙版之间可以相互转换。按住 Ctrl 键单击图层蒙版，可载入图层蒙版作为选区，蒙版的白色区域为选择区域，蒙版中的黑色区域为非选择区域。

11.5.4 应用与删除蒙版

添加蒙版会增大文件，如果某些蒙版无需改动，则可以应用蒙版至图层，以减小图像文件。所谓应用蒙版，实际上就是将蒙版隐藏的图像清除，将蒙版显示的图像保留，然后删除图层蒙版。

要应用图层蒙版，只需在图层被选中的情况下，选择“图层”|“图层蒙版”|“应用”命令即可。此外，选中图层蒙版，将其拖至按钮🗑上，在弹出的提示框中单击“应用”按钮，也可以将图层蒙版应用于当前图层，图层中隐藏的图像将被清除。

若单击“删除”按钮，则如同选择“图层”|“图层蒙版”|“删除”命令，不应用并删除蒙版。

11.5.5 蒙版“属性”面板

在蒙版“属性”面板中可以对蒙版进行系统操作，如添加蒙版、删除蒙版和应用蒙版等，也可以随时进行修改，十分方便快捷，如图 11-40 所示。

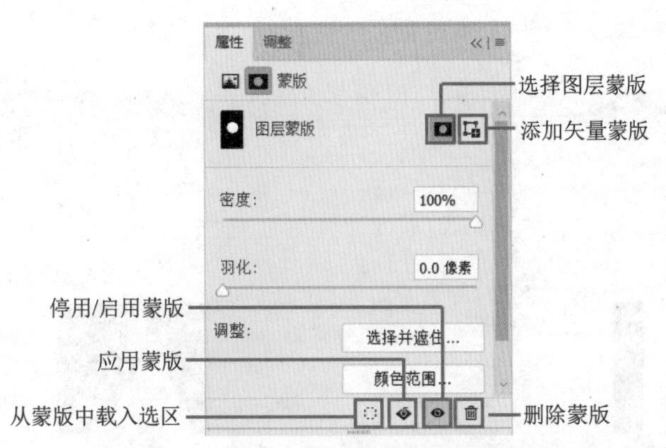

图 11-40 蒙版“属性”面板

11.5.6 实例——使用蒙版面板抠取婚纱人物

本实例将使用蒙版“属性”面板中提供的选项来扣取婚纱人物，并为其添加梦幻的背景。

（1）执行“文件”|“打开”命令，弹出“打开”对话框，选择本书配套资源中的“第 11 章\11.5\11.5.6\婚纱背景.jpg”“人物.jpg”文件，单击“打开”按钮，如图 11-41 所示。

（2）选择人物素材图像，选择“移动”工具，按住鼠标并拖动，将人物素材添加至婚纱背景素材中。单击“图层”面板上的“添加图层蒙版”按钮，为“图层 1”添加图层蒙版，如图 11-42 所示。

图 11-41 打开素材

图 11-42 添加图层蒙版

（3）执行“窗口”|“属性”命令，打开蒙版“属性”面板，单击面板中的“颜色范围”按钮 颜色范围... ，弹出“色彩范围”对话框，如图 11-43 所示。

（4）单击“吸管工具”按钮，在背景部分单击，如图 11-44 所示。

图 11-43“色彩范围”对话框

图 11-44 单击背景

（5）单击“添加到取样”按钮，在对话框中的背景部分单击，将未选中的背景添加到取样范围，如图 11-45 所示。

（6）选中“反相”复选框，如图 11-46 所示。

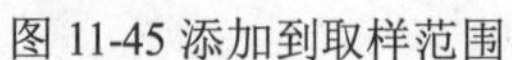
图 11-45 添加到取样范围

图 11-46 选中“反相”复选框

（7）单击“确定”按钮，创建图层蒙版。此时“图层”面板如图 11-47 所示，图像最终结果如图 11-48 所示。

图 11-47“图层”面板

图 11-48 最终结果

第12章 通道

通道的主要功能是保存颜色数据，也可以用来保存和编辑选区。由于通道功能强大，因而在制作图像特效方面应用广泛。

本章从实际应用出发，详细讲解了通道的分类、作用和实际工作中的应用方法。

12.1 “通道”面板

“通道”面板的主要功能是创建和编辑通道。打开一幅图像文件，选择“窗口”|“通道”命令，即可看到如图 12-1 所示的“通道”面板。

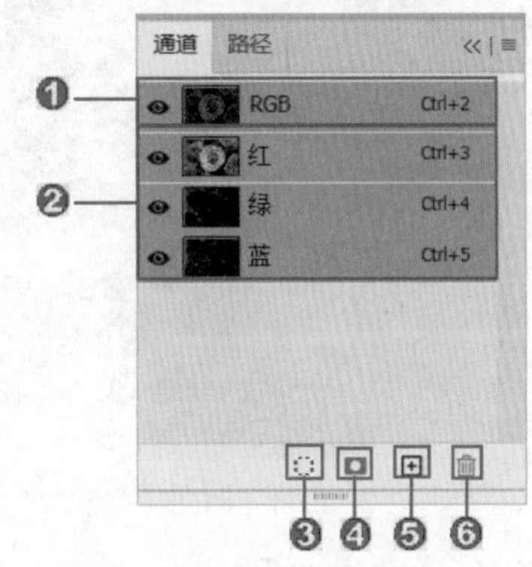

图 12-1“通道”面板

❶复合通道：复合通道不包含任何信息。实际上它只是同时预览并编辑所有颜色通道的一个快捷方式。它通常被用来在单独编辑完一个或多个颜色通道后使“通道”面板返回到它的默认状态。对于不同模式的图像，其通道的数量是不一样的。在 Photoshop 中，通道涉及三个模式。对于一个 RGB 图像，有 RGB、R、G、B 四个通道；对于一个 CMYK 图像，有 CMYK、C、M、Y、K 五个通道；对于一个 Lab 模式的图像，有 Lab、L、a、b 四个通道。

❷颜色通道：在该区域显示颜色通道。根据不同的颜色模式，有不同的颜色通道。颜色模式包括位图、灰度、双色调、索引颜色、RGB 颜色、CMYK 颜色、Lab 颜色和多通道等。要转换不同的颜色模式，执行“图像”|“模式”命令，在子菜单中选择相应的模式即可。

❸“将通道作为选区载入”按钮：单击该按钮，可将当前选中的通道作为选区载入到图像中，方便用户对当前选区的对象进行操作。

❹“将选区存储为通道”按钮：单击该按钮，可将当前的选区存储为通道，方便用户在后面的操作中将存储通道随时作为选区载入。

❺“创建新通道”按钮：单击该按钮，在“通道”面板中新建一个 Alpha 1 通道。

❻“删除当前通道”按钮：单击该按钮，可将当前选中的通道删除。

“通道”面板可用来创建、保存和管理通道。当打开一个新的图像时，Photoshop 会在“通道”面板中自动创建该图像的颜色信息通道。通道名称的左侧显示了通道内容的缩览图，在编辑通道时缩览图会自动更新。

➢ 眼睛图标：用于控制各通道的显示/隐藏。使用方法与图层眼睛图标相同。

➢ 缩览图：用于预览各通道中的内容。

➢ 通道快捷键：各通道右侧显示的“Ctrl + 1”和“Ctrl + 2”等即为快捷键，按下快捷键可快速选中所需的通道。

单击“通道”面板右上角的扩展按钮，可打开扩展菜单，如图 12-2 所示。该菜单中包含了与“通道”面板相关的操作选项，如新建通道、复制通道、删除通道、新建专色通道、合并专色通道、通道选项、分离通道和合并通道等选项。

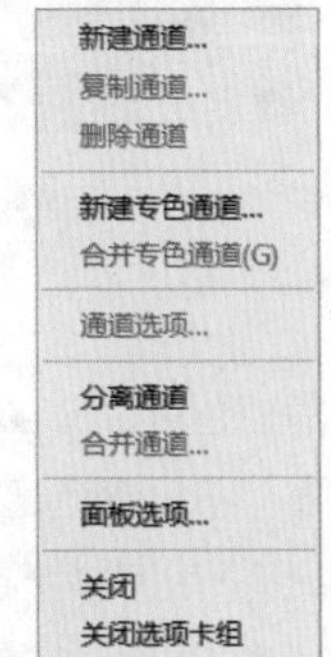

图 12-2“通道”面板扩展菜单

12.2 通道的类型

Photoshop 中包含了三种类型的通道，即颜色通道、Alpha 通道和专色通道。

12.2.1 颜色通道

颜色通道也称为原色通道，主要用于保存图像的颜色信息。打开一幅新图像，Photoshop 会自动创建相应的颜色通道。所创建的颜色通道的数量取决于图像的颜色模式，而非图层的数量。例如，RGB 模式图像有 4 个默认通道，其中红色、绿色和蓝色各有一个通道，还有一个用于编辑图像的复合通道，如图 12-3 所示。只有所有颜色通道合成在一起，才会得到具有全部色彩的图像。如果图像中缺少某一原色通道，则合成的图像将会偏色，如图 12-4 所示为隐藏蓝色通道的效果图。

图 12-3　RGB 图像

图 12-4 隐藏蓝色通道效果图

CMYK 颜色模式图像则具有青色、洋红、黄色、黑色四个单色通道和 CMYK 复合通道，如图 12-5 所示。这四个单色通道就相当于四色印刷中的四色胶片，将这四色胶片分别输出，就是印刷领域中俗称的“出片”。

Lab 模式图像包含明度、a、b 和一个复合通道，如图 12-6 所示。

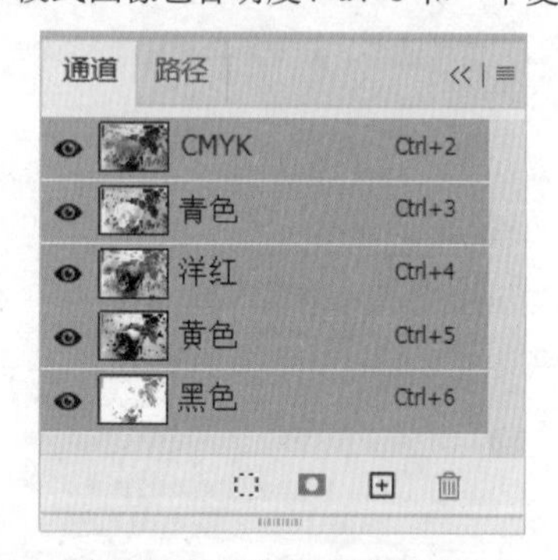

图 12-5　CMYK 图像通道

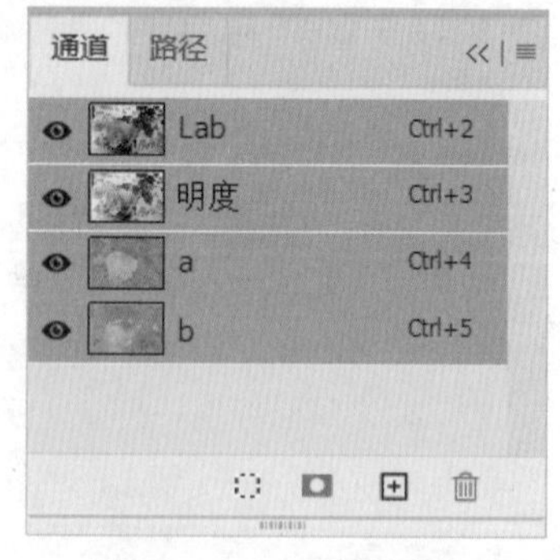

图 12-6　Lab 图像通道

不同的原色通道保存了图像的不同颜色信息。例如，RGB 模式图像中，红色通道保存了图像中红色像素的分布信息，绿色通道保存了图像中全部绿色像素的分布信息，因而修改各个颜色通道即可调整图像的颜色。但一般不直接在通道中进行编辑，而是在使用调整工具时从通道列表中选择所需的颜色通道。

复合通道不包含任何信息，实际上它只是同时预览并编辑所有颜色通道的一个快捷方式。它通常被用来在单独编辑一个或多个颜色通道后使“通道”面板返回到默认状态。

12.2.2 了解 Alpha 通道

Alpha 通道的使用频率非常高，而且非常灵活，其最为重要的功能就是保存并编辑选区。

用 Alpha 通道创建的选区保存后就成为一个灰度图像保存在 Alpha 通道中，在需要时可载入图像继续使用。可以添加 Alpha 通道来创建和存储蒙版，这些蒙版用于处理或保护图像的某些部分。Alpha 通道与颜色通道不同，它不会直接影响图像的颜色。

在 Alpha 通道中，白色代表被选择的区域，黑色代表未被选择的区域，而灰色则代表被部分选择的区域，即羽化的区域。如图 12-7 所示为一个图像和 Alpha 通道，如图 12-8 所示为载入该通道的选区后，填充黑色的效果。

图 12-7 图像和 Alpha 通道

图 12-8 填充黑色

Alpha 通道是一个 8 位的灰度图像，可以使用绘图和修图工具进行各种编辑，也可使用滤镜进行各种处理，从而得到各种复杂的效果。

12.2.3 实例——新建 Alpha 通道

下面来介绍三种新建 Alpha 通道的方法。

（1）执行“文件”|“打开”命令，弹出“打开”对话框，选择本书配套资源中的“目标文件\第 12 章\12.2\12.2.3\素材.jpg”文件，单击“打开”按钮。切换到“通道”面板，单击“通道”面板中的“创建新通道”按钮，即可新建一个 Alpha 通道，如图 12-9 所示。

（2）如果在当前文档中创建了选区，如图 12-10 所示，则单击“将选区存储为通道”按钮，可以将选区保存为 Alpha 通道，如图 12-11 所示。

图 12-9 新建 Alpha 通道

图 12-10 创建选区

（3）或者单击“通道”面板右上角的按钮，从弹出的面板菜单中选择“新建通道”命令，打开“新建通道”对话框，如图 12-12 所示。单击“确定”按钮，也可创建新的 Alpha 通道。

（4）双击通道名称，进入在位编辑模式，此时可以重定义新通道的名称，如图 12-13 所示。Photoshop 默认以 Alpha 1、Alpha 2…为 Alpha 通道命名，如图 12-14 所示。

图 12-11 将选区存储为 Alpha 通道

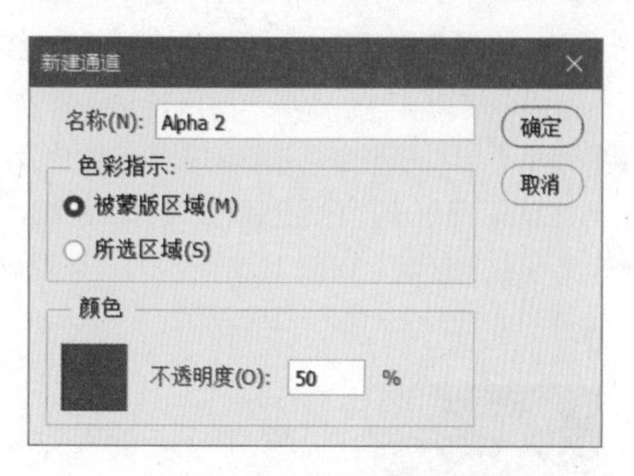

图 12-12“新建通道”对话框

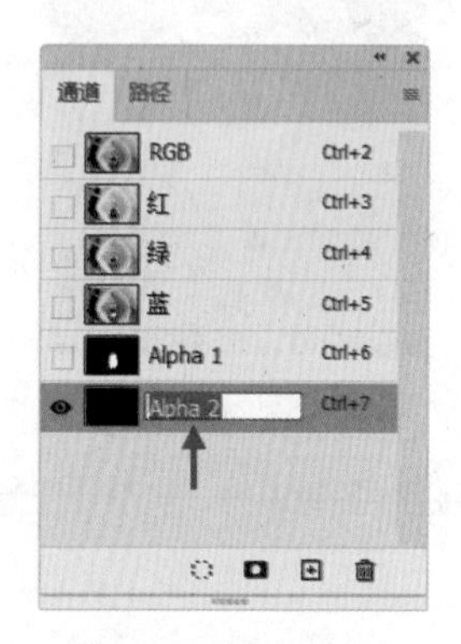

图 12-13 重命名通道

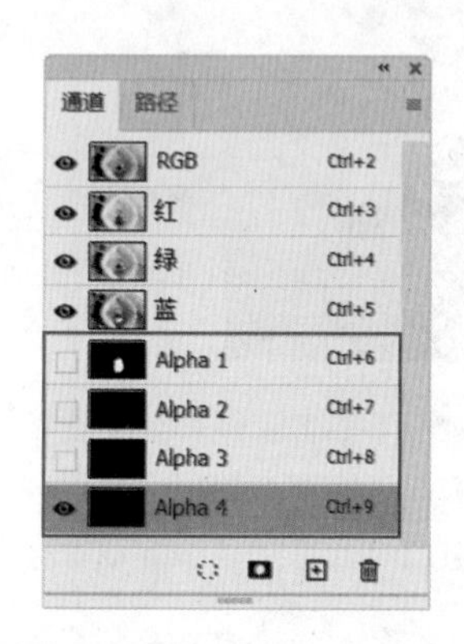

图 12-14 通道默认名称

12.2.4 专色通道

专色通道应用于印刷领域。当在印刷物上加上一种特殊的颜色（如银色、金色）时，就可以创建专色通道，以存放专色油墨的浓度、印刷范围等信息。

需要创建专色通道时，可单击“通道”右上角的按钮 ≡，从弹出的面板菜单中选择“新建专色通道”命令，打开“新建专色通道”对话框，如图 12-15 所示。在对话框中可以设置以下内容：

图 12-15“新建专色通道”对话框

❶名称：用来设置专色通道的名称。如果选取自定义颜色，通道将自动采用该颜色的名称，这有利于其他应用程序能够识别它们。如果修改了通道的名称，可能无法打印该文件。

❷颜色：单击该选项右侧的颜色图标可打开“拾色器（专色）”对话框，在其中可设置颜色参数。单击右侧的“颜色库”按钮，弹出“颜色库”对话框，在其中可选择颜色，如图 12-16 所示。

❸密度：用来在屏幕上模拟印刷后专色的密度。它的设置范围为 0%~100%，当该值为 100%时可模拟完全覆盖下层油墨，当该值为 0%时可模拟完全显示下层油墨的透明油墨。

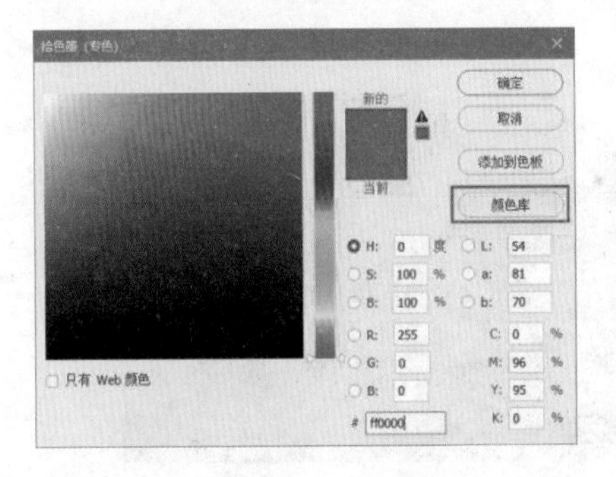

图 12-16“选择（专色）”对话框和“颜色库”对话框

12.3 通道的作用

总结通道在图像处理中的应用，大致可归纳为以下几个方面：

- 用通道来存储、制作精确的选区和对选区进行各种处理。
- 把通道看作由原色组成的图像，利用图像菜单的调整命令对单种原色通道进行色阶、曲线、色相/饱和度的调整。

利用滤镜对单种原色通道（包括 Alpha 通道）进行各种艺术效果的处理，可以改善图像的品质或创建复杂的艺术效果。

12.4 编辑通道

本节将介绍如何使用“通道”面板和面板菜单中的命令来创建和编辑通道。

12.4.1 实例——载入通道的选区

编辑通道可以将 Alpha 通道载入选区。

（1）执行“文件”|“打开”命令，弹出“打开”对话框，选择本书配套资源中的“目标文件\第 12 章\12.4\12.4.1\素材.jpg”文件，单击“打开”按钮。

（2）切换到“通道”面板，如图 12-17 所示。

（3）按 Ctrl 键单击“Alpha1”通道，将其载入选区，如图 12-18 所示。

图 12-17 素材图像及“通道”面板

图 12-18 载入选区

（4）按 Ctrl+J 快捷键，复制选区内容，然后再回到图层 1。执行“滤镜”|“滤镜库”命令，弹出“滤镜库”对话框，在“艺术效果”中选择“海报边缘”，设置参数如图 12-19 所示。

（5）单击“确定”按钮。最终结果如图 12-20 所示。

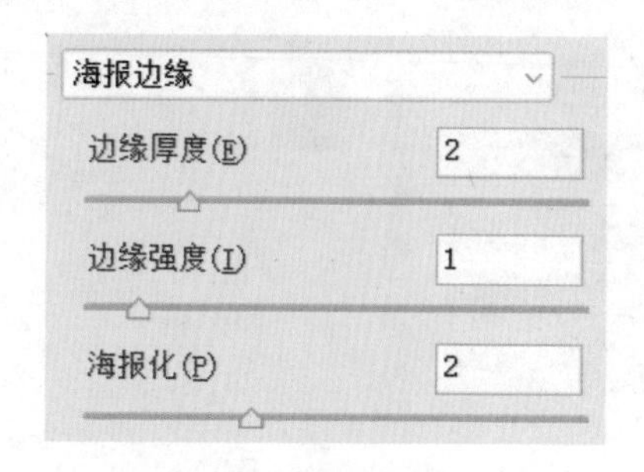

图 12-19 设置参数

图 12-20 最终结果

提示：如果在画面中已经创建了选区，单击“通道”面板中的“将选区存储为通道”按钮，可将选区保存到 Alpha 通道中。

12.4.2 编辑与修改专色

创建专色通道后，可以使用绘图或编辑工具在图像中绘画。用黑色绘画可添加更多不透明度为 100%的专色，用灰色绘画可添加不透明度较低的专色。绘画或编辑工具选项中的不透明度选项决定了用于打印输出的实际油墨浓度。

如果要修改专色，可双击专色通道的缩览图，在打开的“专色通道选项”对话框中进行设置。

12.4.3 用原色显示通道

在默认情况下，“通道”面板中的原色通道均以灰度显示，但如果需要，通道也可用原色进行显示，即红色通道用红色显示，绿色通道用绿色显示。

选择“编辑”|“首选项”|“界面”命令，打开“首选项”对话框，选中“用彩色显示通道”复选框，如图 12-21 所示。单击“确定”按钮退出对话框，即可在“通道”面板中看到原色显示的通道。图 12-22 所示为原“通道”面板和用彩色显示“通道”面板的对比效果。

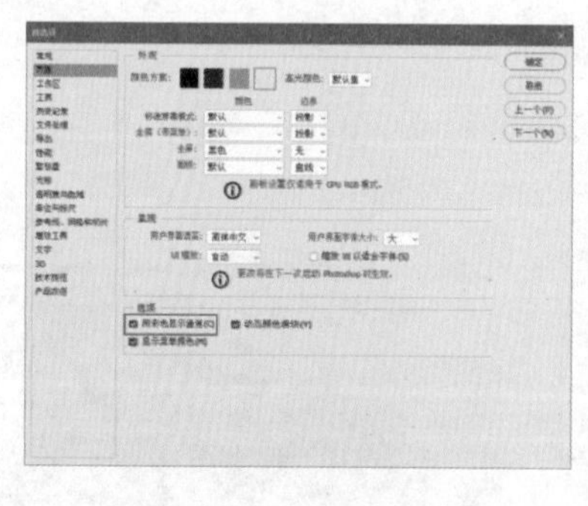

图 12-21“首选项”对话框

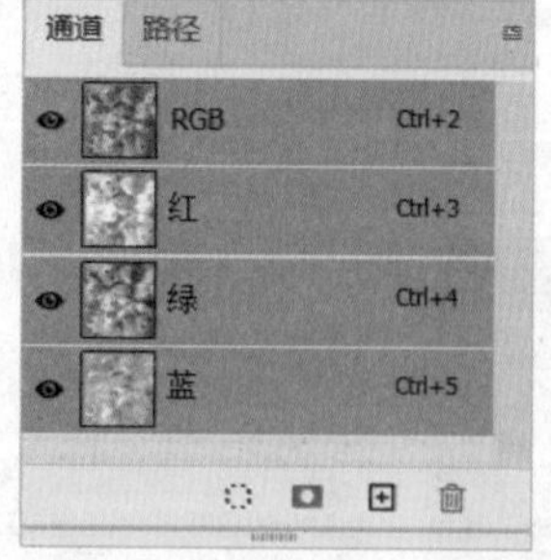

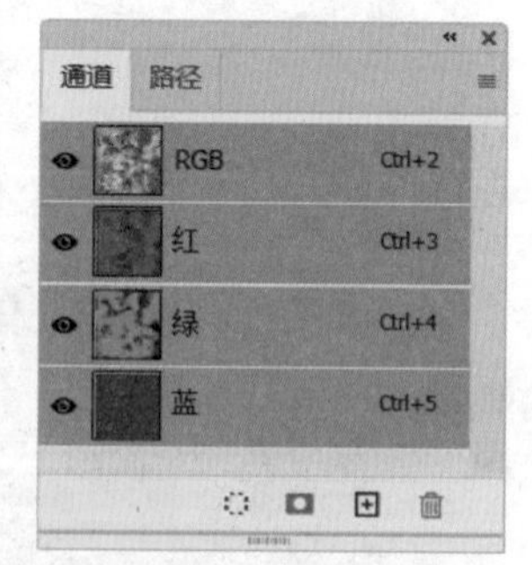

图 12-22 对比效果

12.4.4 同时显示 Alpha 通道和图像

单击 Alpha 通道后，图像窗口会显示该通道的灰度图像，如图 12-23 所示。如果想要同时查看图像和通道内容，可以在显示 Alpha 通道后，单击复合通道前的眼睛图标，Photoshop 会显示图像并以一种颜色替代 Alpha 通道的灰度图像（类似于在快速蒙版模式下的选区），如图 12-24 所示。

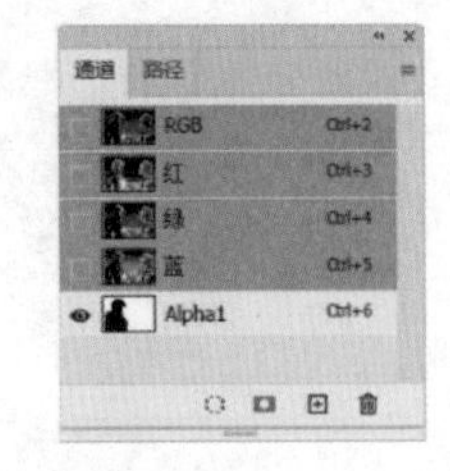

图 12-23 显示 Alpha 通道灰度图像

图 12-24 同时显示 Alpha 通道和图像

12.4.5 重命名与删除通道

双击“通道”面板中一个通道的名称，在显示出的文本框中可为其输入新的名称，如图 12-25 所示。

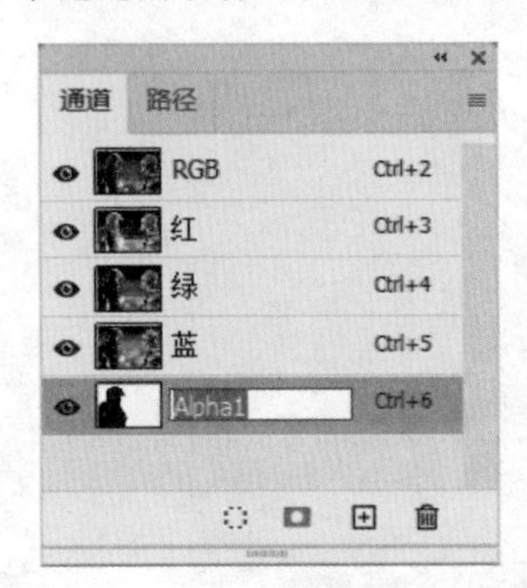

图 12-25 修改通道名称

删除通道的方法也很简单，将要删除的通道拖动至按钮🗑上，或者选中通道后，执行面板菜单中的“删除通道”命令即可。

要注意的是，如果删除的不是 Alpha 通道而是颜色通道，则图像将转为多通道颜色模式，图像颜色也将发生变化，如图 12-26 所示为删除了蓝色通道后，图像变为了只有 3 个通道的多通道模式。

图 12-26 删除蓝色通道显示效果

12.4.6 分离通道

分离通道命令可以将当前文档中的通道分离成多个单独的灰度图像。打开一张素材图像，如图 12-27 所示。然后切换到“通道”面板，单击“通道”面板右上角的按钮≡，从打开的面板菜单中选择“分离通道”选项，如图 12-28 所示。

图 12-27 打开素材

图 12-28 选择“分离通道”选项

这时，会看到图像编辑窗口中的原图像消失，取而代之的是每个原色通道栏分别以独立的灰度图像窗口显示，如 图 12-29 所示。新窗口中的标题栏中会显示原文件保存的路径以及通道。这时可以存储和编辑新图像。

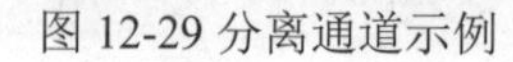

图 12-29 分离通道示例

12.4.7 合并通道

合并通道命令可以将多个灰度图像作为原色通道合并成一个图像。进行合并的图像必须是灰度模式，具有相同的像素尺寸并且处于打开状态。继续 12.4.6 小节的操作，可以将分离出来的三个原色通道文档合并成为一个图像。合并通道的操作步骤如下：

（1）确定包含要合并的通道的灰度图像文件呈打开状态，并使其中一个图像文件为当前激活状态。从通道面板菜单中选择“合并通道”命令（见图 12-30），打开“合并通道”对话框。

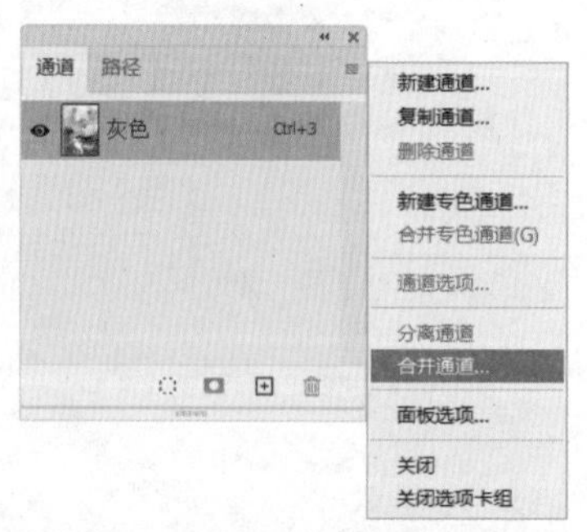

图 12-30 选择“合并通道”选项

（2）在“模式”下拉列表中选择合并图像的颜色模式，如图 12-31 所示。颜色模式不同，进行合并的图像数量也不同。单击“确定”按钮，开始合并操作。

（3）这时会弹出“合并 RGB 通道”对话框，分别指定合并文件所处的通道位置，如图 12-32 所示。

（4）单击“确定”按钮，即可将选中的通道合并为指定类型的新图像，原图像则在不做任何更改的情况下关闭。新图像会以“未标题”的形式出现在新窗口中，如图 12-33 所示。

图 12-31 选择“RGB 颜色”模式

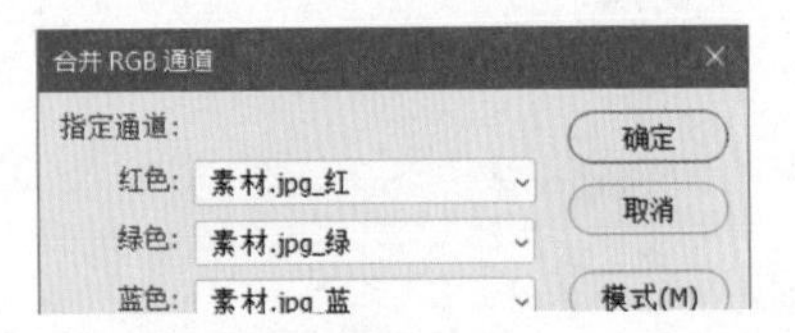

图 12-32 “合并 RGB 通道”对话框

图 12-33 合并通道

12.5 通道抠图

通道保存了图像最原始的颜色信息，合理使用通道可以建立其他方法无法创建的图像选区。下面以选取婚纱为例，介绍通道抠图的方法及技巧。

（1）执行“文件”|“打开”命令，弹出“打开”对话框，选择本书配套资源中的“目标文件\第 12 章\12.5\婚纱照.jpg”文件，单击“打开”按钮，如图 12-34 所示。

（2）选择“钢笔”工具，在工具选项栏中选择“路径”选项，沿着人物的外轮廓绘制一个封闭路径，如图 12-35 所示。

图 12-34 打开素材

图 12-35 绘制路径

（3）按 Ctrl+Enter 快捷键，将路径转换为选区。按 Shift+F6 快捷键，弹出“羽化选区”对话框，设置“羽化半径”为 2 像素，单击“确定”按钮，完成羽化选区的创建，如图 12-36 所示。

（4）按 Ctrl+J 快捷键复制图层，然后将“背景”图层隐藏，如图 12-37 所示。

图 12-36 创建羽化选区

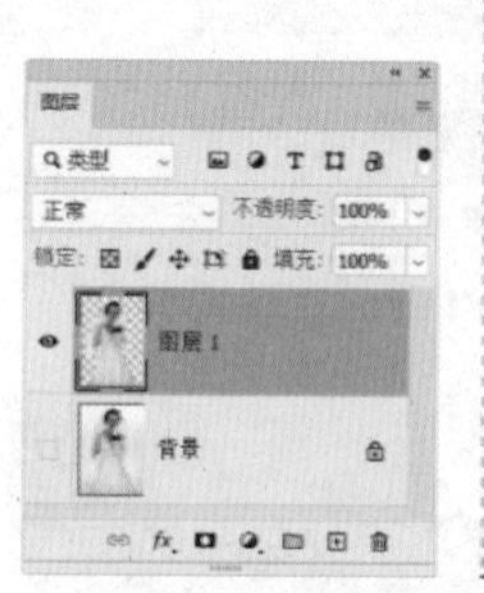

图 12-37 隐藏“背景”图层

（5）切换到“通道”面板，查看每一个颜色通道，发现“蓝”通道反差较大。将“蓝”通道拖到面板底部的“创建新通道”按钮上，复制该通道，如图 12-38 所示。

（6）按 Ctrl+I 快捷键进行反相。按 Ctrl+L 快捷键，打开“色阶”对话框，设置参数如图 12-39 所示。

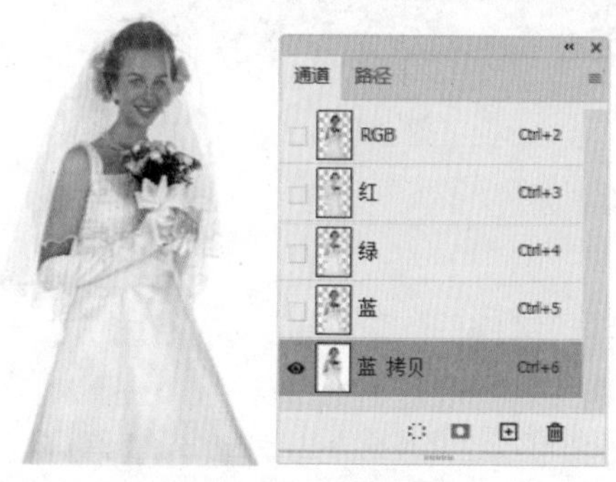

图 12-38 复制“蓝”通道

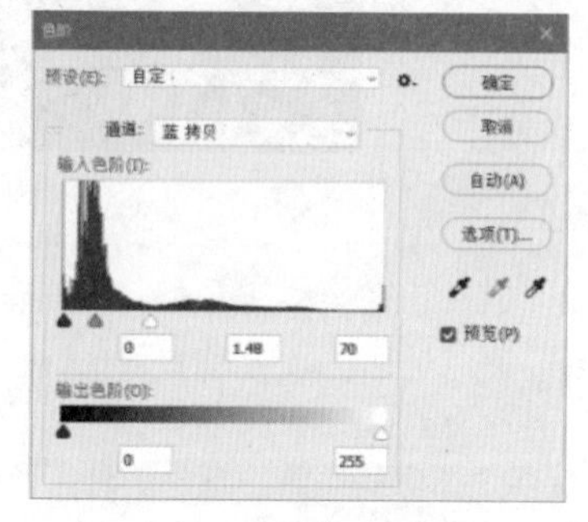

图 12-39 设置参数

（7）选择“画笔”工具，设置画笔“大小”为 35 像素、“硬度”为 0%，将前景色设置为白色，将人物不透明的部分涂抹成白色，如图 12-40 所示。

（8）按 Ctrl 键同时单击复制的“蓝”通道，载入选区（见图 12-41），切换至“图层”面板中。

图 12-40 涂抹人物

图 12-41 载入选区

（9）按 Ctrl+J 快捷键复制图层，然后隐藏“图层 1”，结果如图 12-42 所示。

（10）按 Ctrl+O 快捷键打开“背景”文件。选择“移动”工具将婚纱人物拖拽到该文档中，按 Ctrl+T 快捷键调整大小和位置，按 Ctrl+Alt+G 快捷键创建剪贴蒙版，最终效果如图 12-43 所示。

图 12-42 隐藏“图层”

图 12-43 最终结果

提示：在涂抹白色时，要注意身体与头纱交界位置的过渡要柔和。此效果可以通过设置画笔大小与硬度来实现。

12.6“应用图像”命令

“应用图像”命令可以将一个图像的图层和通道与当前图像的图层和通道混合。该命令与混合模式的关系密切，常用来创建特殊的图像合成效果，或者用来制作选区。

12.6.1 了解“应用图像”对话框

执行“图像”|“应用图像”命令，打开“应用图像”对话框，如图 12-44 所示。

“应用图像”对话框主要分为“源”“目标”和“混合”三个部分。“源”是指参与混合的对象，“目标”是指被混合的对象，“混合”是用来控制“源”对象与“目标”对象如何混合。

❶定义参与混合的图像、具体的图层以及通道。其中的“反相”作用于通道。

❷目标：显示应用图像的作用目标。

❸控制混合结果，并可为应用图像添加最终的蒙版效果。

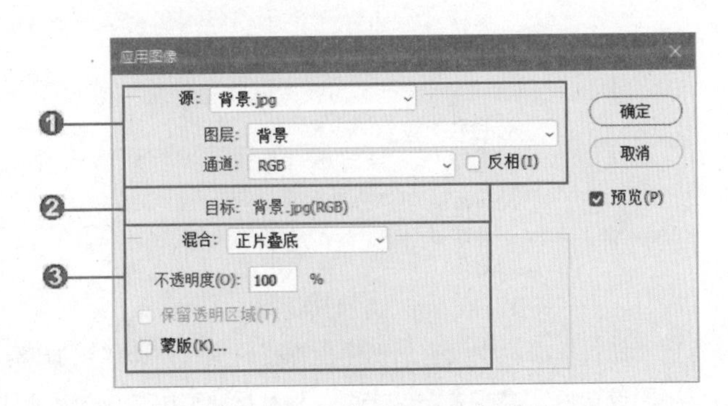

图 12-44“应用图像”对话框

12.6.2 设置参与混合的对象

在“应用图像”对话框中的“源”选项组中可以设置参与混合的源文件。源文件可以是图层，也可以是通道。

➢ 源：默认设置为当前的文件。在该选项下拉列表中也可以选择其他文件来与当前图像混合，选择的文件必须是打开的并且与当前文件具有相同尺寸和分辨率的图像。

➢ 图层：如果源文件为分图层的文件，可在该选项下拉列表中选择源图像文件的一个图层来参与混合。要使用源图像中的所有图层，可选择“合并图层”选项。

➢ 通道：用来设置源文件中参与混合的通道。选中“反相”复选框，可将通道反相后再进行混合。

12.6.3 设置被混合的对象

“应用图像”命令的特别之处是必须在执行该命令前选择被混合的目标文件。被混合的目标文件可以是图层，也可以是通道，但无论是哪一种，都必须在执行该命令前先将其选择。

12.6.4 设置混合模式

“混合”下拉列表中包含了可供选择的混合模式，如图 12-45 所示。通过设置混合模式才能混合通道或图层。

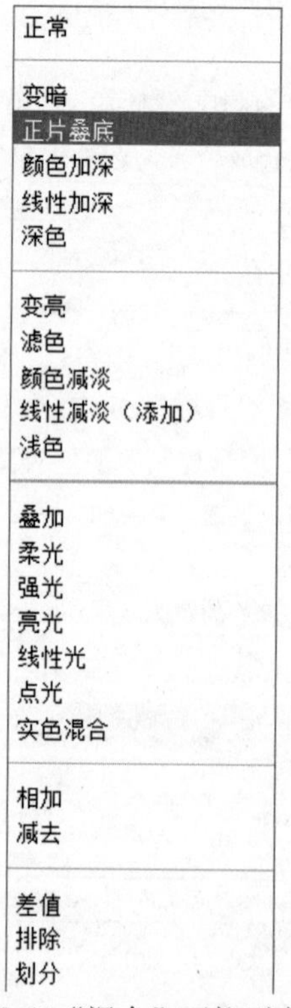

图 12-45“混合”下拉列表

“应用图像”命令还包含“图层”面板中没有的两个附加混合模式，即“相加”和“减去”。“相加”模式可以增加两个通道中的像素值，“减去”模式可以从目标通道中相应的像素上减去源通道中的像素值。

12.6.5 设置混合强度

如果要控制通道或者图层混合效果的强度，可以调整“不透明度”值。该值越高，混合的强度越大。

12.6.6 设置混合范围

“应用图像”命令有两种控制混合范围的方法。

第一种方法是选择“保留透明区域”复选框，将混合效果限定在图层的不透明区域的范围内，如图 12-46 所示。

第二种方法是选择“蒙版”复选框，显示出扩展的面板（见图 12-47），然后选择包含蒙版的图像和图层。对于“通道”选项，可以选择任何颜色通道或 Alpha 通道以用作蒙版。也可使用基于现用选区或选中图层边界的蒙版。选择“反相”则反转通道的蒙版区域和未蒙版区域。

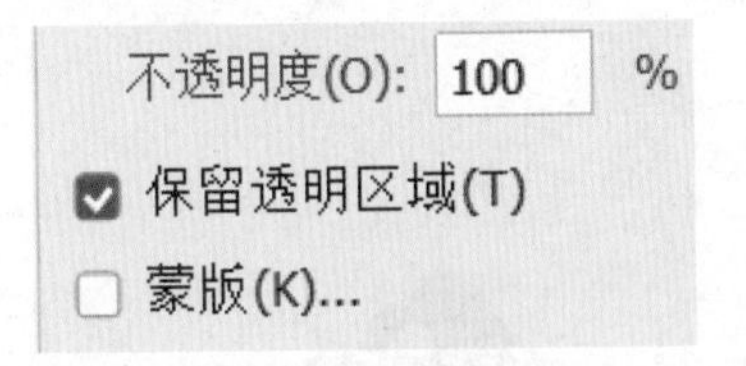

图 12-46 选择“保留透明区域”复选框

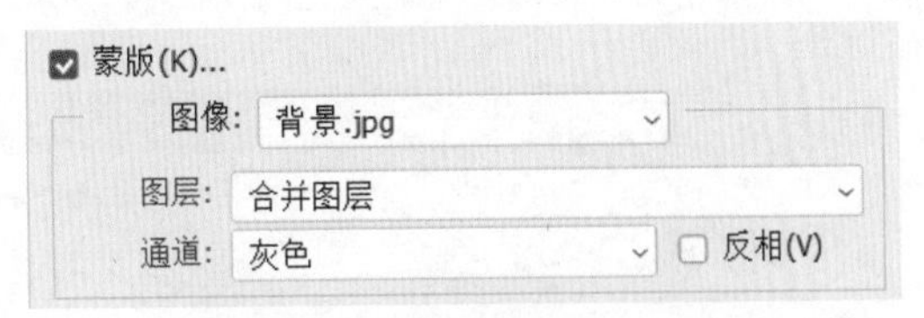

图 12-47 选择“蒙版”复选框

12.6.7 实例——“应用图像”命令的使用

本实例将通过执行“应用图像”命令来抠取人物,并为抠取的人物添加海报背景。具体的操作步骤如下：

（1）执行“文件”|“打开”命令，弹出“打开”对话框，选择本书配套资源中的“目标文件\第 12 章\12.6\12.6.7\人物.jpg”文件，单击“打开”按钮，如图 12-48 所示。

（2）切换到“通道”面板，拖动“蓝”通道至面板底部的“创建新通道”按钮上，复制“蓝”通道，如图 12-49 所示。

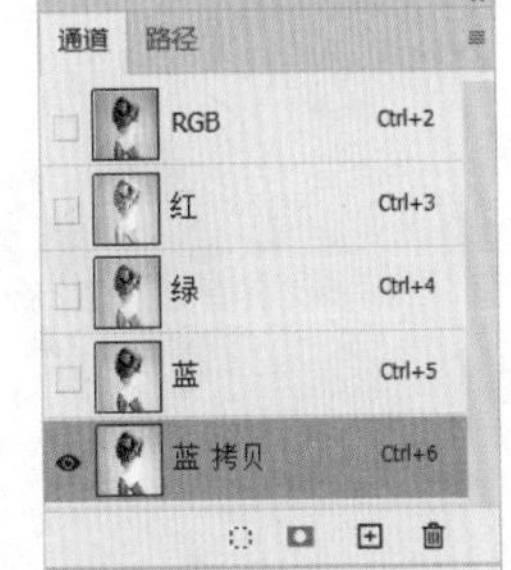

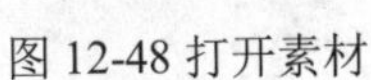

图 12-48 打开素材

图 12-49 复制“蓝”通道

（3）执行“图像”|“应用图像”命令，在弹出的对话框中设置相关参数，如图 12-50 所示。

（4）单击“确定”按钮关闭对话框。执行“图像”|“调整”|“色阶”命令（或按 Ctrl+L 快捷键），在弹出的对话框中选择“在图像中取样以设置白场”按钮，在图像背景位置中单击，取样为白色，如图 12-51 所示。

（5）按 Ctrl 键同时单击“蓝拷贝”通道，载入选区。按 Ctrl+Shift+I 快捷键，进行反选，单击 RGB 通道，返回“图层”面板。按 Ctrl+J 快捷键复制图层，并隐藏“背景”图层，抠图结果如图 12-52 所示。

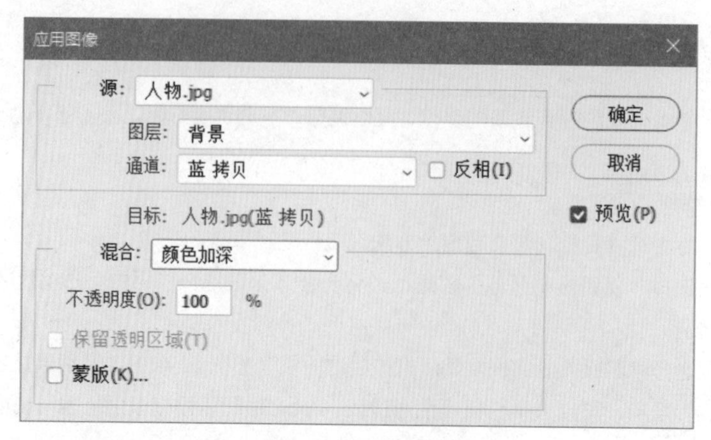

图 12-50 设置参数

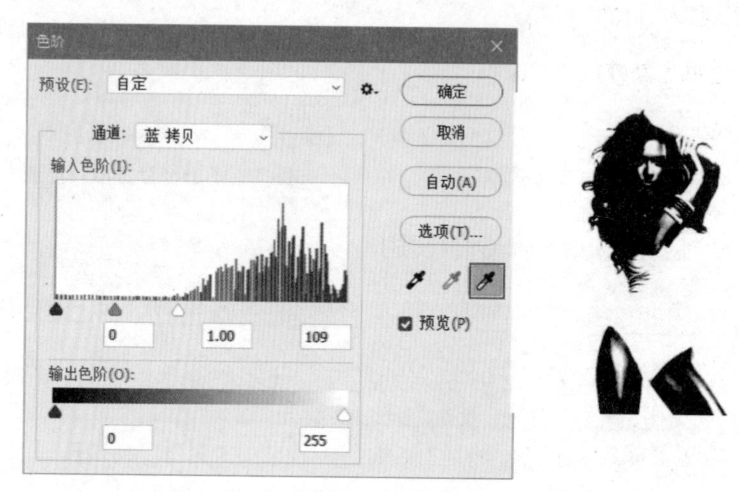

图 12-51 取样为白色

（6）隐藏“图层 1”，并显示“背景”图层。选择“快速选择”工具，选择工具选项栏中的“添加至选区”按钮，在背景上单击，选中背景，如图 12-53 所示。

图 12-52 抠图结果

图 12-53 选中背景

（7）按 Ctrl+Shift+I 快捷键，进行反选。按 Ctrl+J 快捷键复制图层，如图 12-54 所示。

（8）按 Ctrl+O 快捷键，打开“背景”文件。选择“移动”工具，将抠取出来的人物图层拖拽到“背景”文件中，按 Ctrl+T 快捷键调整大小和位置，最终结果如图 12-55 所示。

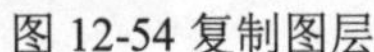
图 12-54 复制图层

图 12-55 最终结果

提示：“应用图像”命令可以对指定的通道使用混合模式，并产生新通道，所以使用该命令前要复制图像或通道。

12.7 “计算”命令

“计算”命令的工作原理与“应用图像”命令相同，它可以用来混合两个来自一个或多个源图像的单个通道。通过该命令可以创建新的通道和选区，也可创建新的黑白图像。

12.7.1 了解“计算”对话框

执行“图像”|“计算”命令，弹出“计算”对话框，如图 12-56 所示。

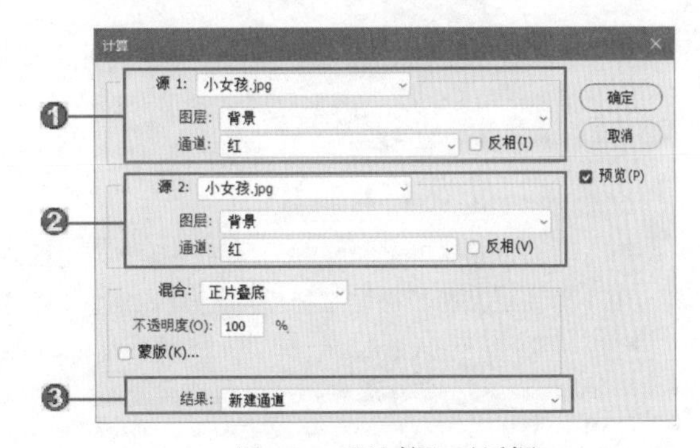

图 12-56“计算”对话框

❶源 1：用来选择第一个源图像、图层和通道。

❷源 2：用来选择与“源 1”混合的第二个源图像、图层和通道。该文件必须是打开的并且与“源 1”的图像具有相同尺寸和分辨率的图像。

❸结果：在该选项下拉列表中可以选择计算的结果。选择“新建通道”选项，计算结果将应用到新的通道中，参与混合的两个通道不会受到任何影响；选择“新建文档”选项，可得到一个新的黑白图像；选择“选区”选项，可得到一个新的选区。

提示：“应用图像”命令需要先选择要被混合的目标通道，然后打开“应用图像”对话框指定参与混合的通道。“计算”命令不受这种限制，打开“计算”对话框以后，可以任意指定目标通道，因此它更灵活些。不过，如果要对同一个通道进行多次的混合，使用“应用图像”命令操作更加方便，因为该命令不会生成新通道，而使用“计算”命令则必须来回切换通道。

12.7.2 实例——“计算”命令的使用

本实例将使用“计算”命令来提亮图像中小女孩的高光区域。具体的操作步骤如下：

（1） 打开本书配套资源中的“目标文件\第 12 章\12.7\12.7.2\小女孩.jpg，如图 12-57 所示。

（2）执行“图像”|“计算”命令，弹出“计算”对话框，如图 12-58 所示。

图 12-57 打开素材

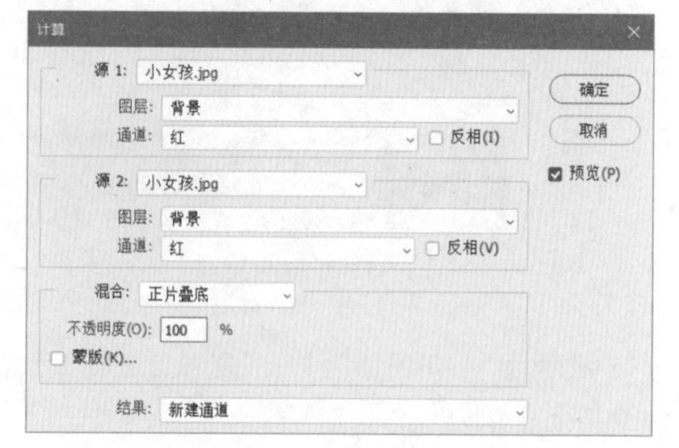

图 12-58 “计算”对话框

（3）在“计算”对话框的“结果”下拉列表中选择“新建通道”，在“通道”面板中新建一个通道，如图 12-59 所示。此时图像显示效果如图 12-60 所示。

图 12-59 新建通道

图 12-60 图像显示效果

（4）单击“通道”面板底部的“将通道作为选区载入”按钮，载入选区，如图 12-61 所示。

（5）单击“属性”面板上的“亮度/对比度”按钮，创建亮度/对比度调整图层，设置“亮度”为 55，如图 12-62 所示。

图 12-61 载入选区

图 12-62 设置参数

（6）关闭“属性”面板。提亮高光的效果如图 12-63 所示。

图 12-63 提亮高光效果

第13章 综合实例

本章将结合当下比较热门的行业，通过实例讲解 Photoshop 在创意合成、UI 图标设计、电商设计和平面广告设计领域的具体应用。通过本章的学习，读者能够迅速积累相关经验，拓展知识深度，进而轻松完成各类设计工作。

13.1 创意合成

Photoshop 作为一款功能极其强大的图像处理软件，可以轻松地通过对图像进行“移花接木”以及创造性的合成，制作出现实中不可能实现的图像。本节将通过两个充满想象力的合成作品，让读者了解创意合成的基本方法。

13.1.1 瓶中的秘密

本实例将通过“移动”工具、“画笔”工具和调整图层的使用，制作一副瓶中的秘密的合成图像。

（1）执行“文件”|“打开”命令，弹出“打开”对话框，选择本书配套资源中的“目标文件\第 13 章\13.1\许愿瓶.jpg”文件，单击“打开”按钮，打开的素材如图 13-1 所示。

（2）单击“属性”面板上的“色相/饱和度”按钮，创建“色相/饱和度”调整图层，设置参数如图 13-2 所示。

图 13-1 打开“许愿瓶”素材

图 13-2 设置参数

（3）关闭“属性”面板。为“色相/饱和度”调整图层添加图层蒙版，使用黑色的画笔在瓶盖上涂抹，隐藏瓶盖上的“色相/饱和度”调整效果，如图 13-3 所示。

（4）新建图层。设置前景色为白色，按 B 键切换到“画笔”工具，按]键调整画笔的大小，在瓶子中间位置绘制亮点，如图 13-4 所示。然后设置图层混合模式为“柔光”。

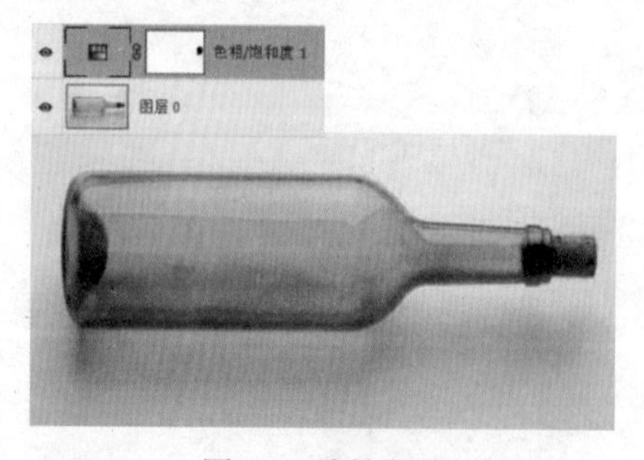

图 13-3 涂抹瓶盖

图 13-4 绘制亮点

（5）添加“土壤”素材至画面中，放置在适当的位置，如图 13-5 所示。

（6）单击“图层”面板底部的“添加图层蒙版”按钮，添加图层蒙版。选中蒙版，设置前景色为黑色，选择“画笔”工具，涂抹“土壤”素材，隐藏图像，结果如图 13-6 所示。

图 13-5 添加“土壤”素材

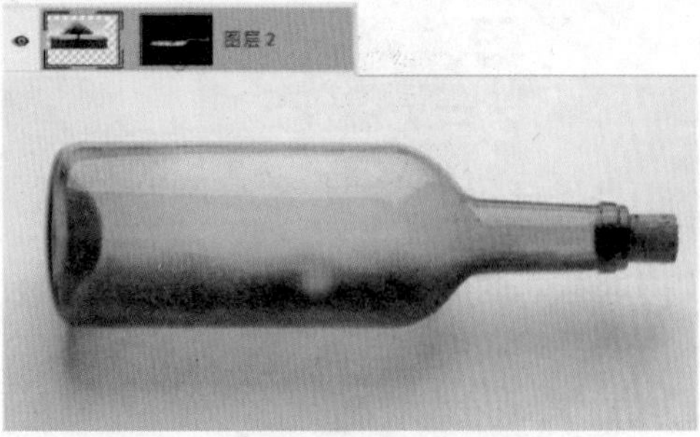

图 13-6 涂抹结果

（7）添加“青苔”素材至画面中，放置在适当的位置，如图 13-7 所示。按 Alt 键拖动并复制素材图像至右边。按 Ctrl+T 快捷键，对复制的素材图像进行水平翻转，结果如图 13-8 所示。

图 13-7 添加“青苔”素材

图 13-8 翻转图像

（8）为两个“青苔”图层添加图层蒙版，结果如图 13-9 所示。

（9）打开“树”素材文件，如图 13-10 所示。

图 13-9 为“青苔”图层添加蒙版

图 13-10 打开“树”文件

（10）单击“图层”面板上的“添加图层蒙版”按钮，添加图层蒙版，选中图层蒙版，使用黑色的画笔涂抹树干及底部区域，隐藏图像，结果如图 13-11 所示。

（11）选中“树”图层，执行“选择”|“色彩范围”命令，弹出“色彩范围”对话框，使用“吸管”工具吸取蓝色的背景，如图 13-12 所示。

（12）单击“确定”按钮，建立选区，选中蒙版，按 Alt+Delete 快捷键，隐藏选区，结果如图 13-13 所示。

（13）按 V 键切换到“移动”工具，将树拖至画面中，按 Ctrl+T 快捷键，进入自由变换状态，按

Shift+Alt 快捷键，往内拖动控制点，将树同比例缩小，继续用画笔涂抹树根与青苔相接的位置，使其衔接得更自然，结果如图 13-14 所示。

图 13-11 隐藏图像

图 13-12“色彩范围”对话框

图 13-13 隐藏选区

图 13-14 添加“树”素材

（14）新建图层，选中树图层的蒙版，按 Alt 键复制至新建图层上，选择“画笔”工具，设置前景色为黑色，按[和]键调整画笔大小，加深树干，结果如图 13-15 所示。

（15）添加“木屋”素材至画面中，调整大小及位置，如图 13-16 所示。

图 13-15 加深树干

图 13-16 添加“木屋”素材

（16）采用相同的方法，隐藏木屋周围的区域，结果如图 13-17 所示。

（17）添加“鸟”和“日出”素材至画面中，放置在适当的位置上，并隐藏部分图像，结果如图 13-18 所示。

（18）添加“烟”素材至画面中，设置图层混合模式为“叠加”、“不透明度”为 80%，并隐藏边缘生硬的图像，结果如图 13-19 所示。

（19）添加“女孩”素材至画面中，并为其添加阴影效果，如图 13-20 所示。

（20）单击“调整”面板上的“色阶”按钮，创建“色阶”调整图层，在“属性”面板上设置参数如图 13-21 所示。

图 13-17 添加“木屋”素材

图 13-18 添加“鸟”和“日出”素材

图 13-19 添加“烟”素材

图 13-20 添加阴影效果

（21）设置前景色为深蓝色（#598186），新建图层，使用“画笔”工具，在瓶子上方涂抹，结果如图 13-22 所示。然后设置图层混合模式为“叠加”。

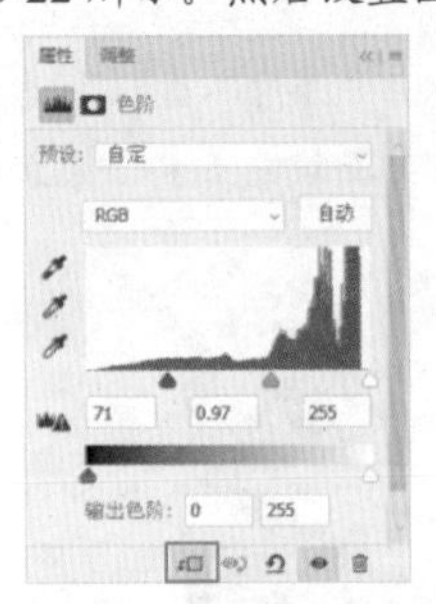

图 13-21 设置参数

图 13-22 涂抹瓶子上方

图 13-23 最终结果

（22）选中最上面的图层，按 Ctrl+Alt+Shift+E 快捷键，盖印图层。选中盖印图层，设置图层“不透明度”为 50%，再按 Ctrl+T 快捷键进行垂直翻转，并为其添加图层蒙版，隐藏图像，制作倒影的效果。最终结果如图 13-23 所示。

13.1.2 香蕉派对

本实例将通过“渐变”工具、“变换”命令以及编辑文字和调整图层的使用，制作一幅香蕉派对的合成图像。

（1）启动 Photoshop，执行“文件”|“新建”命令，弹出“新建文档”对话框，设置参数如图 13-24 所示，然后单击“创建”按钮，新建一个文档。

（2）选择“渐变”工具，单击工具选项栏上的渐变条，弹出“渐变编辑器”对话框，设置颜色参数如图 13-25 所示。

（3）单击“确定”按钮，由右上角往左下角拉出一条直线，绘制线性渐变填充。按 B 键切换到“画笔”工具，设置前景色为橘黄色（#f6a10a），加深底部区域，结果如图 13-26 所示。

（4）添加“香蕉”素材至画面中，放置在图像右边（见图 13-27），完成图层 1 的创建。

（5）选择“钢笔”工具，在香蕉上绘制如图 13-28 所示的路径。按 Ctrl+Enter 快捷键，将路径转换为选区，按 Ctrl+J 快捷键，复制选区内容至新图层上，完成图层 2 的创建。

图 13-24 设置参数

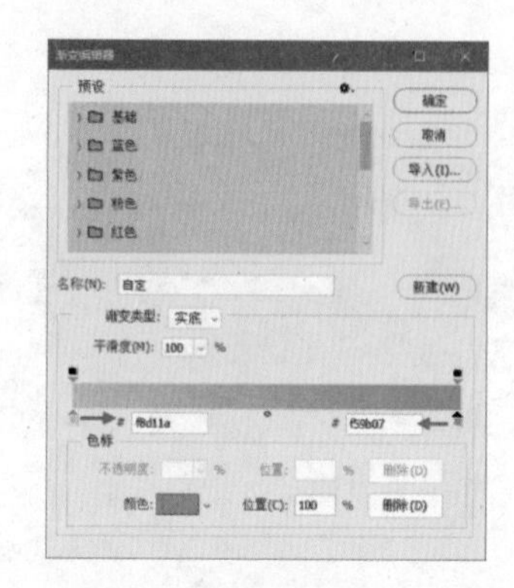

图 13-25“渐变编辑器”对话框

图 13-26 绘制渐变填充并加深底部

图 13-27 添加“香蕉”素材

（6）选中图层 1，按 Ctrl 键单击图层 2，将其载入选区，再单击“图层”面板底部的“添加图层蒙版”按钮，隐藏选区内容。选中图层 2，调整位置如图 13-29 所示。

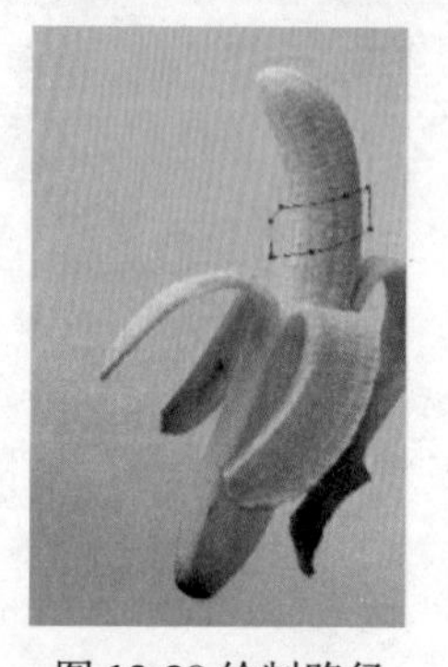

图 13-28 绘制路径

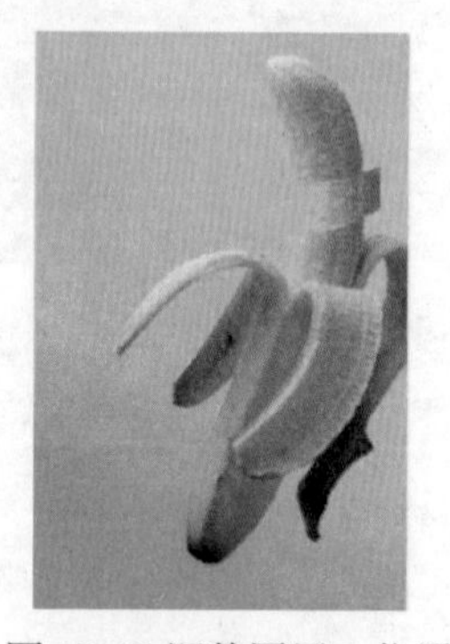

图 13-29 调整图层 2 位置

（7）采用相同的方法把香蕉切割成块，如图 13-30 所示。按 Shift 键选中除背景外的所有图层，按 Ctrl+G 快捷键，编织组，创建组 1。

（8）单击“调整”面板上的“色阶”按钮，创建“色阶”调整图层，在“属性”面板上设置参数并剪贴蒙版，如图 13-31 所示。

（9）关闭“属性”面板，此时图像显示效果如图 13-32 所示。

（10）在香蕉图层下方新建一个图层，使用“椭圆选框”工具绘制投影并进行透视调整，结果如图 13-33 所示。

（11）设置图层混合模式为“明度”、“不透明度”为 70%，此时图像显示效果如图 13-34 所示。

（12）新建图层，设置前景色为淡黄色（#f6e0c9），绘制如图 13-35 所示的图形。

（13）将其移至图层 1 下方，如图 13-36 所示。

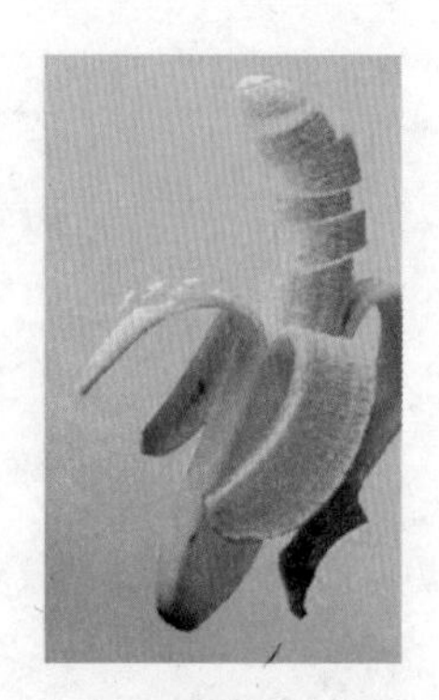

图 13-30 切割香蕉

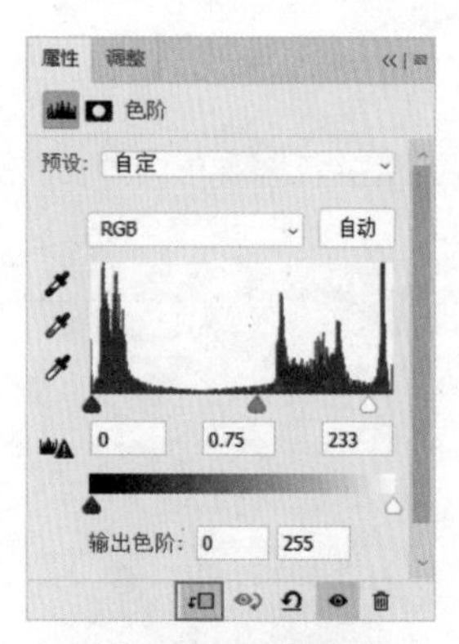

图 13-31 设置参数

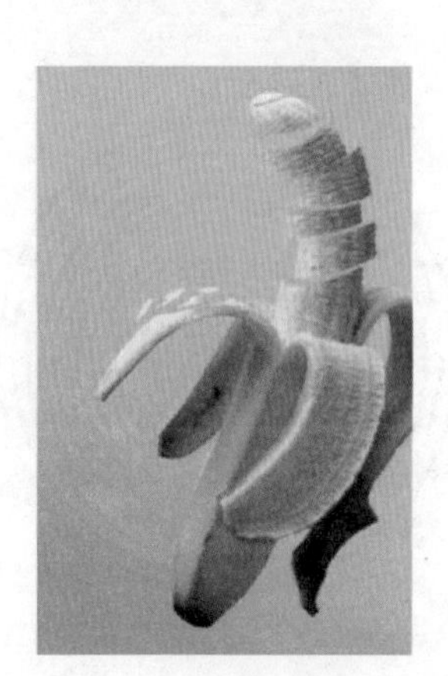

图 13-32 图像显示效果

图 13-33 绘制阴影

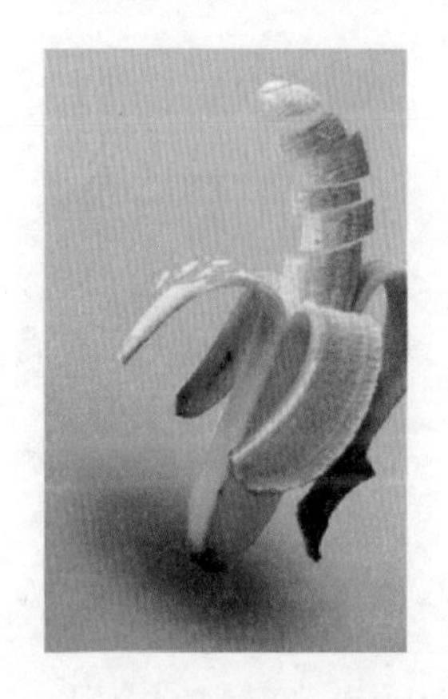

图 13-34 图像显示效果

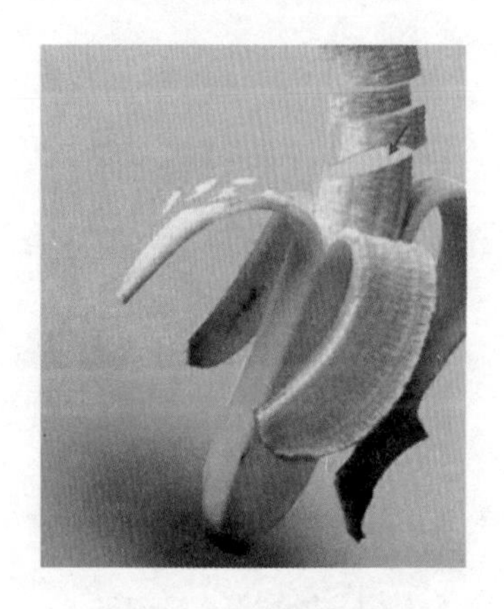

图 13-35 绘制图形

（14）按 Ctrl 键将其载入选区，设置前景色为深橘色（#b66b36）。按 B 键切换到“画笔”工具，按]键将画笔放大到适当大小，在选区内填充颜色，如图 13-37 所示。

（15）采用相同的方法，为香蕉添加投影效果，如图 13-38 所示。

（16）选择“椭圆”工具，在工具选项栏中设置工作模式为“形状”、“描边”为黑色、宽度为 2 点，绘制多个正圆，如图 13-39 所示。

（17）合并所绘制的正圆图层，按 Ctrl+J 快捷键复制一份。将其移至香蕉底部，设置图层“不透明度”为 30%。按 Ctrl+T 快捷键，进入自由变换状态，按 Ctrl 键移动 4 个控制点的位置，调整透视效果，结果如图 13-40 所示。

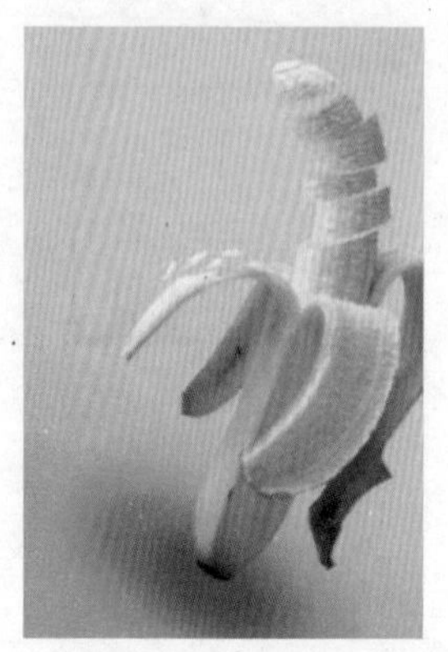

图 13-36 移动图层

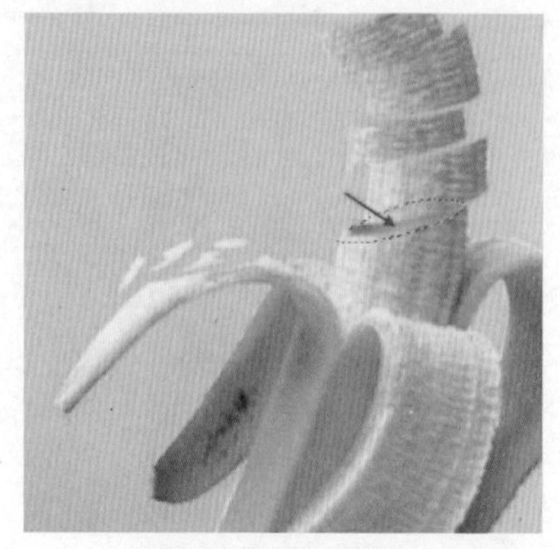

图 13-37 填充颜色

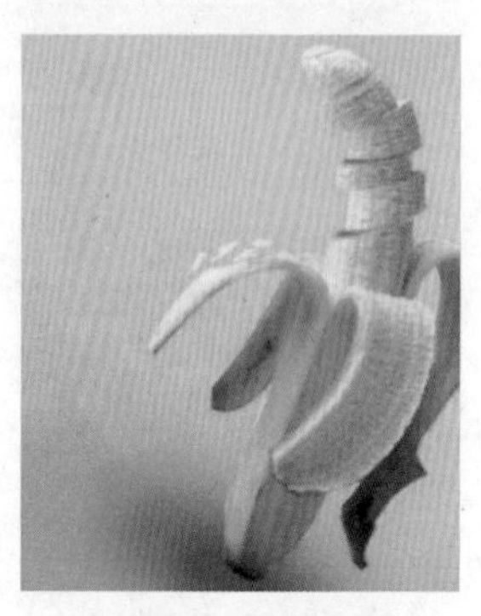

图 13-38 添加投影

图 13-39 绘制图形

（18）按 Enter 键确定透视调整效果，然后给图层添加图层蒙版，并使用“径向渐变”隐藏边缘的区域，结果如图 13-41 所示。

图 13-40 调整透视效果

图 13-41 使用“径向渐变”隐藏边缘区域

（19）绘制一个如图 13-42 所示的图形，再将其复制多个，同样调整透视效果。然后设置图层混合模式为“变亮”、“不透明度”为 50%，结果如图 13-43 所示。

（20）选中图 13-39 所示图形的图层并复制，再将其移至香蕉后面，并填充白色，然后设置“不透明度”为 50%，给图层添加图层蒙版，并使用“径向渐变”隐藏边缘的区域，结果如图 13-44 所示。

（21）新建图层。设置前景色为白色，使用“画笔”工具在香蕉后面绘制一个如图 13-45 所示的亮光。

（22）添加“花纹”素材至画面中，放置在适当的位置，如图 13-46 所示。

图 13-42 绘制图形

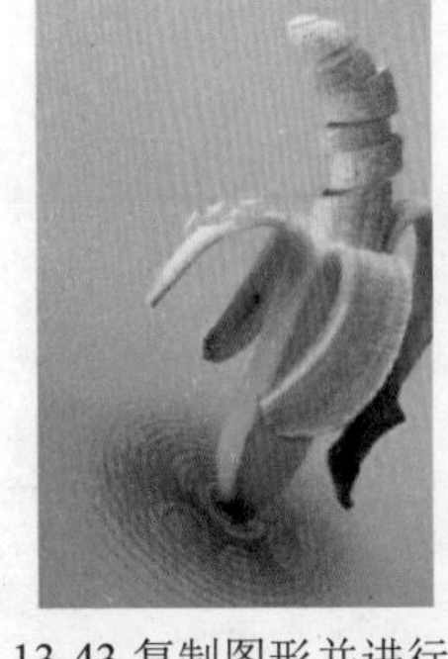

图 13-43 复制图形并进行调整

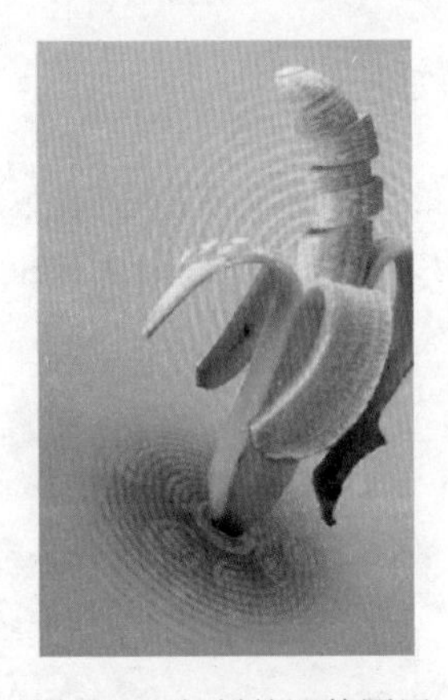

图 13-44 复制并调整图层

图 13-45 绘制亮光

（23）单击“图层”面板底部的“添加图层样式”按钮 fx，在弹出的快捷菜单中选择“投影”选项，弹出“图层样式”对话框，设置参数如图 13-47 所示。

图 13-46 添加“花纹”素材

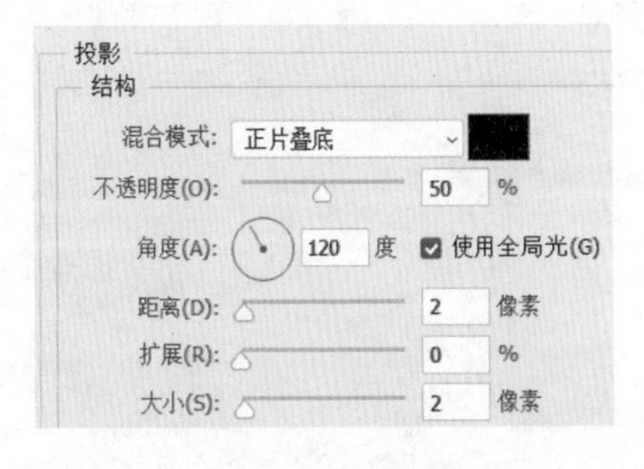

图 13-47 设置参数

（24）复制多个“花纹”素材至不同的位置，再调整角度及不透明度，结果如图 13-48 所示。

（25）再次复制多个花纹至不同位置，调整透视效果，并为其编组。创建“曲线”调整图层，参数设置及预览效果如图 13-49 所示。

（26）选择“横排文字”工具 T，设置字体为方正超粗黑简体、颜色为白色，然后输入文字，如图 13-50 所示。

（27）同时选中两个文字图层，执行“类型”|“栅格化文字图层”命令，将文字图层转换为普通图层。

图 13-48 复制并调整“花纹”素材

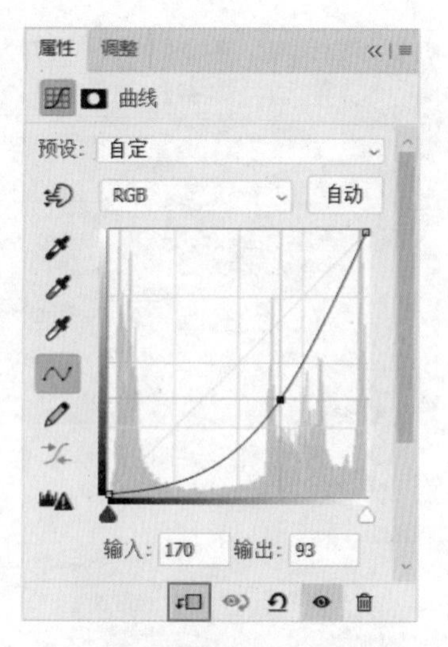

图 13-49 参数设置及预览效果

（28）选择“套索”工具，选中单个字母，调整字母的大小、位置及角度，结果如图 13-51 所示。

图 13-50 输入文字

图 13-51 调整字母

（29）合并两个文字图层，选择“钢笔”工具，绘制路径，将文字切开，稍许移动错开位置，如图 13-52 所示。

（30）单击“图层”面板底部的“添加图层样式”按钮，在弹出的快捷菜单中选择“外发光”选项，弹出“图层样式”对话框，设置参数如图 13-53 所示。

图 13-52 绘制路径

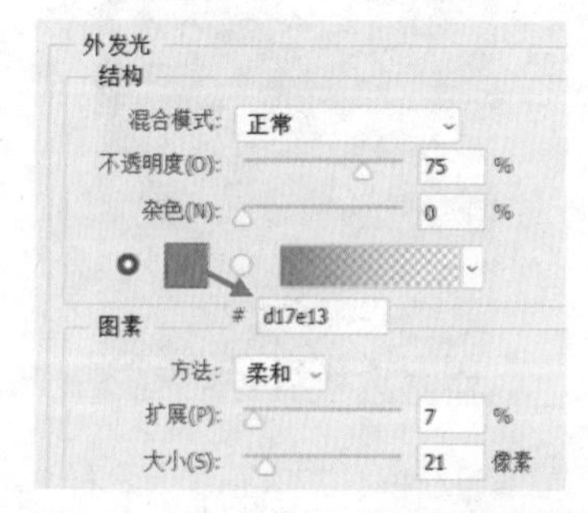

图 13-53 设置参数

（31）输入“香蕉派对”文字，添加雪花形状及气泡素材，并复制花纹图层，移至不同位置，如图 13-54 所示。

（32）使用“钢笔”工具绘制飘带，利用蒙版使飘带穿梭于香蕉皮及文字间，如图 13-55 所示。

（33）新建图层。使用“画笔”工具，按[和]键调整画笔大小，绘制大小不一的星光，最终结果如图 13-56 所示。

图 13-54 复制花纹图层

图 13-55 绘制飘带

图 13-56 最终结果

13.2 UI 图标设计

本节将介绍三个图标的绘制方法，包括闪电云层图标、立体质感饼干图标以及立体相机图标。

13.2.1 闪电云层图标

本例将讲解制作天气闪电云层图标的方法。该图标以云朵、闪电和雨滴作为主体图像，因此制作时选用灰色为主色调、黄色为辅助色，以符合天气特征，并通过调整图层顺序使其具有立体效果。

1. 制作图标背景

（1） 执行“文件”|“新建”命令，新建一个 1080 像素 × 660 像素的空白文档。

（2）选择工具箱中的“渐变工具”，在工具选项栏中设置渐变颜色，在画布中从上往下拖出一条直线，制作渐变背景，如图 13-57 所示。

（3）选择工具箱中的“矩形工具”，在画布中心绘制一个 430 像素×430 像素、“圆角半径”为 80 像素的圆角矩形，如图 13-58 所示。

（4）双击圆角矩形的图层，打开“图层样式”对话框，选中“渐变叠加”样式。在工具选项栏中单击渐变条，打开“渐变编辑器”对话框，设置渐变颜色参数如图 13-59 所示。

（5）单击“确定”按钮返回“图层样式”对话框，设置样式参数如图 13-60 所示。

（6）单击“确定”按钮。图像显示效果如图 13-61 所示。

（7）在“背结果景”图层的上方新建图层，使用“渐变工具”，在画布中拖动直线，创建从黑色到透明的径向渐变，如图 13-62 所示。

（8）按 Ctrl+T 组合键，对渐变图形进行自由变换操作，并将其移动至圆角矩形底部，制作阴影效果，如图 13-63 所示。

（9）单击“图层”面板底部的“添加图层蒙版”按钮，为阴影图层添加图层蒙版，然后使用黑色画笔在阴影周围涂抹，使其看上去更自然，如图 13-64 所示。

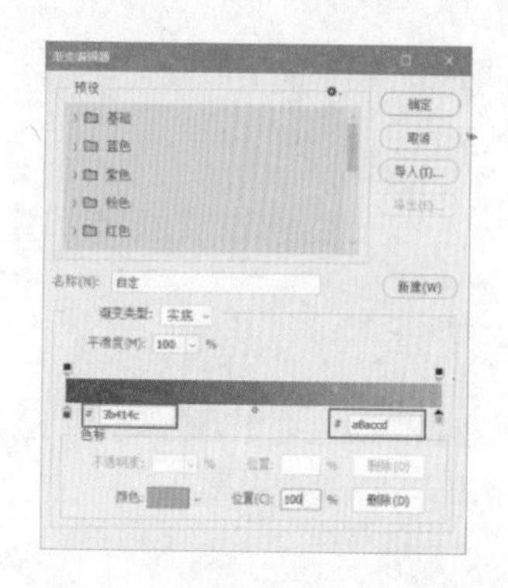

图 13-57 制作渐变背景

图 13-58 绘制圆角矩形

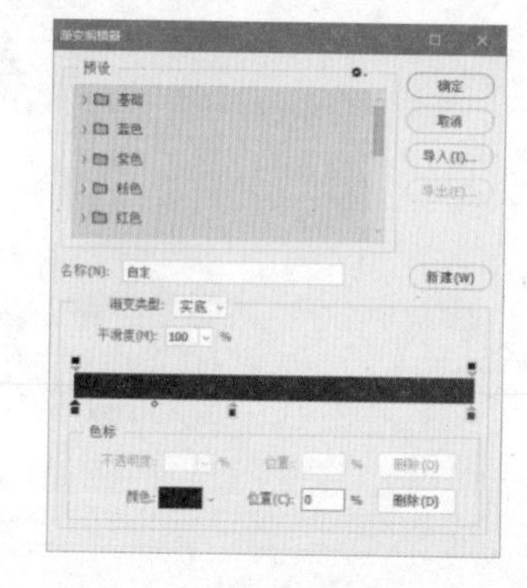

图 13-59 设置渐变颜色参数

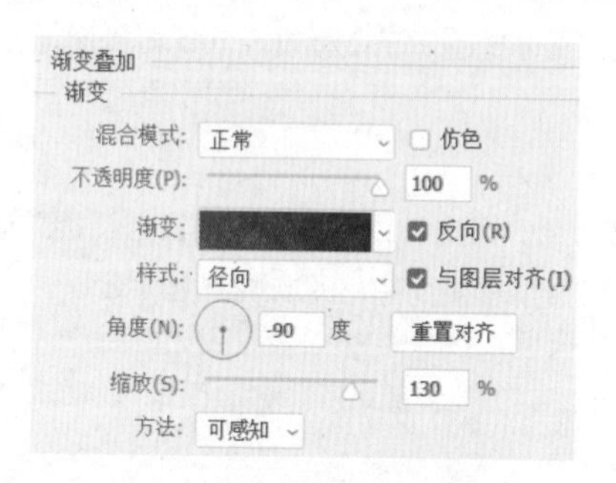

图 13-60 设置样式参数

图 13-61 图像显示效果

2. 绘制图标内容

（1）选择工具箱中的“椭圆工具”，按住 Shift 键，在圆角矩形的内部绘制多个大小不一的黑色圆形，排列云朵的形状，如图 13-65 所示。

（2）选中所有椭圆图层，按 Ctrl+E 组合键合并所选图层，创建“椭圆 1”图层，设置其“不透明度”为 18%，结果如图 13-66 所示。

（3）按 Ctrl+J 组合键，复制“椭圆 1”图层，创建“椭圆 1 拷贝”图层。双击该图层。打开“图层样式”对话框，选中“斜面与浮雕”图层样式，设置参数如图 13-67 所示。

（4）选中“渐变叠加”图层样式，设置参数，将渐变色更改为从浅灰色（#77787e）到深灰色（#39393f），如图 13-68 所示。

（5）选择“移动工具”，将添加了样式效果的图形稍微向上移动，结果如图 13-69 所示。

图 13-62 创建径向渐变

图 13-63 制作阴影效果

图 13-64 涂抹阴影

图 13-65 绘制云朵图形

图 13-66 改变图层的不透明度

图 13-67 设置“斜面与浮雕”参数

图 13-68 设置“渐变叠加”参数

（6）按 Ctrl+J 组合键，复制“椭圆 1 拷贝”图层，创建“椭圆 1 拷贝 2”图层，然后清除所有的图层样式，修改填充颜色为灰色（#5d5d62）。按 Ctrl+T 组合键等比缩小复制的云朵图形，移动其至适当的位置，结果如图 13-70 所示。

图 13-69 向上移动图形

图 13-70 复制并调整图形 1

（7）选中与云朵相关的图层，按 Ctrl+G 组合键将它们编组，命名为“底层云”。

（8）按 Ctrl+J 组合键继续复制图层，创建“椭圆 1 拷贝 3”图层，将其移至顶层。按 Ctrl+T 组合键等比缩小复制的图形，在“属性”面板中设置“羽化”为 6 像素，并设置图层的“不透明度”为 22%，结果如图 13-71 所示。

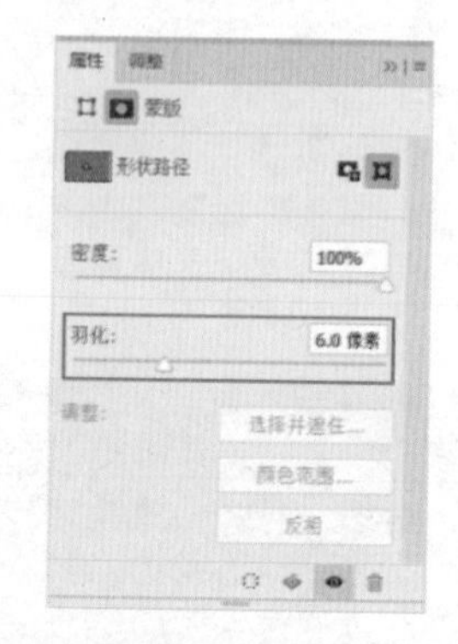

图 13-71 复制并调整图形 2

（9）以同样的方法创建“椭圆 1 拷贝 4”图层，调整图形位置，修改填充颜色为蓝灰色（#b4b4c4），结果如图 13-72 所示。

图 13-72 复制并调整图形

（10）双击“椭圆 1 拷贝 4”图层，打开“图层样式”对话框，选中“描边”图层样式。在工具选项栏中单击渐变条，在弹出的“渐变编辑器”对话框中设置颜色参数。单击“确定”按钮返回“图层样式”对话框，设置“描边”样式参数如图 13-73 所示。

（11）选中“渐变叠加”图层样式。在工具选项栏中单击渐变条，在弹出的“渐变编辑器”对话框中设置颜色参数。单击“确定”按钮返回“图层样式”对话框，设置“渐变叠加”参数如图 13-74 所示。

（12）选中“椭圆 1 拷贝 3”图层和“椭圆 1 拷贝 4”图层，按 Ctrl+G 组合键将它们编组，命名为“顶层云”，如图 13-75 所示。

（13）使用“钢笔工具”，在最前面的云朵下方绘制闪电图形，设置填充颜色为黄色（#ffca11），如图 13-76 所示。

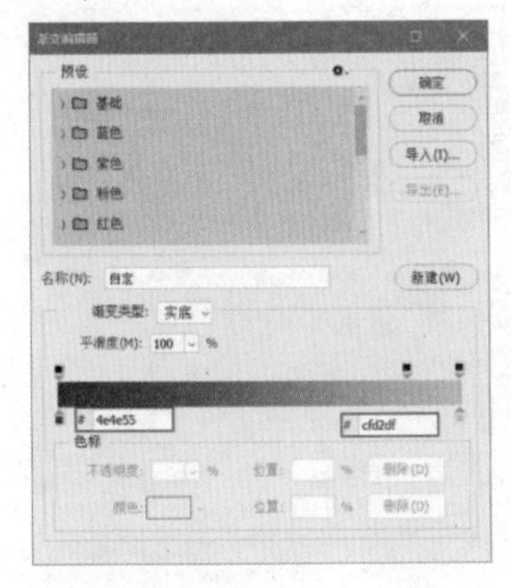

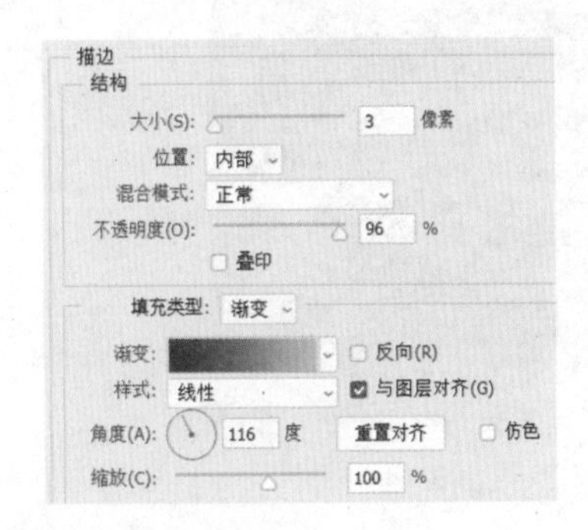

图 13-73 设置颜色参数和“描边”参数

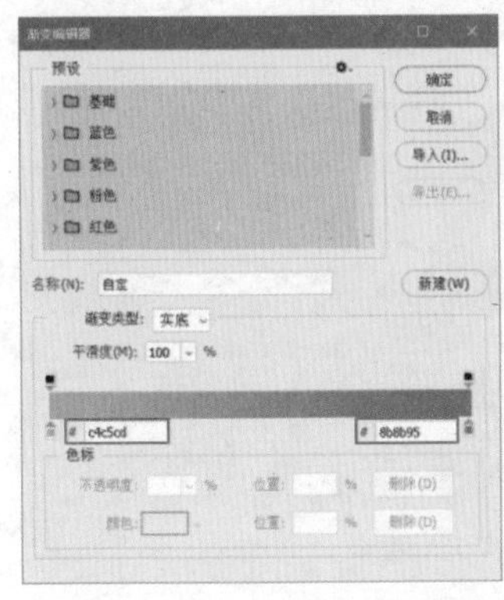

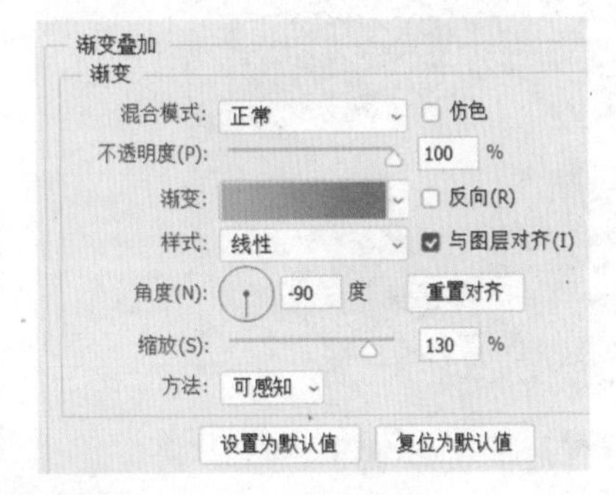

图 13-74 设置颜色参数和“渐变叠加”参数

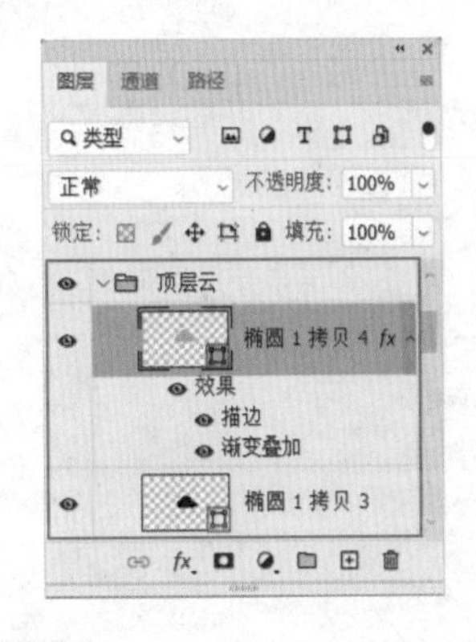

图 13-75 编组“顶层云”图层

（14）复制闪电图形，修改填充颜色为深黄色（#80611e），结果如图 13-77 所示。

（15）调整云朵和闪电两个图形的图层顺序，使颜色较亮的闪电呈现在前面，稍微调整它们的位置，使它们不完全重叠，结果如图 13-78 所示。

（16）使用“椭圆工具”，在闪电后面绘制颜色为橙色（#ff6600）的椭圆，如图 13-79 所示。

（17）在“图层”面板中设置椭圆的图层混合模式为“叠加”，再在“属性”面板中修改“羽化”为 24.4 像素，结果如图 13-80 所示。

（18）复制椭圆图形，修改填充颜色为黄色（#ffcd07），并设置图层“不透明度”为 54%，结果如图 13-81 所示。

（19）选中与闪电相关的图层，按 Ctrl+G 组合键将它们编组，命名为“闪电”。此时“闪电”图层组在“顶层云”和“底层云”图层组中间，如图 13-82 所示。

图 13-76 绘制闪电图形

图 13-77 复制并调整闪电图形

图 13-78 调整图形位置

图 13-79 绘制椭圆

图 13-80 调整椭圆图形

图 13-81 复制并调整椭圆图形

（20）在“图层”面板的顶部新建图层，使用“钢笔工具”在云朵下方绘制适当大小的雨点图形，设置填充颜色为浅蓝色（#e4e4e4），结果如图 13-83 所示。

（21）将雨点图形的图层名称修改为“水滴”。双击该图层，打开“图层样式”对话框，分别添加“内发光”和“投影”图层样式，设置参数，如图 13-84 所示。

3. 完善图标背景

（1）在“背景”图层上方新建图层，执行“滤镜”→“渲染”→“云彩”命令，添加“云彩”滤镜，结果如图 13-85 所示。选中该图层，设置图层混合模式为“柔光”，图层的“不透明度”为 84%，结果如图 13-86 所示。

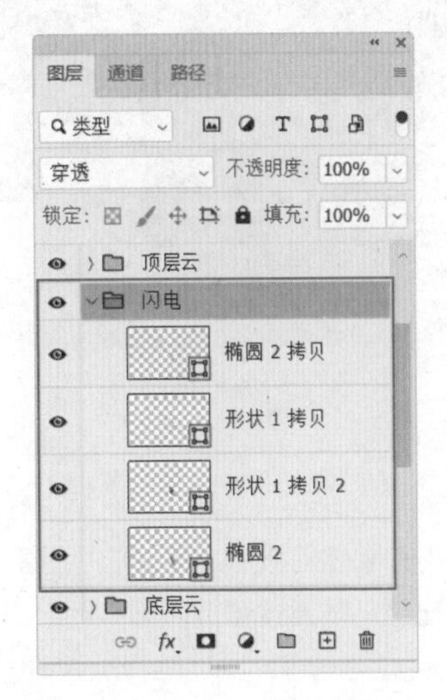

图 13-82 编组“闪电”图层

图 13-83 绘制雨点图形

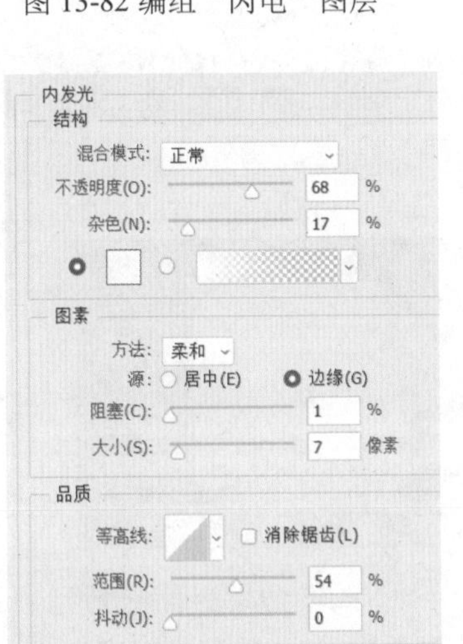

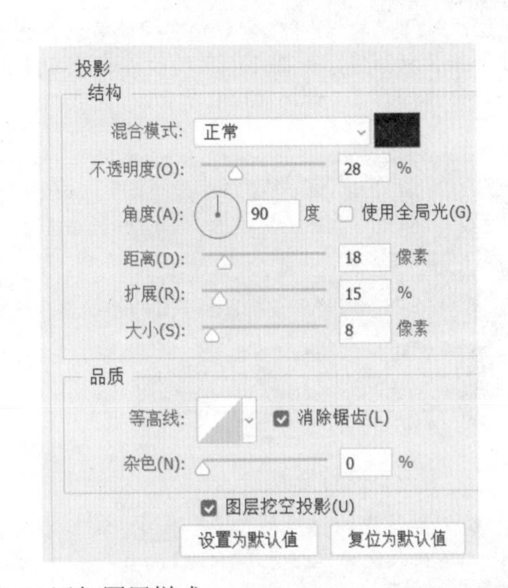

图 13-84 添加图层样式

图 13-85 添加“云彩”滤镜

图 13-86 更改图层属性

（2）单击“图层”面板底部的“添加图层蒙版”按钮，添加图层蒙版，如图 13-87 所示。然后使用黑色画笔在蒙版上涂抹，擦除多余的部分，最终结果如图 13-88 所示。

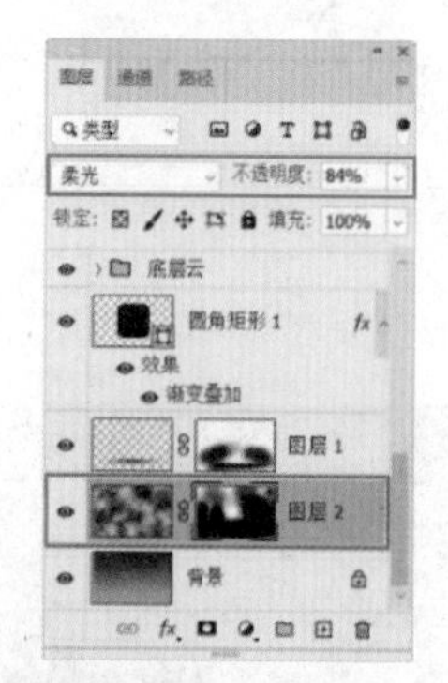
图 13-87 添加图层蒙版

图 13-88 最终结果

13.2.2 立体质感饼干图标

本例将讲解制作立体质感饼干图标的方法。此款饼干图标具有立体的质感、良好的可识别性与极佳的拟物化形象，制作时选用了紫色为背景色、橙色和白色为搭配色，以通过强烈的色彩对比，使其呈现光彩夺目的视觉效果。

1. 绘制图像

（1）执行“文件”|“打开”命令，选择本书配套资源中的“目标文件\第 13 章\13.2\13.2.2\素材.jpg”文件，打开一张素材图像，如图 13-89 所示。选择工具箱中的“矩形工具”，在工具选项栏中设置相关参数，绘制圆角矩形 1，如图 13-90 所示。

图 13-89 打开素材

图 13-90 绘制圆角矩形 1

（2）选择工具箱中的“矩形工具”，在工具选项栏中设置“填充”为“渐变”、起点颜色为橙色（#fc7f26）、终点颜色为浅橙色（#fcc277），在圆角矩形的左上角绘制一个 75 像素×75 像素的正方形，如图 13-91 所示。

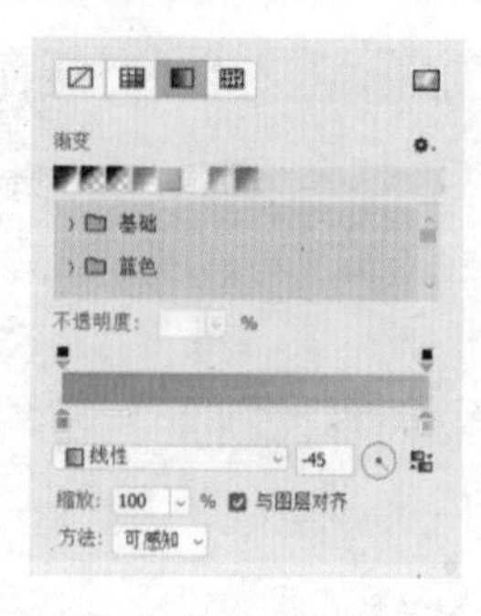

图 13-91 绘制渐变色正方形

（3）按 Ctrl+J 组合键复制多个正方形，依次水平移动它们的位置，如图 13-92 所示。继续复制并移动正方形，直到铺满整个圆角矩形，如图 13-93 所示。

图 13-92 复制并移动正方形

图 13-93 继续复制并移动正方形

（4）选中所有正方形，在“图层”面板中选中的图层上右击，在弹出的快捷菜单中选择“创建剪贴蒙版”命令，为这些图形向下创建剪贴蒙版，结果如图 13-94 所示。

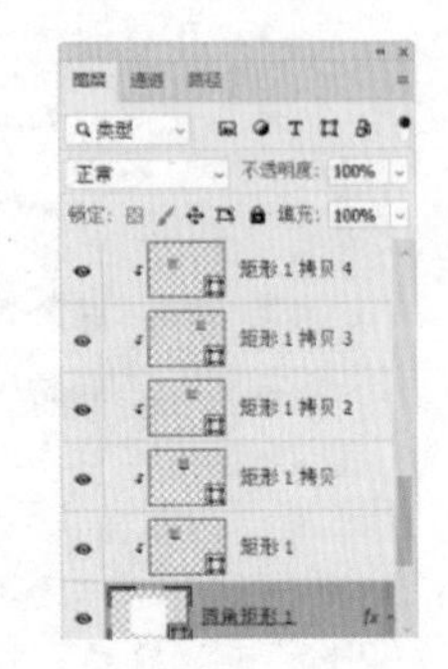

图 13-94 创建剪贴蒙版

（5）选择工具箱中的“钢笔工具”，在工具选项栏中设置工具模式为“形状”、“填充”为白色，在圆角矩形上方绘制图形，再使用“直接选择工具”调整图形的锚点，如图 13-95 所示。

（6）使用同样的方法，为白色图形创建剪贴蒙版，制作奶油效果，如图 13-96 所示。

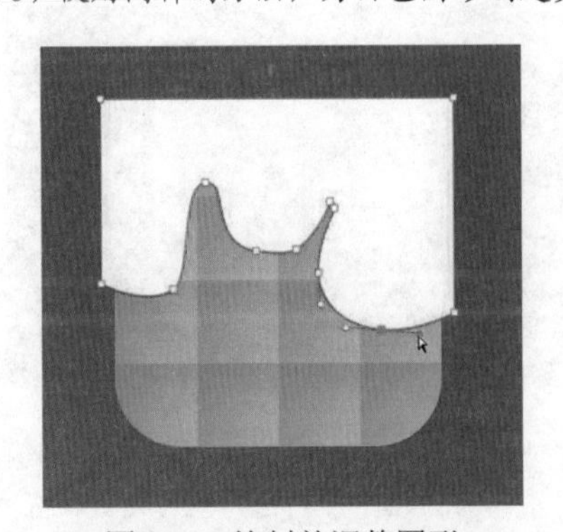

图 13-95 绘制并调整图形

图 13-96 创建剪贴蒙版

（7）使用“路径选择工具”选中白色图形，再选择工具箱中的“椭圆工具”，按住 Alt 键的同时在图形右上角绘制椭圆，即在图形中减去绘制的图形，此时椭圆呈现镂空效果，如图 13-97 所示。接着按住 Shift 键，在图形左下角绘制圆形，即在图形中添加绘制的图形，如图 13-98 所示。

2. 制作立体效果

（1）在“图层”面板中双击“圆角矩形 1”图层，打开“图层样式”对话框，选中“投影”图层样式，设置参数如图 13-99 所示。

图 13-97 在图形中减去绘制的图形

图 13-98 在图形中添加绘制的图形

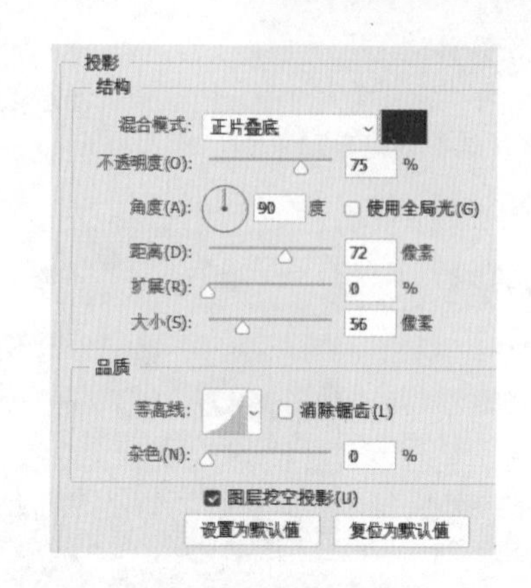

图 13-99 添加“投影”图层样式并设置参数

（2）单击“投影”右侧的按钮，再添加一个“投影”样式并设置参数。

（3）单击“投影”右侧的按钮，继续添加“投影”样式，设置参数如图 13-100 所示，此时图形如图 13-101 所示。

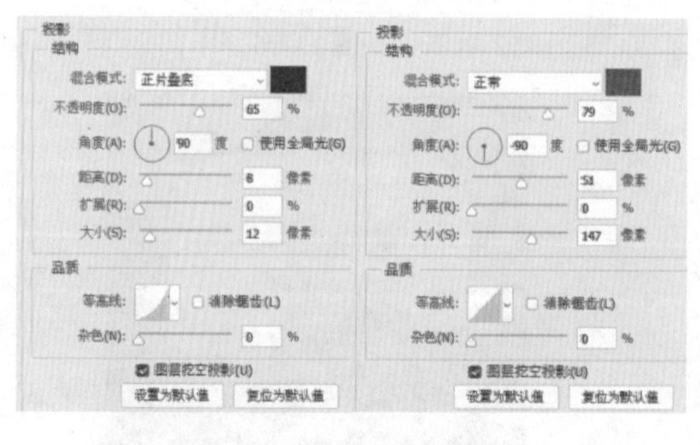

图 13-100 添加“投影”图层样式

图 13-101 添加“投影”样式

（4）双击“圆角矩形 1”图层，再次打开“图层样式”对话框，选中“内阴影”样式并设置参数。

（5）单击“内阴影”右侧的按钮，继续添加“内阴影”样式，设置参数如图 13-102 所示。单击“确定”按钮，此时图形如图 13-103 所示。

（6）为白色图形添加图层样式。在“图层”面板中双击“形状 1”图层，打开“图层样式”对话框，分别选中“投影”和“内阴影”图层样式，设置参数如图 13-104 所示。

（7）选中“斜面和浮雕”图层样式，设置参数如图 13-105 所示。

（8）选中“斜面和浮雕”下面的“等高线”选项，设置等高线参数如图 13-106 所示。

（9）单击“确定”按钮，最终效果如图 13-107 所示。

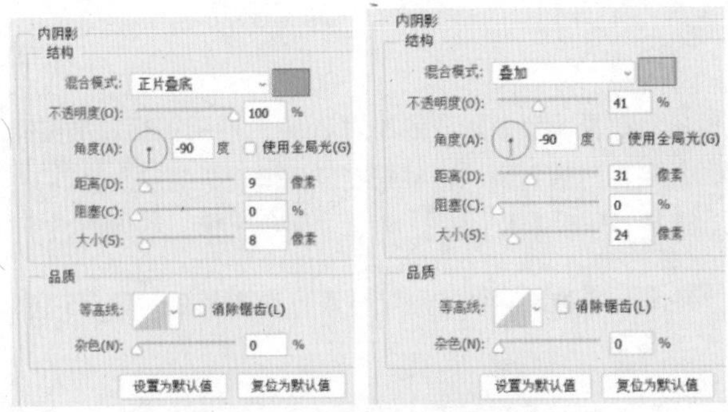

图 13-102 添加“内阴影”图层样式

图 13-103 添加“内投影”样式

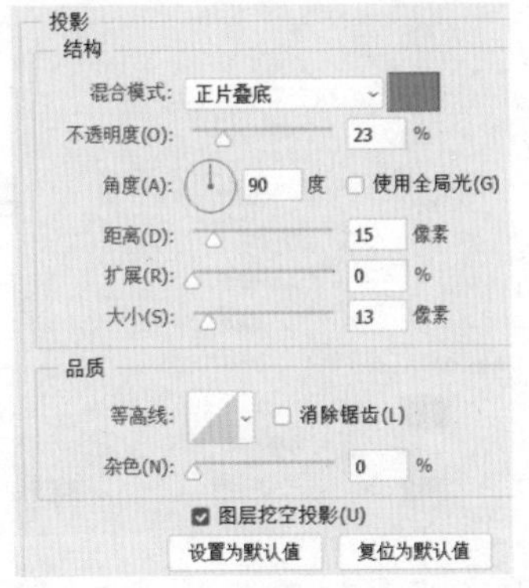

图 13-104 添加“投影”和“内阴影”图层样式并设置参数

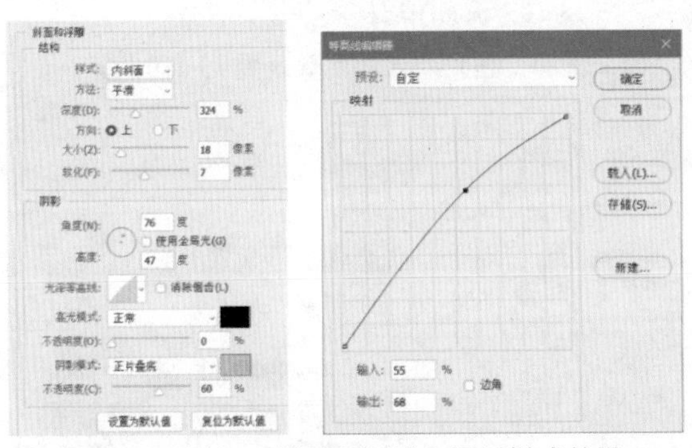

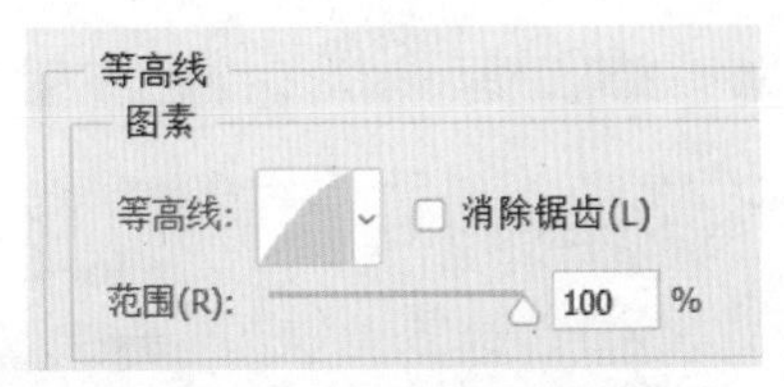

图 13-105 添加“斜面和浮雕”图层样式并设置参数

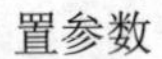

图 13-106 设置等高线参数

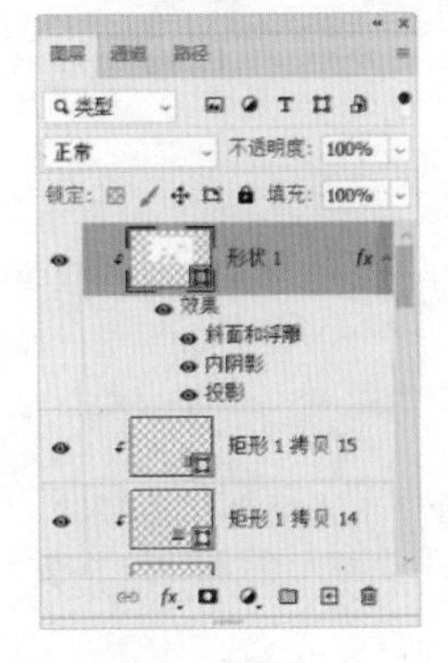

图 13-107 最终效果

13.2.3 立体相机图标

立体图标不同于扁平化和线性图标，立体图标的绘制更为复杂，一般作为 App 的应用图标。本实例将通过添加多种图层样式来实现相机的立体效果，利用图形的复制、调整来实现相机镜头的层次感。

（1）新建文档，为“背景”图层填充渐变色。选择“矩形工具”，设置“圆角半径”为 90 像素，绘制圆角矩形，如图 13-108 所示。

（2）重命名图层为“底层”，为图层添加“斜面和浮雕”“内阴影”样式，设置参数如图 13-109 所示。

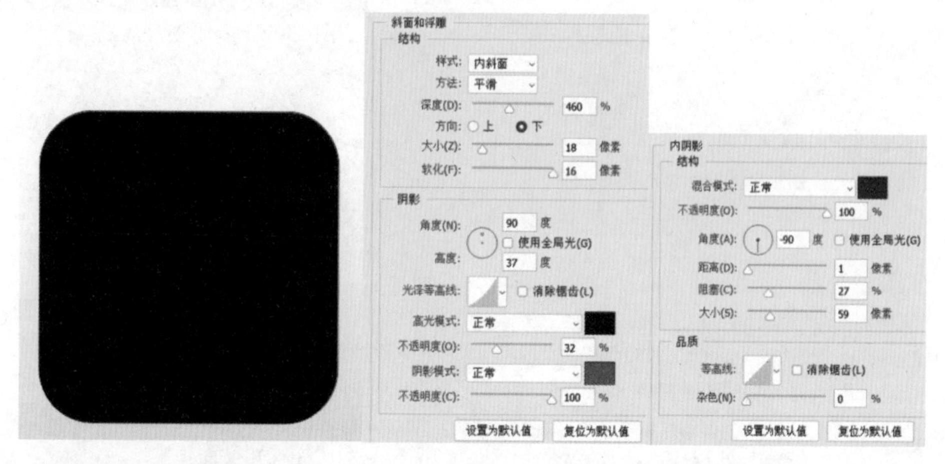

图 13-108 绘制圆角矩形　　图 13-109 添加图层样式并设置参数

（3）继续为图层添加“内发光”“光泽”和“渐变叠加”样式，设置参数如图 13-110 所示。

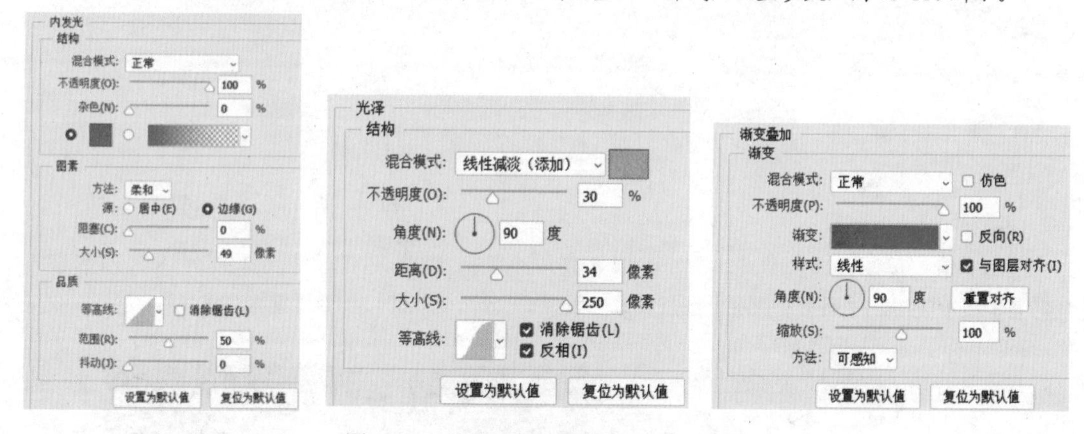

图 13-110 继续添加图层样式并设置参数

（4）此时图像如图 13-111 所示。

（5）复制图层，重命名图层为“发光”，清除图层样式，为其添加“内发光”样式，如图 13-112 所示。创建名称为“底”的新组，选择两个图层，拖入组内。

（6）新建图层，使用“画笔工具”在图形上涂抹高光，设置图层的“混合模式”为“叠加”、“不透明度”为 74%，结果如图 13-113 所示。

（7）新建图层，继续使用“画笔工具”涂抹，设置图层的“不透明度”为 20%。将刚建的两个图层选中，创建为组，并为组添加蒙版，填充黑色，再按住 Ctrl 键单击矩形图层的缩览图，回到蒙版中，填充白色。

（8）使用“椭圆工具”，按住 Shift 键绘制正圆，如图 13-114 所示。

（9）设置图层的“填充”为 0%，为图层添加“外发光”样式，设置参数如图 13-115 所示。

图 13-111 添加图层样式

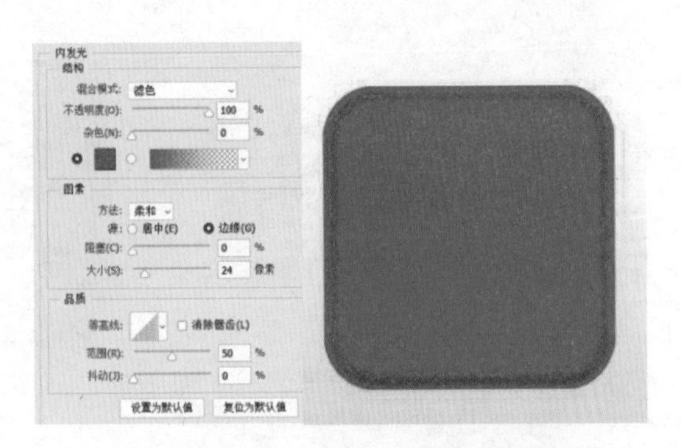

图 13-112 添加“内发光”样式

图 13-113 涂抹高光

图 13-114 绘制正圆

（10）单击“确定”按钮。此时图像如图 13-116 所示。

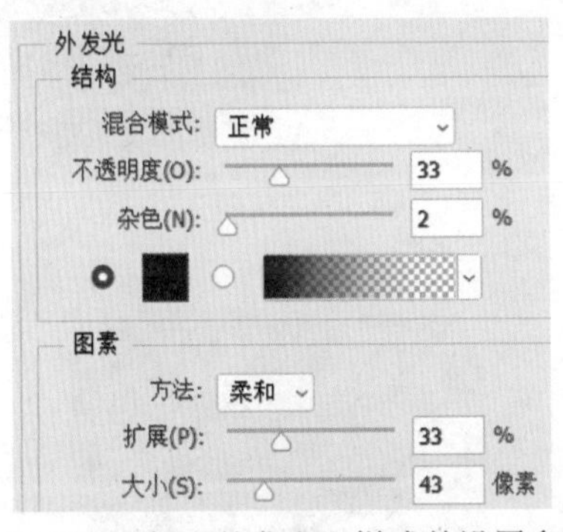

图 13-115 添加“外发光”样式并设置参数

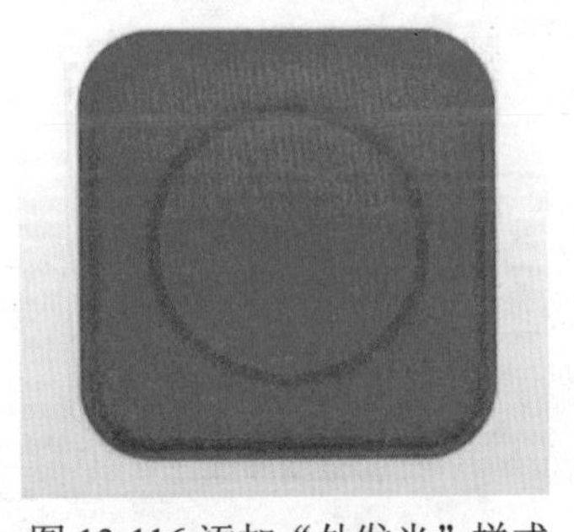

图 13-116 添加“外发光”样式

（11）将其转换为智能对象，为图层添加“渐变叠加”样式，如图 13-117 所示。

（12）绘制圆，将该图层向下移动一层，如图 13-118 所示。

（13）将其转换为智能对象，并执行“滤镜”|“模糊”|“高斯模糊”命令，在弹出的对话框中设置参数如图 13-119 所示。

（14）单击“确定”按钮。此时图像如图 13-120 所示。

（15）使用“椭圆工具”◯，按住 Shift 键绘制正圆，如图 13-121 所示。

（16）为图层添加“渐变叠加”和“外发光”样式，设置参数如图 13-122 所示。

（17）单击“确定”按钮。此时图像如图 13-123 所示。

（18）复制图层，将圆缩小一点。双击该图层，打开“图层样式”对话框，修改“渐变叠加”参数如图 13-124 所示，并取消选中“外发光”样式。

（19）单击“确定”按钮。此时图像如图 13-125 所示。

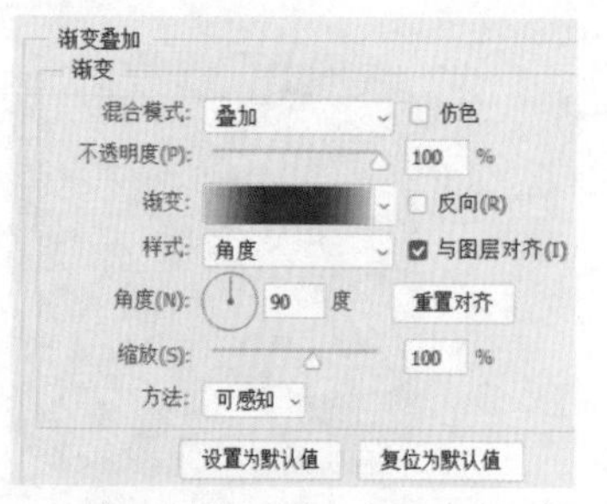

图 13-117 添加“渐变叠加”样式

图 13-118 绘制圆

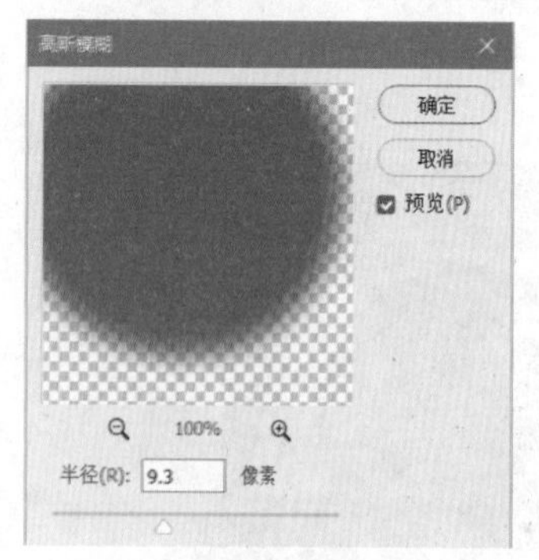

图 13-119 设置参数

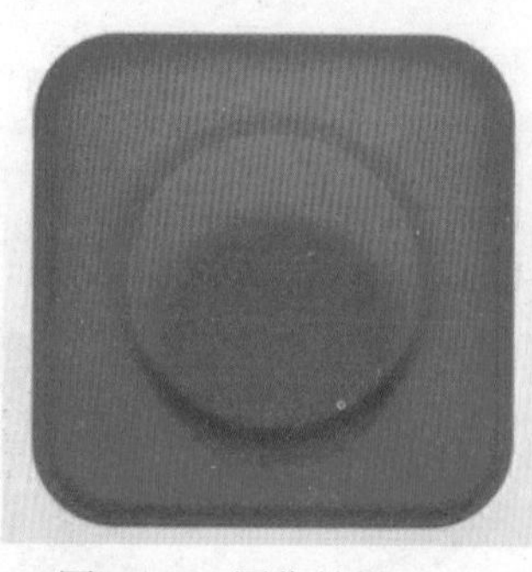

图 13-120 图像效果

图 13-121 绘制正圆

图 13-122 添加图层样式并设置参数

图 13-123 图像效果

图 13-124 修改“渐变叠加”参数

图 13-125 图像效果

（20）再复制一个图层，然后清除图层样式。双击该图层，打开“图层样式”对话框，设置“混合选项”与“描边”参数如图 13-126 所示。

（21）单击“确定”按钮。此时图像如图 13-127 所示。

（22）使用“椭圆工具”，按住 Shift 键绘制正圆，如图 13-128 所示。

（23）用同样的方法，依次复制图层并添加图层样式，结果如图 13-129 所示。

（24）使用“矩形工具”绘制矩形，并复制两个，如图 13-130 所示。

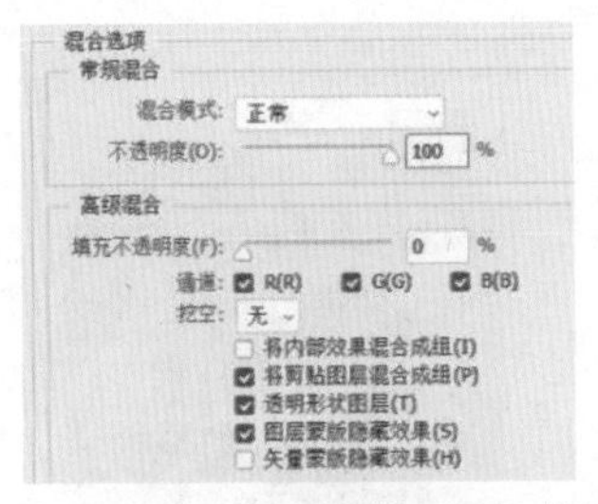

图 13-126 设置参数

图 13-127 图像效果

图 13-128 绘制正圆

图 13-129 复制图层并添加图层样式

（25）选择第一个矩形图层，为图层添加“渐变叠加”和“投影”样式，设置参数如图 13-131 所示。

（26）单击“确定”按钮。此时图像如图 13-132 所示。

（27）用同样的方法，为另外两个矩形添加图层样式，结果如图 13-133 所示。

图 13-130 绘制矩形并复制两个

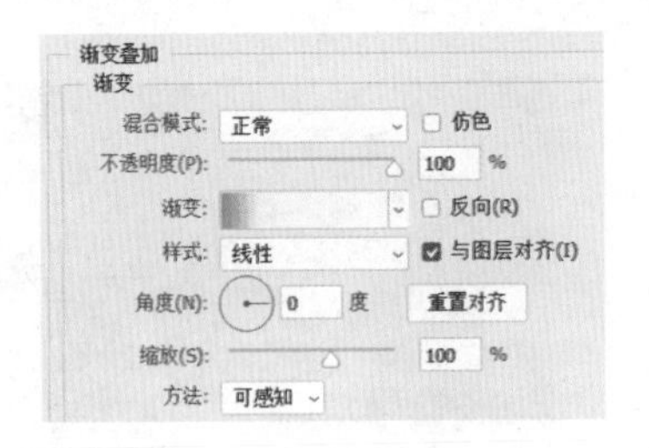

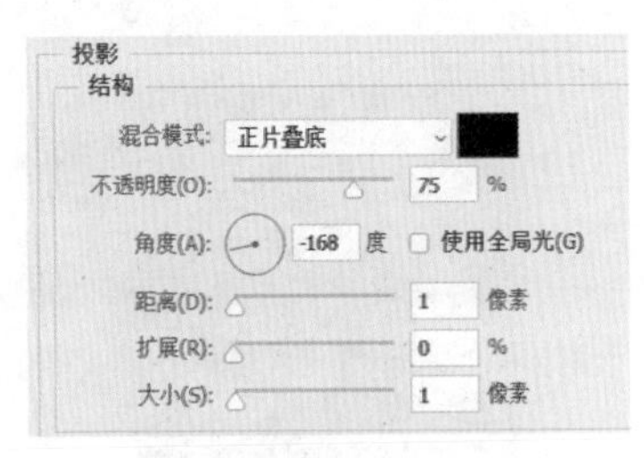

图 13-131 添加图层样式并设置参数

（28）选择三个矩形，将其复制到另一侧，并在“图层样式”对话框中选择“渐变叠加”中的“反向”复选框，结果如图 13-134 所示。

图 13-132 为第一个矩形添加图层样式

图 13-133 为另外两个矩形添加图层样式

图 13-134 复制图层并修改图层样式

（29）用前面的方法，绘制圆并添加图层样式，结果如图 13-135 所示。

（30）使用“钢笔工具”绘制图形，如图 13-136 所示。

（31）为图层添加图层样式，结果如图 13-137 所示。

（32）使用“矩形工具”，设置适当的“圆角半径”值，绘制圆角矩形，如图 13-138 所示。

（33）为图层添加图层样式，结果如图 13-139 所示。

（34）继续使用“矩形工具” 绘制圆角矩形，如图 13-140 所示。

图 13-135 绘制圆并添加图层样式

图 13-136 绘制图形

图 13-137 添加图层样式

图 13-138 绘制圆角矩形

图 13-139 添加图层样式

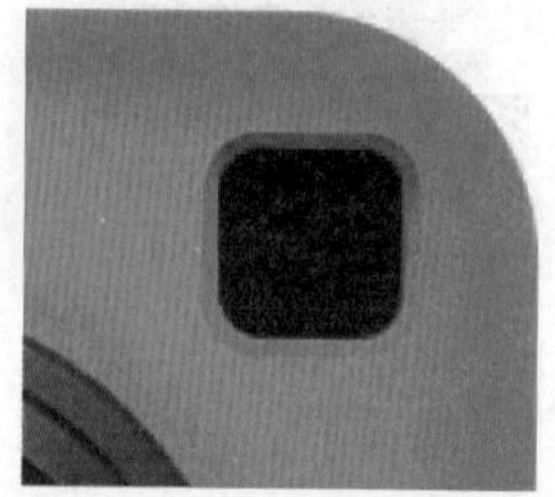

图 13-140 继续绘制圆角矩形

（35）用同样的方法，绘制小镜头，结果如图 13-141 所示。

（36）使用“椭圆工具” 和“矩形工具” 绘制图形，如图 13-142 所示。

（37）复制图层，修改颜色并调整位置，结果如图 13-143 所示。

图 13-141 绘制小镜头

图 13-142 绘制图形

图 13-143 复制并调整图层

（38）为图层添加图层样式，结果如图 13-144 所示。

（39）复制图层并调整到右侧，如图 13-145 所示。使用“椭圆工具” 绘制圆路径，使用“横排文字工具” T 在路径上输入文字，如图 13-146 所示。

图 13-144 添加图层样式

图 13-145 复制并调整图层

图 13-146 输入文字

（40）为文字图层添加“渐变叠加”图层样式，如图 13-147 所示。

（41）单击“确定”按钮，完成立体相机图标的绘制，最终结果如图 13-148 所示。

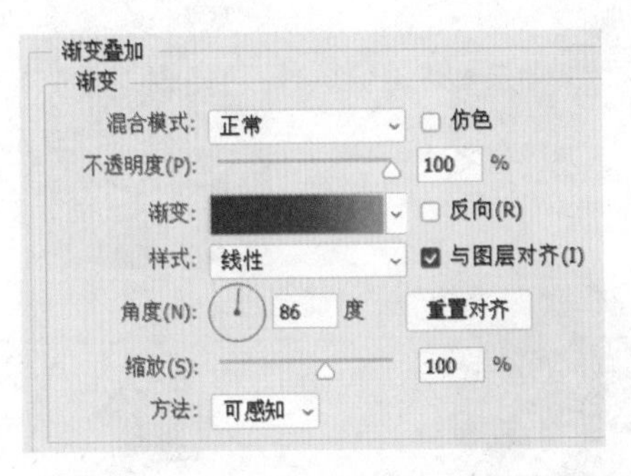

图 13-147 添加“渐变叠加”图层样式

图 13-148 最终结果

13.3 电商设计

本节将介绍详情页及海报的绘制方法。在着手绘制之前，需要事先准备好相关素材，包括文字资料和图片素材等，以便在绘制的过程中随时调用。

13.3.1 制作水果橙子详情页

本例制作的水果橙子详情页，画面添加了橙子的主图和装饰素材，配以文字描述，体现了香橙多汁的美味和细嫩的肉质，介绍了橙子的产品信息（包括产品名称、保质期和保存方法等），可使购买者对商品有详细的了解。

（1）执行“文件”|“新建”命令，打开“新建文档”对话框，设置参数如图 13-149 所示。单击“创建”按钮，新建文档。

（2）打开本书配套资源中的“目标文件\第 13 章\13.3\13.3.1\自然背景.jpg”图片，将图片拖放至新建文档中，调整位置及大小，如图 13-150 所示。

（3）重复上述操作，打开“地板.png”图片，放置在文档中，如图 13-151 所示。

图 13-149 设置参数

图 13-150 放置“自然背景”素材

图 13-151 放置“地板”素材

（4）打开“橙子.png”“橙子展示.png”图片，放置在文档中，如图 13-152 所示。

（5）在“图层”面板中单击“创建新图层”按钮，新建一个图层，重命名为“阴影”。选择“画笔工具”，选择一个柔边缘画笔，设置适当的大小，在橙子的下方绘制阴影，增加橙子的立体感，如图 13-153 所示。

（6）打开“装饰.png”图片，放置在适当的位置，如图 13-154 所示。

图 13-152 添加“橙子”和“橙子展示”素材

图 13-153 绘制阴影

图 13-154 添加“装饰”素材

（7）双击“装饰.png”图片所在的图层，打开“图层样式”对话框，选择“渐变叠加”选项，设置参数如图 13-155 所示。

（8）单击“确定”按钮。图像的显示效果如图 13-156 所示。

（9）选择“横排文字工具”T，设置文字的颜色为黑色和橙色（#febc1f），输入文字，如图 13-157 所示。

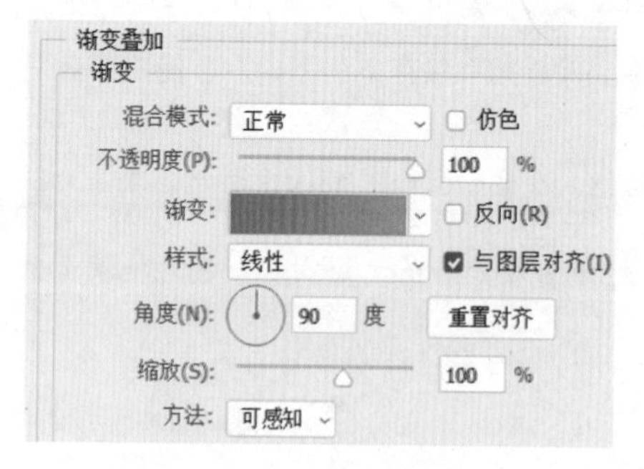

图 13-155 设置参数

图 13-156 添加“渐变叠加”图层样式

图 13-157 输入文字

（10）双击“新”字图层，打开“图层样式”对话框，分别设置“描边”“渐变叠加”“投影”参数如图 13-158 所示。

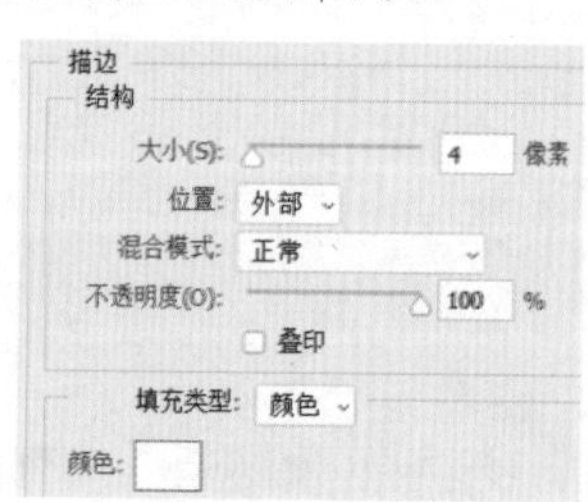

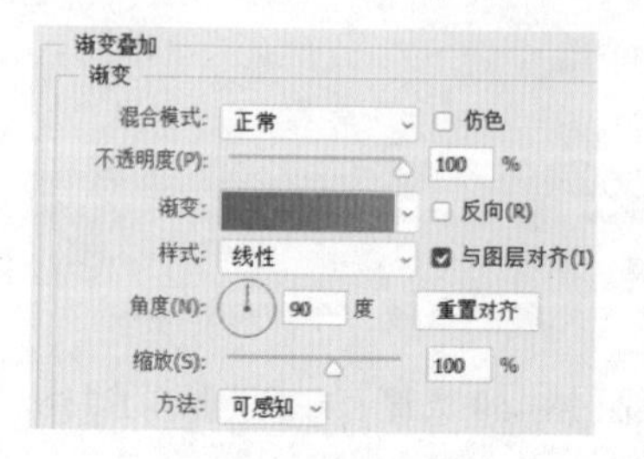

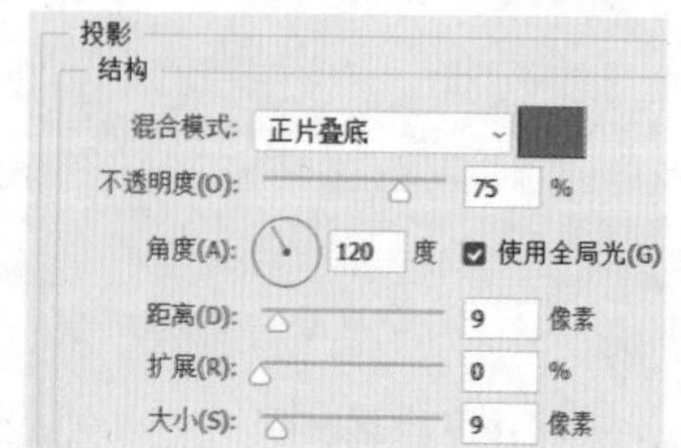

图 13-158 设置参数

（11）单击“确定”按钮。“新”字的显示效果如图 13-159 所示。

（12）重复上述操作，继续为其他文字添加样式，结果如图 13-160 所示。

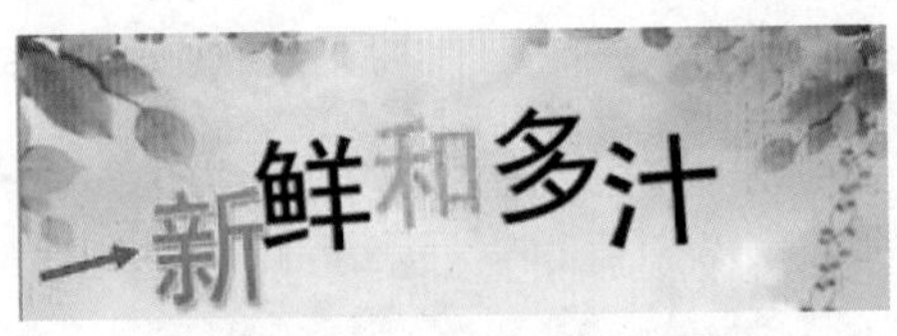

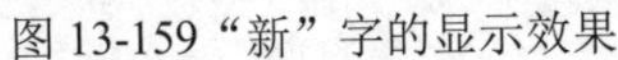
图 13-159“新”字的显示效果

图 13-160 文字显示效果

（13）选择“矩形工具”，设置适当的尺寸与圆角半径值，绘制橙色（#febc1f）矩形。选择矩形，按 Ctrl+T 组合键，进入变换模式，调整矩形的角度，如图 13-161 所示。

（14）双击矩形图层，打开“图层样式”对话框，设置“描边”参数如图 13-162 所示。

图 13-161 绘制圆角矩形

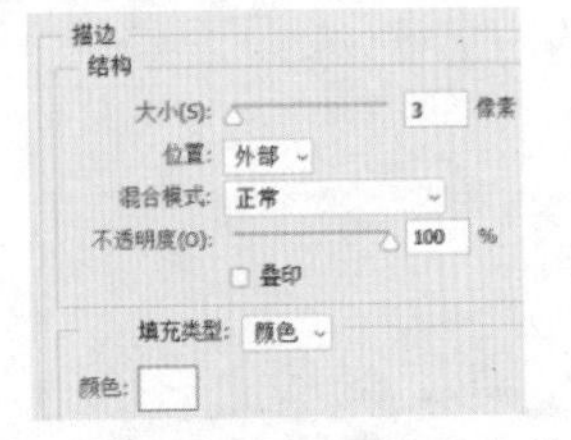

图 13-162 设置“描边”参数

（15）继续设置“渐变叠加”“投影”参数，如图 13-163 所示。单击“确定”按钮。矩形的显示效果如图 13-164 所示。

（16）选择“横排文字工具” T，输入文字，如图 13-165 所示。

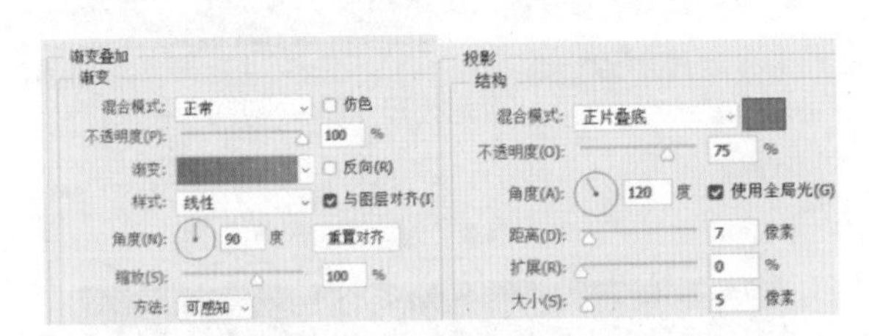

图 13-163 设置参数

图 13-164 矩形显示效果

（17）选择“钢笔工具”，设置“填充”为橙色（#febc1f）、“描边”为无，绘制模仿果汁四溅的水滴形状，如图 13-166 所示。

图 13-165 输入文字

图 13-166 绘制果汁

（18）双击形状图层，打开“图层样式”对话框，设置“斜面和浮雕”参数如图 13-167 所示。

（19）单击“确定”按钮，完成果汁浮雕效果的添加，如图 13-168 所示。

（20）新建图层。选择“画笔工具”，选择一个柔边缘，设置前景色为白色，在果汁的上面绘制高光，如图 13-169 所示。

（21）选择“矩形工具”，设置圆角半径为 93 像素，绘制圆角矩形。按住 Alt 键，移动复制矩形，并等距分布，如图 13-170 所示

（22）双击矩形图层，在“图层样式”对话框中设置“投影”参数，如图 13-171 所示。单击“确定”按钮，完成矩形投影效果的添加，如图 13-172 所示。

（23）选择“横排文字工具” T，在矩形中输入文字，如图 13-173 所示。

（24）参考前面的方法，继续输入文字及绘制图形，并为其添加图层样式，结果如图 13-174 所示。

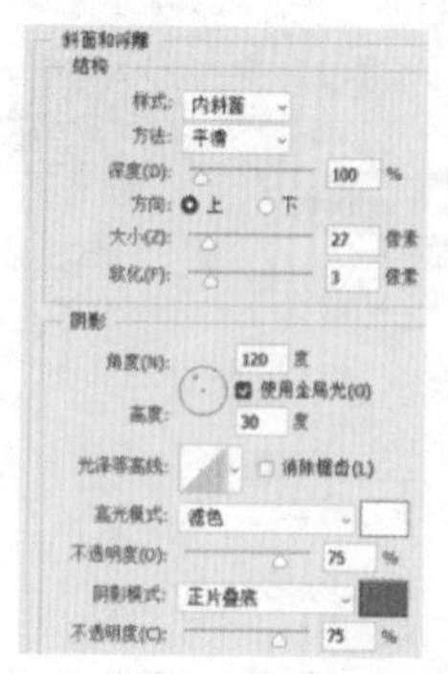

图 13-167 设置参数

图 13-168 添加浮雕效果

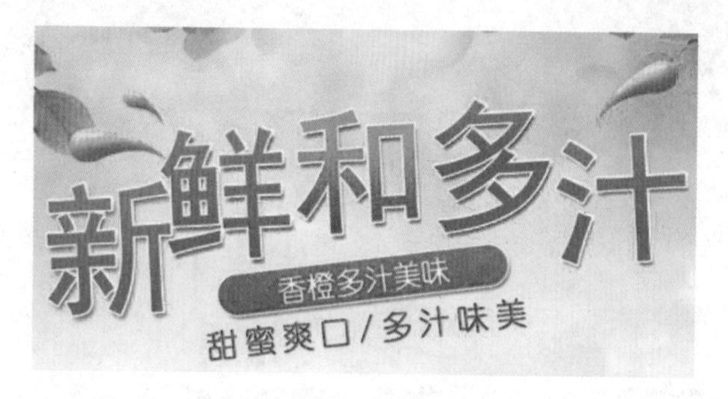

图 13-169 绘制高光

图 13-170 绘制圆角矩形

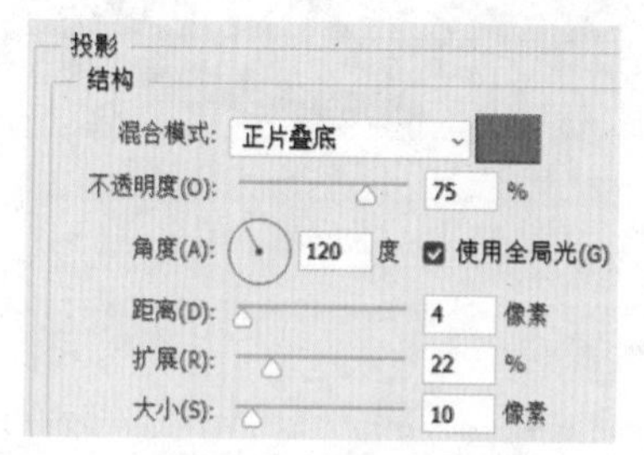

图 13-171 设置参数

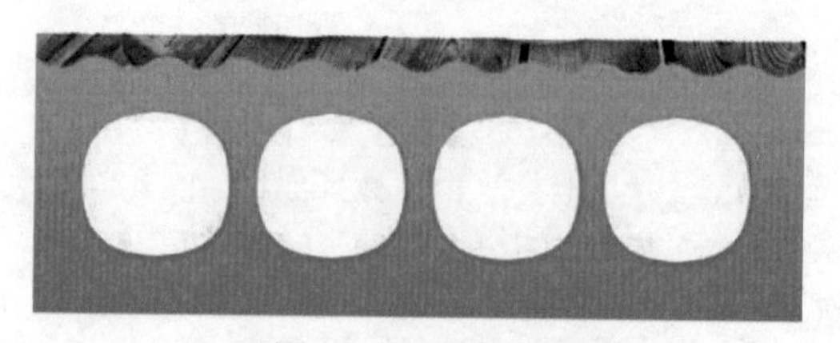

图 13-172 添加投影效果

图 13-173 输入文字

图 13-174 继续输入文字

(25) 选择“椭圆工具” ，按住 Shift 键绘制橙色（#fd7b19）正圆，如图 13-175 所示。

(26) 继续选择“椭圆工具” ，设置“填充”为无、“描边”颜色为黄色（#f5bd2e）、“描边”

大小为 3 像素，按住 Shift 键绘制正圆。选择“橡皮擦工具” ，擦去多余的部分，结果如图 13-176 所示。

图 13-175 绘制圆

图 13-176 继续绘制圆

（27）选择绘制完毕的图形，按住 Alt 键移动复制图形，结果如图 13-177 所示。

（28）选择“弯度钢笔工具” ，选择“形状”模式，设置“填充”为无、“描边”为橙色（#fc6b1a），选择虚线 ，绘制引线，如图 13-178 所示。

（29）选择“钢笔工具” ，选择“形状”模式，设置“填充”为橙色（#fc6b1a）、“描边”为无，绘制箭头，如图 13-179 所示。

图 13-177 复制图形

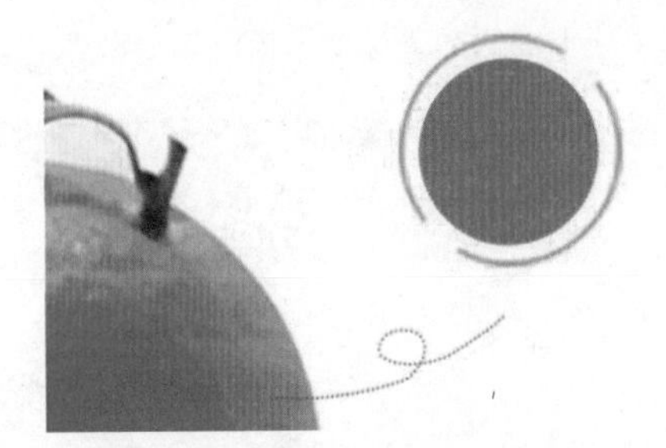

图 13-178 绘制引线

（30）选择引线与箭头，按住 Alt 键移动复制，并调整角度，结果如图 13-180 所示。

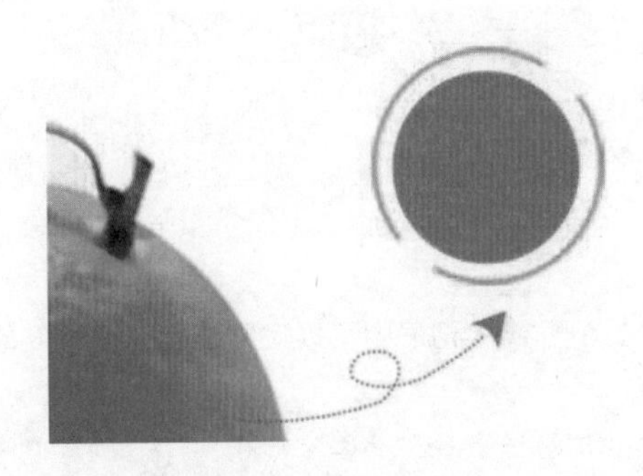

图 13-179 绘制箭头

图 13-180 复制图形

（31）选择“横排文字工具” T，在圆形中输入文字，如图 13-181 所示。

（32）选择“矩形工具” ，设置圆角半径值为 0 像素，绘制矩形，组成表格，如图 13-182 所示。

图 13-181 输入文字

图 13-182 绘制表格

（33）选择“矩形工具” ，设置“填充”为橙色（# fd872e）、“圆角半径”为 0 像素，绘制矩形，如图 13-183 所示。

（34）选择“横排文字工具” T，在表格中输入文字，如图 13-184 所示。

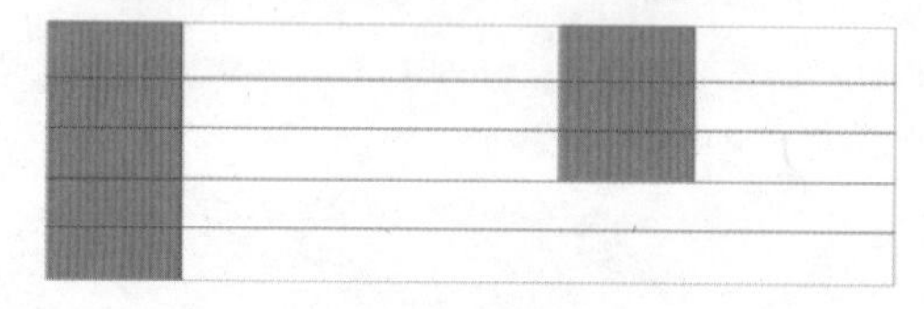

图 13-183 绘制矩形

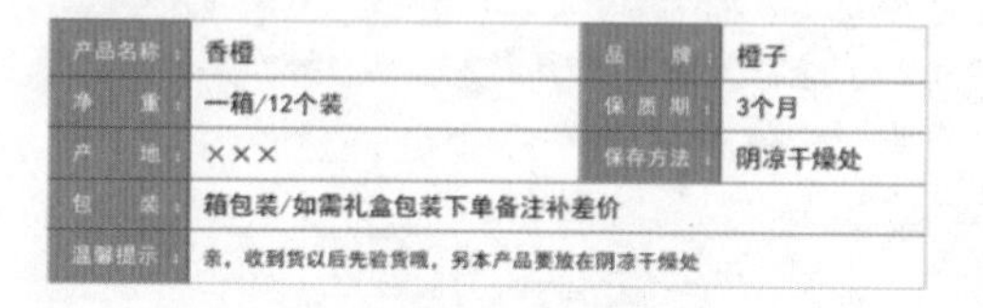

产品名称	香橙	品　　牌	橙子
净　　重	一箱/12个装	保 质 期	3个月
产　　地	×××	保存方法	阴凉干燥处
包　　装	箱包装/如需礼盒包装下单备注补差价		
温馨提示	亲，收到货以后先验货哦，另本产品要放在阴凉干燥处		

图 13-184 输入文字

（35）详情页的最终结果如图 13-185 所示。

图 13-185 最终结果

13.3.2 制作手机钻展海报

手机端的钻展图和网页端的钻展图相比尺寸较小。制作手机钻展图可以采用左文右图的布局，将文字信息和商品图片左右分开，以便于浏览者快速地浏览广告推送。

（1）执行“文件”|“新建”命令，打开“新建文档”对话框，设置参数如图 13-186 所示。单击“创建”按钮，新建文档。

（2）打开本书配套资源中的“目标文件\第 13 章\13.3\13.3.2\背景.png”图片，将图片拖放至新建文档中，调整位置及大小，如图 13-187 所示。

图 13-186 设置参数

图 13-187 添加背景图片

（3）重复上述操作，打开“叶子.png”图片，将图片拖放至文档中，放在适当的位置。按 Ctrl+J 组合键，复制图片，并调整位置及角度，如图 13-188 所示。

（4）双击叶子图层，打开“图层样式”对话框，设置“投影”参数如图 13-189 所示。

图 13-188 添加叶子图片

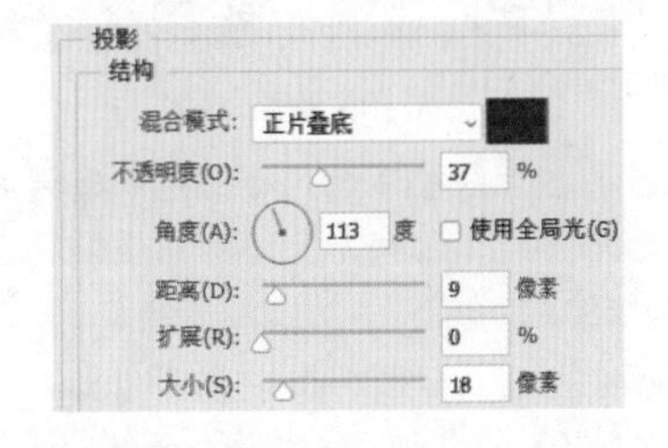

图 13-189 设置参数

（5）单击“确定”按钮，关闭对话框。为叶子添加投影的效果如图 13-190 所示。

（6）打开“冰棍.png”图片，放置在文档中适当的位置。双击冰棍图层，在“图层样式”对话框中设置“投影”参数，如图 13-191 所示。

图 13-190 添加投影

图 13-191 设置参数

（7）单击“确定”按钮，关闭对话框。为冰棍添加投影的效果如图 13-192 所示。

（8）继续添加“柠檬.png”“半个柠檬.png”图片，调整大小及位置，如图 13-193 所示。

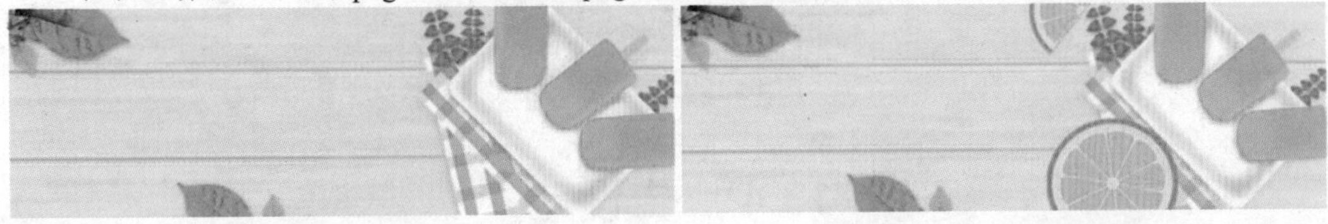

图 13-192 添加投影

图 13-193 添加柠檬图片

（9）打开“食品.png”图片，放置在文档的右侧。双击食品图层，在“图层样式”对话框中设置“投影”参数，如图 13-194 所示。

（10）添加投影的效果如图 13-195 所示。

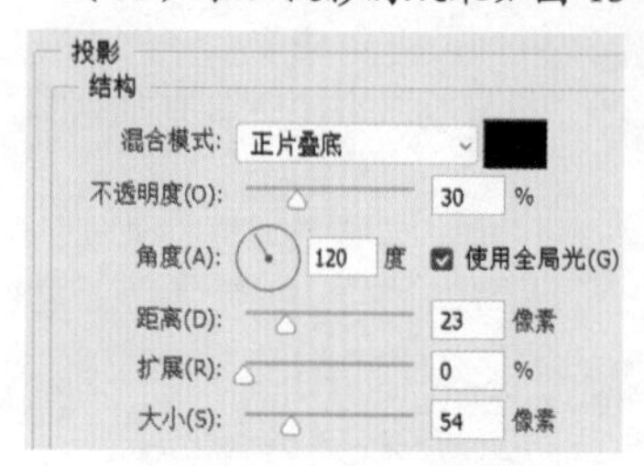

图 13-194 设置参数　　图 13-195 添加投影

（11）选择“矩形工具”，设置适当的尺寸与圆角半径值，绘制红色（#e40109）矩形，如图 13-196 所示。

（12）选择“横排文字工具” T，输入文字，如图 13-197 所示。

图 13-196 绘制矩形　　图 13-197 输入文字

（13）在“图层样式”对话框中为文字“夏季美食节”设置“描边”“投影”样式参数，结果如图 13-198 所示。

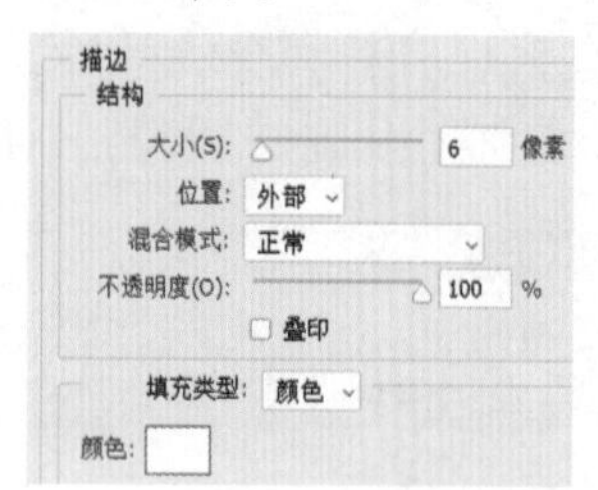

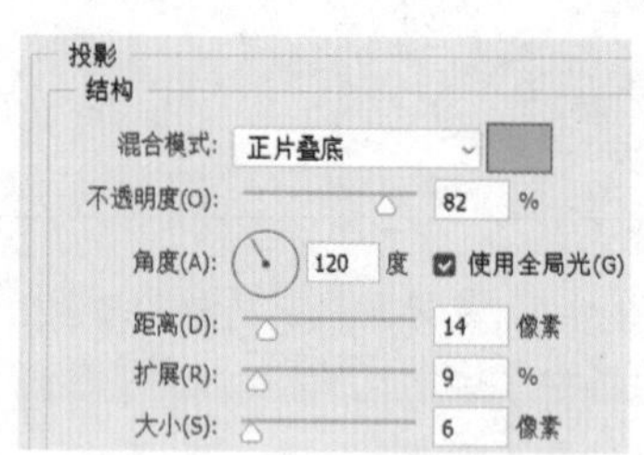

图 13-198 参数设置及显示效果

（14）添加“图标.png”到适当的位置。手机钻展海报的最终结果如图 13-199 所示。

图 13-199 最终结果

13.4 广告设计

在各类平面广告的制作中，Photoshop 是使用较为广泛的软件。本节将详细讲解薯条包装、公司标志和儿童节海报的制作。

13.4.1 薯条包装

本实例制作的薯条塑料包装，画面的整体色调是红色，不同的明度设计使画面更有层次感，添加了薯条与番茄素材后使整个画面更加有吸引力。

（1）启动 Photoshop，执行“文件” | “新建”命令，弹出“新建文档”对话框，设置参数如图 13-200 所示。单击“创建”按钮，新建文档。

（2）设置前景色为（#e0dcdc），按 Alt+Delete 组合键，填充前景色。按 Ctrl+R 组合键，打开标尺，单击工具箱中的“移动工具”，在标尺上拖出 8 条辅助线。单击“图层”面板底部的“创建新图层”按钮，创建“包装袋”图层。单击工具箱中的“钢笔工具”，选择“路径”，绘制包装袋形状的路径，如图 13-201 所示。

（3）按 Ctrl+Enter 组合键，将路径转换为选区，单击工具箱中的“渐变工具”，在工具选项栏中单击渐变条，弹出“渐变编辑器”对话框，设置渐变颜色如图 13-202 所示。

图 13-200 设置参数

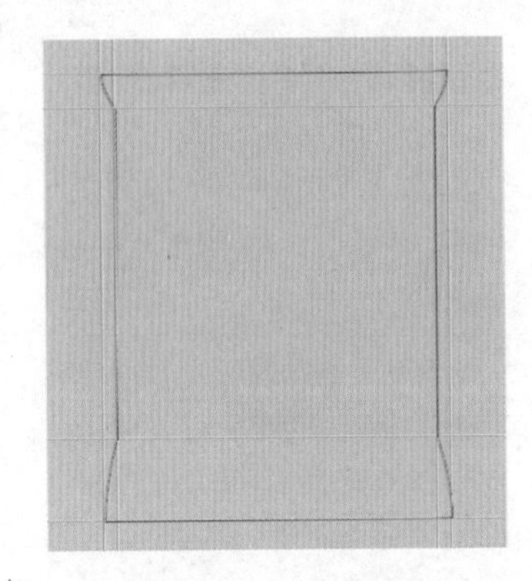

图 13-201 绘制路径

图 13-202 设置渐变颜色

（4）单击“线性渐变”按钮，按住 Shift 键，在画面中从左往右绘制线性渐变色，如图 13-203 所示。

（5）双击“包装袋”图层，在弹出的“图层样式”对话框中勾选“内阴影”样式，设置参数如图 13-204 所示。单击“确定”按钮，完成内阴影的添加，效果如图 13-205 所示。

图 13-203 绘制线性渐变色

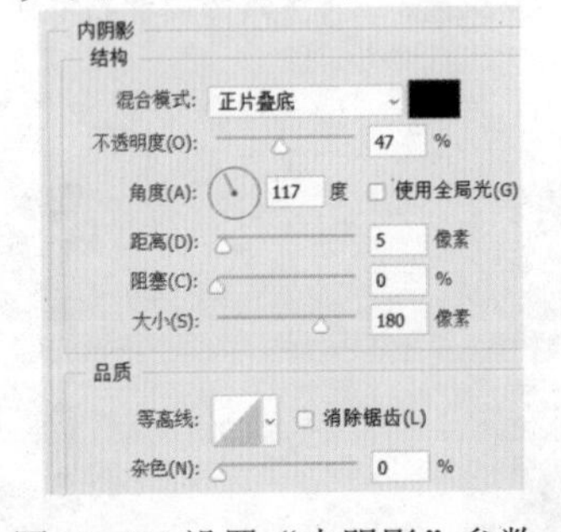

图 13-204 设置“内阴影”参数

图 13-205 添加内阴影效果

（6）单击工具箱中的“吸管工具”，在暗红色处单击，吸取颜色。单击工具箱中的“渐变工具”，在工具选项栏中单击渐变条，弹出“渐变编辑器”对话框，设置参数，使画面从前景色到透明渐变，如图 13-206 所示。单击“确定”按钮。

（7）单击“线性渐变”按钮，按住 Ctrl 键，单击“包装袋”缩览图，将其载入选区。新建图层，先在画面中从上往下绘制线性渐变色，再从下往上绘制线性渐变色，加深上下两边的颜色，如图 13-207 所示。

（8）新建图层，单击工具箱中的“矩形选框工具”，绘制两个矩形选框。在“渐变编辑器”对话框中编辑颜色，如图 13-208 和图 13-209 所示。分别在画面中的顶部和底部从左往右绘制一条直线，填充渐变色，如图 13-210 所示。

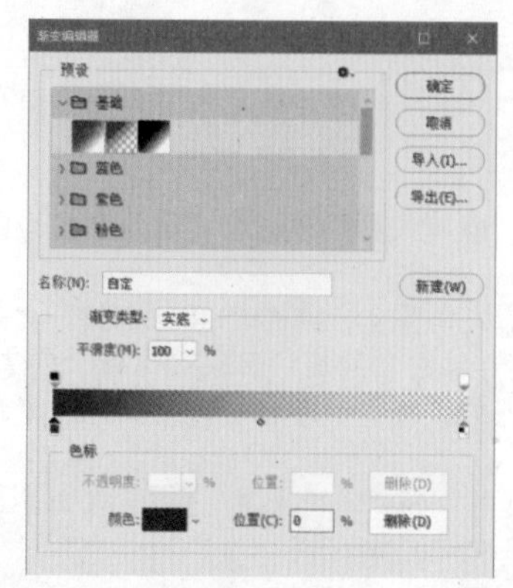

图 13-206 设置参数

图 13-207 绘制线性渐变色

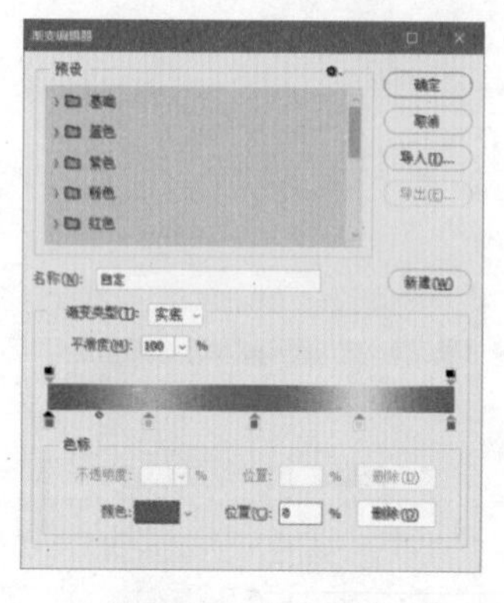

图 13-208 红色渐变

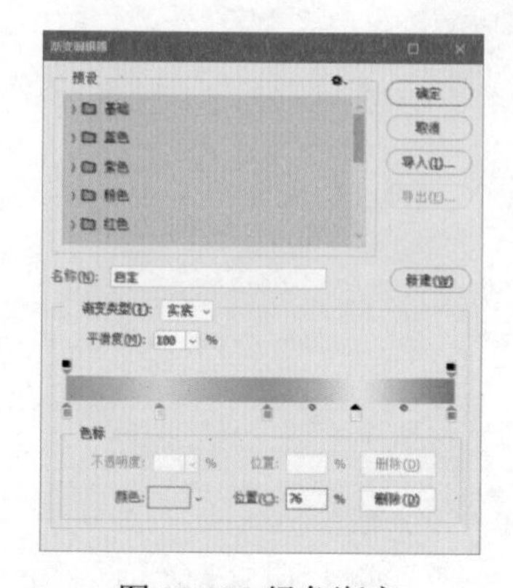

图 13-209 绿色渐变

图 13-210 填充渐变色

（9）单击“图层”面板下方的“创建新组”按钮，新建“彩带”组，在其下方新建图层。单击工具箱中的“钢笔工具”，选择“路径”，绘制路径。单击工具箱中的“直接选择工具”，调整路径形状，按 Ctrl+Enter 组合键，转换路径为选区，如图 13-211 所示。

（10）单击工具箱中的“渐变工具”，编辑颜色为绿色渐变，在画面中从左往右拖动鼠标，填充线性渐变色，如图 13-212 所示。

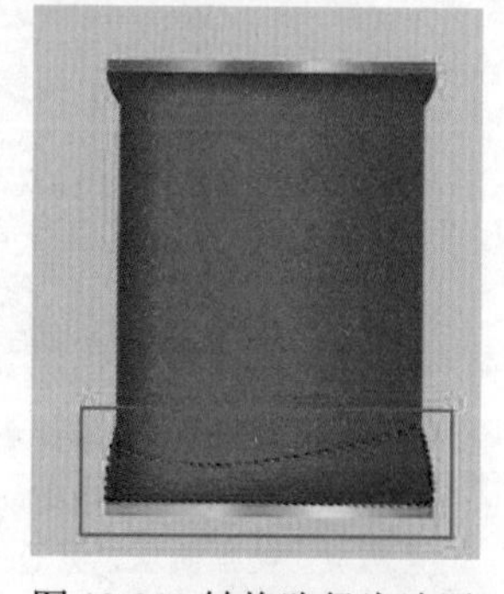

图 13-211 转换路径为选区

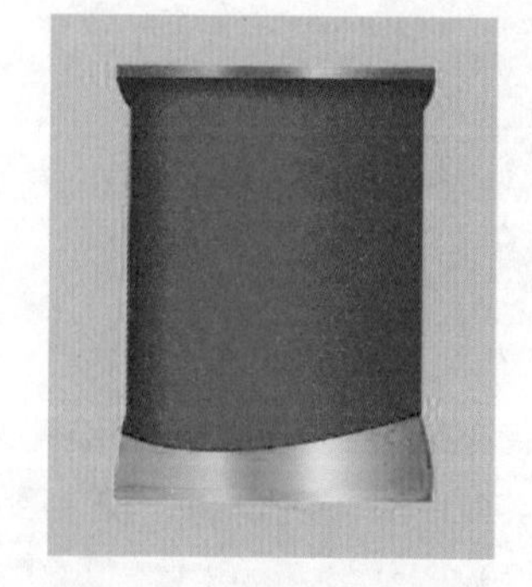

图 13-212 填充线性渐变色

（11）单击“图层”面板底部的“添加图层样式”按钮 fx，勾选“内阴影”样式，设置参数如图 13-213 所示。单击“确定”按钮，完成内投影图层样式的添加，结果如图 13-214 所示。

（12）在图层组内继续新建图层。单击工具箱中的“钢笔工具”，选择“路径”，绘制路径。再单击工具箱中的“直接选择工具”，调整路径形状。按 Ctrl+Enter 组合键，转换路径为选区，如图 13-215 所示。

（13）单击工具箱中的“渐变工具”■，在工具选项栏中单击渐变条，弹出“渐变编辑器”对话框。设置黄色渐变如图 13-216 所示，单击“确定”按钮。在画面中从左往右拖动鼠标，填充黄色线性渐变，如图 13-217 所示。

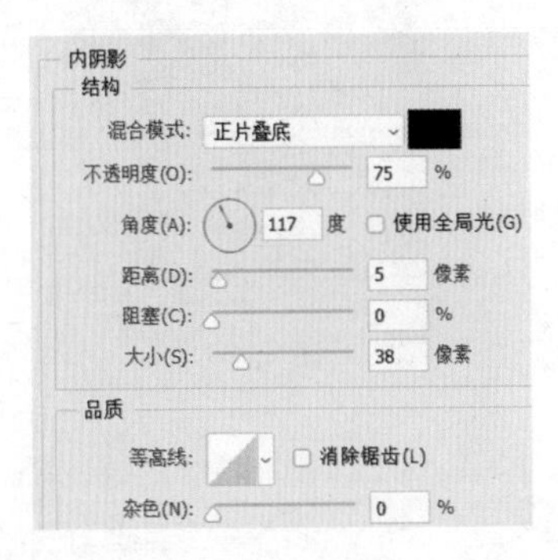

图 13-213 设置“内阴影”参数

图 13-214 添加内阴影

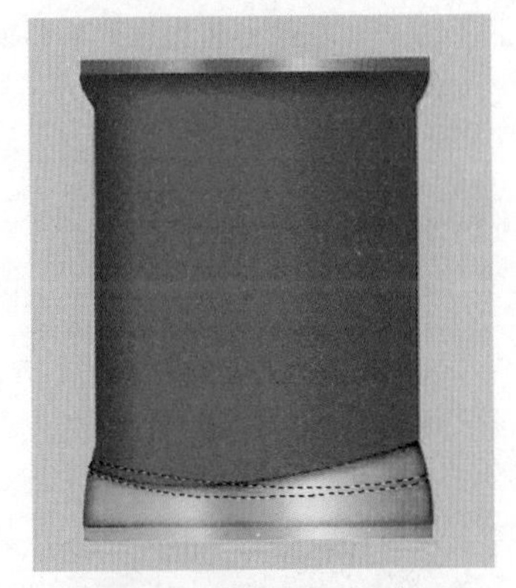

图 13-215 转换路径为选区

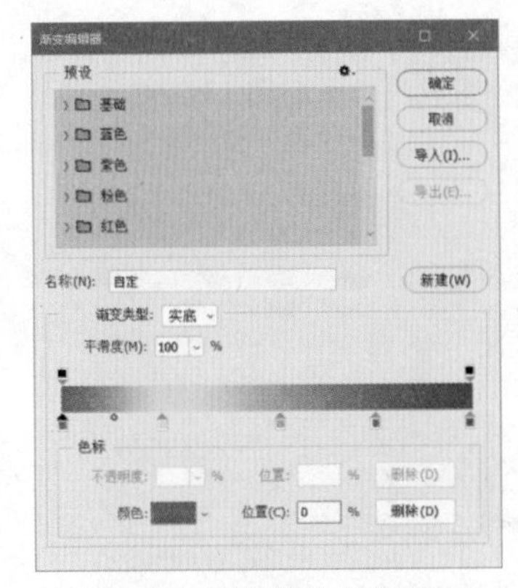

图 13-216 设置黄色渐变

图 13-217 填充黄色线性渐变

（14）选中填充黄色渐变图形的图层，按住 Ctrl 键单击该图层缩略图，将其载入选区。新建图层，单击工具箱中的“渐变工具”■，在工具选项栏中单击渐变条，弹出“渐变编辑器”对话框，设置亮黄色渐变如图 13-218 所示。在画面中从左往右拖动鼠标，填充亮黄色线性渐变，再按 Ctrl+T 组合键，调整亮黄色渐变图形的大小和位置，结果如图 13-219 所示。

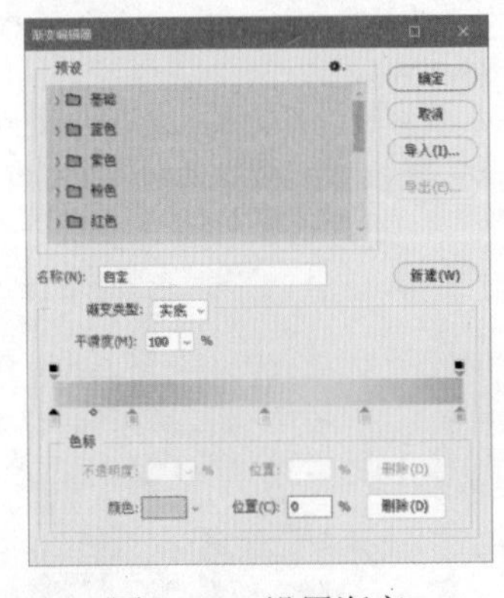

图 13-218 设置渐变

图 13-219 填充亮黄色线性渐变

（15）按 Ctrl+J 组合键复制图层，再按 Ctrl+T 组合键调整复制图形的大小和位置。单击工具箱中的“渐变工具”■，在工具选项栏中单击渐变条，弹出“渐变编辑器”对话框，设置浅绿色渐变如图 13-220 所示。在画面中从左往右拖动鼠标，填充浅绿色线性渐变，完成后将该图层移动至绿色渐变图层下方，如图 13-221 所示。

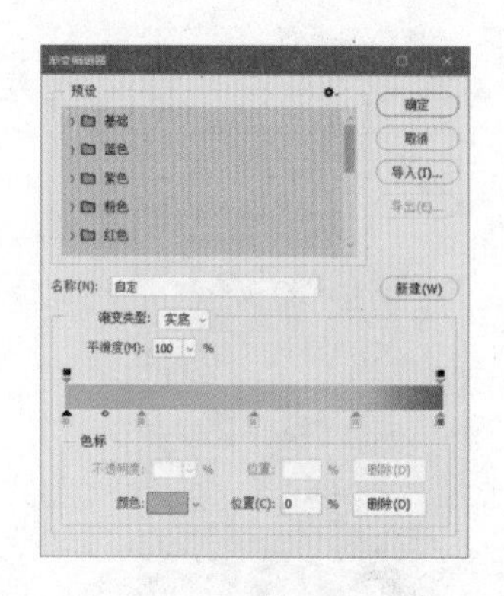

图 13-220 设置浅绿色渐变

图 13-221 填充浅绿色线性渐变

（16）按 Ctrl+O 组合键，打开“薯条.png”素材，如图 13-222 所示。单击工具箱中的“移动工具”，将其拖动至当前图层并调整大小。单击“图层”面板底部的“添加图层样式”按钮 fx，弹出“图层样式”对话框，设置“外发光”参数如图 13-223 所示。

（17）将添加进来的薯条图层放置在“彩带”组下方，并在该图层上右击，在弹出的快捷菜单中选择“创建剪贴蒙版”命令，创建剪贴蒙版，结果如图 13-224 所示。

图 13-222 打开素材

外发光
结构
混合模式: 滤色
不透明度(O): 53 %
杂色(N): 0 %
图素
方法: 柔和
扩展(P): 5 %
大小(S): 70 像素
品质
等高线: 消除锯齿(L)
范围(R): 50 %
抖动(J): 32 %

图 13-223 设置“外发光”参数

图 13-224 创建剪贴蒙版

（18）新建图层，单击工具箱中的“钢笔工具”按钮，选择“路径”，绘制路径，再单击工具箱中的“直接选择工具”按钮，调整路径形状，如图 13-225 所示。

（19）按 Ctrl+Enter 组合键将路径转换为选区，设置前景色为绿色（#64A457），按 Alt+Delete 组合键填充前景色，在“图层”面板中设置“填充”为 85%，如图 13-226 所示。

（20）按 Ctrl+J 组合键复制图层，按住 Ctrl 键并单击该图层缩略图，将其载入选区，设置前景色为（#fdf300），按 Alt+Delete 组合键填充前景色，单击“移动工具”按钮，移动复制图形，如图 13-227 所示。

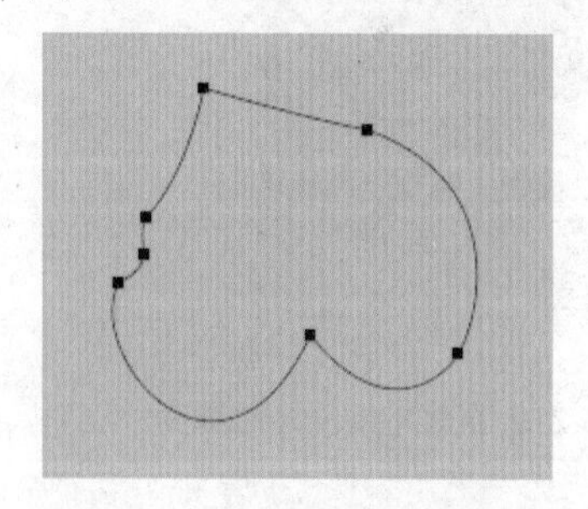

图 13-225 绘制路径并调整形状

图 13-226 填充绿色

图 13-227 移动复制图形

（21）新建图层，单击工具箱中的“椭圆选框工具”按钮，绘制椭圆选框。执行“编辑”|“描边”命令，设置“描边”颜色为白色，其他参数设置如图 13-228 所示。再执行“滤镜”|“模糊”|“高斯模糊”

命令，设置模糊“半径”为 30 像素，单击“确定”按钮。

（22）按 Ctrl+D 组合键取消选区，再按 Ctrl+T 组合键调整图形大小，结果如图 13-229 所示。

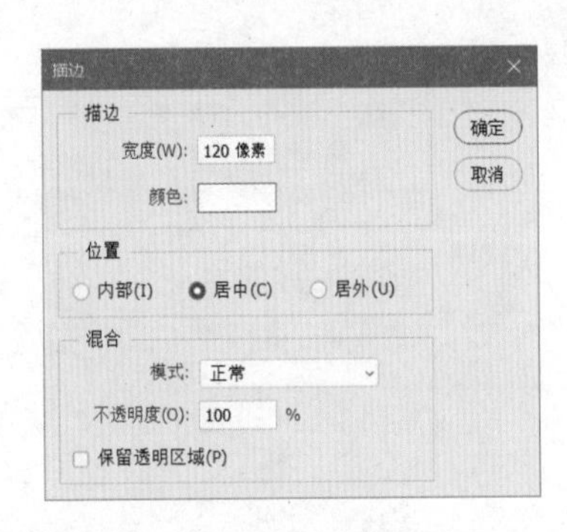

图 13-228 设置“描边”参数

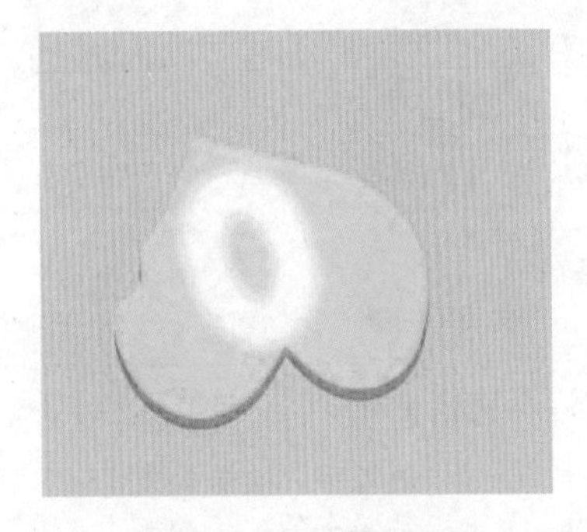

图 13-229 添加模糊效果

（23）单击工具箱中的“横排文字工具”按钮T，在工具选项栏中设置字体颜色为黑色，输入“爽口”文本，单击工具选项栏中的“创建文字变换”按钮，设置文字变形参数如图 13-230，结果图 13-231 所示。

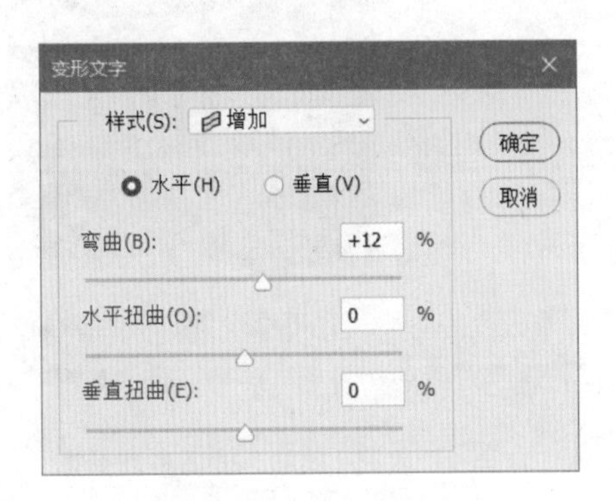

图 13-230 设置文字变形参数

图 13-231 输入文字

（24）再输入一行英文，将该文字的颜色设置为绿色，单击工具选项栏中的“创建文字变换”按钮，设置文字变形参数，如图 13-232 所示，再为该文字添加白色描边效果，结果如图 13-233 所示

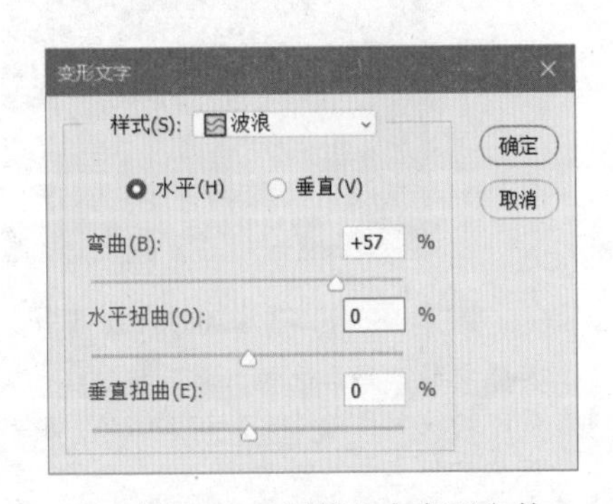

图 13-232 设置文字变形参数

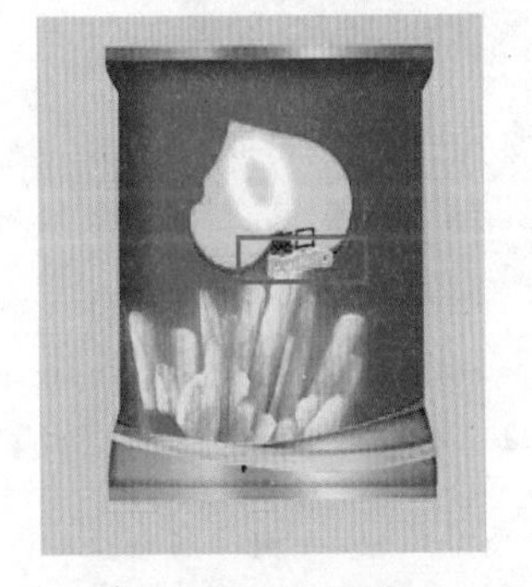

图 13-233 输入英文

（25）按 Ctrl+O 组合键，打开“素材 1.png”“素材 2.png”和“番茄.png”素材图片，将它们拖至画面中的适当位置，按 Ctrl+T 组合键调整它们的大小和位置，如图 13-234 所示。

（26）单击工具箱中的“横排文字工具”按钮T，设置适当的文字颜色与字体大小，在番茄的下方输入文字。单击工具选项栏中的“创建文字变换”按钮，设置文字，变形参数如图 13-235 所示。

（27）单击“图层”面板底部的“添加图层样式”按钮fx，勾选“描边”选项，设置参数如图 13-236

所示。

图 13-234 添加素材

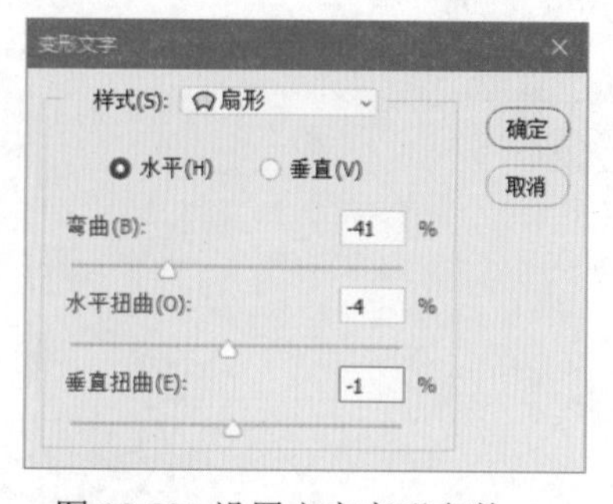

图 13-235 设置文字变形参数

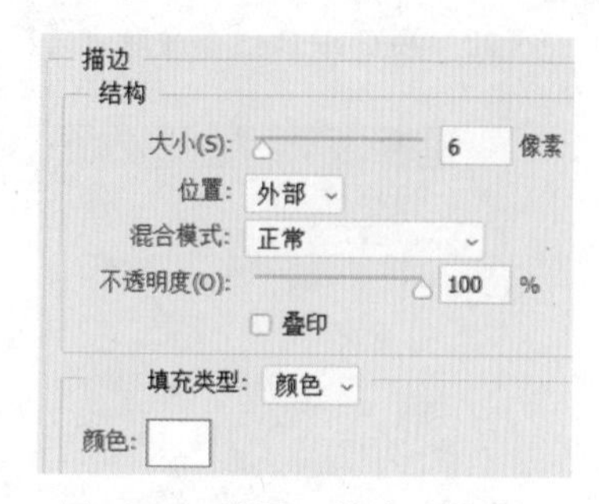

图 13-236 设置“描边”参数

（28）创建描边文字。结果如图 13-237 所示。

（29）单击工具箱中的“横排文字工具”按钮T，在包装袋左上角输入两行文字，单击图层面板底部的“添加图层样式”按钮fx，勾选“投影”选项，设置参数如图 13-238 所示，结果如图 13-239 所示。

图 13-237 创建描边文字

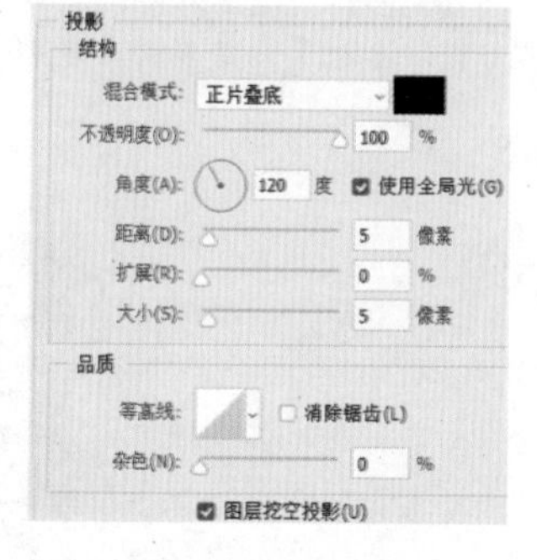

图 13-238 设置“投影”参数

图 13-239 添加投影效果

（30）新建图层，单击工具箱中的“铅笔工具”按钮，设置前景色为白色，绘制线条，如图 13-240 所示。

（31）单击“图层”面板底部的“添加图层样式”按钮fx，勾选“外发光”选项，设置参数如图 13-241 所示，单击“确定”按钮。外发光效果如图 13-242 所示。

图 13-240 绘制线条

图 13-241 设置“外发光”参数

图 13-242 添加外发光效果

（32）按 Ctrl+O 组合键，打开“大薯条.png”素材。单击工具箱中的“矩形选框工具”按钮，框选其中一根薯条，如图 13-243 所示，按 Ctrl+C 组合键复制该薯条，切换至原文档中，按 Ctrl+V 组合键粘贴至包装袋上，再按 Ctrl+J 组合键将其复制两份，分别设置其大小和位置。

（33）新建图层，设置前景色为（#fee683）。单击工具箱中的“画笔工具”按钮，设置适当的画笔大小，沿着薯条的边缘涂抹，如图 13-244 所示。

（34）执行“滤镜”|“模糊”|“高斯模糊”命令，设置模糊“半径”为 20 像素，绘制冒热气的效果，如图 13-245 所示。

（35）单击工具箱中的“涂抹工具”按钮，对线条进行涂抹，添加热气扭曲和变形的效果，如图 13-246 所示。

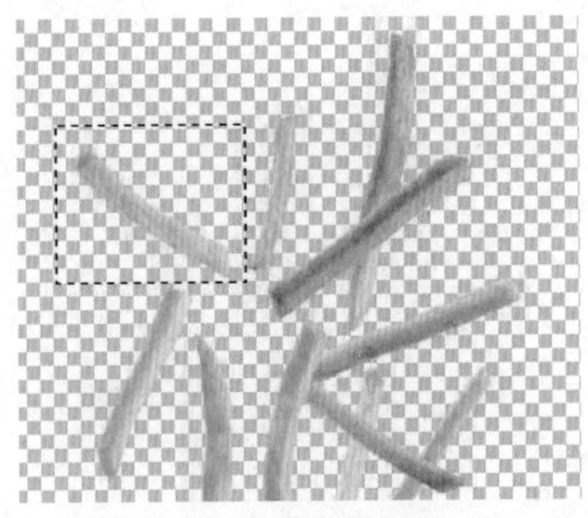

图 13-243 框选薯条

图 13-244 涂抹薯条边缘

（36）新建组，选中除“背景”图层以外的所有图层，将它们拖至组内。按 Ctrl+J 组合键复制组，按 Ctrl+T 组合键显示定界框，在右击弹出的快捷菜单中选择“垂直旋转”命令，使图像翻转，再移到适当位置，结果如图 13-247 所示。

图 13-245 添加模糊效果

图 13-246 涂抹效果

（37）单击“图层”面板底部的“添加图层蒙版”按钮，为复制的组添加蒙版。单击工具箱中的“渐变工具”按钮，在工具选项栏中设置从白色到黑色的线性渐变，在画面中从上往下拖动鼠标，制作倒影效果，如图 13-248 所示。

（38）按 Ctrl+O 组合键，打开“树叶.png”素材。单击工具箱中的“移动工具”按钮，将树叶放置在画面的左上角，如图 13-249 所示。

图 13-247 翻转图像

图 13-248 制作倒影效果

图 13-249 添加树叶

（39）按 Ctrl+O 组合键，打开“番茄.png”素材。单击工具箱中的“移动工具”按钮，将番茄拖至画面，单击“图层”面板底部的“添加图层样式”按钮 *fx*，勾选“投影”选项，设置参数如图 13-250

所示，结果如图 13-251 所示。

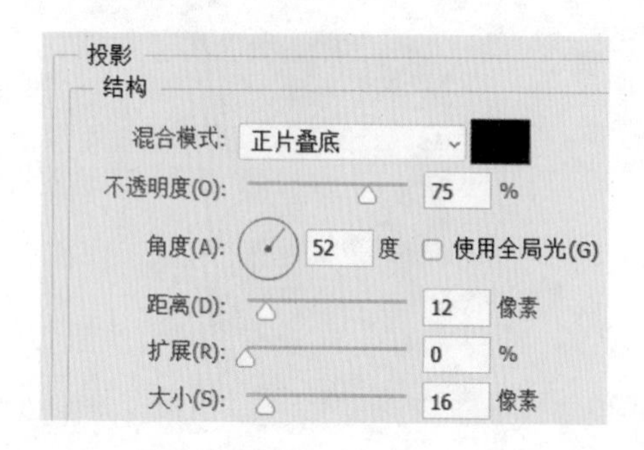

图 13-250 设置“投影”参数

图 13-251 添加投影效果

（40）按 Ctrl+O 组合键，打开“大薯条.png”素材，拖至画面，按 Ctrl+T 组合键缩放至适当大小，如图 13-252 所示。新建图层，移动至“大薯条”图层下方，设置前景色为黑色，单击工具箱中的“画笔工具”按钮，在工具选项栏中设置适当的画笔大小，并设置画笔的“不透明度”为 13%，在大薯条下面涂抹，绘制阴影效果，如图 13-253 所示。

图 13-252 添加大薯条素材

图 13-253 绘制阴影效果

（41）单击“图层”面板底部的“创建新的填充或调整图层”按钮，创建一个“曲线”调整图层，设置参数如图 13-254 所示，并为其创建剪贴蒙版，结果如图 13-255 所示。

（42）按 Ctrl+O 组合键，打开“薯条袋.png”素材，拖至画面右上角，按 Ctrl+T 组合键缩放至适当大小，如图 13-256 所示。

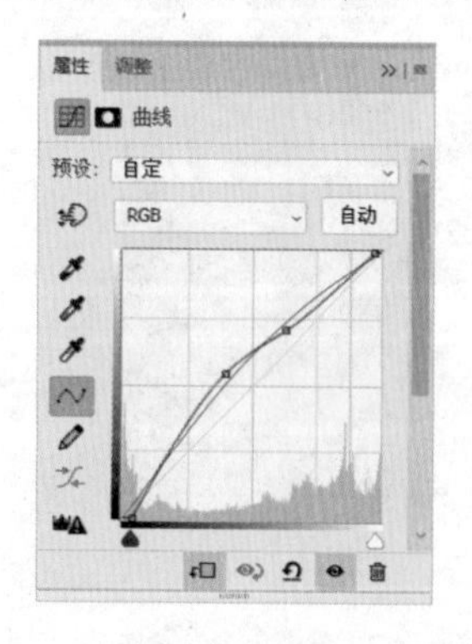

图 13-254 设置“曲线”参数

图 13-255 创建“曲线”调整图层

图 13-256 添加薯条袋素材

（43）在“薯条袋”图层上方创建一个“曲线”调整图层，设置参数如图 13-257 所示，最终结果如图 13-258 所示。

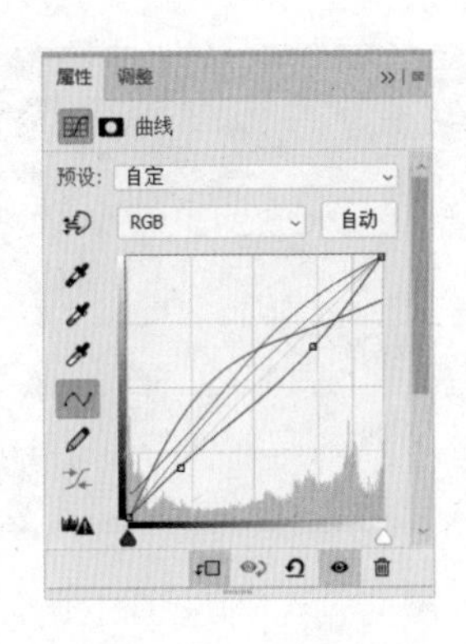

图 13-257 设置“曲线”参数

图 13-258 最终结果

13.4.2 公司标志

本实例将通过使用“新建”命令、“横排文字工具”按钮、“钢笔工具”按钮与“渐变工具”按钮等，绘制一个现代简约风格的公司标志。

（1）启动 Photoshop，执行“文件”→“新建”命令，弹出“新建文档”对话框，设置参数如图 13-259 所示。单击“创建”按钮，新建文档。

（2）新建图层，单击工具箱中的“渐变工具”按钮，在工具选项栏中单击渐变条，打开“渐变编辑器”对话框，设置渐变颜色，如图 13-260 所示。再单击“线性渐变”按钮，按住 Shift 键，在画面中从上往下绘制线性渐变色，如图 13-261 所示。

图 13-259 设置参数

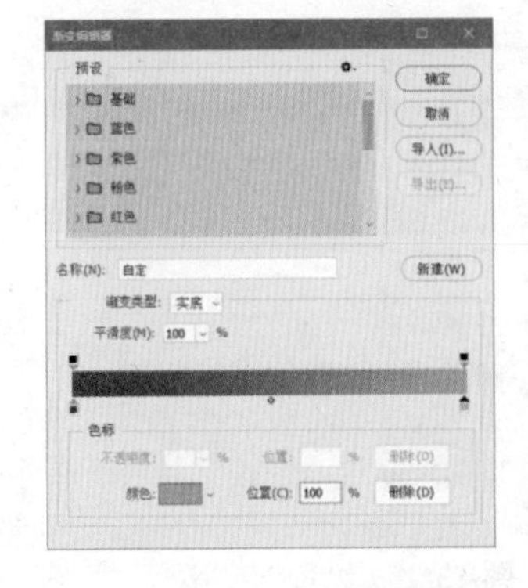

图 13-260 设置渐变颜色

图 13-261 绘制线性渐变色

（3）新建图层，在工具选项栏中单击“径向渐变”按钮，在画面中从里往外绘制径向渐变色，如图 13-262 所示。单击“图层”面板底部的“添加图层蒙版”按钮，使用“不透明度”较低的黑色画笔在画面上方涂抹，结果如图 13-263 所示。

（4）新建图层，单击工具箱中的“钢笔工具”按钮，在工具选项栏中选择“路径”，绘制如图 13-264 所示的路径。

（5）按 Ctrl+Enter 组合键将路径载入选区，单击工具箱中的“渐变工具”按钮，在工具选项栏中单击渐变条，打开“渐变编辑器”对话框，设置渐变颜色，如图 13-265 所示。

（6）在工具选项栏中单击“线性渐变”按钮，在画面中从左往右绘制线性渐变色，结果如图 13-266 所示。

（7）新建图层，单击工具箱中的“钢笔工具”按钮，绘制一个路径，按 Ctrl+Enter 组合键将路径载入选区，如图 13-267 所示。

（8）单击工具箱中的“渐变工具”按钮，在工具选项栏中单击渐变条，打开“渐变编辑器”对话框，设置渐变颜色如图 13-268 所示。单击“线性渐变”按钮■，在画面中从左上往右下绘制线性渐变色，结果如图 13-269 所示。

图 13-262 创建径向渐变色

图 13-263 涂抹画面上方

图 13-264 绘制路径

图 13-265 设置渐变颜色

图 13-266 绘制线性渐变色

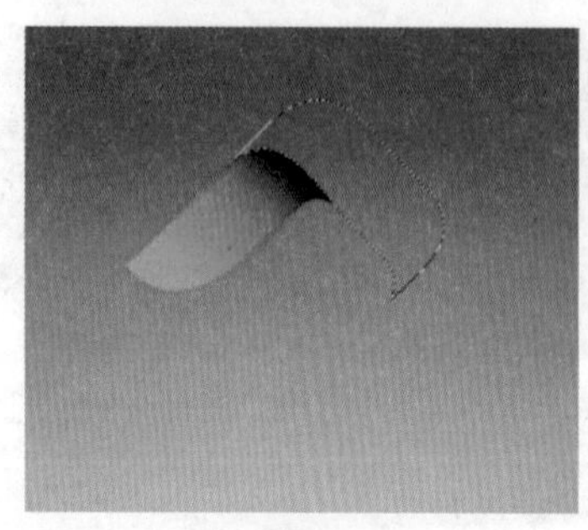

图 13-267 绘制路径并载入选区

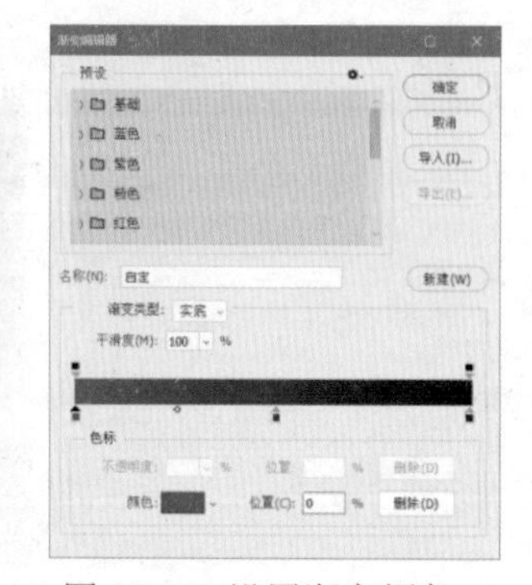

图 13-268 设置渐变颜色

图 13-269 绘制线性渐变色

（9）继续新建图层，参照上述步骤，绘制一个路径并将其载入选区，如图 13-270 所示。

（10）单击工具箱中的“渐变工具”按钮■，在工具选项栏中单击渐变条，打开“渐变编辑器”对话框，设置渐变颜色如图 13-271 所示。单击“线性渐变”按钮■，在画面中从右上往左下绘制线性渐变色，结果如图 13-272 所示。

（11）新建图层，再绘制一个路径，单击工具箱中的“渐变工具”按钮■，在工具选项栏中单击渐变条，打开“渐变编辑器”对话框，设置渐变颜色如图 13-273 所示。单击“线性渐变”按钮■，在画面中从上往左下绘制线性渐变颜色，结果如图 13-274 所示。

（12）绘制该标志的印痕，使其更有立体感。隐藏除橘黄色渐变图形所在图层以外的所有形状图层，只显示橘黄色渐变图形。新建图层，单击工具箱中的“钢笔工具”按钮，在形状上面绘制如图 13-275 所示的路径，按 Ctrl+Enter 组合键将路径载入选区。

（13）单击工具箱中的“吸管工具”按钮，在橘黄色处单击，吸取颜色，再单击工具箱中的“渐变工具”按钮■，在工具选项栏中单击渐变条，打开“渐变编辑器”对话框，设置渐变颜色为从前景色到透明，如图 13-276 所示。

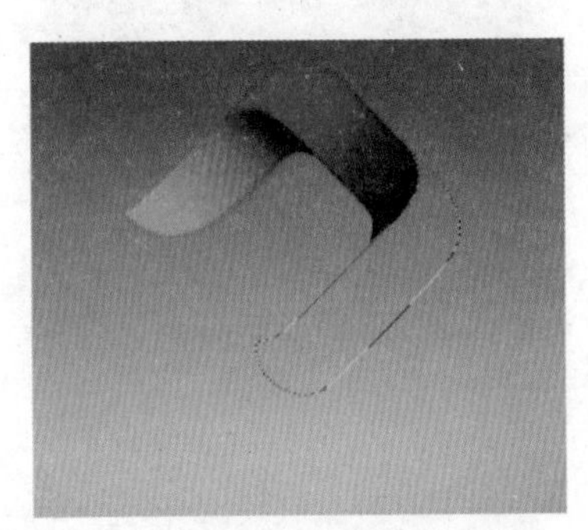

图 13-270 绘制路径并载入选区

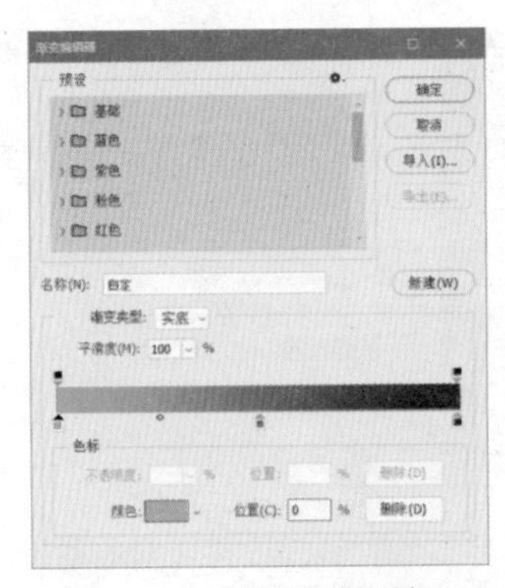

图 13-271 设置渐变颜色

图 13-272 绘制线性渐变色

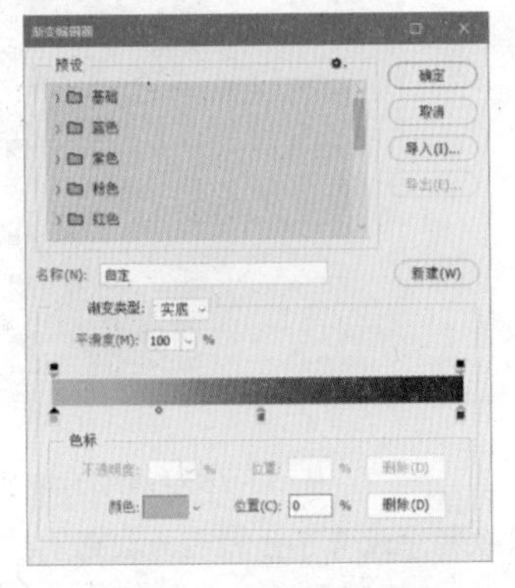

图 13-273 设置渐变颜色

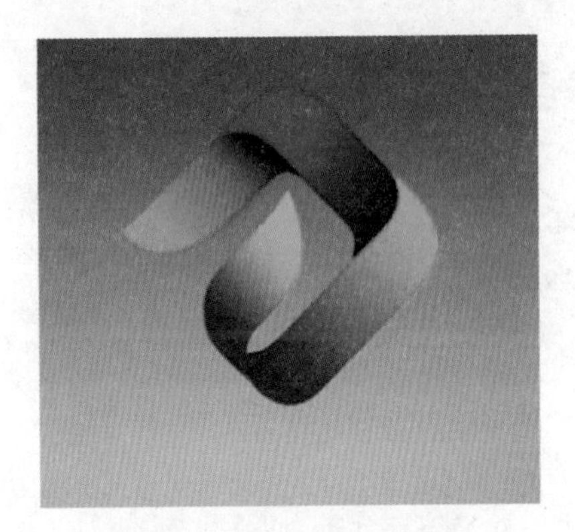

图 13-274 绘制渐变颜色

（14）在选区内从上往下绘制线性渐变色，单击其他图层前面的眼睛图标，显示图层查看整体效果，如图 13-277 所示。

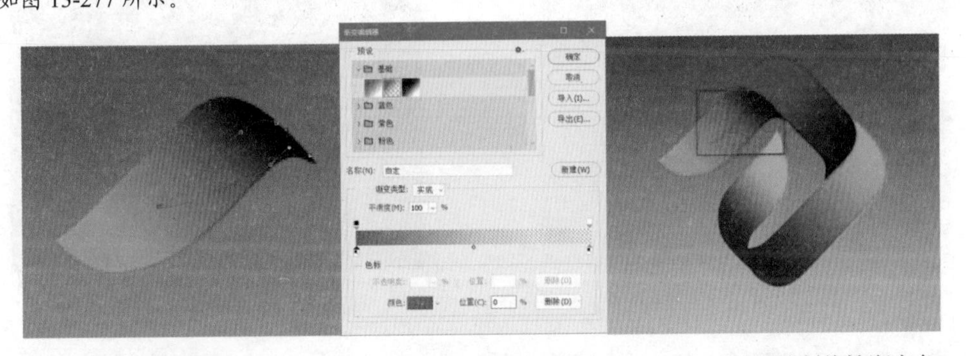

图 13-275 绘制路径　　图 13-276 设置渐变颜色　　图 13-277 绘制线性渐变色

（15）继续新建图层，参照上述步骤，在红色渐变图形上绘制如图 13-278 所示的路径，将其载入选区。单击工具箱中的“吸管工具”按钮，在暗紫色处单击，吸取颜色，设置渐变颜色为从前景色到透明，如图 13-279 所示。

（16）在选区内从右往左绘制线性渐变色，结果如图 13-280 所示。

（17）新建图层，接着在蓝色渐变图形上绘制如图 13-281 所示的路径，将其载入选区。单击工具箱中的“吸管工具”按钮，在深蓝色处单击，吸取颜色，再单击工具箱中的“渐变工具”按钮，设置渐变颜色为从前景色到透明，如图 13-282 所示。

（18）在选区内从左往右绘制线性渐变色，结果如图 13-283 所示。

（19）新建图层，设置前景色为（# 4b6562），单击工具箱中的“画笔工具”按钮，选择一个柔边画笔，设置画笔的“不透明度”为4%，在标志下方涂抹，绘制阴影，结果如图 13-284 所示。

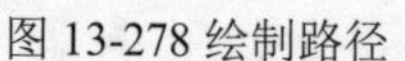

图 13-278 绘制路径

图 13-279 设置渐变颜色

图 13-280 绘制线性渐变色

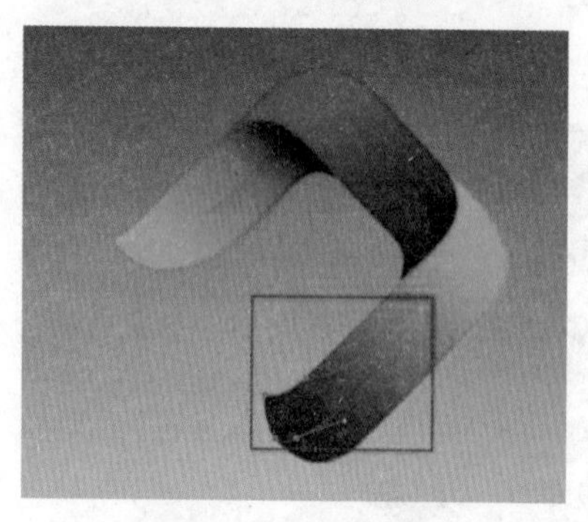

图 13-281 绘制路径

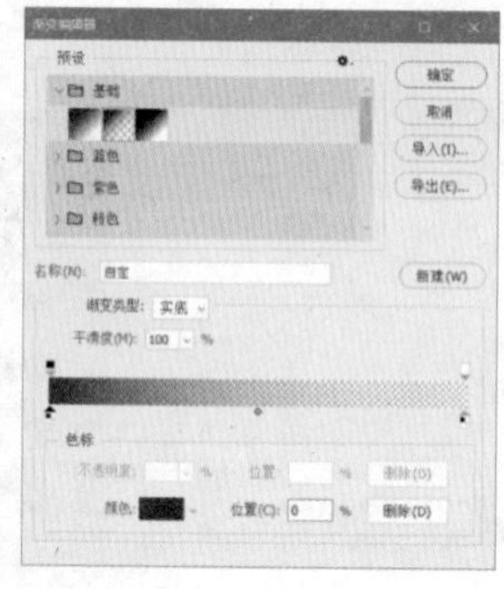

图 13-282 设置渐变颜色

图 13-283 绘制线性渐变色

（20）单击工具箱中的“横排文字工具”按钮T，在工具选项栏中设置字体颜色为灰色（#2f2f31）、字体大小为 12 点，打开“字符”面板，设置字距为 320，在标志左边输入文字，结果如图 13-285 所示。

图 13-284 绘制阴影

图 13-285 输入文字

13.4.3 儿童节海报

本实例将通过制作一副儿童节海报，重点练习重复变换的操作。

（1）启动 Photoshop，执行“文件”|“新建”命令，在“新建文档”对话框中设置参数如图 13-286 所示，单击“创建”按钮，新建一个空白文档。

（2）设置背景为淡蓝色（#d9effc），单击“渐变工具”按钮，在工具选项栏中单击渐变条，打开“渐变编辑器”对话框，设置参数如图 13-287 所示。

（3）单击“确定”按钮，关闭“渐变编辑器”对话框。单击工具选项栏中的“线性渐变”按钮，在图像中拖动鼠标，填充渐变，如图 13-288 所示。

（4）采用同样的方法，继续填充渐变，生成的背景效果如图 13-289 所示。

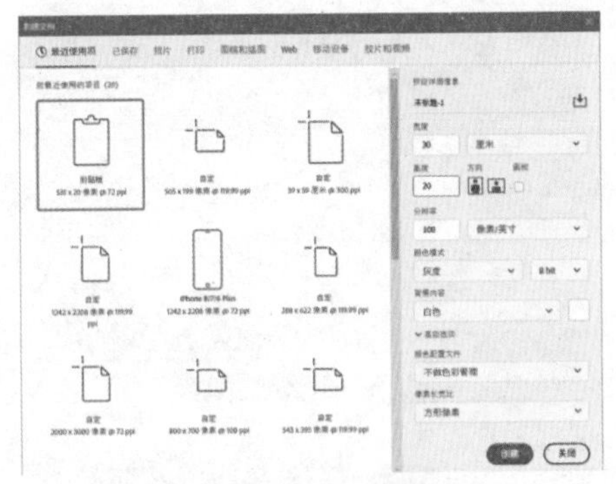

图 13-286 设置参数

图 13-287“渐变编辑器”对话框

图 13-288 填充渐变

图 13-289 背景效果

（5）新建一个图层，选择“多边形套索”工具，绘制一个三角形选区，并填充白色，如图 13-290 所示。

（6）按 Ctrl + Alt + T 键变换图形，按住 Alt 键的同时拖动中心控制点的位置至图形左侧，如图 13-291 所示。

图 13-290 填充白色

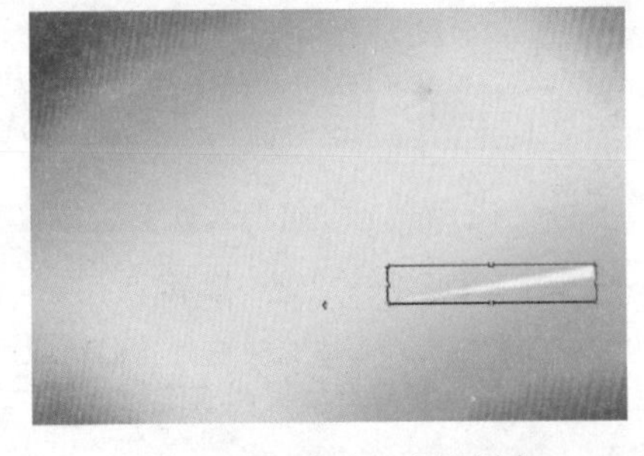

图 13-291 移动中心控制点

（7）调整变换中心并旋转图形，如图 13-292 所示。

（8）按 Enter 键确认。按下 Ctrl + Alt + Shift + T 快捷键多次，在进行再次变换的同时复制变换对象，结果如图 13-293 所示。

（9）选中所有白色三角形图形，按 Ctrl+E 快捷键，合并图层，设置图层的“混合模式”为“柔光”、“不透明度”为 50%，结果如图 13-294 所示。

（10）新建一个图层，设置前景色为白色，选择“画笔工具”按钮，在工具选项栏中设置“硬度”为 100%，调整“不透明度”值和画笔大小，在图像窗口中单击，绘制圆点，结果如图 13-295 所示。

（11）采用同样的方法 w，继续绘制小的圆点，结果如图 13-296 所示。

（12）新建一个图层。选择“钢笔工具”按钮，绘制一个闭合路径。按 Ctrl+Enter 快捷键，将路径转换为选区。按 Shift+F6 快捷键，弹出“羽化选区”对话框，设置“羽化半径”为 10 像素，填充颜色为黄色，结果如图 13-297 所示。按 Ctrl+D 快捷键，取消选区。

（13）选择“横排文字工具”按钮**T**，输入文字，如图 13-298 所示。

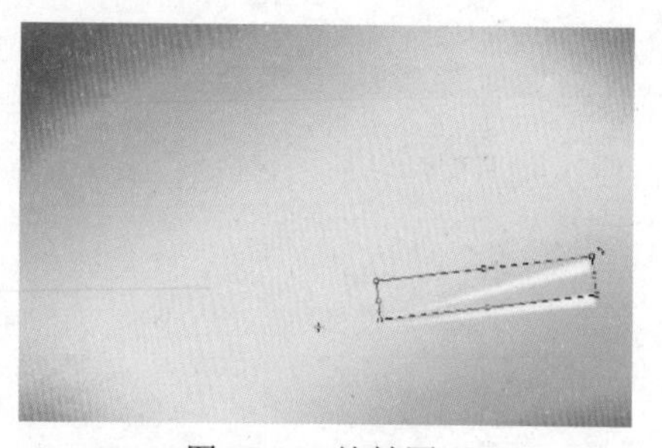

图 13-292 旋转图形

图 13-293 复制图形

图 13-294 合并并调整图层后的图像效果

图 13-295 绘制圆点

图 13-296 绘制小圆点

图 13-297 绘制选区并填充颜色

（14）在文字图层上右击，在弹出的快捷菜单中选择“栅格化文字”选项，选择“多边形套索”工具，建立选区，按 Delete 键删除选区内容，结果如图 13-299 所示。

图 13-298 输入文字

图 13-299 删除选区内容

（15）双击文字图层，弹出“图层样式”对话框，选择“描边”选项，设置参数如图 13-300 所示。

（16）单击“确定”按钮，退出“图层样式”对话框，结果如图 13-301 所示。

（17）按住 Ctrl 键的同时，单击文字图层载入选区，新建一个图层，设置前景色为白色，选择“画笔工具”按钮，降低“不透明度”和“流量”，在选区内涂抹，制作立体效果，如图 13-302 所示。

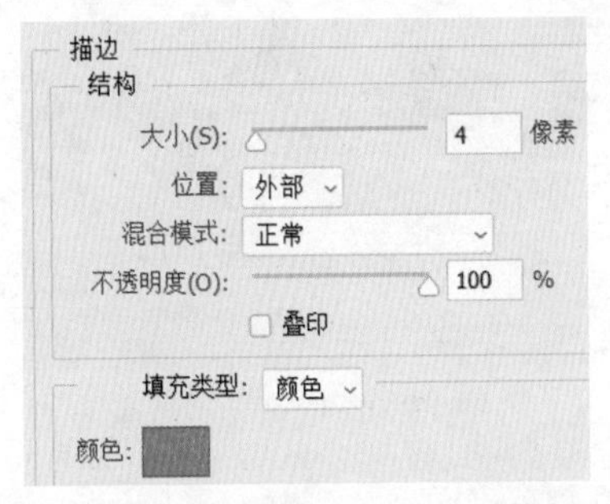

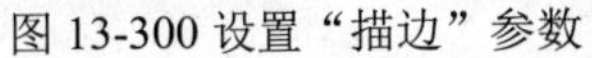
图 13-300 设置“描边”参数

图 13-301 添加描边

（18）采用同样的方法，制作其他的文字效果，如图 13-303 所示。

图 13-302 制作立体效果

图 13-303 制作其他的文字效果

（19）选择“横排文字工具”按钮T，输入文字，双击文字图层，弹出“图层样式”对话框，选择“描边”选项，设置描边大小为 3 像素，单击“确定”按钮，退出“图层样式”对话框，结果如图 13-304 所示。

（20）执行“文件”|“打开”命令，打开“花”素材，选择“移动工具”按钮，添加至文件中，结果如图 13-305 所示。

图 13-304 输入文字

图 13-305 添加花素材

（21）采用同样的方法，添加其他的素材，并调整图层顺序，结果如图 13-306 所示。

（22）选择“钢笔工具”按钮，绘制一条闭合路径。按 Ctrl+Enter 快捷键，将路径转换为选区。新建一个图层，设置前景色为白色，选择“画笔工具”按钮，降低“不透明度”和“流量”，沿着选区边缘涂抹，绘制光带效果，如图 13-307 所示。

（23）采用同样的方法，绘制其他的图形，如图 13-308 所示。

（24）选择“椭圆工具”按钮，选择工具选项栏中的“形状”选项，设置填充色为无、描边色为白色、描边宽度为 5 像素，在绘图窗口拖动鼠标绘制一个椭圆，如图 13-309 所示。

图 13-306 添加其他的素材

图 13-307 绘制光带效果

图 13-308 绘制其他图形

图 13-309 绘制椭圆

（25）双击描边的图层，弹出“图层样式”对话框，选择“外发光”选项，设置参数如图 13-310 所示。

（26）单击“确定”按钮，退出“图层样式”对话框。在“图层”面板中设置图层的“不透明度”为 52%，结果如图 13-311 所示。

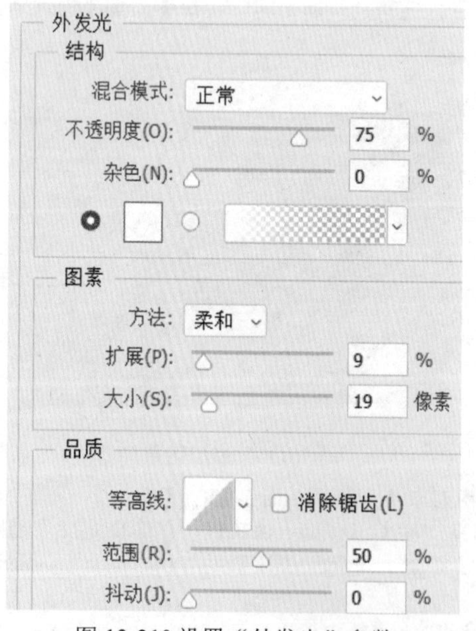

图 13-310 设置“外发光”参数

图 13-311 添加“外发光”图像效果

（27）采用同样的方法，输入其他的文字，完成儿童节海报的制作，最终结果如图 13-312 所示。

图 13-312 最终结果